MLP 機械学習
プロフェッショナル
シリーズ

深層学習 改訂第2版

Deep Learning

岡谷貴之

講談社

JN042573

■ 編者

杉山　将 博士（工学）

理化学研究所 革新知能統合研究センター センター長

東京大学大学院新領域創成科学研究科 教授

■ シリーズの刊行にあたって

インターネットや多種多様なセンサーから，大量のデータを容易に入手できる「ビッグデータ」の時代がやって来ました．現在，ビッグデータから新たな価値を創造するための取り組みが世界的に行われており，日本でも産学官が連携した研究開発体制が構築されつつあります．

ビッグデータの解析には，データの背後に潜む規則や知識を見つけ出す「機械学習」とよばれる知的データ処理技術が重要な働きをします．機械学習の技術は，近年のコンピュータの飛躍的な性能向上と相まって，目覚ましい速さで発展しています．そして，最先端の機械学習技術は，音声，画像，自然言語，ロボットなどの工学分野で大きな成功を収めるとともに，生物学，脳科学，医学，天文学などの基礎科学分野でも不可欠になりつつあります．

しかし，機械学習の最先端のアルゴリズムは，統計学，確率論，最適化理論，アルゴリズム論などの高度な数学を駆使して設計されているため，初学者が習得するのは極めて困難です．また，機械学習技術の応用分野は非常に多様なため，これらを俯瞰的な視点から学ぶことも難しいのが現状です．

本シリーズでは，これからデータサイエンス分野で研究を行おうとしている大学生・大学院生，および，機械学習技術を基礎科学や産業に応用しようとしている大学院生・研究者・技術者を主な対象として，ビッグデータ時代を牽引している若手・中堅の現役研究者が，発展著しい機械学習技術の数学的な基礎理論，実用的なアルゴリズム，さらには，それらの活用法を，入門的な内容から最先端の研究成果までわかりやすく解説します．

本シリーズが，読者の皆さんのデータサイエンスに対するより一層の興味を掻き立てるとともに，ビッグデータ時代を渡り歩いていくための技術獲得の一助となることを願います．

2014 年 11 月

「機械学習プロフェッショナルシリーズ」編者
杉山 将

■ 改訂第2版によせて

　本書の初版を執筆したのは主に 2013 年から 2014 年にかけてのことです．当時，深層学習はまだ，関連の深い分野の研究者にさえ完全に浸透してはいませんでした．まとまった内容の成書がない中，深層学習を俯瞰できるような本となることを目指し，半ば手探りで書きました．

　それから今日に至るまで，おそらく科学史を見渡しても特異的に速いペースで，深層学習は発展し続けてきました．分野の研究者・開発者の人口は増加の一途で，応用対象も大きく広がりました．その間，最先端の研究者ですら驚くような新しい発見や応用が途切れなく報告され，一部から絶えず聞こえる次なる「冬の時代」到来の予想をあざ笑うかのように，研究のフロンティアは発展し続けてきました．

　そんな中，古くなっていく初版の内容をアップデートしなければならないという思いを，恒常的に（初版の出版直後から！）持ち続けていました．深層学習はさながら成長し続けるアメーバのようであり，どの時点で内容を更新したとしても瞬間的なスナップショットにしかならず踏ん切りがつかないでいましたが，初版を放置したままだと害さえ引き起こしかねないという懸念が高まり（幸い専門書としてはかなり刷を重ねた本書を，事前知識なく手にとった読者がいたとしたら，誤ったイメージを得てしまいかねない），ようやくここに版を改めるに至りました．

　今の深層学習は，経験を拠り所とする技術の寄せ集めです．実験的アプローチの成功が次々と報告される一方で，なぜその方法がうまくいくのか，なぜそうしなければならないか，理論的な証明が欠けていることが普通です．現に，ある日突然，それまで分野に広く流布していた通説を覆す研究報告が発表されるということが，これまで何度となくありました（多くの場合 "Rethinking..." あるいは "All you need is..." というタイトルから始まるこのタイプの論文を，著者は「ちゃぶ台返し」の論文と呼んでいます）．経験を裏付けるべき理論がないという点で，初版出版時と状況はあまり変わっていないといえます（初版まえがき参照）．

　そんな今の研究開発の実態を，確率的勾配降下法 (stochastic gradient descent) をもじって「学生勾配降下法 (student gradient descent)」と揶揄する研究者もいます．これは，大学院の学生がランダムな思いつきを端から試す中で偶然当たったものに，尤もらしい説明をつけて論文として出版するという行為を，半ば自嘲気味に表現したものです．この口の悪い表現は，しかしなかなか的を射ており，というのは，深層学習を今ある地位に引き上げた過去の「不連続的な跳躍」の多くが，実は学生やインターン生の冒険的な営みから生まれたという事実もあるからです．

とはいえ，ないもの（＝理論）ねだりをしても仕方がありません．それでも皆が研究を進めるのは，そうすることに意義があるからです．なぜうまく働くのか，なぜそうすべきか，数学的な証明はなくても，正しい説明は必ずあるはずです．それを手にできれば，目の前の課題を解決するのに，また次に進むべき道を知るうえで役に立つでしょう．

そこで本書では，それぞれの方法について，今の時点で最も納得できる説明をきちんと与えることにこだわりました．名前の通った方法であっても，理屈が成り立たない，あるいは役に立たない方法や考え方については，はっきりそう書きました．著者の主観といわれても仕方がない場合もあるかもしれませんが，そのほうが有益であると信じています．

また，現在の深層学習の広がりを把握できるように，定番となった問題・方法に加えて，重要だと思われる問題については，必ずしもそれほど有名でない方法も含めてなるべく網羅するようにしました．その取捨選択には，深層学習が実践的技術であることを踏まえ，実用性を最も重視しました．そこには，この間に著者が企業の実務家たちと行ってきた共同研究での経験が反映されています．

とはいえ，初版出版時以来，関連分野で蓄積されてきた内容は膨大，かつ多岐にわたっており，一人の人間がすべてをカバーするのは不可能に近づいています．そのため，抜け落ちてしまったものもあるかもしれません．また，自然言語処理やコンピュータビジョンなどの各応用分野については，それぞれに関する成書を参照いただきたく思います．本書では，応用分野によらない普遍的な考え方や方法を，漏らさず取り上げることを心がけました．

本書が想定する読者は，これから研究開発に携わろうという初学者，すでに応用分野での研究開発を実施しているが，各手法の背景を知り改善のヒントを得たい実務家，さらにいまだ深層学習が使われていない問題に新たに深

層学習を適用しようという異分野の研究者などです．なお，版を改めるにあたり，初版で用いた専門用語の日本語訳のいくつかは，世間で多く使われているものに合わせるようにしました．

　最後に，本改訂版を出版するにあたってお世話になった皆様に感謝します．鈴木大慈氏，菅沼雅徳氏には草稿の段階から査読をお願いし，貴重なご意見をいただきました．本シリーズ編者の杉山将氏には，改訂版の執筆をご支持いただきました．初版当時と比べて深層学習の存在感が大きく増した今の時点で，そのものずばりのタイトルを戴く本を書かせていただけたことをありがたく，また大変光栄に感じています．講談社サイエンティフィクの横山真吾氏におかれましては，遅々として進まぬ執筆を本当に気長にお待ちいただき，また終盤での原稿の度重なる大幅修正にお付き合いいただいたことなど，大変お世話になりました．この場を借りて感謝いたします．

2021 年 8 月

岡谷 貴之

■ まえがき

　深層学習（ディープラーニング）は，多層のニューラルネットワークを用いた機械学習の方法論です．近年，音声，画像あるいは言語を対象とする人工知能（AI）の諸問題に対し，他の方法を圧倒する高い性能を示すことがわかり，多くの研究者や技術者の関心を集めています．人工知能に対する期待が最近かつてない高まりを見せていますが，その背景にも深層学習の成功があります．

　ニューラルネットワーク自体の研究は，80年代にも盛んに行われていました．しかしその後，90年代半ばからつい最近に至るまで，関心が著しく低下した「冬の時代」がありました．同時期の初めごろから発展したサポートベクトルマシンと比較すると，ニューラルネットワークは，性能を引き出すには多くのパラメータを調整しなければならず，また理論的な裏付けに乏しいという欠点があり，多くの人が関心を失いました．

　この冬の時代を乗り越えて，今，再びニューラルネットワークが注目されています．転機になったのは，多層ネットワークの学習に関するHintonらの研究でした．さらに，90年代と比較すると計算機の能力が大きく向上し，またウェブや検索エンジンの発達に伴い大規模な訓練データを用意しやすくなったことも，高い性能の達成を可能にしました．最近では一般のメディアにも深層学習が取り上げられるようになり，そこではバラ色の未来が語られています．時間の経過とともに研究が進めば，いずれ人に匹敵する知能を実現できるようになるというのです．人工知能が人にとっての脅威となるという懸念さえ語られるほどです．

　しかしながら，現在の熱狂には，先述の「冬の時代」の反動といえる部分があります．ノーマークだったニューラルネットワークが，いくつかの難問を鮮やかに解決して見せたのです．関連分野の研究者が受けた衝撃はかなり大きなものでした．しかし落ち着いて考えてみると，確かにできることは増えたものの，人の知能が目標であるならば，まだできていないことのほうが圧倒的に多いというのが本当のところです．熱狂と無関心を行き来した過去の経緯を考えると，今はニューラルネットワークへの期待が高すぎる時期な

のかもしれません.

　そんな状況だからこそ，現在，地に足のついた地道な研究開発が求められています．深層学習の性能の高さは誰もが知るところとなりましたが，理論的な理解は追いついていません．例えば，なぜ多層だと性能が出るのかという問いに対し，納得できる説明は見つかっていません．個々の問題に対する有効性は適用してみなければわからず，うまくいかなかった場合に何が悪いのかがわかりません．この点では80年代からあまり進歩していないともいえ，今後の研究の進展が望まれます．

　現在，深層学習の研究は，性能向上のための手法の開発と応用の開拓が急速なペースで進みつつあります．本書の執筆にあたっては，評価の定まらない最新手法や応用事例を取り上げるよりも，基本的な事項をなるべく広くカバーすることとしました．

　最後に，本書の執筆にあたってお世話になった皆様に感謝いたします．麻生英樹氏と安田宗樹氏には，本書を草稿の段階で査読いただき，数多くのご助言をいただきました．講談社サイエンティフィクの横山真吾氏には，執筆開始から出版に至るまでさまざまな支援をいただきました．また，本シリーズ編者の杉山将氏には，豪華執筆陣に混じって執筆する貴重な機会を与えてくださったことを，この場を借りて改めて感謝いたします．

2015年3月

岡谷 貴之

■ 目　次

Chapter 1

Chapter 2

Chapter 3

Chapter 4

Chapter 5

Chapter 9

Chapter 10

はじめに

本章では，ニューラルネットワークの研究の歴史を振り返り，近年の深層学習の成功に至る経緯を説明するとともに，深層学習が現在抱える課題を述べ，今後を占います．最後に，本書の構成を説明します．

1.1 研究の歴史

1.1.1 多層ニューラルネットワークへの期待と失望

高度な情報処理の実現を目指して，生物の神経回路網を模倣した人工ニューラルネットワークが，長年にわたって研究されてきました．ただしその研究の歴史は平坦なものではなく，1940年代に研究が開始[1, 2, 3]されて以来これまで，研究がいったんはブームになり，その後下火になるということを二度ほど繰り返してきました．中でも80年代半ばから90年代前半にかけて起こった2回目のブームは，多層ニューラルネットワーク（以下「ニューラル」を省略し，多層ネットワークと記載します）の学習法である**誤差逆伝播法 (back propagation)** の発明[4]をきっかけとしたもので，研究は大きな広がりを見せました．しかしこのブームも，90年代後半にはすっかり冷めてしまい，その後2010年前後まで，ニューラルネットワークはほとんど忘れられた存在でした[5]．

80年代半ばからのブームが終わってしまったのには，2つ理由があります．1つは，誤差逆伝播法によるニューラルネットワークの学習は，図1.1左の

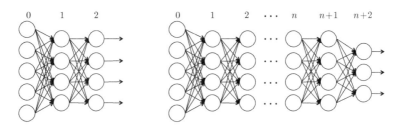

図 1.1　「浅い」ネットワーク（2層ネットワーク）と「深い（ディープな）」ネットワーク（多層ネットワーク）．

ような2層程度のネットワークではうまくいきましたが，それ以上多層になると，期待したような結果を得られませんでした．訓練サンプルの学習はできても汎化性能が上がらない．**過剰適合 (overfitting)**（あるいは過学習）が壁となったのです．誤差逆伝播法は，サンプルに対するネットワークの誤差（目標出力と実際の出力との差）を，出力層から逆に伝播させ，各層の重みの勾配を計算する方法です．この計算の際，出力層から離れた層ほど，伝播に伴って勾配が急速に小さくなったり，あるいは急速に大きくなって発散したりしてしまう，いわゆる勾配消失問題と呼ばれる現象が起こり，これを克服することができませんでした．

　もう1つは，ニューラルネットワークは構造的な自由度が高い一方で，その選定が最終的な性能とどのように結びつくかがはっきりしないことでした．学習時の複数のハイパーパラメータの決定方法も含め，ノウハウはあっても理論がなく [5]，この点で後発の機械学習の方法に見劣りしました．これらの理由からニューラルネットワークの研究は，90年代後半にはすっかり下火になりました．

　ただし最初の理由，つまり多層ネットワークの学習が難しいということについては，当時1つの例外があったことを指摘しておく必要があります．確かに，層間が密に結合された多層ネットワークの学習は困難でした．しかし，画像を対象とする**畳み込みニューラルネットワーク (convolutional neural network)**（以下 **CNN**）は，80年代後半には5つの層からなる多層ネットワークの学習に成功していました [6]．CNN は，特定の画像処理を行う働きをする層を何層か重ねた構造を持ち，層間の結合が疎らなネットワークです．

LeCun らが，Fukushima らのネオコグニトロン [7] を元に，誤差逆伝播法による学習を取り入れて完成させました．当時，LeCun らの CNN は高性能な手書き文字認識でよく知られた存在でしたが，ニューラルネットワークの研究が下火になるにつれて，向けられる関心も小さくなっていきました．

1.1.2 ニューラルネットワーク復活のきっかけ

その後 2000 年代前半ごろまで，ニューラルネットワークに対する関心は低いものでしたが，Hinton らの**ディープビリーフネットワーク (deep belief network)**（以下 **DBN**）の研究 [8] がその後の流れを変えました*1．DBNは，一般的なニューラルネットワークに似た多層構造を持ち，その振る舞いが確率的に記述される生成モデル（第 12 章）です．一般的なニューラルネットワークと比べると，学習は異なる原理に基づいて行われるものの，多層ネットワークの学習が困難であるという点では同じでした．

Hinton らは，この難しかった DBN の学習を**事前学習 (pretraining)** と呼ばれる方法で成功させました．具体的には DBN を，層ごとに**制約ボルツマンマシン (restricted Boltzmann machine)**（以下 **RBM**）と呼ばれる単層ネットワークに分解したうえで，これら RBM を入力層に近い側から順番に教師なしで学習する方法です．こうして得られるパラメータは，DBNの学習のためのよい初期値となることを見出しました．しかも，こうして得られる DBN は一般的な順伝播型のニューラルネットワークに転換することが可能で，転換されたニューラルネットワークは，多層であるにもかかわらず目的とするタスクを教師あり学習することが可能でした．

その後，RBM の代わりに**自己符号化器 (autoencoder)** を用いることで，同様の層単位の事前学習を行うことができるようになり，目標とする多層ネットワークの学習が可能となることが確認されました [9]．多層ネットワークの学習は，パラメータをランダムに初期化した状態から始めると難しい一方で，このような事前学習で得たパラメータを初期値とすれば，可能であるとわかったのです．以上の発見が，ニューラルネットワーク復活の嚆矢となりました．

---

*1　構造が多数の層を持つとき，「深い (deep)」といいます．

1.1.3　ルネッサンス

　その後，多層のニューラルネットワーク，すなわち**ディープニューラルネットワーク（deep neural network）**（以下 **DNN**）が，音声認識[10]と画像認識[11]のベンチマークテストにおいて高い性能を示し，次々と過去の記録を塗り替えることになります．こうして**深層学習（ディープラーニング）**は広く認知されるようになりました．

　多くの研究者が参加することで研究が進み，上述の事前学習とは異なる，DNN の学習の困難さを緩和する方法が次々に生み出されました．活性化関数の ReLU[12]，正則化の一手法であるドロップアウト[13]，バッチ正規化[14]，残差接続[15]，勾配降下法の改良手法（RMSProp や Adam[16]）などです．これらの登場により，先述の事前学習は不要となり，DNN の学習をランダムな初期値からでも行うことができるようになりました．

　とはいえ，DNN の学習困難さが完全に解決されたわけではありません．上述のような複数の方法を組み合わせて使うことで，困難さをなんとか緩和しているというのが本当のところです．上述の通り，90 年代にはすでに 5 層の CNN の学習に成功していたことなど*2 を踏まえれば，この間に起きたことは，「以前信じられていたほど，多層ネットワークの学習は難しくないことがわかった」と表現できそうです．また，90 年代にはなかったデータ収集のためのインフラと高性能な計算機の存在も，深層学習が成功した大きな理由の 1 つに挙げられます[17]．

1.1.4　爆発的な発展

　ある程度簡単に使えるようになったことで，DNN は応用範囲を急速に広げていきました．まずは AI（人工知能）の中核をなす 3 つの分野，すなわち画像，音声，自然言語の 3 分野を席巻し，それらでは深層学習がスタンダードとなりました．その過程で，深層学習はさまざまな方向に発展します．

　1 つは，DNN の新しい構造・アーキテクチャを探究する動きです．新たな問題への適用と性能の向上を目指し，目新しい構造が無数に考案されまし

---

*2　系列データに適用されるリカレントニューラルネットワーク（**recurrent neural network**）（以下 **RNN**）にも当てはまります．RNN の学習には本質的に DNN と同じ困難さがありますが，やはりすでに一定の成功を収めていました．

た*3. そのほとんどはすでに忘れ去られたか, あるいは早晩そうなる運命に
ありますが, 一方で欠かせないものも生み出されました.

その中の1つが**注意機構 (attention mechanism)** です. これは主に機
械翻訳の研究において発案されたもので, 入力が要素の系列や集合であると
き, それら各要素の重要度を算出し, それで各要素を重み付ける計算を行い
ます. **トランスフォーマー (transformer)**[18] は, この注意機構を構造の中
心に据えた DNN であり, 後述の自己教師学習との組合せで自然言語の分野
を席巻し, 最近では画像やその他の分野においても, 最も重要な DNN とな
りつつあります.

DNN の新たな構造を探求する試みの背景には, 対象とする問題ごとに DNN
の最適な構造がある, という思想があります. CNN や RNN がそうであるよ
うに, 問題やデータが持つ固有の構造——**帰納バイアス (inductive bias)**
と呼ばれます——に合わせて DNN の構造をデザインすることで, 学習を成
功させ, 推論の性能向上を狙う考え方です*4. かつては, ニューラルネット
ワークが持つ万能性*5 をベースに, 学習にすべてを委ねることを理想とする
考え方がむしろ主流であったと感じますが, それとは正反対の考え方である
といえます.

このような考え方が先鋭化し, DNN の構造設計をあたかもプログラミン
グのように考える立場も出てきています. ある程度専門性が強い問題——例
えば画像の品質を向上させる画像処理——では, 目的と用途に応じて, より
有効な構造を選択・設計する方法が一般化しています*6.

構造の探求とともに, DNN の使われ方にも変化が起きました. 初期には,
問題の一部分のみを DNN に担当させる形*7 がよく見られましたが, 徐々に
問題の「入口から出口まで (end-to-end)」を, DNN に委ねる形が理想とさ

---

*3 これと平行して, モバイルデバイスやエッジでの利用を念頭に, 性能よりも計算量や必要メモリ量を
  小さくするための開発も行われました.

*4 DNN を適用可能なデータの形が広がり, 当初の画像や音声信号やテキストなどの系列データから,
  集合やグラフを扱えるようになりました.

*5 中間層のユニット数を十分に持つ2層ネットワークは, 任意の写像を表現可能であるとする理論[19]
  が象徴しています.

*6 その場合でも, データを用いた学習が重要であることは変わりません. どこまでを DNN の構造設
  計で解決し, どこまでをデータの学習に委ねるかという役割分担は, 深層学習の個別の応用における
  成功の鍵であり, 同時に難しい点でもあります.

*7 例えば音声認識では, DNN への入力は生の音声信号ではなくて, そこから抽出した特徴量であり,
  出力は最終的に求めるもの (発話内容) の一歩手前の中間表現としていました.

れるようになりました．その後，使われ方はさらに高度化し，例えばすべて
をDNNで解決するのではなく，特定の演算で「微分可能 (differentiable)」
なもの——例えば画像のレンダリング[20]——を，DNNと組み合わせて使
う発想が現れます．演算が微分可能であるとは，その出力を入力で微分でき
ることを意味します．DNNの下流に配置した演算が微分可能であれば，最
終出力の誤差を元に上流のDNNの学習が可能となります．これは応用範囲
のいっそうの拡大につながりました．

　こうした発展にも後押しされ，深層学習の適用範囲はAIを超えて，他の工
学やサイエンスの問題にも適用されるようになりました．そこでの深層学習
の活用方法は2つに大別できます．1つは，従来は解けなかった問題を解ける
ようにすることです．その好例が，タンパク質の3次元構造を，設計図にあた
るアミノ酸塩基配列（テキスト情報でしかない）から予測する**Alphafold**[21]
です．もう1つの活用法は，従来の数値シミュレーションの高速化です．一
般に物理現象のシミュレーションは，物理モデルに基づく数値計算（例えば
時間発展の微分方程式を解く）によって行われますが，この部分をDNNで
置き換えて高速化を図ります．DNNを，例えば現在時刻の状態（＝入力）か
ら将来の状態（＝出力）を予測できるように訓練し，利用します．いずれの
場合も，入出力ペアの正解データを用いた学習に基礎を置いており，従来の
アプローチ——複雑な物理現象を数学的にモデル化し，順問題や逆問題を解
く——と大きく異なります．

　深層学習が遂げたもう1つの大きな発展は，画像，音声あるいは文など，
現実世界のあらゆるデータを高い品質で生成できるようになったことです．
古くからあるニューラルネットワークに対する期待の1つに，自然界の観測
データ——高次元空間において複雑な構造を持つ——の確率分布をニューラ
ルネットワークで表現し，またデータを自由に生成できるようにすることが
ありました．その経緯を考えれば，これまでの発展はある程度自然なものと
いえそうですが，そのアウトプットの品質の高さは従来の想像をはるかに超
えたものになっています．画像の生成では，敵対的生成ネットワーク（GAN）
の発明が転機となって，本物と見分けのつかないほど自然な画像を合成でき
るようになりました．言語についても，後述の言語モデルの進歩により，極
めて自然な文章を合成できるようになっています．今や生成できるデータは
自然に見えるだけでなく，創造性を感じさせるまでに至っています．以前は，

創造性こそが人と AI の大きな差であるという考えがありましたが，再考を迫られつつあります．

1.1.5　課題と今後

以上のような深層学習の進歩により，いわゆる AI のフロンティアは大きく前進しました．しかし冷静になって考えると，可能になったのはもっぱら，**認知的自動化(cognitive automation)** とでもいうべきものです．つまり，あらかじめ定めた入力から出力への 1 対 1 の写像を，DNN がデータの学習を通じて再現しているにすぎません．そこでは，何を入力とし何を出力とするかはあくまで人が決めています．この枠組みでは，人の多様な知的情報処理のほんの一部を切り出したものしか扱えない，といってよいでしょう．もちろん，以前は難しかった人の情報処理が一部でも自動化されることで，計り知れない恩恵がもたらされつつあることは事実ですが，それ自体は「知能」からはかなり遠いといえます．

また，上のように「自動化」と割り切ってなお，課題があります．ある程度の量の訓練データが得られなければ学習がうまくできないのはもちろん，そのハードルをクリアしても，訓練データへの過剰適合が頻繁に生じます．つまり，学習後のネットワークが，本番で遭遇するデータに対しては訓練データほどにはうまく機能しないということです．

問題となるのは，過剰適合が生じているかどうかを見極めるのがそれほど容易ではなく，またその解消はいっそう困難だということです．背景には，DNN が学習時，訓練データ内でのみ辻褄が合う手がかり（＝ 見かけの統計的な偏り）を巧みに発見できてしまう，逆説的な「性能の高さ」があります*8．また，ある程度複雑な問題においては，われわれの直感を超える量の「ショートカット（＝ 与えたデータ内のみで有効な近道)」が存在しそうだということもわかってきています．現時点ではほとんどの場合，そのような DNN の隠れた過剰適合を克服するには，訓練データの量を増やす以外に有効な手立て

---

*8　一例を挙げると，皮膚病変の悪性・良性をその画像 1 枚から判断する問題において，悪性サンプルのみ撮影時に「ものさし」をそえて撮影したため，学習の結果，DNN は画像内のものさしの有無を判定するようになってしまうといった場合です．しかしそのように原因が明らかなことはまれで，多くの場合，DNN が見つけた「ショートカット（近道)」が何であるかを知るのは困難です．

はありません*9.

　このような困難さを克服すべく，さまざまな挑戦が行われています．その 1 つが**自己教師学習** (self-supervised learning) です．自己教師学習とは，入力に対し正解が容易に手に入る問題，いわゆるプレテキスト（＝うわべの）タスクを学習することを指し，それによって入力データのよい表現を学習することを狙う方法です．一般的にはその後，目的とするタスク（問題）の学習を，比較的少量の訓練データを用いた転移学習——得られた DNN のパラメータを部分的に有効活用し，目的とするタスクの学習を行う——によって行います．その結果，目的とするタスクの訓練データは少なくてもよいことになり，またショートカットのリスクの低下にもつながります．

　自己教師学習は，言語，音声，画像その他の問題で大きな成功を収めています．とりわけインパクトが大きいのが，トランスフォーマーを用いた**言語モデル** (language model) の成功です．言語モデルは，自然な文を構成する単語の統計的な並び方を表現したもので，身の回りにあふれる膨大な量の「正しい文」を学習することで得られます．正しい文が与えられたとき，それを利用したプレテキストタスク——例えば，その中の 1 つの単語を隠した不完全な文を入力として，その隠した単語を予測する問題，あるいはその文の途中までを入力として，その残りを予測する問題——を学習することで，高精度な言語モデルを得ます．

　その成功例の 1 つが OpenAI が 2020 年に発表した **GPT-3** です．4 兆語ものテキストデータを訓練データとして用いて自己教師学習を行ったトランスフォーマーを使うと，数多くの高度な問題（例えば質問に対する回答など）を，数個の事例を与えるだけで解けてしまうことがわかっています．注目すべきは，いくつかの問題では，自己教師学習の他に追加の学習をいっさい行わない状態でも，少数の事例を入力の一部として与えるだけで目的が果たされることです．これは，冒頭に述べた「認知的自動化」の限界を大きく打ち破るものであり，深層学習および AI の新しい可能性を示したものといえます．なお，DNN による言語モデルでは，最終性能が学習の規模*10 に比例するという「スケーリング則 (scaling law)」が知られており [22]，その飽和点

---

*9　より重要なのはデータの多様性ですが，それを測ることも制御することも難しいので，多くの場合，結局のところ量を増やす以外に手がありません．

*10　この場合は自己教師学習における，訓練データとネットワークの規模を指します．

はいまだに見えていません．このことを含めて以上の発見は，深層学習および言語の構造にまつわる新たな謎を生み出すとともに*11，さらなる発展が今後期待されます．

　以上のような進展の一方で，実社会での問題解決への適用は，期待されるほどには進んでいません．実社会で解決が求められる問題というのは多くの場合，その解決には専門知，すなわちそれぞれの分野の専門家だけが持つ知識や技能を必要とします．しかしながらそういった専門知を収めたデータは，ほとんどないか，あっても量が限られます．その場合，先述の認知的自動化の枠組みがうまく機能することはまれであり，また上述の自己教師学習——身の回りの多岐にわたる話題を扱ったテキストや日常の風景のスナップ写真を大量に学習——を，そのような専門知とどのように結びつけられるのかが，よくわかっていません．近い将来解決すべき最大のテーマが，ここにあるといえます．

1.2　本書の構成

　本書の構成は以下の通りです．

　2章では，ニューラルネットワークの基本的な構成要素と，順伝播型ネットワークの構造を説明した後，さまざまな問題にニューラルネットワークをどうやって適用するかを説明します．3章ではニューラルネットワークの学習方法を説明します．学習の基礎となる確率的勾配降下法 (SGD) と，よりよい解（ネットワークのパラメータ）を得るためのいくつかの道具と SGD の拡張を，それぞれ説明します．以上の 2 つの章は，データの構造やネットワークの構造の違いによらない普遍的な内容を扱っています．

　4章では誤差逆伝播法，すなわち SGD の実行に必要な，損失関数の勾配を計算するアルゴリズムを説明し，これを一般化した方法といえる自動微分の考え方を簡単に説明します．また，現代的なニューラルネットワークの構成要素として不可欠な**残差接続 (residual connection)** もあわせて説明します．

　5章から7章までは，異なるタイプのデータを扱うネットワークを説明しま

---

*11　画像や音声データでも自己教師学習は成功していますが，GPT-3 のような芸当はできません．

す．5章では画像を中心とするさまざまな応用でよく使われる畳み込みニューラルネットワーク (CNN) を，6章ではリカレントニューラルネットワーク (RNN) を始めとする，系列データを扱うネットワークを，そして7章では集合やグラフを扱うためのネットワークを，それぞれ説明します．

　8章では，ニューラルネットワークが下した推論の信頼性を評価する方法を説明します．9章では，主に可視化を通じて，ニューラルネットワークによる推論の中身を説明し，あるいはそれが学習を通じて何を獲得したのかを理解する方法を説明します．

　10章と11章では，2章で扱った基本的な方法と比べ，より発展的な学習方法を複数，説明します．10章では，目的や適用できる条件が異なるさまざまな方法を取り上げて説明します．11章では，訓練データが少ない場合にそれを克服するための学習方法を集めました．

　最後に12章では，深層生成モデル，すなわち DNN を用いてさまざまなデータの確率的な生成分布を表現し，例えば新たなデータを生成することを可能にする方法を説明します．

ネットワークの基本構造

本章では，最も基本となるニューラルネットワークの構成を説明
し，その学習のあらましを述べます．また，いくつかの代表的な
問題に対するニューラルネットワークの適用の仕方，具体的には
出力層と損失関数の設計方法を説明します．

2.1 ユニットと活性化関数

2.1.1 ユニット

ニューラルネットワークを構成する最小の要素がユニットです．ユニット
は図 2.1 のように，複数の入力を受け取り，1 つの出力を計算します．同図
の場合，4 つの入力 x_1, x_2, x_3, x_4 を受け取りますが，このユニットが受け
取る総入力 u は，

$$u = w_1 x_1 + w_2 x_2 + w_3 x_3 + w_4 x_4 + b \tag{2.1}$$

のように，各入力に異なる**重み (weight)** w_1, w_2, w_3, w_4 を掛けて加算した
ものに**バイアス (bias)** と呼ばれる値 b を足したものです．このユニットは，
この総入力 u を**活性化関数 (activation function)** と呼ばれる関数 f に入
れて得られる値

$$z = f(u) \tag{2.2}$$

を出力します．

図 2.2 のように，これと同じユニットを 3 つ並べたものを考え，それぞれ 4

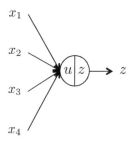

図 2.1　ユニット 1 つの入出力. $u = w_1 x_1 + w_2 x_2 + w_3 x_3 + w_4 x_4 + b.$　$z = f(u).$

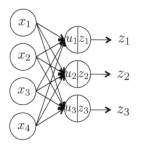

図 2.2　層状に並べられた複数のユニットが複数の入力を受け取る様子.　式 (2.3) 参照.

つの入力 x_1, x_2, x_3, x_4 を等しく受け取るとします. これら入力をインデックス $i = 1, \ldots, 4$ で表し, 3 つのユニットを $j = 1, 2, 3$ で表すことにします. 入力とユニット間の結合は全部で $3 \times 4 = 12$ 本あり, その 1 つ 1 つに異なる重み w_{ji} が与えられるとします. つまり 3 つのユニットが受け取る入力はそれぞれ

$$u_1 = w_{11} x_1 + w_{12} x_2 + w_{13} x_3 + w_{14} x_4 + b_1 \tag{2.3a}$$

$$u_2 = w_{21} x_1 + w_{22} x_2 + w_{23} x_3 + w_{24} x_4 + b_2 \tag{2.3b}$$

$$u_3 = w_{31} x_1 + w_{32} x_2 + w_{33} x_3 + w_{34} x_4 + b_3 \tag{2.3c}$$

と計算されます. これらにそれぞれ活性化関数 f を適用したものが, これらのユニットの出力

$$z_j = f(u_j) \quad (j = 1, 2, 3) \tag{2.4}$$

となります.

入力とユニットの数を一般化し,入力を $i = 1, \ldots, I$,ユニットを $j = 1, \ldots, J$ で表すと,各ユニット $(j = 1, \ldots, J)$ の出力は次のように計算されます.

$$u_j = \sum_{i=1}^{I} w_{ji} x_i + b_j \tag{2.5a}$$

$$z_j = f(u_j) \tag{2.5b}$$

ベクトルと行列を用いて表記すると,これは

$$\mathbf{u} = \mathbf{W}\mathbf{x} + \mathbf{b} \tag{2.6a}$$

$$\mathbf{z} = \mathbf{f}(\mathbf{u}) \tag{2.6b}$$

と表せます.ただしここで登場したベクトルと行列は次のように定義します.

$$\mathbf{u} = \begin{bmatrix} u_1 \\ \vdots \\ u_J \end{bmatrix}, \quad \mathbf{x} = \begin{bmatrix} x_1 \\ \vdots \\ x_I \end{bmatrix}, \quad \mathbf{b} = \begin{bmatrix} b_1 \\ \vdots \\ b_J \end{bmatrix}, \quad \mathbf{z} = \begin{bmatrix} z_1 \\ \vdots \\ z_J \end{bmatrix},$$

$$\mathbf{W} = \begin{bmatrix} w_{11} & \cdots & w_{1I} \\ \vdots & \ddots & \vdots \\ w_{J1} & \cdots & w_{JI} \end{bmatrix}, \quad \mathbf{f}(\mathbf{u}) = \begin{bmatrix} f(u_1) \\ \vdots \\ f(u_J) \end{bmatrix}$$

2.1.2　活性化関数

ユニットの総入力に適用される活性化関数には,さまざまな種類があり,目的に応じて使い分けられます.最も基本となるのが,**ReLU(rectified linear unit)**[*1] と呼ばれる次の関数です [12, 23, 24].

$$f(u) = \max(u, 0) \tag{2.7}$$

これは図 2.3 のように,恒等関数 $z = u$ のうち $u < 0$ の部分を $u = 0$ で置き換えてできる関数です.

---

*1　ReLU はこの活性化関数を持つユニットを本来は指しますが,活性化関数そのものを指す用語として使われています.

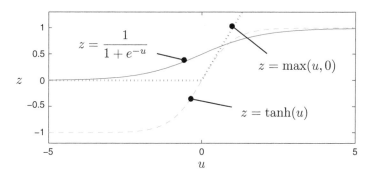

図 2.3　典型的な活性化関数とその形.

ReLU は歴史的に新しく，それ以前は**シグモイド関数** (**sigmoid function**) と総称される活性化関数の一群がメジャーな存在でした．その 1 つが，**ロジスティック関数** (**logistic function**) あるいは**ロジスティックシグモイド関数** (**logistic sigmoid function**) と呼ばれる関数

$$f(u) = \frac{1}{1 + e^{-u}} \tag{2.8}$$

です．この関数は実数全体 $(-\infty, \infty)$ を定義域に持ち，図 2.3 のように $(0, 1)$ を値域とします．もう 1 つが**双曲線正接関数** (**hyperbolic tangent function**)

$$f(u) = \tanh(u) \tag{2.9}$$

です．この関数の値域は $(-1, 1)$ と変わりますが，$\tanh(u) = (e^u - e^{-u})/(e^u + e^{-u})$ とも表せ，ロジスティック関数とよく似た性質を持っています．いずれの関数も，入力の絶対値が大きな値をとると出力が飽和し一定値となること，その間の入力に対して出力が徐々にかつ滑らかに変化することが特徴です．

ReLU とこれらのシグモイド関数にはさまざまな違いがありますが，中でも特筆すべきは，出力が変化する入力値の範囲がずっと広いということです．シグモイド関数では，入力の絶対値が大きくなると出力が飽和するので，出力が変動する入力の範囲が限定されます．一方で ReLU は，入力が負でない限りそのようなことはありません．

この他の重要な活性化関数に，主にクラス分類を目的とするネットワーク

で出力層に使われるソフトマックス関数があります．これについては 2.4.3 項で改めて述べます．なお，活性化関数を使用しないで（あるいは恒等関数を活性化関数に選び）ユニットの総入力をそのまま出力とする $(z = u)$ 場合もあります．

なお，ReLU の拡張がさまざまに行われています．ReLU では入力 u が負であれば出力はいつも 0 ですが，PReLU[25] はその点を変更し

$$f(u) = \begin{cases} u, & u \geq 0 \text{ のとき} \\ au, & \text{それ以外} \end{cases} \tag{2.10}$$

とします．ここで a は学習によって定めます*2．一方 a に定数を指定するのが LeakyReLU[26] です．これ以外にも**マックスアウト (maxout)**[27]，**ELU(exponential linear unit)**[28] や Swish[29]，7.3 節のトランスフォーマーでよく使われる **GELU(Gaussian error linear unit)**[30] など，多数の活性化関数が提案されています．

2.2　順伝播型ネットワーク

図 2.2 のネットワークに層を 1 つ追加し，図 **2.4**(a) に示すような構造のネットワークを考えます*3．情報は左から右へと一方向に伝わり，この順に各層を $l = 1, 2, 3$ で表します．なお $l = 1$ の層を**入力層 (input layer)**，$l = 2$ を**中間層 (internal layer)** あるいは**隠れ層 (hidden layer)**，$l = 3$ を**出力層 (output layer)** と呼びます．

各層のユニットの入出力を区別するために，各変数の右肩に層の番号 $(l = 1, 2, 3)$ を付け，$\mathbf{u}^{(l)}$ や $\mathbf{z}^{(l)}$ のように書くことにします．この表記を使うと，中間層 $(l = 2)$ のユニットの出力は式 (2.6) にならって次のように書くことができます．

$$\mathbf{u}^{(2)} = \mathbf{W}^{(2)}\mathbf{x} + \mathbf{b}^{(2)}$$
$$\mathbf{z}^{(2)} = \mathbf{f}(\mathbf{u}^{(2)})$$

---

*2　重みと同様，後述するように誤差逆伝播法で勾配を求め，勾配降下法で最適化されます．

*3　ネットワークの層の数を数えるときは，ユニットを持つ層のみを対象とすることにします．つまり図 2.4(a), (b) のネットワークの層数は 2 と数えます．

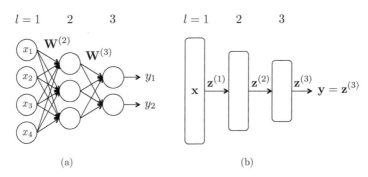

図 2.4 (a) 3 つのユニットを中間層に持つ 2 層ネットワークと，このネットワーク各層の入出力.
(b) 各層をまとめた簡略表示.

ここで $\mathbf{W}^{(2)}$ は入力層と中間層間の結合の重みで，図 2.4 のネットワークで
は 3×4 行列になります．また $\mathbf{b}^{(2)}$ は中間層のユニットに与えられたバイア
スです．

次に，出力層 $(l = 3)$ のユニットの出力は，$\mathbf{x}$ を中間層の出力 $\mathbf{z}^{(2)}$ に置き
換えて

$$\mathbf{u}^{(3)} = \mathbf{W}^{(3)}\mathbf{z}^{(2)} + \mathbf{b}^{(3)}$$
$$\mathbf{z}^{(3)} = \mathbf{f}(\mathbf{u}^{(3)})$$

のように計算されます．$\mathbf{W}^{(3)}$ は中間層と出力層間の重みで，図 2.4 のネッ
トワークでは 2×3 行列です．$\mathbf{b}^{(3)}$ は出力層のユニットに与えられたバイア
スです．

以上は，任意の層数 L のネットワークに一般化できます．層 $l+1$ のユニッ
トの出力 $\mathbf{z}^{(l+1)}$ は，1 つ下の層 l のユニットの出力 $\mathbf{z}^{(l)}$ から

$$\mathbf{u}^{(l+1)} = \mathbf{W}^{(l+1)}\mathbf{z}^{(l)} + \mathbf{b}^{(l+1)} \tag{2.11a}$$
$$\mathbf{z}^{(l+1)} = \mathbf{f}(\mathbf{u}^{(l+1)}) \tag{2.11b}$$

のように計算されます．したがって，ネットワークに対する入力 $\mathbf{x}$ が与え
られたとき（層 $l = 1$ のユニットの出力を $\mathbf{z}^{(1)} = \mathbf{x}$ とし），式 (2.11a),
(2.11b) を $l = 1, 2, 3, \ldots, L - 1$ の順に実行していくことで，各層の出力
$\mathbf{z}^{(2)}, \mathbf{z}^{(3)}, \ldots, \mathbf{z}^{(L)}$ をこの順に決定していくことができます．以下では，ネッ

トワークの最終的な出力を

$$\mathbf{y} \equiv \mathbf{z}^{(L)}$$

と表記します．なお上では，表記の簡素化のため全層で単一の活性化関数 $\mathbf{f}$ を使っていますが，各層で異なっていても構いません．特に出力層のユニットの活性化関数は，後述の通り問題に応じて選定され，中間層のものとは一般に異なります．

　以上のように入力 $\mathbf{x}$ を皮切りに各層の計算を順番に実行し，最後に出力 $\mathbf{y}$ を得るネットワークのことを，**順伝播型（ニューラル）ネットワーク (feed-forward neural network)** と呼びます．この順伝播型ネットワークが入力 $\mathbf{x}$ から出力 $\mathbf{y}$ を得る計算は，関数 $\mathbf{y} = \mathbf{y}(\mathbf{x})$ として表現できます．関数の中身は，各層間の結合の重み $\mathbf{W}^{(l)}(l = 2, \ldots, L)$ とユニットのバイアス $\mathbf{b}^{(l)}(l = 2, \ldots, L)$ によって決まります．以下これらをネットワークのパラメータと呼びます．ネットワークが表現する関数は，このパラメータを変えることでさまざまに変化させることができます．このことを表すために，全パラメータ $\mathbf{W}^{(2)}, \ldots, \mathbf{W}^{(L)}, \mathbf{b}^{(2)}, \ldots, \mathbf{b}^{(L)}$ を成分に持つベクトル $\mathbf{w}$ を定義し，$\mathbf{y}(\mathbf{x}; \mathbf{w})$ と書くことにします．

2.3　学習の概要

　上述のように，順伝播型ネットワークは 1 つの関数 $\mathbf{y}(\mathbf{x}; \mathbf{w})$ を表現し，これはネットワークのパラメータ $\mathbf{w}$ 次第で変化します．今，何らかの望みの関数があり，$\mathbf{w}$ をうまく選んで，このネットワークでその関数を可能な限り正確に表したいとします．目標とする関数は，その具体的な姿形はわからないものの，その入出力のペアが複数与えられているとします．すなわち，入力 $\mathbf{x}$ に対する望ましい出力 $\mathbf{d}$ のペアが複数，

$$\{(\mathbf{x}_n, \mathbf{d}_n)\}_{n=1,\ldots,N} \equiv \{(\mathbf{x}_1, \mathbf{d}_1), (\mathbf{x}_2, \mathbf{d}_2), \ldots, (\mathbf{x}_N, \mathbf{d}_N)\}$$

のように与えられているとします．なお，これらのペア $(\mathbf{x}_n, \mathbf{d}_n)$ 1 つ 1 つを**訓練サンプル (training sample)** と呼び，その集合を**訓練データ (training data)** と呼びます．

　さて，目的とする関数をうまく表現できるように，ネットワークが表す関

数を $\mathbf{w}$ を調整して訓練データに適合（フィット）させることを考えます．具体的には，すべてのペア $(\mathbf{x}_n, \mathbf{d}_n)(n = 1, \ldots, N)$ について，入力 $\mathbf{x}_n$ を与えたときのネットワークの出力 $\mathbf{y}(\mathbf{x}_n; \mathbf{w})$ が，なるべく $\mathbf{d}_n$ に近くなるように $\mathbf{w}$ を調整します．これがニューラルネットワークの学習，より詳細には**教師あり学習** (**supervised learning**) です．

このとき，$\mathbf{x}_n$ に対するネットワークの出力 $\mathbf{y}(\mathbf{x}_n; \mathbf{w})$ と訓練データ $\mathbf{d}_n$ との差を測る必要があり，それを行うのが**損失関数** (**loss function**)（あるいは単純に損失と呼ぶ）*4 です．このようにして，訓練データに対して計算される損失を小さくするようにパラメータを定める考え方を**経験損失の最小化** (**empirical risk minimization**) と呼びます．

さて，今考えている関数の入力 $\mathbf{x}$ と出力 $\mathbf{y}$ は，われわれが解決したい問題ごとにさまざまです．そのため，問題に応じて $\mathbf{y}$ を出力するネットワークの出力層を適切に設計し，$\mathbf{y}$ と訓練データの $\mathbf{d}$ 間の差を測る損失関数を選定します．次節で，代表的な問題を列挙し，それぞれこの 2 つをどのように決めるかを説明します．

2.4　問題の定式化：出力層と損失関数の設計

2.4.1　回帰

回帰 (**regression**) あるいは回帰分析とは，2 つの変数（$\mathbf{x}$ と $\mathbf{y}$ とする）の関係をデータから推定することをいいます．そのような関係を 1 つの関数 $\mathbf{y} = \mathbf{f}(\mathbf{x})$ と見て，これをニューラルネットワークで表現し，その関数の入出力のペアの事例 $\{(\mathbf{x}_n, \mathbf{d}_n)\}_{n=1,\ldots,N}$ を使って学習を行います．その結果，与えられた新しい入力 $\mathbf{x}$ に対し，それが対応する出力 $\mathbf{y}$ を予測できるようにします．

ネットワークの出力層は，目的とする関数の出力 $\mathbf{y}$ を与えられるように設計します．つまり，出力 $\mathbf{y}$ の成分数と同数のユニットを配置するとともに，値域を考慮してそれらの活性化関数を選定します．目的とする関数の値域が $[-1 : 1]$ の場合は例えば双曲線正接関数を選び，任意の実数（$-\infty$ から ∞ まで）の場合には恒等関数を選ぶなどします．

---

*4　本書の初版ではいくつかの配慮から「誤差関数」と記していましたが，より一般的なこちらの名称に変更します．

このように出力層の活性化関数を選んだうえで，$\mathbf{x}_n$ に対するネットワークの出力 $\mathbf{y}(\mathbf{x}_n)$ が，訓練データの目標出力 $\mathbf{d}_n$ に可能な限り近くなるようにすることを考えます．その「近さ」の尺度，すなわち損失には，例えば二乗誤差

$$\|\mathbf{d}_n - \mathbf{y}(\mathbf{x}_n; \mathbf{w})\|^2$$

を使います．これを訓練データの N 個のサンプルについて加算した

$$E(\mathbf{w}) = \frac{1}{2} \sum_{n=1}^{N} \|\mathbf{d}_n - \mathbf{y}(\mathbf{x}_n; \mathbf{w})\|^2 \tag{2.12}$$

が最も小さくなるように $\mathbf{w}$ を決めます．二乗誤差は回帰に用いられる損失として一般的ですが，いつもそうすべきというわけではありません[*5]．

2.4.2　2値分類

次に入力 $\mathbf{x}$ を内容に応じて2種類に区別する問題を考えます．例えば，人の顔の画像 $\mathbf{x}$ が与えられ[*6]，その人が女性か男性かを区別したいという場合です．$k = 0$ なら女性，$k = 1$ なら男性というように，種類を2値の変数 $k \in \{0, 1\}$ で表現することにします．目標は，入力 $\mathbf{x}$ から k を推定することです．

この問題を定式化するため，$\mathbf{x}$ を指定したとき $k = 1$ となる事後確率 $p(k = 1|\mathbf{x})$ を考えます．$\mathbf{x}$ が与えられたとき，事後確率 $p(k = 1|\mathbf{x})$ を計算し，その値が 0.5 を超えれば $k = 1$，下回れば $k = 0$ と判断することにします．

この事後確率 $p(k = 1|\mathbf{x})$ をモデル化するのに，ニューラルネットワークを使います．このネットワークは出力層にユニットを1つだけ持ち，その活性化関数をロジスティック関数 $y = 1/(1 + \exp(-u))$ とします．そしてこのネットワークが $\mathbf{x}$ に対して与える出力 $y(\mathbf{x}; \mathbf{w})$ が，次のように事後確率を表現するものと考えます．

$$p(k = 1|\mathbf{x}) = y(\mathbf{x}; \mathbf{w}) \tag{2.13}$$

そして，この事後分布のモデルが訓練データ $\{(\mathbf{x}_n, d_n)\}_{n=1,\dots,N}$ と最も整合

[*5]　訓練データの目標出力 $\mathbf{d}$ が持つ統計的な性質に応じて選ぶべきです．例えば $\mathbf{d}$ がその真の値に正規分布に従うノイズが加算されたものと考えられる場合，二乗誤差はよい選択となります．

[*6]　画像は画素を決まった順番で並べてベクトルとします．

するように（ここでは d_n はスカラーで $\mathbf{x}_n$ が $k=0$ か 1 かを表し，つまり $d_n \in \{0,1\}$ です），ネットワークのパラメータ $\mathbf{w}$ を決定します．具体的には，以下のように**最尤推定** (maximum likelihood estimation) を実行します．

べき乗の性質を使ったトリックを使うと，事後分布 $p(k|\mathbf{x}) = p(k|\mathbf{x}; \mathbf{w})$ を，$k=1$ と $k=0$ の事後分布を使って

$$p(k|\mathbf{x}) = p(k=1|\mathbf{x})^k p(k=0|\mathbf{x})^{1-k} \tag{2.14}$$

と表現できます．式 (2.13) から $p(k=1|\mathbf{x}) = y(\mathbf{x}; \mathbf{w})$ であり，また $k=1$ でなければ $k=0$ なので，$p(k=0|\mathbf{x}) = 1 - y(\mathbf{x}; \mathbf{w})$ を導けます．最尤推定では，与えられた訓練データ $\{(\mathbf{x}_n, d_n)\}_{n=1,\ldots,N}$ に対する $\mathbf{w}$ の**尤度** (likelihood) を求め，それを最大化する $\mathbf{w}$ の値を選びます．$\mathbf{w}$ の尤度は，

$$L(\mathbf{w}) \equiv \prod_{n=1}^{N} p(d_n|\mathbf{x}_n; \mathbf{w}) = \prod_{n=1}^{N} \{y(\mathbf{x}_n; \mathbf{w})\}^{d_n} \{1 - y(\mathbf{x}_n; \mathbf{w})\}^{1-d_n}$$

で与えられます．対数関数の単調性から結果は同じなので，この尤度の対数をとり，さらに（最大化の代わりに最小化とするべく）符号を反転した

$$E(\mathbf{w}) = -\sum_{n=1}^{N} [d_n \log y(\mathbf{x}_n; \mathbf{w}) + (1 - d_n) \log \{1 - y(\mathbf{x}_n; \mathbf{w})\}] \tag{2.15}$$

を損失関数とします．

上の議論では，出力層のユニットの活性化関数にロジスティック関数を選択しました．このことは次のように解釈できます．事後確率 $p(k=1|\mathbf{x})$ は，条件付き確率の定義から

$$p(k=1|\mathbf{x}) = \frac{p(\mathbf{x}, k=1)}{p(\mathbf{x}, k=0) + p(\mathbf{x}, k=1)}$$

と書けます．ここで

$$u \equiv \log \frac{p(\mathbf{x}, k=1)}{p(\mathbf{x}, k=0)}$$

とおくと，事後確率 $p(k=1|\mathbf{x})$ は u のロジスティック関数に一致します．

以上の定式化の代わりに，2値分類を次に説明する多クラス分類の一種と見なし（クラス数が 2 の場合），そちらの定式化を採用することもできます．

その場合は 2 つのユニットを持つ出力層を考え，それらの活性化関数にはソフトマックス関数を選択することになります．

2.4.3 多クラス分類

多クラス分類 (**multi-class classification**) とは，入力 $\mathbf{x}$ を内容に応じて有限個のクラスに分類する問題です．一例として，図 2.5 に手書き数字を認識する問題，つまり数字が 1 つ書かれた画像 1 枚が与えられたとき，その数字が 0〜9 のどれであるかを答える問題を考えます．具体的には，画像の画素値（例えば [0:1] の値をとる）を全画素分，成分に持つベクトルを入力 $\mathbf{x}$ とします（画像のサイズが 28×28 画素なら $\mathbf{x}$ の成分数は 784）．そのような $\mathbf{x}$ が与えられたとき，画像に写る数字が表す 0〜9 の正しいクラスに分類します．

このような多クラス分類を対象とする場合，ネットワークの出力層には分類したいクラス数 K と同数のユニットを並べ，この層の活性化関数を次のように選びます．出力層 $l = L$ の各ユニット $k(= 1, \ldots, K)$ の総入力は，1 つ下の層 $l = L - 1$ の出力を元に $u_k^{(L)}(= \mathbf{W}^{(L)}\mathbf{z}^{(L-1)} + \mathbf{b}^{(L)})$ と与えられます．これを元に，出力層の k 番目のユニットの出力を

$$y_k \equiv z_k^{(L)} = \frac{\exp(u_k^{(L)})}{\sum_{j=1}^{K} \exp(u_j^{(L)})} \tag{2.16}$$

とします $(k = 1, \ldots, K)$．この関数は**ソフトマックス関数** (**softmax function**) と呼ばれています．こうして決まる出力 $y_1, \ldots, y_K$ は，総和がいつも 1 になる $(\sum_{k=1}^{K} y_k = 1)$ ことに注意します．なお，ソフトマックス関数も活

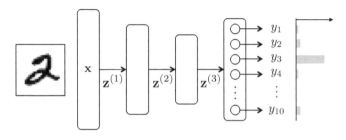

図 2.5 多クラス分類の例．入力された手書き数字の画像 $\mathbf{x}$ が 0〜9 までの数字のどれかを判定します．ネットワークは，0〜9 の数字らしさを表す $p_1, \ldots, p_{10}$ の数値を出力します．

性化関数の 1 つに数えられますが，他の活性化関数の場合，ユニット k の出力 z_k は同ユニットへの総入力 u_k のみから決定されるのに対し，ソフトマックス関数では，ユニット k の出力はこの層の全ユニットへの総入力 $u_1, \ldots, u_K$ を元に決まる点で特殊です.

さて，入力 $\mathbf{x}$ がクラス k に属するという事象を $\mathcal{C}_k$ と書き $(k = 1, \ldots, K)$，上のように選んだ出力層のユニット k の出力 $y_k (= z_k^{(L)})$ は，与えられた入力 $\mathbf{x}$ がクラス $\mathcal{C}_k$ に属する確率を表すものと解釈します.

$$p(\mathcal{C}_k|\mathbf{x}) = y_k = z_k^{(L)} \tag{2.17}$$

そして，入力 $\mathbf{x}$ をこの確率が最大になるクラスに分類することにします. なお，このクラスの確率のことを**スコア (score)** と呼ぶこともあります. スコアが大きいほど，そのクラスらしいということです.

多クラス分類でも 2 値分類同様に，ネットワークによって実現される関数が各クラスの事後確率を与えると見なし，そのような確率モデルのもとで，訓練データに対するネットワークパラメータの尤度を評価し，これを最大化します. 訓練データとしては，入力 $\mathbf{x}_n$ に対するネットワークの目標出力 $\mathbf{d}_n$ を，K 個の要素を持つベクトル $\mathbf{d}_n = [d_{n1} \cdots d_{nK}]^\top$ によって表現することとし，各成分 d_{nk} は対応するクラスが真のクラスであったときのみ 1 をとり，それ以外は 0 をとるものとします（1-of-K 符号化や 1-hot ベクトルなどと表現されます）. 例えば図 2.5 の手書き数字（10 クラス）を分類する問題では，入力 $\mathbf{x}_n$ が数字の "2" のとき[*7]，この入力の目標出力は

$$\mathbf{d}_n = [0\,0\,1\,0\,0\,0\,0\,0\,0\,0]^\top$$

となります. このように符号化すると，事後分布は 2 値分類で使ったのと同じトリックを使って

$$p(\mathbf{d}|\mathbf{x}) = \prod_{k=1}^{K} p(\mathcal{C}_k|\mathbf{x})^{d_k} \tag{2.18}$$

と表せます. この事後確率の表記に式 (2.17) を組み合わせると，訓練データ $\{(\mathbf{x}_n, \mathbf{d}_n)\}_{n=1,\ldots,N}$ に対する $\mathbf{w}$ の尤度を

[*7]　$\mathcal{C}_1$ が数字の 0 に対応し，$\mathcal{C}_2$ が 1，$\mathcal{C}_3$ が 2（以下同様）としています.

$$L(\mathbf{w}) = \prod_{n=1}^{N} p(\mathbf{d}_n|\mathbf{x}_n;\mathbf{w}) = \prod_{n=1}^{N}\prod_{k=1}^{K} p(\mathcal{C}_k|\mathbf{x}_n)^{d_{nk}} = \prod_{n=1}^{N}\prod_{k=1}^{K} (y_k(\mathbf{x};\mathbf{w}))^{d_{nk}}$$

と導出できます．この尤度の対数をとり符号を反転した次を，損失関数とします．

$$E(\mathbf{w}) = -\sum_{n=1}^{N}\sum_{k=1}^{K} d_{nk} \log y_k(\mathbf{x}_n;\mathbf{w}) \tag{2.19}$$

この関数は，**交差エントロピー (cross entropy)** と呼ばれています．なお，$\mathbf{x}_n$ の正解クラスを k_n と書くとき，$d_{nk_n} = 1$ かつ $k \neq k_n$ の k について $d_{nk} = 0$ となるので，クラス k に関する和がなくなり

$$E(\mathbf{w}) = -\sum_{n=1}^{N} \log y_{k_n}(\mathbf{x}_n;\mathbf{w})$$

と単純になります．一方，正解がクラスの確率分布として与えられる場合もあり（つまり，d_k はクラス k の確率を表す）[*8]，その場合は損失関数として式 (2.19) をそのまま使います．

　なお上では，式 (2.16) のようにソフトマックス関数を出力層の活性化関数に選び，その出力を各クラスの確率と見なしていますが，これは次のように考えていることと同じです．まず，$\mathcal{C}_k$ の（$\mathbf{x}$ のクラスが k である）事後確率は，定義から

$$p(\mathcal{C}_k|\mathbf{x}) = \frac{p(\mathbf{x},\mathcal{C}_k)}{\sum_{j=1}^{K} p(\mathbf{x},\mathcal{C}_j)} \tag{2.20}$$

のように表せます．ここで $u_k \equiv \log p(\mathbf{x},\mathcal{C}_k)$ とおくと，この確率は

$$p(\mathcal{C}_k|\mathbf{x}) = \frac{\exp(u_k)}{\sum_{j=1}^{K} \exp(u_j)} \tag{2.21}$$

のように書き換えられ，ソフトマックス関数に一致することがわかります．つまり $u_k \equiv \log p(\mathbf{x},\mathcal{C}_k)$ とモデル化した場合の事後確率が，ソフトマックス関数になるということです．u_k は**ロジット (logit)** と呼ばれます．

2.4.4　マルチラベル分類
　マルチラベル分類 (**multi-label classification**) とは，1 つの入力 $\mathbf{x}$ に対

[*8]　例えば 0 である確率が 20%で，6 である確率が 80%など．

し，複数のラベルの有無を予測する問題です．例えば，ある人の画像 1 枚から，その人が「眼鏡をかけている」，「ひげがある」，「帽子をかぶっている」，「男性である」… など，顔の「属性」を答える問題です．眼鏡をかけたひげのある人もいれば，眼鏡はかけていてもひげはない人もいるように，その組合せはたくさんあります．

この問題は，複数のラベル（属性）それぞれについて，その有無を予測する 2 値分類に帰着されます．つまり，$k(=1,\dots,K)$ 番目のラベルの有無を 2 値の変数 $s_k \in \{0,1\}$ で表すこととし，ネットワークは $s_1,\dots,s_K$ を予測する K 個の出力を与える K 個のユニットを出力層に持つようにデザインします．2.4.2 項に従って，各ユニットの活性化関数にロジスティック関数を採用し，ユニット k は $s_k = 1$ である確率 $y_k(\mathbf{x}) = p(s_k = 1|\mathbf{x})$ を出力するものと見なします．訓練データの正解ラベル（n 番目のサンプルの k 番目のラベル）を $d_{nk} \in \{0,1\}$ で表すと，N 個のサンプルに対する損失関数は

$$E(\mathbf{w}) = -\sum_{n=1}^{N}\sum_{k=1}^{K}\left[d_{nk}\log y_k(\mathbf{x}_n;\mathbf{w}) + (1-d_{nk})\log\{1 - y_k(\mathbf{x}_n;\mathbf{w})\}\right]$$

(2.22)

で与えられます．

マルチラベル分類では，特にラベルの総数が多いときに，訓練データ内の各ラベルの正例・負例が不均衡となる，つまり正例が過少となる傾向があります．その場合，学習時に対策（例えば局在損失 [31] や非対称損失 [32] など）を行うことで，精度を向上できることがあります．

マルチラベル分類は深層学習とは独立に以前から研究されており，そこではいかにラベル間の相関——例えば，「ひげをはやしている」と「男性である」は共起しやすい——を推論にうまく利用できるかが 1 つの焦点でした [33]．これに対しニューラルネットワークを使う場合，出力層に至るネットワークの共通部分でラベル間の相関が自動的に学習され，推論に利用されると期待されます．

2.4.5　順序回帰

順序回帰 (ordinal regression) とは，順序が決まった複数のクラス（ランク）があるとき，その中の 1 つを選んで答えとする問題です．例えば嗜好

品の 5 段階評価（とても悪い，悪い，普通，良い，とても良い）を予測する問題や，年齢を 10 歳ごとに（0〜9 歳，10〜19 歳，20〜29 歳，・・・）のように区分し，ある人の年齢がどの区分に入るかを予測する問題です．

　これらは多クラス分類に似ていますが，多クラス分類では正解クラスは通常 1 つだけであり，予測の評価は正解か誤りかの 2 種類しかありません．これに対し上の問題では「惜しい」誤答，つまり正解と順序が近い誤答が存在します．順序回帰では，そのような正解への近さを考慮します．なお普通の回帰は，予測と正解の「近さ」を直接的に扱う一方，離散的なクラスラベルを扱うことができません．この意味で順序回帰は，回帰と多クラス分類の中間に位置しています．

　順序回帰のための出力層と損失関数の設計方法は，少なくとも 2 つあります．1 つは，クラス数を K とするとき，問題を $K-1$ 個の独立な 2 値分類に変換する方法です [34,35]．K 個の順序付きのクラスをインデックス $k = 1, \ldots, K$ で表したとき，それぞれのクラスについて，入力 $\mathbf{x}$ の正解クラス $\bar{k}$ がそれより大きいか，そうでないかを判定する 2 値分類を考えます．最後のクラス K との比較は意味がないので $k = 1, \ldots, K-1$ について 2 値分類を考えることになりますが，その正解 $d_k(k = 1, \ldots, K-1)$ は

$$\begin{cases} d_k = 1, & k < \bar{k} \text{ のとき} \\ d_k = 0, & \text{それ以外} \end{cases} \tag{2.23}$$

となります．

　これに合わせてネットワークの出力層に $K-1$ 個のユニットを並べ，ロジスティック関数を活性化関数にして，その出力 y_k で d_k を予測します．こうして得られる出力 $y_1, \ldots, y_{K-1}$ を，しきい値を決めて 2 値化すると，理想的には正解クラス $\bar{k}$ より小さい k の出力がすべて 1，それ以外がすべて 0，すなわち

$$[y_1, \ldots, y_{K-1}] = [\underbrace{1, \ldots, 1}_{\bar{k}-1}, \underbrace{0, \ldots, 0}_{K-\bar{k}}] \tag{2.24}$$

のような形になるはずです．ただし各 k の 2 値分類は独立に行っているので，予測が上のようになる保証はありません．そこで $K-1$ 個の 2 値分類の結果を加算したものを $\mathbf{x}$ のクラスの予測とします．すなわち

$$(予測するクラスのインデックス) = 1 + \sum_{k=1}^{K-1} 1\{y_k\} \tag{2.25}$$

ここで $1\{y_k\}$ は y_k を 2 値化する処理を表します.

もう 1 つの方法は,K クラスの多クラス分類として定式化し,ただし目標出力 $\mathbf{d}$ を「ソフトラベル」とする方法です [36].多クラス分類の目標出力 $\mathbf{d}$ は通常,1-of-K 符号（「ハードラベル」とも呼ばれる）で与えますが,ここではクラス k の d_k を正解との近さに応じて,0 から 1 の間の値をとるようにします.これによって,上述の「惜しい」誤答を,正解への近さに応じて適切に評価できるようになります.具体的には例えば,正解クラス $\bar{k}$ との距離 $|\bar{k} - k|(k = 1, \ldots, K)$ をソフトマックス関数で正規化した

$$d_k = \frac{\exp(-|\bar{k} - k|)}{\sum_{i=1}^{K} \exp(-|\bar{k} - i|)} \tag{2.26}$$

を用います.後は通常の多クラス分類と同様,K 個のユニット＋ソフトマックス関数を出力層に持つネットワークを使って,式 (2.19) の交差エントロピーを最小化する学習を行います.推論時には,スコア y_k が最大となるクラス k を答えとします.

2.4.6 信号の陰的表現

何らかの信号をニューラルネットワークを用いて表現することを主な目的とする,**陰的表現 (implicit neural representation)** と呼ばれる方法があります.この名前は,信号そのものを陽に与えることなくその表現を得ようとすることに由来します.

座標を $\mathbf{x} \in \mathbb{R}^D$ とするある空間で定義された信号 $s(\mathbf{x})$ を考えます*9.$s(\mathbf{x})$ を表現する最も一般的なやり方は,離散的な座標 $\{\mathbf{x}_n\}_{n=1,2,\ldots}$——例えば空間に格子をとり等間隔の標本点 $\mathbf{x}_n$ を定める——を考え,$\mathbf{x}_n$ での標本値 $s_n \equiv s(\mathbf{x}_n)(n = 1, 2, \ldots)$ を記憶し,それを使って $\mathbf{x} \neq \mathbf{x}_n$ での $s(\mathbf{x})$ を補間することです.

陰的表現では,このような表現方法の代わりに,$s(\mathbf{x})$ を 1 つのニューラルネットワーク $y(\mathbf{x}; \mathbf{w})$ で表現します.すべての標本点 $n(= 1, \ldots, N)$ に対し

---

*9 例えば音声信号では時刻 $t (= x \in \mathbb{R}^1)$.画像の場合には 2 次元座標 $\mathbf{x} = (u, v)$ です.なおここでは画像はグレースケールであるとし s は濃淡値とします.

$s_n = y(\mathbf{x}_n)$ となる（ように $\mathbf{w}$ を選ぶ）ことは 1 つの理想ですが，実践的には信号の標本 $\{s_n\}_{n=1,\ldots,N}$ を用いて，例えば二乗誤差

$$E(\mathbf{w}) = \sum_{n=1}^{N} \|s_n - y(\mathbf{x}_n; \mathbf{w})\|^2 \qquad (2.27)$$

を小さくするように $\mathbf{w}$ を定めます．うまくいけば $y(\mathbf{x}; \mathbf{w})$ は $s(\mathbf{x})$ を忠実に表現するでしょう．

このようなニューラルネットワーク $y(\mathbf{x}; \mathbf{w})$ による表現には潜在的な長所がいくつかあります．1 つは，連続的な $\mathbf{x}$ を入力でき，そこでの信号の（予測）値 $\hat{s}(\mathbf{x}) \sim y(\mathbf{x}; \mathbf{w})$ をただちに得られることです．このとき，標本点 $\mathbf{x}_n$ 以外の任意の座標 $\mathbf{x}$ に対する値 $y(\mathbf{x})$ が，元の信号 $s(\mathbf{x})$ に近ければ理想的です．言い換えると，離散的な観測 $\{s_n\}_{n=1,2,\ldots}$ をもとに，ネットワークが補間や外挿をうまく行ってくれることを期待します．

また信号 $s(\mathbf{x})$ は，ネットワークのパラメータ $\mathbf{w}$ に「符号化」されています．信号の性質やネットワークの構造などにもよりますが，離散的な空間座標での標本値 $\{s_n\}_{n=1,2,\ldots}$ と比べて，$\mathbf{w}$ のほうが必要とする記憶量が小さくて済むことがあります．

なお，式 (2.27) のままだと 2.4.1 項の回帰と変わりません．陰的表現の長所の 1 つは，$y(\mathbf{x}; \mathbf{w})$ に $s(\mathbf{x})$ を表現させるために，必ずしも $s(\mathbf{x})$ そのものの標本点 $\{s_n\}_{n=1,2,\ldots}$ を与える必要がないところにあります．

今，信号 $s(\mathbf{x})$ をそのモデル $\phi(\mathbf{x})$ で表現しようというとき，$s(\mathbf{x})$ そのものではなく，それが満たしているいくつかの条件が与えられるとします[*10]．

$$F_m(\phi, \nabla_{\mathbf{x}}\phi, \nabla_{\mathbf{x}}^2\phi, \ldots) = 0, \quad m = 1, \ldots, M \qquad (2.28)$$

このとき，これらの条件は $\phi(\mathbf{x})$ を「陰に（implicit）」指定していると見なせます[38]．そこで，上の条件を制約として満たす $\phi(\mathbf{x})$ を求めることを考えます．$\phi(\mathbf{x})$ をニューラルネットワークで $\phi(\mathbf{x}) = y(\mathbf{x}; \mathbf{w})$ と表し，そのパラメータ $\mathbf{w}$ を上の制約と整合するように定めます．等式 $F_m = 0 (m = 1, \ldots, M)$ を完全に満たす代わりに，

[*10]　**PINN(physics-informed neural network)** としても知られています[37]．

$$E(\mathbf{w}) = \sum_{n=1}^{N} \sum_{m=1}^{M} \|F_m(\phi(\mathbf{x}_n), \nabla_{\mathbf{x}}\phi(\mathbf{x}_n), \nabla_{\mathbf{x}}^2\phi(\mathbf{x}_n), \ldots)\|^2 \qquad (2.29)$$

を最小化します．式 (2.28) の制約が $\phi(\mathbf{x})$ の微分を含む場合，以上の方法は，微分方程式を解いている――それらの制約を満たす未知関数 $\phi(\mathbf{x})$ を求める――と見ることもできます．なお式 (2.27) は，$F = \phi(\mathbf{x}) - s(\mathbf{x}) = 0$ とするのと同じです（制約数は $M = 1$）．

$y(\mathbf{x}; \mathbf{w})$ を表すネットワークには（これを書いている時点では）全結合層を積み重ねた構造のものを用いるのが普通です[*11]．ただし，ReLU を活性化関数とする標準的な多層ネットワークは，より滑らかな（高周波成分の少ない）関数を表現しようとする傾向があることが知られており [39]，おそらくそのせいで細かい部分まで忠実に信号 $s(\mathbf{x})$ を表現できません [38,40]．

そこで，その対策がいくつか考え出されています．1つは $\mathbf{x}$ の各成分 x_i をより高い次元空間に $x_i \to \boldsymbol{\gamma}(x_i)$ と写像する方法で，位置符号化と呼んでいます [40]．$\boldsymbol{\gamma}(p)$ は

$$\gamma(p) = [\sin(2^0\pi p), \cos(2^0\pi p), \ldots, \sin(2^{J-1}\pi p), \cos(2^{J-1}\pi p)] \qquad (2.30)$$

と選びます．ただしここでは p は正規化され $p \in [-1, 1]$ であるとします．この写像は，低いものから高いものへと変化する周波数 $2^j\pi (j = 0, \ldots, J-1)$ を持つ正弦・余弦関数によって p を平面上の単位円上の点 $[\sin(2^j\pi p), \cos(2^j\pi p)]$ に写すもので，p の値が変化すると低い周波数では単位円上をゆっくりと，高い周波数では速く移動し，そのような形で p を「符号化」しています．そして，$\mathbf{x} = [x_1, \ldots, x_D](\in \mathbb{R}^D)$ の代わりに $[\boldsymbol{\gamma}(x_1), \ldots, \boldsymbol{\gamma}(x_D)](\in \mathbb{R}^{JD})$ を，それにあわせて入力層を拡大したニューラルネットワークに入力します．

これに対し，活性化関数に正弦関数を指定し，表現力を高める **SIREN** (**sinusoidal representation network**) という方法があります [38]．この方法は，各層の計算を

$$\mathbf{z}^l = \sin(\mathbf{W}^l\mathbf{z}^{l-1} + \mathbf{b}^l) \qquad (2.31)$$

と変更するだけです（上は第 l 層の場合）．ReLU とは違い，正弦関数では入力のスケールが重要なので，ネットワークのパラメータの初期化に一定の注

[*11]　多層パーセプトロン (**multi-layer perceptron**, **MLP**) と通称されています．

意を要します．詳細は文献[38]に譲ります．

　以上の方法はさまざまな用途で活用されています．例えば，物体の3次元形状を表現するのに使われています[41,42]．1つの物体の形状を，任意の空間の点 $\mathbf{x}$ から物体表面までの距離 $s(\mathbf{x})$——**距離関数 (distance function)**と呼ばれます——で表現し，さらに物体の外と中で距離の符号を変化させるようにしたものを，**符号付き距離関数 (signed distance function)** （以下**SDF**）と呼びます．ある物体表面を標本化した離散的な点の集合——**点群(point cloud)**——が与えられたとして，陰的表現を用いることで，疎らな点群を元にネットワークで連続的な物体表面を SDF として表現します．同様の考え方で，空間的なシーンを複数の方向から撮影した画像（多視点画像）と，それを撮影したカメラの詳細情報（位置，姿勢，光学系のパラメータ）が与えられたとき，同じシーンを撮影したのとは異なる任意の視点から見たときの画像を生成する方法 (Neural Radiance Fields, **NeRF**) が考案されています[40]．

確率的勾配降下法

前章で見たように，ニューラルネットワークの学習は損失関数の最小化に帰着されます．これは高次元パラメータ空間において，複雑な目的関数のよい極小解を見出そうとする，一般的には困難な試みです．これを解決に導くため，さまざまな道具が組み合わされて利用されています．本章では，基本となる確率的勾配降下法 (SGD) を説明し，正則化，学習率の選定，SGD の改良，バッチ正規化を始めとする正規化，重みの初期化を順に説明します．

3.1 確率的勾配降下法 (SGD)

3.1.1 勾配降下法の基礎

2.4 節で述べたように順伝播型ネットワークの学習は，訓練データ

$$\mathcal{D} = \{(\mathbf{x}_1, \mathbf{d}_1), \ldots, (\mathbf{x}_N, \mathbf{d}_N)\}$$

に対して計算される損失関数 $E(\mathbf{w})$ を，$\mathbf{w}$（ネットワークのパラメータ＝重みとバイアス）[*1] について最小化することに帰着されます．可能ならば大域的最小点 $\mathbf{w} = \mathrm{argmin}_{\mathbf{w}} E(\mathbf{w})$ を求めたいところですが，$E(\mathbf{w})$ の複雑さからそれは一般に不可能であり，$E(\mathbf{w})$ の局所的な極小点 $\mathbf{w}$ を得ることしかできません．それでもその極小点での損失の値がある程度小さければ，目的とする推論をうまく実行できる可能性があります．

[*1] これ以降，「重み」をパラメータと同じ意味で使います．つまり，特に区別の必要がないときは，重みとバイアスをまとめて，慣用的に重みと呼びます．

　非線形関数の最小化のための方法はたくさんありますが，ニューラルネットワークの学習では，**勾配降下法 (gradient descent method)** を用います．**勾配 (gradient)** は損失関数の 1 次微分であり

$$\nabla E \equiv \frac{\partial E}{\partial \mathbf{w}} = \left[\frac{\partial E}{\partial w_1} \cdots \frac{\partial E}{\partial w_M} \right]^\top \tag{3.1}$$

というベクトルです（M は $\mathbf{w}$ の成分数）．勾配降下法は他の最小化手法と同様に反復法であり，$\mathbf{w}$ を繰り返し更新することで極小解を探索します．一度の更新で，$\mathbf{w}$ を負の勾配方向（$-\nabla E$）に少しだけ動かします．つまり現在の重みを $\mathbf{w}_t$，動かした後の重みを $\mathbf{w}_{t+1}$ とすると

$$\mathbf{w}_{t+1} = \mathbf{w}_t - \epsilon \nabla E \tag{3.2}$$

です．ここで ϵ は $\mathbf{w}$ の更新量の大きさを定める定数で，**学習率 (learning rate)** と呼ばれます．

　何らかの方法でパラメータの初期値 $\mathbf{w}_1$ を選び，式 (3.2) の計算を繰り返し（$t = 1, 2, \ldots$）実行すると，パラメータは $\mathbf{w}_2, \mathbf{w}_3, \ldots$ のように更新されていきます．ϵ が十分小さければ（かつ E が十分滑らかなら），t の増加に伴って $E(\mathbf{w}_t)$ は減少するので，更新を繰り返せばいつかは極小点に到達します．ただし ϵ が大きいと $E(\mathbf{w})$ の形状によってその値は増大してしまうし，逆に ϵ が小さすぎると $\mathbf{w}$ の更新幅が小さくなって極小点に至る反復回数が増えてしまいます．学習率 ϵ をどう選ぶかは大変重要で，後述のように学習の成否を左右します．

　なお勾配降下法は，数多ある非線形関数の最小化方法の中で単純なものです．ニュートン法——目的関数の 2 次微分を利用——と比較すると，一般に極小解への収束速度の面で大きく劣ります．学習率 ϵ の選択の難しさもあり，ニュートン法やその派生方法が利用できるのであれば，積極的に勾配降下法を選ぶ理由はありません．にもかかわらず深層学習で勾配降下法が選ばれるのは，問題の規模（＝パラメータ数）が大きく，そもそも目的関数の 1 次微分（勾配）を扱うのがやっとだという背景があります [69]．

3.1.2　バッチ学習から SGD へ

　前章では訓練データ $\mathcal{D}$ のすべてのサンプルに対する損失関数 $E(\mathbf{w})$ を求

め，それを最小化することを考えました．その $E(\mathbf{w})$ は，各サンプル 1 個に関する損失 E_n の和として

$$E(\mathbf{w}) = \sum_{n=1}^{N} E_n(\mathbf{w}) \tag{3.3}$$

と与えられます．この $E(\mathbf{w})$ の勾配を用いて式 (3.2) のように $\mathbf{w}$ を更新する方法を，バッチ学習 (batch learning) と呼ぶことにします．

これに対し，サンプル 1 つの損失 E_n を使って，パラメータを更新する方法があります．この方法は確率的勾配降下法 (stochastic gradient descent) と呼ばれ，頭文字をとって **SGD** と略されます．1 つのサンプル n について計算される損失 $E_n(\mathbf{w})$ の勾配 ∇E_n を計算し，

$$\mathbf{w}_{t+1} = \mathbf{w}_t - \epsilon \nabla E_n \tag{3.4}$$

のように $\mathbf{w}$ を更新します．次の更新の際は，別のサンプル n' を取り出し，それの損失 $E_{n'}$ とその勾配 $\nabla E_{n'}$ を計算して $\mathbf{w}_{t+1}$ を更新します．SGD では，このように $\mathbf{w}$ の更新のたびにサンプルを取り替えます．

バッチ学習と比較して，SGD にはいくつかの利点があります．まず，反復計算が望まない（＝損失関数の値が相対的にそれほど小さくない）局所的な極小解にトラップされてしまうリスクを低減できます．バッチ学習の場合，目的関数は常に同じ $E(\mathbf{w})$ であるので，最初に（たまたま）到達した局所極小解が最終的な解となります．一方で SGD では，$\mathbf{w}$ の更新のたびに異なる目的関数 $E_n(\mathbf{w})$ を考えるので，原理的にそのリスクは小さくなります．反復のたびにランダムにサンプルを選ぶことで，この効果を最大化できると考えられ，「確率的」勾配降下法の名前はここに由来します．

3.1.3 ミニバッチの利用

ニューラルネットワークの学習には大きな計算コストがかかり，効率化には並列計算資源の利用が不可欠です．前項のようにサンプル 1 つごとに重みの更新を行ってしまうと計算の並列化が難しいので，一定数のサンプルの集合単位で重みを更新するのが現実的な選択です．このサンプルの集合のことをミニバッチ (minibatch) と呼びます．なお，このミニバッチを用いた勾配降下法も SGD と呼びます．

以下，ミニバッチ 1 つを $\mathcal{D}_t$ と書きます．添字は t 回目の更新ごとにその
サンプル集合が変わることを表します．ミニバッチのリスト $\mathcal{D}_1, \mathcal{D}_2, \ldots$ を考
え，1 つずつ順番に用いて重みを更新します．つまり t 回目には $\mathcal{D}_t$ が含む全
サンプルに対する損失の総和

$$E_t(\mathbf{w}) = \frac{1}{N_t} \sum_{n \in \mathcal{D}_t} E_n(\mathbf{w}) \tag{3.5}$$

を計算し，その勾配の方向にパラメータを一度だけ更新します．なお，$N_t = |\mathcal{D}_t|$
はこのミニバッチが含むサンプル数です *2．

ミニバッチを $\mathcal{D}_1, \mathcal{D}_2, \ldots$ と順番に取り出して使い，一巡したら再度，最初か
ら $\mathcal{D}_1, \mathcal{D}_2, \ldots$ の順に取り出して使います．一巡することを**エポック** (**epoch**)
と呼びます．1 つのニューラルネットワークの学習では一般に，数エポック
から数十，あるいはそれ以上のエポック数分，上の過程を反復します．

ミニバッチのリスト $\mathcal{D}_1, \mathcal{D}_2, \ldots$ は通常，学習開始前に作成し，どのエポッ
クでも同じリストを使います．ミニバッチのサイズ $|\mathcal{D}_t|$ を決める系統的な方
法はありませんが，先述の SGD のメリットと並列計算資源の有効利用を天
びんにかけ，大体 10～100 サンプルのオーダーとすることが一般的です *3．
多クラス分類の場合，ミニバッチ間での重みの更新を平準化するために，ミ
ニバッチそれぞれに各クラスから 1 つ以上のサンプルを入れるのが理想です．
したがってクラス数が 10～100 程度で，かつ各クラスの出現頻度が等しい場
合には，分類すべきクラス数と同サイズ（か数倍のサイズ）のミニバッチを
作るとよいでしょう [43]．クラス数がそれ以上ある場合には，全訓練サンプ
ルをランダムにシャッフルしてミニバッチに分割します．

なおミニバッチのサイズを大きくすると，ミニバッチ間での勾配のばらつ
きが小さくなり，$\mathbf{w}$ の更新がより安定になることから，学習率 ϵ をより大き
く設定できるようになります（その分学習が速く進むこともある）[43]．しか
しながら，ミニバッチのサイズを N 倍したからといって ϵ を N 倍にするこ
とは一般にはできず（＝前項最後に述べた SGD の利点が失われ学習がうま
く進まなくなると考えられる），ミニバッチのサイズの選定は慎重に行う必要

---

*2　このように $E_t(\mathbf{w})$ を N_t で正規化しておけば，ミニバッチのサイズ（サンプル数）を変えたときに
　　学習率を調整しなくてもよくなります．

*3　ただし大規模な並列計算環境では，数千のオーダーのミニバッチを用いることもあります．3.5.3 項
　　参照．

があります（3.2.4, 3.3.3 項も参照）.

3.1.4 モメンタム

上述のように SGD ではパラメータの更新ごとに異なる目的関数を考えるため，その更新量はばらつきます．これを安定化し，収束性を改善する**モメンタム (momentum)** という方法があり，SGD ではほとんど常に採用されます．モメンタムは，重みの更新時，重みの修正量に前回の重みの修正量の何割かを加算する方法です．つまり，ミニバッチ $\mathcal{D}_{t-1}$ に対する重みの修正量を $\mathbf{v}_t \equiv \mathbf{w}_t - \mathbf{w}_{t-1}$ と書くと，ミニバッチ $\mathcal{D}_t$ に対する更新を

$$\mathbf{w}_{t+1} = \mathbf{w}_t - \epsilon\nabla E_t + \mu\mathbf{v}_t \tag{3.6}$$

と定めます．μ は加算の割合を制御するハイパーパラメータであり，通常 $\mu = 0.5\sim0.9$ 程度の範囲から選びます．その使用を強調したい場合，モメンタム SGD と呼ぶことがあります.

図 3.1 のように，損失関数が深い谷状の形状を持ち，かつその谷底にあまり高低差がないときには，勾配降下法は非常に効率が悪くなります．谷が深いので，谷底を少しでも外れた点では谷と直交する方向に大きな勾配が生じ，重みは毎度，谷と直交する方向に修正されてしまうので，結果的にその経路はジグザグになり谷底を効率よく探索できません.

モメンタムを使うと，谷の方向にそって谷底を効率よく探索できるようになります．式 (3.6) は

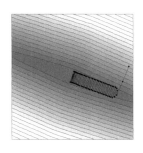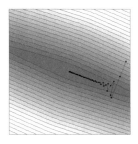

図 3.1 損失関数の谷の探索．左：勾配方向に 100 回更新した場合（モメンタムなし）．右：同じ初期値からモメンタムを付けて 40 回更新した場合（$\mu = 0.5$, 学習率は同じ）．モメンタムにより探索効率が向上することがわかります.

$$\mathbf{v}_{t+1} = \mu\mathbf{v}_t - \epsilon\nabla E_t \tag{3.7}$$

と書き換えられるので，$-\epsilon\nabla E_t$ は「重みの修正量の修正量」に，修正量は過去の修正量の重み付き平均と見なすことができます．谷と直交する方向の修正量は自然に平均化されてなくなり，重みの経路はジグザグではなく，谷底を谷の方向にそって一直線にたどるようになることがわかります．もし ∇E_t がしばらくの間一定だとすると，$\mathbf{v}_t \to 1/(1-\mu) \cdot (-\epsilon\nabla E_t)$ と収束します．$\mu = 0.9$ とセットしたとき，モメンタムを使わない（つまり $\mu = 0$）場合と比べて学習率を 10 倍したことに相当します．なお，モメンタムを使わないで単純に学習率を 10 倍すると，経路がいっそうジグザグになりかねないことに注意してください．

　モメンタムは上のように「現在の勾配に過去の重みの修正量を加える」のが基本ですが，修正量を加えた後の重みの位置での勾配を使う**ネステロフの加速勾配法 (Nesterov's accelerated gradient)** と呼ばれる方法もあります [44]．具体的には，勾配 ∇E_t を求める位置を，現在の重みの推定値 $\mathbf{w} = \mathbf{w}_t$ ではなく，更新後の重みを近似する $\mathbf{w} = \mathbf{w}_t + \mu\mathbf{v}_t$ とします．こうすることで，標準的な式 (3.6) よりもよい解が得られる場合があります．

3.2　汎化性能と過剰適合

3.2.1　訓練誤差と汎化誤差

　ここまでは，訓練データに対する誤差（損失関数の値）を最小化することを考えてきました．学習の真の目的は，与えられた訓練データではなくて，これから与えられるはずの「まだ見ぬ」サンプル $\mathbf{x}$ に対して，正しい推定を行えるようにすることです．そのような推定が行えることを**汎化 (generalization)** と呼びます．前者の訓練データに対する誤差を**訓練誤差 (training error)**，後者の誤差，正確にはサンプルの母集団に対する誤差の期待値を**汎化誤差 (generalization error)** と呼び，両者を区別します．

　学習の目標は汎化誤差を小さくすることですが，汎化誤差は統計的な期待値であり，訓練誤差のようには計算できません[*4]．そこで，訓練データとは

[*4]　汎化誤差と対比して，サンプル集合に対して計算される平均誤差のことを**経験誤差 (empirical error)** と呼びます．本節で述べる訓練誤差やテスト誤差は，訓練データとテストデータに対する経験誤差ということになります．

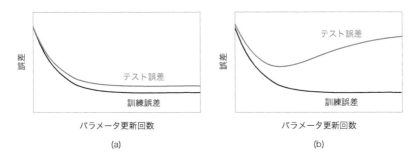

図 3.2 学習曲線の推移の典型例. パラメータ更新回数に対する, 訓練誤差とテスト誤差の変化の様子. 学習が進むほど訓練誤差は単調減少しますが, テスト誤差はそうなるとは限りません.

別のサンプル集合を準備し, これに対して訓練誤差と同じ方法で計算される誤差を, 汎化誤差の目安とします. 本書では, この目的で用意するデータをテストデータ, テストデータに関する誤差を**テスト誤差 (test error)** とそれぞれ呼びます.

図 3.2 に, 学習によるパラメータの更新に伴って, 訓練誤差およびテスト誤差がどのように変化するかを示します. 図中の曲線は**学習曲線 (learning curve)** と呼ばれます. 図 3.2 は訓練誤差とテスト誤差の典型的な挙動を示します. 図のように訓練誤差はパラメータの更新を繰り返すにつれ, ほぼ単調に減少します. 一方テスト誤差は, 図 (a) のように学習の最初こそ訓練誤差とともに減少するものの, 途中で訓練誤差と乖離することがよくあります. ひどい場合には図 (b) のように, 訓練誤差の減少を横目に途中から増加し始める場合もあります. このように訓練誤差と汎化誤差が乖離した状態のことを, **過剰適合 (overfitting)**, または**過学習 (overlearning)** と呼びます.

テスト誤差が汎化誤差をよく近似できているとすると, テスト誤差が最小となる状態が理想です. 上述のようにパラメータの更新に伴ってテスト誤差が増加するようならば, それ以降の学習はむしろ有害なので, その時点で学習を終了したほうがよいことになります. これを**早期終了 (early stopping)** と呼びます.

そのような判断にはバリデーションデータを用います. これはテストデータとは別のデータであり, 学習時にテストデータの代わりとするものです. 具体的には (テストデータを除く) 訓練データを 2 つに分割し, 1 つを訓練

データ，残りをバリデーションデータとします．バリデーションデータは早
期終了の判断の他，学習率やモメンタムなどのハイパーパラメータを定める
目的でも使用します．

3.2.2 バイアス・分散トレードオフ

　古典的な統計的機械学習の考え方では，予測に使うモデルのパラメータと
その精度の間に，図 3.3(a) のような関係が成り立つとされます．特に，図
の「テスト誤差」の振る舞い――誤差が，パラメータ数が小さいときに大
きく，また大きいときも大きくなること――をバイアス・分散トレードオフ
(**bias-variance tradeoff**) と呼びます．

　これは次のような仕組みで生じます．まずモデルのパラメータが少ないと
自由度が不足し，訓練データをうまく説明しきれません（予測のバイアス＝
偏差が大きい状態）．結果的に訓練誤差を小さくすることができず，その結果
テスト誤差も大きくなります．モデルのパラメータが十分あればこの問題は
解消されますが，多すぎると今後は自由度を持てあまし，訓練データが含む
ノイズ――そこに意味はありません――に適合してしまいます（予測の分散
が大きくなる）．その結果，訓練誤差は小さくできてもテスト誤差は大きく
なってしまいます．これが過剰適合です．以上の 2 つの中間にちょうどよい
モデルのパラメータ数があると考えられます．

　以上の関係はニューラルネットワークにおいても成立し，タスクやデータ
ごとに，過小でも過大でもないちょうどよい規模のネットワークがあると考

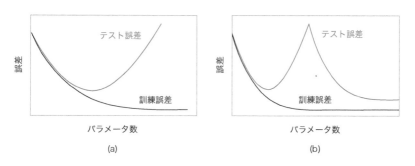

図 3.3 モデル (ネットワーク) のパラメータ数と予測精度の関係．(a) 古典的なバイアス・分散ト
　　　レードオフ．(b) 二重降下．

えられます．ところが，常にこのトレードオフが成り立つわけではないことが知られています．図 3.3(b) のように，ネットワークの規模が小さい領域においては，バイアス・分散トレードオフの振る舞いを見せますが，それを超えてパラメータが多くなると，再び推定誤差が低下し始めることがあります．この現象は**二重降下 (double descent)** と呼ばれています [45]．訓練データの量が同じでも，大きなネットワークほど高い精度を示す場合があるということであり，古典的な機械学習の理論では説明できないとされています．

3.2.3 汎化と記憶

入力 $\mathbf{x}$ を K 個のクラスの 1 つに分類するクラス分類を考えます．与えられた訓練データ $\mathcal{D} = \{(\mathbf{x}_n, \mathbf{d}_n)\}_{n=1,\ldots,N}$ を用いて，予測と正解の間の誤差（＝交差エントロピー）が小さくなるようにネットワークを訓練し，テスト誤差が小さくなる理想的な結果が得られているとします．

今，$\mathcal{D}$ の各サンプルの正解クラスのラベルをサンプルの間でランダムに入れ替え，でたらめなデータ $\mathcal{D}'$ に作り替えます．そして同じネットワークに $\mathcal{D}'$ を学習させたとします．正解が誤っているデータをいくら学習したところで，有用な予測ができるようにはなりませんが，形式的に学習を行うことは可能で，つまり訓練誤差を小さくできます．条件が合えば，訓練誤差を 0 にできる場合もあります [46]．

この状態にあるとき，ネットワークは $\mathcal{D}'$ のすべての入力 $\{\mathbf{x}_n\}_{n=1,\ldots,N}$ を記憶しています．学習したラベルはランダムででたらめなので，ネットワークは完全な過剰適合の状態にあります．とはいえ，パラメータ数が十分大きければ，訓練データの入力をすべて記憶できても不思議はありません．不思議なのは，同じ構造のネットワークが，まっとうな $\mathcal{D}$ を学習したときは汎化が見られることであり，つまり，訓練データの違い（$\mathcal{D}$ か $\mathcal{D}'$ か）だけで，同じネットワークが，記憶（＝過剰適合）と汎化という 180 度異なる振る舞いを見せることです．

なお，$\mathcal{D}$ と $\mathcal{D}'$ の学習において，どちらの場合も訓練誤差が十分小さくなったとしても，それに要する重みの更新回数は，前者より後者が大きくなる傾向があります．つまり，まっとうなデータはすんなり学習できる一方で，でたらめなデータを全数記憶するには，より時間がかかるということです．この性質は，訓練データ中の正解ラベルの誤りに対処する目的で，利用される

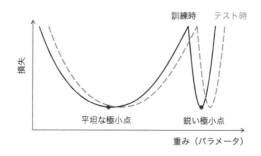

図 3.4 損失関数の平坦な極小点と鋭い極小点．訓練時とテスト時でのデータの若干の差が損失関数の形状を変化させたとき，平坦な極小点では損失は小さいままです [47]．

ことがあります（10.3 節参照）．

3.2.4 平坦な極小点

　深層学習で扱うデータや問題では，損失関数は一般に極小点を複数持つので，その中からなるべくよいものを見つけることが目標となります．これに関連して，推論時の汎化性能は，極小点周りの損失関数の形状に大きく左右されるという考え方があります [47]．これは**図 3.4** のように，損失関数の形状がより平坦な極小点は，そうでないものと比べると，訓練データとテストデータの違いに鈍感になる傾向があり，その意味において汎化性能でまさるということです．文献 [47] では，ミニバッチのサイズが小さいことが，そんな平坦な極小点を探し当てるうえで重要であると述べられています．また，積極的にそのような極小点を探し当てる最適化手法も提案され，よい性能を示すことが確かめられています（代表例が 3.5.3 項の SAM [48]）．

3.3 正則化

　二重降下という現象が見られることはあるものの，バイアス・分散のトレードオフはニューラルネットワークでも概して有効です．つまり，ネットワークの規模（パラメータ数）が大きいほど，過剰適合が生じやすいということです．そこで，学習時パラメータに一定の制約を課してモデルの自由度を下げ，過剰適合を回避する**正則化 (regularization)** が有効です．パラメータ

表 3.1 異なる正則化使用時の手書き数字認識 MNIST の分類精度の比較（文献 [13] から抜粋）．

正則化の種類	テストデータ分類誤差 (%)
重みの減衰	1.62
重みに上限を設定	1.35
ドロップアウト＋重みの減衰	1.25
ドロップアウト＋重みに上限	1.05

を制約することに限らず，過剰適合を回避する目的を持つ方法を広く正則化と呼ぶこともあります．

　表 3.1 に，以下に説明する各方法の効果を，手書き数字のクラス分類の例で比較した結果を示します．

3.3.1 重みの減衰

　正則化の基本は，パラメータに何らかの制約を直接加えることです．典型例が，次のように損失関数に重みの二乗和（L2 ノルムの二乗）を加える **L2 正則化（L2 regularization）** です．

$$E_t(\mathbf{w}) \equiv \frac{1}{N_t} \sum_{n \in \mathcal{D}_t} E_n(\mathbf{w}) + \frac{\lambda}{2}\|\mathbf{w}\|^2 \tag{3.8}$$

ここで λ は正則化の効果の強さを制御するパラメータです．L2 正則化は，重みが過剰に大きくなるのを防ぎます．勾配降下法の更新式は

$$\mathbf{w}_{t+1} = \mathbf{w}_t - \epsilon \left(\frac{1}{N_t} \sum \nabla E_n + \lambda \mathbf{w}_t \right) \tag{3.9}$$

となり，追加された項 $-\epsilon\lambda\mathbf{w}_t$ は，重みが自身の大きさに比例した速さで減少する働きを持ちます．このことから，この方法は**重みの減衰（weight decay）**とも呼ばれます．

　なお，重みの減衰は一般的にネットワークの重み $\mathbf{W}^{(l)}$ だけに適用し，バイアス $\mathbf{b}^{(l)}$ には適用しません．バイアスは時に大きな値をとる必要があるからです[*5]．

　さて，以上の方法が有効であることは広く知られていますが，その有効性が標準的な正則化の原理——モデルの自由度を拘束して汎化性能を向上させ

---

*5　式 (3.9) はバイアスを含まない「重み」のみに関する式と考えてください．

る——で説明できるかについては疑いが呈されています [49]．その背景には，この方法をバッチ正規化と一緒に用いた場合の有効性や，AdamW の存在があります．これらは改めて後で述べます．

また，重みに制約を与える別の方法として，重みの大きさを一定の範囲に収める方法も知られています．各ユニットの入力側結合の，重みの二乗和の上限を制約する方法です．l 層のユニット j について考えるとき，これが $l-1$ 層のユニット $i = 1, \ldots, I$ からの出力を受け取るとすると，その間の結合の重み w_{ji} が

$$\sum_i w_{ji}^2 < c$$

を満たすように制約を与えます．具体的には，重みがこの不等式を満たさない場合は $w_{j1}, \ldots, w_{jI}$ に 1 以下の定数を掛け，満たすよう強制します [50]．

3.3.2　ドロップアウト

　ドロップアウト (**dropout**)[13] は，ネットワーク内のユニットを学習時のみランダムに選別して削除する方法で，正則化の 1 つに分類されます．

　ドロップアウトは，ネットワークの学習過程と学習後の推論過程を，それぞれ以下のように修正します．学習時は，中間層の各層と入力層のユニットを決まった割合 p でランダムに選出し，それら以外を無効化，つまりそもそも存在しないかのように扱います．そして，図 3.5 のように選出したユニットのみからなる「仮の姿」のネットワークに対し，重みを更新します．なお，ユニットのランダムな選出は重み更新のたびに，つまりミニバッチ単位で行い

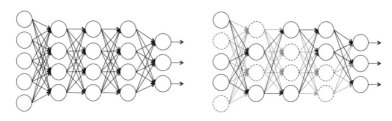

図 3.5　ドロップアウトの学習時の操作．左のネットワークのうち，中間層および入力層のユニットを決まった確率 p（通常 $p = 0.5$ 程度）でランダムに選出し，残ったネットワークの重みを更新します．ユニットの選出は重みの更新ごとにやり直します．

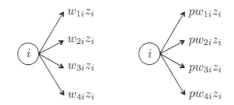

図 3.6 ドロップアウトの推論時の操作. 推論時はすべてのユニットを用いますが, ドロップアウトの対象となった層のユニットは右のようにすべて出力を p 倍します (あるいは出力の重みを p 倍する).

ます. また, ユニットの選出確率 p の値は各層で変わっていても構いません (例えば表 3.1 は入力層を $p = 0.9$, 中間層を $p = 0.5$ とし得られています).

　学習終了後の推論時には, すべてのユニットを使って順伝播計算を行います. ただし無効化の対象とした層のユニットは, 図 3.6 のようにすべて一律にその出力を p 倍します (あるいは出力側の結合重みを p 倍すると考えても同じ). これは, これらの層では推論時のユニット数が学習時と比べて $1/p$ 倍に増えていることを補償するためです.

　以上の手続きからなるドロップアウトの狙いは, 学習時にネットワークの自由度を強制的に小さくし, 過剰適合を避けることです. またこうすることは, ドロップアウトによってユニットをランダムに無効化したネットワークを多数, 独立に訓練し, 推論時にそれらの結果を平均するのと同じ効果 (8.3.3 項) があると考えられています. 複数のネットワーク (アンサンブル) の平均をとると推論の精度が一般に向上することが知られており, ドロップアウトはこれと同じ効果をより小さな計算コストで得ているという解釈がなされています [13].

　ドロップアウトは全結合層に対してよく用いられますが, 5 章の畳み込み層や, あるいは入力層 (入力の成分をランダムに無効化する) に対しても有効に作用する場合があることが確かめられています. 表 3.2 に物体カテゴリ認識での効果を示します. この実験は, 3 層の畳み込み層とその後 2 層の全結合層を持つ畳み込みニューラルネットワークを用いたもので, 各層の p は, 入力層から上位層へ向けて 0.9〜0.5 の範囲で徐々に小さくなる値を用いています.

表 3.2　物体カテゴリ認識（CIFAR-10, CIFAR-100）に対するドロップアウトの効果（文献 [13] から抜粋）.

ドロップアウトの詳細	テストデータ分類誤差 (%)
CNN+最大プーリング	15.60
CNN+確率的最大プーリング [51]	15.13
CNN+最大プーリング+全結合層のみドロップアウト	14.32
CNN+最大プーリング+全層をドロップアウト	12.61

　ドロップアウトの類似手法に，ドロップコネクト [52] や確率的最大プーリング [51] があります．またドロップアウトでは通常，上のように学習時のみユニットのランダムな選別を行いますが，推論時もそれを継続する MC-dropout という方法があり（8.3 節参照），推論の不確かさを推定する目的などで用いられます．

3.3.3　陰的正則化

　SGD は深層学習の根幹をなす方法ですが，それが有効に機能する上で，ミニバッチごとに目的関数が変化するランダム性（勾配が含むノイズ成分とも表現される [53]）が重要な役割を果たすと考えられています．この働きは，学習率を大きめにとると強くなります．3.2.4 項の「平坦な極小点」で述べた通り，ミニバッチのサイズ（ミニバッチ 1 つに含まれるサンプル数）を小さくすることも，また同様の働きを持つと考えられます．このように，大きな学習率と小さなミニバッチサイズは「陰的正則化」とでもいうべき正則化の一種として捉えられます [54]．早期終了もその 1 つといえるでしょう．文献 [54] には，これらを L2 正則化などの他の正則化手法と一緒に使う場合は，正則化の効果が強くなりすぎないようにバランスを考えるべきであるという指摘があります．

3.4　学習率の選定と制御

　（モメンタム）SGD では，学習率，モメンタム，L2 正則化など正則化の強さ，そしてミニバッチのサイズの 4 つを代表的なハイパーパラメータとして持ち，これらを決定する必要があります．中でも学習率は，結果に与える

影響が大きく，その選定は大変重要です．

　学習率を大きくしすぎると学習は収束せず，小さくしすぎると今度は収束するまでの更新回数が増え，また過剰適合に陥りやすくなります．先述の通り大きめの学習率は一種の正則化として働くと考えられており，学習が発散し始める値より少し下の値を選ぶのがコツとされます．基本的には，適当な範囲から選んだ複数の学習率それぞれについて，少なくとも最初の数エポック分だけ学習を回し，バリデーションデータ上で測った推論の精度を参考にベストなものを選びます．

　ただしこうして選んだ学習率を，学習の開始から終了まで固定したままとするのはまれで，多くの場合時間（重みの更新回数）とともに変化させます．最もシンプルなのは，適当なタイミング——バリデーションデータ上の誤差の減少が止まったときが一般的——で学習率を $\gamma (< 1)$ 倍 $(\epsilon \leftarrow \epsilon\gamma)$ する方法です．また，解析的な関数を与え，これに従って学習率を自動的・連続的に単調減少させる方法も使われます．

　学習率を単調に減少させるだけでなく，周期的に振動させるスケジューリング方法もあります．コサイン関数に従って上下させる方法（コサインアニーリング），大から小へはコサイン関数で滑らかに変化させて，小から大へは不連続に最大値に戻す「ウォームリスタート」[55]，さらに最小値と最大値の間を直線的に往復させる方法 (cyclical learning rate)[56] などが知られています．いずれも学習率の変化のさせ方を決めるハイパーパラメータが新たに発生しますが，うまく使えば学習時間の短縮につながります．

　別の視点で，各層の重みの更新速度がなるべく揃うよう，ネットワークの層ごとに学習率を変えるほうがよいという指針も存在します [69]．これは，ロジスティック関数のように値域が制約された活性化関数を用いる場合に大事です．例えば出力に近い浅い層では学習率を小さく，入力に近い深い層では大きくするとよいという経験則が知られています．

3.5　SGD の改良

　上述のように，SGD による学習の成否は学習率の選定に左右されます．学習率の選定の重要度を下げるべく，重みの更新の幅を適応的に調整することを目的とした SGD の改良版が作られています．

以下では表記をシンプルにするため，重みの更新を $\mathbf{w}_{t+1} = \mathbf{w}_t - \epsilon \nabla E_t$ と書く代わりに，更新量 $\Delta \mathbf{w}_t \equiv \mathbf{w}_{t+1} - \mathbf{w}_t$ を使って表記します．損失関数の勾配を $\mathbf{g}_t \equiv \nabla E_t$，その i 成分を $g_{t,i}$ と書くと，$\Delta \mathbf{w}_t$ の i 成分 $\Delta w_{t,i}$ は

$$\Delta w_{t,i} = -\epsilon g_{t,i} \tag{3.10}$$

と書けます．

3.5.1　更新幅の適応的調整

重みの更新幅を適応的に調節する方法の 1 つに **AdaGrad**[57] があり，後の方法の基礎となっています．AdaGrad は重みを

$$\Delta w_{t,i} = -\frac{\epsilon}{\sqrt{\sum_{t'=1}^{t} g_{t',i}^2 + \varepsilon}} g_{t,i} \tag{3.11}$$

と更新します．分母の平方根の中の $\sum_{t'=1}^{t} g_{t',i}^2$ は，学習開始から現在に至る全更新について，勾配の二乗を加算したものです．ε はゼロ割を避けるために導入されています．分子の ϵ はハイパーパラメータで，引き続き学習率と呼ばれます．重みの更新幅は，この ϵ を勾配の和で割ったものとなっていて，その意図は，これまで大きく更新が行われた成分 i――つまり勾配が大きかったもの――は控えめに更新し，逆にそうでない成分 i を相対的に大きく更新するというものです．

AdaGrad の更新幅は，学習開始時からの $g_{t,i}^2$ の総和に反比例するため，学習が進むほどに小さくなり，いずれ 0 になってしまいます．これを避けるため，全更新回数分の和をとるのではなく，時間方向の移動平均をとるようにしたのが **RMSProp**[58,59] および **Adadelta**[60] です．RMSProp では，勾配の二乗和の移動平均を $\langle g_i^2 \rangle_t = \gamma \langle g_i^2 \rangle_{t-1} + (1 - \gamma) g_{t,i}^2$ と求め

$$\Delta w_{t,i} = -\frac{\epsilon}{\sqrt{\langle g_i^2 \rangle_t + \varepsilon}} g_{t,i} \tag{3.12}$$

とします．一方，Adadelta は，さらにパラメータ更新量 $\Delta w_{t,i}$ の二乗についても同様に移動平均 $\langle \Delta w_i^2 \rangle_t = \gamma \langle \Delta w_i^2 \rangle_{t-1} + (1 - \gamma)(\Delta w_{t,i})^2$ をとり，分子の ϵ を $\langle \Delta w_i \rangle_{t-1}$ で置き換えます．Adadelta のこの処置は，パラメータとその更新量との間で，物理量としての「単位」は一致すべきだとの考えに基づいています．これにより ϵ を指定する必要がなくなります．なお $\langle \Delta w_i \rangle_t$ は

得られないので $t-1$ の値で代用しています.

3.5.2　Adam とその拡張

Adam[16] は,上の方法にさらにモメンタムを導入したもので,現在,最も広く使われている方法の1つです.名前は "adaptive moment" に由来します.

Adam は,勾配の1次と2次のモーメントを次の移動平均で求めます.

$$m_{t,i} = \beta_1 m_{t-1,i} + (1 - \beta_1)g_{t,i} \tag{3.13a}$$

$$v_{t,i} = \beta_2 v_{t-1,i} + (1 - \beta_2)g_{t,i}^2 \tag{3.13b}$$

これら勾配とその二乗の移動平均は,モーメントの推定値としては偏差を含むため,これらを $\hat{m}_t = m_t/(1 - \beta_1^t)$ と $\hat{v}_t = v_t/(1 - \beta_2^t)$ のように補正します(ここでは β_1^t は β_1 の t 乗です).重みの更新は次のように行います.

$$\Delta w_{t,i} = -\frac{\epsilon}{\sqrt{\hat{v}_{t,i}} + \varepsilon}\hat{m}_{t,i} \tag{3.14}$$

Adam は SGD ほどシビアに学習率を選ばずとも,安定してよい結果が得られる使いやすい方法です.しかしながらいくつかのタスク,特に畳み込みニューラルネットワーク(5章)を用いた画像認識では,学習率をうまく選んだモメンタム SGD のほうが最終的な認識精度が高くなることが知られています[61].

これに対し,なぜそうなるのかが分析され,その対策がいくつか考案されています.ある文献[62]では,式 (3.14) の更新幅(つまり $\epsilon/(\sqrt{\hat{v}_{t,i}})$)が時折,極端に大小に振れる現象が見られ,それが性能悪化の理由であるとされ,更新幅に上下限値を設け,この問題を解消する AdaBound が提案されています.また,Adam では学習初期の一定期間のみ ϵ を小さめに設定する「ウォームアップ (warmup)」を行うと,結果がよくなる場合があることが知られています.別の文献[63]では,学習開始直後の 10 ステップほどの間,モーメントの移動平均が不安定になることがその原因であるとし,これを補正する **RAdam(Rectified Adam)** が提案されています.

もう1つの改良に,3.3.1 項の「重みの減衰」を Adam に導入した **AdamW**[64,65] があります.重みの更新則 (3.9) にある重みの減衰項

$(-\epsilon\lambda\mathbf{w}_t)$ は，L2 正則化から導出されたものですが，AdamW は同じ項を直接，Adam の更新則に加えます．この項の追加は，普通の SGD では当然ながら L2 正則化に一致しますが，Adam ではそうはなりません．つまり AdamW は「Adam+L2 正則化」とは異なる更新則を与えており，それがよりよい結果をもたらす場合があります．

Adam は更新の幅（学習率）を適応的に選ぶことを目的に作られており，そのこととは矛盾するようですが，Adam でも先述の学習率のスケジューリングは一般的に有効です．ベースとなる ϵ を，例えばコサインアニーリング（3.4 節）で周期的に変動させると，収束性と最終性能をさらに改善できる場合があります [65]．

3.5.3　その他の話題

以上述べてきたものの他にも，SGD にかかわるいくつかのトピックがあります．

3.2.4 項で述べた損失関数の形状と汎化性能の関係を踏まえ，より平坦な（＝鋭くない）局所形状を持つ極小点を探索する方法が考案されています．試み自体は以前からあったものの，計算効率と実効性の点で今一つでしたが，**SAM(sharpness aware minimization)** [48] は優れた性能を示すことが確かめられています．

SAM では以下のような最適化を考えます．

$$\min_{\mathbf{w}} \max_{\|\boldsymbol{\varepsilon}\|_p \le \rho} E(\mathbf{w} + \boldsymbol{\varepsilon}) + \lambda\|\mathbf{w}\|_2^2 \tag{3.15}$$

$E(\cdot)$ は交差エントロピーなど，これまでに扱ってきた基本的な損失です．式 (3.15) の意図は，点 $\mathbf{w}$ 周りの一定範囲の点 $\mathbf{w} + \boldsymbol{\varepsilon}(\|\boldsymbol{\varepsilon}\|_p \le \rho)$ を考え，それらに対する損失の最大値を最小化することで，より平坦な極小点 $\mathbf{w}$ を見つけ出そうというものです（$\|\boldsymbol{\varepsilon}\|_p$ は Lp ノルム）．

また，計算を大規模に並列化し，学習時間の短縮を図る方法も盛んに研究されています [11, 66]．それらは，モデルを並列化する方法とデータを並列化する方法の 2 つに分けられます．モデルの並列化は，対象とするネットワークを複数部分に分割し，それぞれを別々の演算装置上に保持して計算を実行します．ネットワークが大きすぎて，例えば 1 つの GPU に収まらないといっ

た場合に，この方法がとられます．

　データの並列化は，通常ミニバッチを分割し，それぞれを別々の演算装置上で処理します．順伝播と逆伝播の計算を別々に行った後，結果を集約して重みの更新を行います．モデル並列化より素直な方法といえますが，計算効率の観点からミニバッチを分割したものがあまり小さくならないように，分割前のミニバッチを大きくとる必要があります．ただし単純にミニバッチのサイズを大きくしてしまうと先述の通り SGD の利点が失われ，得られる解の質が悪くなるので，これへの対策を施した方法がいくつか存在します．畳み込みニューラルネットワーク（5章）を対象とする **LARS(layer-wise adaptive rate scaling)**[67] や，トランスフォーマーなど（7.3節）を対象とする **LAMB**[68] などです．

3.6　層出力の正規化

3.6.1　概要

　順伝播型ネットワークを1つ考えます．入力が，ある統計的な分布に従うとすると，各層の出力もまた，何らかの統計的分布に従います．各層の出力は，それより下の層の重みにも依存するため，学習の進展とともに重みが変化すると，（入力の分布が一定でも）各層出力の分布は変化することになります．学習中にこれらの分布がいびつなものとなったり，大きく変化してしまったりすると，学習に悪影響を及ぼします．これを回避するため，各層の出力を強制的に正規化し，分布の形を整える方法があります．以下ではまず，入力の正規化について述べ，その後に層出力を正規化する方法を説明します．

3.6.2　入力の正規化

　訓練データ $\mathcal{D} = \{(\mathbf{x}_n, \mathbf{y}_n)\}_{n=1,\dots,N}$ の各 $\mathbf{x}_n$ に線形変換を施し，$\mathbf{x}_n$ の成分ごとの平均や分散などを揃えることを，データの**正規化 (normalization)**，あるいはデータの**標準化 (standardization)** といいます（図 3.7）．$\mathbf{x}_n$ の成分間でこれらの統計量に著しい違いがあると学習によくないため，これを前処理によって補正します[69]．

　$\mathbf{x}_n$ の各成分を $x_{n,i}$ と書くと，まず各成分 $x_{n,i}$ からその成分の全学習データにわたる平均 $\bar{x}_i \equiv (1/N)\sum_{n=1}^{N} x_{n,i}$ を引いて

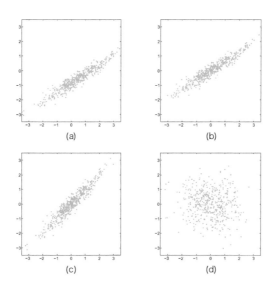

図 3.7　訓練データの正規化. (a) 元のサンプル集合. (b) 平均を 0 にする変換後. (c) 成分ごとの分散を 1 にする変換後. (d) 白色化：成分間の相関を 0 にする変換（12.2.5 項参照）.

$$x_{n,i} \leftarrow x_{n,i} - \bar{x}_i$$

とし，変換後の $\mathbf{x}_n$ の平均が $\mathbf{0}$ となるようにします（図 3.7(b)）. またこのように $\mathbf{x}_n$ の各成分から平均を差し引いたうえで，分散

$$\sigma_i \equiv \sqrt{\frac{1}{N} \sum_{n=1}^{N} (x_{n,i} - \bar{x}_i)^2}$$

を求め，

$$x_{n,i} \leftarrow \frac{x_{n,i} - \bar{x}_i}{\sqrt{\sigma_i^2 + \varepsilon}}$$

とします. ε はゼロ割を避けるための小さな数です. 以上の 2 つの変換を施した後の $\mathbf{x}_n$ は，各成分の平均が 0，分散が 1 になります（図 3.7(c)）. さらにもう一歩踏み込んで，成分ごとの相関をなくす**白色化 (whitening)** がありますが，これは 12.2.5 項で改めて説明します.

　なお訓練データの $\mathbf{x}_n$ に適用した前処理とまったく同じものを，推論時の

入力にも適用する必要があります．つまり，訓練データの平均と分散を用いた上の変換を，テストデータの個々の入力に適用します．

3.6.3 バッチ正規化

バッチ正規化 (batch normalization)[14] は，各層の出力に対し，前項で説明した入力に対する正規化と同様の変換を適用します．入力の正規化においては，正規化で用いる平均と分散は全訓練サンプルを使って計算しました．一方バッチ正規化では，ミニバッチ内の全サンプルに対する平均と分散を計算して用います．

具体的には次のように行います．ある層の活性化関数を適用する前のユニット出力 $\mathbf{u} = [u_1, \ldots, u_J]^\top$ を考えます．J はこの層のユニット数です．現在のミニバッチ内のサンプルに対して計算される成分 u_j の平均を μ_j，分散を σ_j^2 とします．これで u_j を正規化すると $\hat{u}_j = (u_j - \mu_j)/\sigma_j$ となります．バッチ正規化では，これを γ_j 倍し，β_j だけシフトした

$$\hat{u}_j = \gamma_j \frac{u_j - \mu_j}{\sqrt{\sigma_j^2 + \varepsilon}} + \beta_j \tag{3.16}$$

を考えます．この $\hat{u}_j$ を活性化関数に入力し，後はいつものように以降の層に伝えます．なお β_j と γ_j は $\beta_j = 0$，$\gamma_j = 1$ と初期化した上，ネットワークの重みと同様に学習によって決定します．

β, γ による線形変換の導入は，折角の正規化を台無しにするように見えますが[*6]，$\hat{u}_j$ の決定にバッチ内の全サンプルが μ_j と σ_j を経由して関与することに注意します．なおバッチ正規化を適用する層では，ユニット j のバイアスが β_j と重複するため，バイアスを省略するのが普通です．畳み込み層への適用は 5.5 節で改めて述べます．

なお推論は，1 つの入力 $\mathbf{x}$ に対して行うので，上のように平均，分散を計算できません．そこで，データの分布全体にわたる平均と分散の推定値を事前に求めておいて（通常，学習時において各ミニバッチに対して計算した平均と分散の移動平均を用います），それらを μ_j と σ_j^2 として式 (3.16) を層出力に適用します．

[*6]　実際，$\beta_j = \mu_j$，$\gamma_j = \sqrt{\sigma_j^2 + \varepsilon}$ と選べば元通りです．

　バッチ正規化は深層学習の中核技術の1つといえます．多層ネットワークの学習を普遍的に安定化させ，特に残差接続を持つネットワークで利用すると，層数を容易に増やせるようになり，ひいては推論精度の向上にもつながります．ただしその有効性がどこからくるのかは，完全にはわかっていません．損失関数をより滑らかにするとか [70]，有限のサンプルに対する平均・分散を使用するせいで生じるランダム性が正則化の効果を生むとか [71]，ReLUなどの活性化関数の非対称性に起因する層出力の平均値のずれが解消される，あるいは残差接続との組合せにおいて，学習初期において残差接続のほうをより支配的にしそれによって学習の安定化に貢献するなど [72]，さまざまな説があります．

3.6.4　レイヤー正規化

　正規化で用いる統計量（平均と分散）をどの集合に対して計算するかの違いで，異なる方法が存在します．バッチ正規化はミニバッチ内のサンプルに対して統計量を計算しますが，**レイヤー正規化 (layer normalization)** は各層の全ユニットに対してその出力の統計量を求めます．バッチ正規化はバッチサイズが小さいと計算される統計量が不安定となり効果が低下します．また6章のRNNのように同じ層を何度も信号が循環する場合，物理的には同じ層でも出力の統計量は変動するため，バッチ正規化の適用は困難です．レイヤー正規化はそのような場合にも使うことができます．

　具体的には，活性化関数適用前のユニット出力 $\mathbf{u} = [u_1, \ldots, u_J]^\top$ に対し，同じ層の全ユニットにわたる平均 $\mu = (1/J)\sum_{j=1}^{J} u_j$ と分散 $\sigma^2 = (1/J)\sum_{j=1}^{J}(u_j - \mu)^2$ を計算し，層出力をバッチ正規化同様に

$$\hat{u}_j = \gamma_j \frac{u_j - \mu}{\sqrt{\sigma^2 + \varepsilon}} + \beta_j \tag{3.17}$$

と変換します．β_j, γ_j も同様に学習で決定します．なお，レイヤー正規化は現在の入力のみから統計量を求めるので，バッチ正規化のように学習時と推論時とで統計量に差が出る可能性はありません．

3.6.5　バッチ正規化の欠点

　バッチ正規化および関連手法には，いくつかの問題が指摘されていますが，

中でも明確なのは，学習時と推論時とで統計量，すなわち平均 μ_j と分散 σ_j^2 の計算が異なることです．このことは，ネットワークが学習時と推論時で異なる振る舞いを見せることにつながりかねません [73,74]．訓練データと推論時に遭遇するデータの間に統計的な差がなくても，このことは問題となり得ます．両者に差があるとより問題は大きく，例えば画像分類において入力画像のサイズが学習時と推論時で異なるだけでも，バッチ正規化が性能低下の要因となることが指摘されています [75]．このため，バッチ正規化を使わないネットワークの構造および学習方法が考案されています [76]．

3.6.6　重みの正規化と正則化

　活性化関数を無視すれば（層の出力）＝（層の入力）×（重み）であるので，入力がすでに正規化されているとすると，層の出力を正規化する代わりに重みを正規化しても，ほぼ同じ効果が得られそうです．このような考えから，重みを正規化する方法 (weight normalization) がいくつか提案されています [77,78,79]．ただし重みに何らかの制約を入れると，SGD における重みの更新のダイナミクスにも変化が生じます．おそらくそれが理由で，性能や使いやすさにおいてバッチ正規化を置き換える方法は今のところ知られていません．

　これと関連して，バッチ正規化を採用する層では，重みの減衰（L2 正則化）を適用しても意味がないように思えます．この層の重みを例えばすべて 2 倍したとしても，バッチ正規化を行うと（2 倍された層出力が正規化されて），その効果はなくなるはずだからです．しかしながら現実には，バッチ正規化と重みの減衰は同時に利用されており，有効性もよく認識されています．これは重みの減衰が，正則化としての働きよりも，重みの更新のダイナミクスによい影響を与えていることを示唆しています [49]．

3.7　重みの初期化

　重みは学習を始める際に初期化します．普通は層ごとに 1 つの確率分布 $p(w)$ を指定し，$p(w)$ からランダムに抽出した値を重み w_{ji} にセットします（$w_{ji} \sim p(w)$）．$p(w)$ には正規分布 $N(0, \sigma^2)$ あるいは一様分布 $U(-a, a)$ を選ぶのが一般的ですが，σ と a をどう決めるかが重要です．なおバイアスの

初期値は普通 0 とします.

　σ や a を選ぶうえで拠り所とするのは,連続する層間で層出力の大きさが,なるべく等しくなるべきであるということです.上述のバッチ正規化と同様の目標を,少なくとも学習開始時において求めていると見ることができます[*7].同じことは,順伝播の計算のみならず,学習時の逆伝播の計算についても当てはまります.また,ロジスティック関数のように「スイートスポット」のある活性化関数を採用する層では,層出力が適当な範囲に収まっていることも求められます.

　順伝播の計算に関して,上述の要請を具体化すると,ある層と次の層の出力 z_i と z'_j について,それらの分散が一致 ($V(z_i) = V(z'_j)$) することであると表現できます.以下,これを達成するために,上の σ や a をどう選べばよいかを考えます.

　まず z_i から z'_j への計算は,総入力 $u'_j = \sum_{i=1}^{M} w_{ji}z_i$ の計算とそれへの活性化関数の適用 $z'_j = f(u'_j)$ に分離されます.なお M はユニット j に接続している下側の層のユニットの数です.またバイアスはここでの議論には関係しないので省略しています.

　総入力の分散 $V(u'_j)$ を考えると,和をとる各項の独立性から $V(u'_j) = MV(w_{ji}z_i)$ となります.さらに重みは平均 0 の分布からランダムに抽出するので $E(w_{ji}) = 0$ であり,さらに w_{ji} と z_i の独立性から $V(w_{ji}z_i) = E(w_{ji}^2)E(z_i^2) = V(w_{ji})E(z_i^2)$ を得ます.以上から次が導出できます.

$$V(u'_j) = MV(w_{ji})E(z_i^2) \tag{3.18}$$

ほとんどの活性化関数は $u = 0$ 付近で $f'(u) \sim 1$ であり,これが近似的に成り立つ範囲内では $V(z'_j) = V(u'_j)$ が成り立ちます.さらに原点に関して対称な活性化関数(例えば tanh)では,$E(u_i) = 0$ なら $E(z_i) = 0$ となります.このとき $E(z_i^2) = V(z_i)$ であるので,

$$V(z'_j) = MV(w_{ji})V(z_i) \tag{3.19}$$

が得られます.ただちに,$V(z'_j) = V(z_i)$ とするためには

$$V(w_{ji}) = \frac{1}{M}$$

[*7]　バッチ正規化を採用していれば,この要請の重要性は低下するといえます.

となるようにすればよいとわかります.

w_{ji} を上のように選べば,順伝播の計算については上述の要請が満たされますが,逆伝播の計算についてはその限りではありません. そこで妥協策として

$$V(w_{ji}) = \frac{2}{M + M'}$$

とします. M' は上側の層のユニット j がもう1つ上の層で接続しているユニットの数です (このユニットの fan-out). w_{ji} の分布を正規分布 $N(0, \sigma^2)$ とするなら $\sigma = \sqrt{2/(M + M')}$, 一様分布 $U(-a, a)$ とするなら $a = \sqrt{6/(M + M')}$ とします[*8]. この方法は提案者の名前をとり, Xavier 法あるいは Glorot 法と呼ばれています.

上の導出では $E(z_i) = 0$ としましたが,活性化関数によってこれは満たされません. 実際に ReLU では z_i は非負であり,したがってその期待値は必ず正です. ReLU を使うネットワークでは次のようにします. まず, w_{ji} を平均 0 の分布から選ぶなら, u_i の期待値は 0 になると考えてもよいでしょう. ReLU では $z_i = \max(0, u_i)$ であり,その場合 $E(z_i^2) = V(u_i)/2$ となります. これを式 (3.18) に代入し,ここでは $u_j^{(l+1)}$ と $u_i^{(l)}$ の分散が同じになることを要請すると,

$$V(w_{ji}) = \frac{2}{M}$$

とすればよいとわかります. 正規分布を選ぶと $\sigma = \sqrt{2/M}$,一様分布では $a = \sqrt{6/M}$ となります. 逆伝播を優先する場合には M を M' で置き換えます. 以上の方法は Kaiming 法とか He 法と呼ばれています.

3.8 その他

損失の計算に用いるミニバッチは,訓練データから一般にランダムにサンプルを選んで作ります. したがって学習の進捗とは無関係に,学習対象となるサンプルが選ばれることになります. これに対し,人がそうするように,学習がより効率よく進むように,選出するサンプルの順序を計画する**カリキュラム学習 (curriculum learning)** という考え方があります[69,80,81,82]. しかしながら,今のところ普遍的に有効であるといえる方法はありません. 文献[83]

[*8]　一様分布 $U(-a, a)$ の分散が $a^2/3$ となることから導けます.

では，学習時間に制約がある場合やラベルにノイズが含まれる場合（10.3 節参照）に限り，一定の有効性が見られると報告されています．一般に学習では同じサンプルを何度も繰り返し使いますが，簡単なサンプルの学習は早く終わり（損失が小さくなり），難しいサンプルの学習に時間が費やされる傾向があり，実質的にカリキュラム学習と同じ効果が得られているといえるかもしれません．

　話は変わりますが，損失関数は非凸であり，どのような最適化手法を用いたとしても大域最小解を探り当てられる可能性は低く，よい極小解を得られれば良しと考えるべきでしょう．よい極小解とは，損失関数の深いところに位置するようなもので，つまり最小解ではないがそれと同じような推論が行えるようなものです．問題は，そのようなものが都合よく存在し，さらに見つけることが可能なのかということです．これに対し，深層学習で想定される損失関数では，浅い（損失の値が大きい）位置にある極点は，ほとんどが鞍点である可能性が高いことが示唆されています [84]．つまり，極小点を見つけられれば，それは損失関数の深いところにある可能性が高いということです．

Chapter **4**

誤差逆伝播法

ニューラルネットワークの学習を行うには，重みとバイアスについて損失関数の微分を計算する必要があります．本章では，この計算を効率よく行うアルゴリズムである，誤差逆伝播法を説明します．さらにこれを一般化したものといえる，自動微分のあらましを述べます．また，多層ネットワークの学習につきまとう勾配消失問題について説明し，最後に多層ネットワークの学習に不可欠な，残差接続と呼ばれるネットワーク構造を説明します．

4.1　勾配計算の煩わしさ

　3章で述べたように，ニューラルネットワークの学習には，勾配降下法をベースとする方法を用いますが，損失関数 $E(\mathbf{w})$ の勾配 $\nabla E = \partial E(\mathbf{w})/\partial \mathbf{w}$ の計算を必要とします．勾配のベクトルの各成分は，各層の結合重みと各ユニットのバイアスでの損失関数の微分（$\partial E/\partial w_{ji}$ と $\partial E/\partial b_j$）です[*1]．しかし，これらの微分の計算は中間層，特に入力に近い深い層のパラメータほど，計算の手間が多くなります．試しに，1つのサンプル $\mathbf{x}_n$ に対する二乗誤差 $E_n = 1/2\|\mathbf{y}(\mathbf{x}_n) - \mathbf{d}_n\|^2$ を，第 l 層の重み $w_{ji}^{(l)}$（$\mathbf{W}^{(l)}$ の1成分）で微分してみます．まず

$$\frac{\partial E_n}{\partial w_{ji}^{(l)}} = (\mathbf{y}(\mathbf{x}_n) - \mathbf{d}_n)^\top \frac{\partial \mathbf{y}}{\partial w_{ji}^{(l)}}$$

[*1]　以前に定義した通り，L 層の順伝播型ネットワークでは，$\mathbf{w}$ は $\mathbf{W}^{(2)}, \ldots, \mathbf{W}^{(L)}$ と $\mathbf{b}^{(2)}, \ldots, \mathbf{b}^{(L)}$ の全成分を並べたベクトルです．

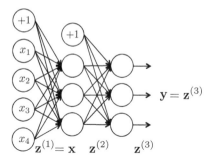

図 4.1　常に +1 を出力するユニットを各層に 1 つ配置し，式 (4.1) のようにバイアスを結合重み
の 1 つとして表記します．

となります．さらに，右辺の微分 $\partial \mathbf{y}/\partial w_{ji}^{(l)}$ を求めることが必要ですが，こ
れには関数 $\mathbf{y}(\mathbf{x})$ 内で

$$
\begin{aligned}
\mathbf{y}(\mathbf{x}) &= \mathbf{f}(\mathbf{u}^{(L)}) \\
&= \mathbf{f}(\mathbf{W}^{(L)}\mathbf{z}^{(L-1)} + \mathbf{b}^{(L)}) \\
&= \mathbf{f}(\mathbf{W}^{(L)}\mathbf{f}(\mathbf{W}^{(L-1)}\mathbf{z}^{(L-2)} + \mathbf{b}^{(L-1)}) + \mathbf{b}^{(L)}) \\
&= \mathbf{f}(\mathbf{W}^{(L)}\mathbf{f}(\mathbf{W}^{(L-1)}\mathbf{f}(\cdots \mathbf{f}(\mathbf{W}^{(l)}\mathbf{z}^{(l-1)} + \mathbf{b}^{(l)})\cdots)) + \mathbf{b}^{(L)})
\end{aligned}
$$

のような活性化関数の深い入れ子の中に $w_{ji}^{(l)}$ が現れるため，微分の連鎖則を
何度も繰り返す必要があります．**誤差逆伝播法 (back propagation)**（ある
いはバックプロパゲーション法）は，この計算を効率よく実行する方法です．
　以降，表記を簡素化するため，図 4.1 のように +1 をいつも出力する特別
な第 0 番ユニットを各層に導入し，バイアス b_j をそのユニットと各ユニット
j との結合重み $w_{0j}^{(l)} = b_j^{(l)}$ と考えることとします．つまり l 層のユニットへ
の入力は，$l-1$ 層の第 0 ユニットの出力が常に $z_0^{(l-1)} = 1$ となることで

$$
u_j^{(l)} = \sum_{i=1}^{n} w_{ji}^{(l)} z_i^{(l-1)} + b_j = \sum_{i=0}^{n} w_{ji}^{(l)} z_i^{(l-1)} \tag{4.1}
$$

と簡潔に書き表せます．
　3 章で述べたように，勾配降下法による最小化の対象は，1 サンプル $\mathbf{x}_n$ に
対する損失 $E_n(\mathbf{w})$ のミニバッチ（少数のサンプル集合）に対する和 $E_t(\mathbf{w}) =$

$\frac{1}{N_t} \sum_{n \in \mathcal{D}_t} E_n(\mathbf{w})$ でした．和の微分は微分の和でしかないので，いずれの場合でも，1つのサンプル n に対する損失 $E_n(\mathbf{w})$ を微分できればよい（目的関数の勾配を計算できる）ことになります．これ以降，表記を簡潔にするため，個々のサンプルを指すインデックス n を省略します（例えば $\mathbf{x}_n$ を $\mathbf{x}$ とし，同様にその他の変数も n を省略する）．ただし損失関数のみ，サンプル1つに対する損失であることを明示するため，$E_n = E_n(\mathbf{w})$ のように書きます．

4.2　誤差逆伝播法

4.2.1　2層ネットワークでの計算

図 4.1 の2層ネットワークを考えます．回帰問題への適用を念頭に，出力層の活性化関数を恒等関数とします．ただし，中間層のユニットは任意の活性化関数 f を持つとします．このネットワークでは，入力 $\mathbf{x} = [x_1\ x_2\ x_3\ x_4]^{\top}$ は出力へ向けて次のように伝播します．入力層の出力をいつも通り $z_i^{(1)} = x_i$ とすると，中間層の出力は

$$z_j^{(2)} = f(u_j^{(2)}) = f\left(\sum_i w_{ji}^{(2)} z_i^{(1)}\right) \tag{4.2}$$

となります．出力層の活性化関数は恒等写像なので，その出力は

$$y_j(\mathbf{x}) = z_j^{(3)} = u_j^{(3)} = \sum_i w_{ji}^{(3)} z_i^{(2)} \tag{4.3}$$

です．

このネットワークの損失関数に二乗誤差

$$E_n = \frac{1}{2} \|\mathbf{y}(\mathbf{x}) - \mathbf{d}\|^2 = \frac{1}{2} \sum_j (y_j(\mathbf{x}) - d_j)^2$$

を選んだとき，重みでの微分（$\partial E_n / \partial w_{ji}^{(3)}$ と $\partial E_n / \partial w_{ji}^{(2)}$）はどのように計算されるでしょうか．

まず，出力層の重みに関する微分 $\partial E_n / \partial w_{ji}^{(3)}$ は比較的簡単に計算できます．これは

$$\frac{\partial E_n}{\partial w_{ji}^{(3)}} = (\mathbf{y}(\mathbf{x}) - \mathbf{d})^{\top} \frac{\partial \mathbf{y}}{\partial w_{ji}^{(3)}}$$

のように展開でき，右辺の $\partial\mathbf{y}/\partial w_{ji}^{(3)}$ はベクトルですが，式 (4.3) よりその j 成分のみが $z_i^{(2)}$ で，それ以外の成分は 0，つまり

$$\frac{\partial\mathbf{y}}{\partial w_{ji}^{(3)}} = [0 \ \cdots \ 0 \ z_i^{(2)} \ 0 \ \cdots \ 0]^\top$$

の形になります．したがって

$$\frac{\partial E_n}{\partial w_{ji}^{(3)}} = (y_j(\mathbf{x}) - d_j)z_i^{(2)} \tag{4.4}$$

のように求まります．

　次に，中間層の重みに関する微分 $\partial E_n/\partial w_{ji}^{(2)}$ を計算します．$w_{ji}^{(2)}$ は $u_j^{(2)} = \sum_i w_{ji}^{(2)} z_i^{(1)}$ のように $u_j^{(2)}$ の中にのみ存在します．そこで，E_n を $u_j^{(2)}$ で微分し，連鎖則を使うと，$\partial E_n/\partial w_{ji}^{(2)}$ は

$$\frac{\partial E_n}{\partial w_{ji}^{(2)}} = \frac{\partial E_n}{\partial u_j^{(2)}} \frac{\partial u_j^{(2)}}{\partial w_{ji}^{(2)}} \tag{4.5}$$

となります．$u_j^{(2)} = \sum_i w_{ji}^{(2)} z_i^{(1)}$ であることを使うと，式 (4.5) の右辺第 2 項はただちに

$$\frac{\partial u_j^{(2)}}{\partial w_{ji}^{(2)}} = z_i^{(1)}$$

と計算されます．

　式 (4.5) の右辺第 1 項 $\partial E_n/\partial u_j^{(2)}$ は，次のように計算します．図 4.2 のように，中間層のユニット j への入力 $u_j^{(2)}$ は，このユニットとつながりを持つ出力層のユニット $k(=1,2,3)$ に伝わるので，これら 3 つのユニットそれぞれの総入力 $u_k^{(3)}$ に影響します．E_n は $u_k^{(3)}(k=1,2,3)$ の関数であるので，E_n の $u_j^{(2)}$ に関する微分は，連鎖則を使うと，これら出力層の 3 ユニットについての和

$$\frac{\partial E_n}{\partial u_j^{(2)}} = \sum_k \frac{\partial E_n}{\partial u_k^{(3)}} \frac{\partial u_k^{(3)}}{\partial u_j^{(2)}} \tag{4.6}$$

で表現できます．右辺の $\partial E_n/\partial u_k^{(3)}$ は，$E_n = 1/2\sum_k(y_k(\mathbf{x}) - d_k)^2 = 1/2\sum_k(u_k^{(3)} - d_k)^2$ から

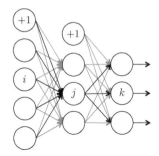

図 4.2 中間層のユニット j への入力 $u_j^{(2)}$ は，出力層の各ユニット $k(k = 1, 2, 3)$ への総入力 $u_k^{(3)}$ に影響します．

$$\frac{\partial E_n}{\partial u_k^{(3)}} = u_k^{(3)} - d_k \tag{4.7}$$

と計算でき，$\partial u_k^{(3)} / \partial u_j^{(2)}$ は，$u_k^{(3)} = \sum_j w_{kj}^{(3)} f(u_j^{(2)})$ であることから

$$\frac{\partial u_k^{(3)}}{\partial u_j^{(2)}} = w_{kj}^{(3)} f'(u_j^{(2)})$$

と計算できます．これらを式 (4.5) に代入すると

$$\frac{\partial E_n}{\partial w_{ji}^{(2)}} = \left(f'(u_j^{(2)}) \sum_k w_{kj}^{(3)} (u_k^{(3)} - d_k) \right) z_i^{(1)} \tag{4.8}$$

を得ます．

4.2.2 多層ネットワークへの一般化

2 層ネットワークの場合の損失関数の勾配は，式 (4.4) および (4.8) のように計算できました．これを任意の層数のネットワークに拡張します．具体的には，2 層ネットワークの中間層の重みに関する計算を一般化します．

まず，式 (4.5) を第 l 層の重み $w_{ji}^{(l)}$ についての式と見ると

$$\frac{\partial E_n}{\partial w_{ji}^{(l)}} = \frac{\partial E_n}{\partial u_j^{(l)}} \frac{\partial u_j^{(l)}}{\partial w_{ji}^{(l)}} \tag{4.9}$$

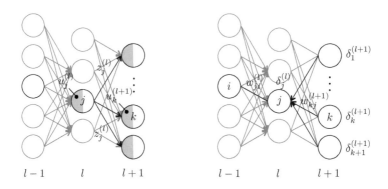

図 4.3 左：ユニットの総入力の変化が損失関数に与える影響は，常に次層の各ユニットの総入力を経由します．右：デルタの逆伝播 ($l+1$ から l 層へ) の様子と $\partial E/\partial w_{ji}^{(l)}$ の計算 ($l-1$ と l 層間) の様子．

となります．式 (4.9) の右辺の $\partial E_n/\partial u_j^{(l)}$ を考えます．図 4.3 左を見ると，$u_j^{(l)}$ の変動が E_n に与える影響は，このユニット j からの出力 $z_j^{(l)}$ を通じ，第 $l+1$ 層の各ユニット k の総入力 $u_k^{(l+1)}$ を変化させることによってのみ生じる (それ以外にない) ことがわかります．したがって各 $u_k^{(l+1)}$ を経由した微分の連鎖により

$$\frac{\partial E_n}{\partial u_j^{(l)}} = \sum_k \frac{\partial E_n}{\partial u_k^{(l+1)}} \frac{\partial u_k^{(l+1)}}{\partial u_j^{(l)}} \tag{4.10}$$

と分解できます．そこで，この式の右辺の各項を計算していきます．式 (4.10) の両辺に，第 l 層と第 $l+1$ の層での入力に関する微分 $\partial E_n/\partial u_j^{(\cdot)}$ が現れていることに着目し，

$$\delta_j^{(l)} \equiv \frac{\partial E_n}{\partial u_j^{(l)}} \tag{4.11}$$

とおきます．本書では，この量を**デルタ** (**delta**) と呼ぶことにします．デルタは各層 l の各ユニット j に対して定義されることに注意してください．

さて，$u_k^{(l+1)} = \sum_j w_{kj}^{(l+1)} z_j^{(l)} = \sum_j w_{kj}^{(l+1)} f(u_j^{(l)})$ より，$\partial u_k^{(l+1)}/\partial u_j^{(l)} = w_{kj}^{(l+1)} f'(u_j^{(l)})$ となることを使うと，式 (4.10) は

$$\delta_j^{(l)} = \sum_k \delta_k^{(l+1)} \left(w_{kj}^{(l+1)} f'(u_j^{(l)}) \right) \tag{4.12}$$

と書き直せます.

　式 (4.12) は，$\delta_j^{(l)}$ が $\delta_k^{(l+1)}(k = 1, 2, \ldots)$ から計算できることを意味します. つまり，上位の $l+1$ 層のユニットのデルタが与えられれば，l 層のデルタは式 (4.12) に従って計算できるということです. 図 4.3 右に，式 (4.12) によるデルタの計算の様子を示します. この式は任意の中間層 l について成立するはずであり，つまり l を $l+1$ で置き換えても成立します. このことから $\delta_k^{(l+1)}$ も同様に，$\delta_1^{(l+2)}, \delta_2^{(l+2)}, \ldots$ から計算できることになります. これを出力層までたどれば，最初に出力層の各ユニットのデルタが求まっていれば，式 (4.12) を繰り返し適用することで，任意の層のデルタが計算できるということです. このとき，デルタは出力層から入力層の向き，つまり順伝播とは逆の向きに伝播されます. これが誤差逆伝播法の名前の由来です.

　式 (4.9) の第 1 項はこのようにデルタを計算することで求まります. 第 2 項の $\partial u_j^{(l)}/\partial w_{ji}^{(l)}$ は，$u_j^{(l)} = \sum_i w_{ji}^{(l)} z_i^{(l-1)}$ の関係から簡単に

$$\frac{\partial u_j^{(l)}}{\partial w_{ji}^{(l)}} = z_i^{(l-1)}$$

と計算できます. したがって，これと式 (4.11) の $\delta_j^{(l)}$ を式 (4.9) に代入すると，目的の微分は

$$\frac{\partial E_n}{\partial w_{ji}^{(l)}} = \delta_j^{(l)} z_i^{(l-1)} \tag{4.13}$$

のように表されます. このように，第 $l-1$ 層のユニット i と第 l 層のユニット j をつなぐ結合重み $w_{ji}^{(l)}$ に関する微分は，ユニット j に関する $\delta_j^{(l)}$ と，ユニット i からの出力 $z_i^{(l-1)}$ のただの積で与えられます. 図 4.3 右には，この微分を計算するのに関与するユニットとその間の結合が明示されています.

　デルタ $\delta_j^{(l)}$ の計算は上で述べたように，出力層から入力層へ向かって繰り返し，式 (4.12) を適用することで求まります. 逆伝播の最初の値は出力層での $\delta_j^{(L)}$ が与えますが，これは陽に

$$\delta_j^{(L)} = \frac{\partial E_n}{\partial u_j^{(L)}} \tag{4.14}$$

と計算できます. 具体的な計算は選択した損失関数によって変わりますが，これは 4.2.3 項で述べます.

入力：訓練サンプル $\mathbf{x}_n$ および目標出力 $\mathbf{d}_n$ のペア 1 つ.

出力：損失関数 $E_n(\mathbf{w})$ の各層 l のパラメータについての微分 $\partial E_n/\partial w_{ji}^{(l)}$ $(l = 2, \ldots, L)$.

1. $\mathbf{z}^{(1)} = \mathbf{x}_n$ とし，各層 $l\ (= 2, \ldots, L)$ のユニット入出力 $\mathbf{u}^{(l)}$ および $\mathbf{z}^{(l)}$ を順に計算する（**順伝播**）.

2. 出力層でのデルタ $\delta_j^{(L)}$ を求める（通常は $\delta_j^{(L)} = z_j - d_j$ となる）.

3. 中間層 $l(= L-1, L-2, \ldots, 2)$ での $\delta_j^{(l)}$ を，この順に式 (4.12) に従って計算する（**逆伝播**）.

4. 各層 $l(= 2, \ldots, L)$ のパラメータ $w_{ji}^{(l)}$ に関する微分を式 (4.13) に従って計算する.

図 4.4 誤差逆伝播による勾配（損失の重みによる微分）の計算手順.

以上の結果をまとめると，ある訓練サンプル $(\mathbf{x}, \mathbf{d})$ が与えられたとき，このサンプルに関する損失関数 E_n の勾配は図 4.4 に示す手順で計算できます．なお最初に述べた通り，ミニバッチなどの複数の訓練サンプルに対する損失の総和 $E = \sum_n E_n$ の勾配は，この手順を訓練サンプル $(\mathbf{x}_n, \mathbf{d}_n)$ ごとに並行に繰り返し，得られる勾配の和を

$$\frac{\partial E}{\partial w_{ji}^{(l)}} = \sum_n \frac{\partial E_n}{\partial w_{ji}^{(l)}} \tag{4.15}$$

とすることで求めます．

4.2.3 出力層でのデルタ

逆伝播計算の起点は出力層でのデルタ $\delta_j^{(L)} = \partial E_n/\partial u_j^{(L)}$ です．その計算は使用する損失関数および出力層の活性化関数に依存しますが，代表的な場合を以下に示します．

回帰で，損失関数を二乗誤差 $E_n = 1/2\|\mathbf{y} - \mathbf{d}\|^2 = 1/2\sum_j (y_j - d_j)^2$ とし，出力層の活性化関数を恒等写像 $y_j = z_j^{(L)} = u_j^{(L)}$ とする場合，出力層のユニット j のデルタ $\delta_j^{(L)}$ は

$$\delta_j^{(L)} = u_j^{(L)} - d_j = z_j^{(L)} - d_j = y_j - d_j$$

となります．2 値分類で，損失関数が $E_n = -d \log y - (1-d) \log(1-y)$，出力層の活性化関数をロジスティック関数 $y = 1/(1 + \exp(-u))$ とする場合，後述するロジスティック関数の微分を使って

$$\delta^{(L)} = -\frac{d}{y} \cdot \frac{dy}{du} - \frac{1-d}{1-y} \left(-\frac{dy}{du} \right)$$
$$= -d(1-y) + (1-d)y = y - d$$

となります．多クラス分類で，出力層の活性化関数にソフトマックス関数を指定し，損失関数を交差エントロピー

$$E_n = -\sum_k d_k \log y_k = -\sum_k d_k \log \left(\frac{\exp(u_k^{(L)})}{\sum_i \exp(u_i^{(L)})} \right)$$

とする場合，出力層のユニット j でのデルタ $\delta_j^{(L)} = \partial E_n / \partial u_j^{(L)}$ は

$$\delta_j^{(L)} = -\sum_k d_k \frac{1}{y_k} \frac{\partial y_k}{\partial u_j^{(L)}}$$
$$= -d_j(1-y_j) - \sum_{k \neq j} d_k(-y_j) = \sum_k d_k(y_j - d_j)$$
$$= y_j - d_j$$

と導出できます．ただし，最後の等号で $\sum_k d_k = 1$（多クラス分類での目標出力 $\mathbf{d}$ の性質）を利用しました．

このように回帰，2 値分類および多クラス分類のいずれにおいても，出力層 L のユニット j のデルタ $\delta_j^{(L)}$ は，ネットワークの出力 y_j とその目標出力 d_j の差になります．

4.2.4 順伝播と逆伝播の行列計算

順伝播，逆伝播およびパラメータ更新の各計算は，層ごとに行列計算として表記できます．以下では，ミニバッチを使った確率的勾配降下法の全計算を，行列を使って表記してみます．

本章ではここまで，各層のユニット j のバイアスを重み w_{j0} で表すように

パラメータを定義していました. 以下ではバイアスと重みを改めて区別することにし, $i \geq 1$ の w_{ji} を (j, i) 成分に持つ行列を $\mathbf{W}$ と表記し, バイアスは別に w_{j0} を j 番目の成分とするベクトル $\mathbf{b}$ によって表すことにします.

ミニバッチは N 個のサンプル数からなるとし, これらサンプルを列ベクトルに持つ行列を $\mathbf{X} = [\mathbf{x}_1 \cdots \mathbf{x}_N]$ と書きます*2. サンプル $\mathbf{x}_n$ を入力したときの l 層の各ユニットについて, その総入力を成分に並べたベクトルを $\mathbf{u}_n^{(l)}$, これに活性化関数を作用させた各ユニットの出力を成分に持つベクトルを $\mathbf{z}_n^{(l)}$ と書きます. そしてこれらを列ベクトルに持つ行列を $\mathbf{U}^{(l)} = [\mathbf{u}_1^{(l)} \cdots \mathbf{u}_N^{(l)}]$ および $\mathbf{Z}^{(l)} = [\mathbf{z}_1^{(l)} \cdots \mathbf{z}_N^{(l)}]$ と書きます.

以上の表記を用いると順伝播計算は, $\mathbf{Z}^{(1)} \equiv \mathbf{X}$ とし, $l = 2, \ldots, L$ について次の 2 つの式の計算を反復することで行えます (式 (2.11) を複数サンプルに拡張したもの).

$$\mathbf{U}^{(l)} = \mathbf{W}^{(l)}\mathbf{Z}^{(l-1)} + \mathbf{b}^{(l)}\mathbf{1}_N^\top \tag{4.16a}$$

$$\mathbf{Z}^{(l)} = f^{(l)}(\mathbf{U}^{(l)}) \tag{4.16b}$$

$\mathbf{1}_N$ は 1 を N 個並べたベクトルであり, $f^{(l)}(\cdot)$ は行列の各成分に並行に活性化関数を適用し, 結果を同サイズの行列で返すものとします.

$\mathbf{x}_n$ に対する出力 $\mathbf{y}_n$ を並べた行列を $\mathbf{Y} = [\mathbf{y}_1 \cdots \mathbf{y}_N]$, 対応する目標出力を並べたものを $\mathbf{D} = [\mathbf{d}_1 \cdots \mathbf{d}_N]$ とします. また, l 層の各ユニットのデルタ $\delta_j^{(l)}$ を要素に持つ行列を $\mathbf{\Delta}^{(l)}$ と書きます. $\mathbf{\Delta}^{(l)}$ は各列がミニバッチのサンプル $n = 1, \ldots, N$ に対応し, 各行は l 層の各ユニットに対応します. デルタの逆伝播計算は $\mathbf{\Delta}^{(L)} = \mathbf{Y} - \mathbf{D}$ とした後, $l = L - 1, \ldots, 2$ について, この順に次の計算を繰り返すことで実行されます.

$$\mathbf{\Delta}^{(l)} = f^{(l)\prime}(\mathbf{U}^{(l)}) \odot (\mathbf{W}^{(l+1)\top}\mathbf{\Delta}^{(l+1)}) \tag{4.17}$$

$f^{(l)\prime}(\mathbf{U})$ は, $\mathbf{U}$ の各成分に l 層の活性化関数の微分 $f'(\cdot)$ を並行に適用して得られる同サイズの行列です. $\odot$ は行列の成分ごとの積, つまり $\mathbf{C} = \mathbf{A} \odot \mathbf{B}$ は $c_{ij} = a_{ij}b_{ij}$ を意味します. 式 (4.17) は各サンプル, 各ユニットについて式 (4.12) をまとめて表記したものになっています. 各活性化関数の導関数をまとめたものを**表 4.1** に示します. なお, ReLU の場合, 総入力が負 $(u < 0)$

---

*2　次回のパラメータ更新時には, 別の N 個のサンプルからなるミニバッチを使います.

表 4.1 活性化関数の微分.

活性化関数	$f(u)$	$f'(u)$
ロジスティック関数	$f(u) = 1/(1 + e^{-u})$	$f'(u) = f(u)(1 - f(u))$
双曲線正接関数	$f(u) = \tanh(u)$	$f'(u) = 1 - \tanh^2(u)$
ReLU	$f(u) = \max(u, 0)$	$f'(u) = \begin{cases} 1 & u \geq 0 \\ 0 & u < 0 \end{cases}$

となるユニットについては $f'(u) = 0$ となり，このユニットにはデルタは伝播されません．

次に，計算された $\mathbf{\Delta}^{(l)}$ を用いて損失関数の勾配を計算します．重み $w_{ji}^{(l)}$ に関する損失関数 $E = \sum_{n=1}^{N} E_n(\mathbf{W})/N$ の微分を (j, i) 成分に持つ行列を $\partial\mathbf{W}^{(l)}$，バイアス $b_j^{(l)}$ についての微分を j 成分に持つベクトルを $\partial\mathbf{b}^{(l)}$ と書くと，それぞれ次のように，各層 $l = 2, \ldots, L$ について並行に（順伝播や逆伝播のように逐次的にではなく）計算できます．

$$\partial\mathbf{W}^{(l)} = \frac{1}{N}\mathbf{\Delta}^{(l)}\mathbf{Z}^{(l-1)\top}$$

$$\partial\mathbf{b}^{(l)} = \frac{1}{N}\mathbf{\Delta}^{(l)}\mathbf{1}_N$$

右辺の行列積は，損失関数の今のミニバッチのサンプルに関する和 $E = \sum_{n=1}^{N} E_n(\mathbf{W})/N$ であることに対応し，各サンプル n に関する E_n の微分の和を求めています．

最後に，求めた勾配を元にパラメータを更新します．勾配降下方向に更新するには，$\mathbf{W}^{(l)}$ と $\mathbf{b}^{(l)}$ の更新量を

$$\Delta\mathbf{W}^{(l)} = -\epsilon\partial\mathbf{W}^{(l)}$$

$$\Delta\mathbf{b}^{(l)} = -\epsilon\partial\mathbf{b}^{(l)}$$

と決定し，それぞれ次のように更新します．

$$\mathbf{W}^{(l)} \leftarrow \mathbf{W}^{(l)} + \Delta\mathbf{W}^{(l)}$$

$$\mathbf{b}^{(l)} \leftarrow \mathbf{b}^{(l)} + \Delta\mathbf{b}^{(l)}$$

重みの減衰（3.3.1 項）およびモメンタム（3.1.4 項）を採用する場合は，更新量は次のようになります．

$$\Delta \mathbf{W}^{(l)} = \mu \Delta \mathbf{W}^{(l)'} - \epsilon(\partial \mathbf{W}^{(l)} + \lambda \mathbf{W}^{(l)})$$
$$\Delta \mathbf{b}^{(l)} = \mu \Delta \mathbf{b}^{(l)'} - \epsilon \partial \mathbf{b}^{(l)}$$

ここで $\Delta \mathbf{W}^{(l)'}$ および $\Delta \mathbf{b}^{(l)'}$ は前回の更新量です.

4.2.5 ソフトマックス関数の性質

なおソフトマックス関数には,次のように入力 $u_1^{(L)}, \ldots, u_K^{(L)}$ に一律に定数 u_0 を加算しても出力が変化しない性質があります.

$$\frac{\exp(u_k^{(L)} + u_0)}{\sum_{j=1}^{K} \exp(u_j^{(L)} + u_0)} = \frac{\exp(u_k^{(L)}) \exp(u_0)}{\sum_{j=1}^{K} \exp(u_j^{(L)}) \exp(u_0)}$$
$$= \frac{\exp(u_k^{(L)})}{\sum_{j=1}^{K} \exp(u_j^{(L)})}$$

このような冗長性がソフトマックス関数にあるので,学習でネットワークの重みを決めようとするとき,出力層に入る結合重み $\mathbf{W}^{(L)}$ が1つに定まらなくなってしまいます.このままでは学習の進み具合が著しく遅くなるなどの弊害があるので,通常,この層には何らかの制約を導入します.1つは,最適化の実行時,3.3.1 項で述べた重みの減衰を用いる方法です.重みに制約が加わるため,不定になることが避けられます.もう1つは,この層のユニットの1つを適当に選び,そのユニットへの入力を(実際の値にかかわらず)強制的に0にしてしまう方法です.このように恣意的に決めても,選んだユニット k の入力 u_k が0になるように,u_0 を選んだ($u_0 = -u_k$)と考えれば同じことなので,問題ありません.選んだユニットに入る結合重みもきちんと出力に反映されます.

4.3　自動微分

4.3.1　概要

自動微分 (**automatic differentiation**) とは,ある関数 $\mathbf{y} = \mathbf{f}(\mathbf{x})$ を計算する手順を元に,この関数の微分 $d\mathbf{f}/d\mathbf{x}$ を計算する手順を自動的に生成する方法です.誤差逆伝播法をニューラルネットワーク以外に一般化したものと

いえます*3.

なお同様に微分を数値計算で求める方法には，微分の差分近似がありますが，これは自動微分とは異なるものです．これは $w_{ji}^{(l)}$ による E の微分を求めるのに，十分小さな ε を用いて

$$\frac{\partial E}{\partial w_{ji}^{(l)}} = \frac{E(\ldots, w_{ji}^{(l)} + \varepsilon, \ldots) - E(\ldots, w_{ji}^{(l)}, \ldots)}{\varepsilon} \tag{4.18}$$

を計算する方法です．計算される微分は近似にすぎず，その精度も悪く，何より計算量が大きいので，プログラムのテストにしか使われません．

さて，自動微分の概要を説明します．誤差逆伝播法は，ネットワークの構造が表す計算手順に対し，出力の重みに関する微分を自動的に計算するアルゴリズムでした．ネットワークの代わりに，プログラム（＝手順）で与えられた計算を考えます．手順とは，例えば次のようなものです．

$$z = wx + b \tag{4.19a}$$

$$y = \sigma(z) \tag{4.19b}$$

$$E = \frac{1}{2}(y - d)^2 \tag{4.19c}$$

まずこの手順をグラフ，正確には**有向非巡回グラフ (directed acyclic graph)***4 で表します．その際，計算手順を必要に応じて分割し，「ただちに微分が計算可能」な原始的な (primitive) 演算の列で表します．上の例は

$$t_1 = wx, \quad z = t_1 + b, \quad y = \sigma(z),$$
$$t_2 = y - d, \quad t_3 = t_2^2, \quad E = t_3/2 \tag{4.20}$$

のように分解されます．各演算は $\partial t_1/\partial w = x$, $\partial z/\partial t_1 = 1$, ... のように，左辺の変数を右辺の変数でただちに微分可能であることに注意します．

この分解を元に**図 4.5**(a) のようなグラフを作ります．このグラフは外部入力（x や d）やパラメータ（w や b）を葉に，変数を内部ノード（t_1 や z など）に持ち，各エッジが式 (4.20) の各演算に対応します．このグラフの順方向に入力を伝播させると，目的の関数の値（E）が計算されます．

---

*3　ニューラルネットワークとそうでないものの境界は徐々に不明瞭になりつつあり，誤差逆伝播法と自動微分を区別することに意味はなくなりつつあります．

*4　ノード間のエッジに向きがあるグラフで，かつ閉路がないものを指します．

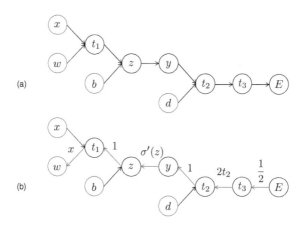

図 4.5 (a) 式 (4.20) に対応するグラフ. (b) $\partial E/\partial w$ を計算するために, E から w へグラフを
さかのぼる様子.

微分を計算するにはこのグラフを逆向きにたどり, 通過する全エッジにわ
たる, 各エッジの計算の微分の積を求めます. 図 4.5 の場合, $\partial E/\partial w$ を計
算したければ, このグラフを E から w に逆にさかのぼって積をとると

$$\frac{1}{2} \cdot 2t_2 \cdot 1 \cdot \sigma'(z) \cdot 1 \cdot x$$

となります. この積は, 求める微分 $\partial E/\partial w = x\sigma'(z)(y - d)$ を与えます
($t_2 = y - d$ に注意). なぜそうなるかは, $\partial E/\partial w = (\partial E/\partial t_1)(\partial t_1/\partial w)$ で
あり, さらに $\partial E/\partial t_1 = (\partial E/\partial z)(\partial z/\partial t_1)$ であり, さらに $\partial E/\partial z, \cdots$ と,
微分の連鎖則の反復を考えれば, 理解できます.

図 4.6(a) のようにグラフが順方向に分岐するエッジを含む場合には, 次のよ
うに考えます. 図は局所的な一部の計算を示しますが, ここでは $z = z(u_1, u_2)$,
$t_1 = t_1(z)$, $t_2 = t_2(z)$ という計算が行われ, 最終的にグラフの終端で E を
出力するとします. このグラフに対し $\partial E/\partial u_1$ を求めるには次のようにしま
す. $\partial E/\partial u_1 = (\partial E/\partial z)(\partial z/\partial u_1)$ であり, $\partial z/\partial u_1$ がただちに計算できる
とすると, 必要なのは $\partial E/\partial z$ であって, これは

$$\frac{\partial E}{\partial z} = \sum_{i=1,2} \frac{\partial E}{\partial t_i} \frac{\partial t_i}{\partial z}$$

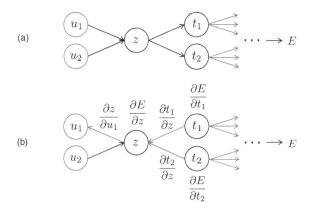

図 4.6 自動微分で使用する計算グラフの例.（a）値を計算する順方向の計算.（b）微分を計算する逆方向の計算.

と計算されるので，手順としては，$t_i (i = 1, 2)$ のそれぞれについて，上流から伝播されるはずの $\partial E / \partial t_i$ に，局所的に計算される $\partial t_i / \partial z$ を掛け，$i = 1, 2$ についての和をとることになります．$\partial E / \partial t_i$ の計算も同様に考えます．結局，E から同様の計算を始めてグラフを逆向きにたどりつつ以上の積和を繰り返すことで，望む微分が得られます．

4.3.2 微分可能な演算

　対象とする問題によっては，入力から出力までをすべてニューラルネットワークで計算するのではなく，特定の演算を行う機構をネットワークと組み合わせて利用したいということがあります．そんな場合でも，出力に対する各部のパラメータの勾配さえ計算できれば，勾配降下法（実際には SGD ならびにその改良方法）による「学習」が可能となります．

　そうするには，ネットワークに組み込む演算は，その出力から入力の向きに勾配を逆伝播することができなくてはなりません．その演算を行う機構自体は，学習可能な（つまり学習で決定すべき）パラメータを持つ場合もあれば，持っていない場合もあるでしょう．いずれの場合でも，演算機構の上流（つまり入力に近い側）に，ニューラルネットワークなど学習すべきパラメータを含む構造がある場合には，その演算機構は勾配を逆伝播できる必要があ

ります．そのような演算機構は微分可能 (**differentiable**) であると表現されます．

以上の意味で微分可能な演算機構が，ニューラルネットワークに組み込まれてさまざまな問題の解決に利用されています．例えば，畳み込みニューラルネットワークで利用される幾何学的変換機構（spatial transformer，5.8.4項），微分可能レンダリング[20]，Sinkhorn アルゴリズム[85,86]，微分可能なデータ拡張[87,88] などがあり，同様の事例は増加の一途をたどっています．

4.4　勾配消失問題

4.2.4項で見たように，順伝播と逆伝播の計算はいずれも層ごとの行列計算であり，互いによく似ています．違うのは，順伝播は非線形計算であるのに対し，逆伝播は線形計算であることです．順伝播の計算では，各層の出力は活性化関数の出力であり，その非線形性が層の入出力関係全体を非線形なものにします．一方，式 (4.17) に示したデルタの逆伝播計算は線形計算です．線形な計算を何度繰り返しても線形なので，勾配（デルタ）の計算は出力層から入力層に至るまでを含めて線形です．そのため，各層の重みが大きいと，勾配は各層を伝播するうちに急速に大きくなり（発散し），また逆に重みが小さいと，急速に消失し 0 になってしまいます．いずれの場合も重みの更新がうまくできません．

この問題は**勾配消失問題** (**vanishing gradient problem**) と呼ばれています．勾配の発散と消失は，2 層程度の浅いネットワークではあまり問題にはなりませんが，多層ネットワークでは深刻であり，従来はその学習を難しくする最大の要因と捉えられていました．

今では勾配消失問題は昔のように問題視されることはなく，その意味では一定の解決を見たといえるかもしれません[*5]．ただし完全に克服できたというわけではなく，さまざまな方法が「発明」されたおかげで，実践的にはなんとか回避できているといったところだといえます．さまざまな方法とは，ReLU を筆頭とする新しい活性化関数，3.6 節のバッチ正規化，3.7 節の重みの初期化，さらにはこの後述べる残差接続などです．これらの方法を組み合

[*5]　歴史的には，12.2.6 項で説明する事前学習の方法が，突破のきっかけとなり，ニューラルネットワークに再び研究者の関心を集めることとなりました．

わせることで，多層ネットワークの学習が可能になっているといえます．

4.5 残差接続

これまでに説明したネットワークでは，入力された信号は層を順番に1つずつ伝播します．**残差接続 (residual connection)** とは，図 4.7 のように，1つあるいは複数の層を迂回する近道[89]を設け，そこを通る信号を，迂回せず伝播してきた信号に加算することで，合流させる構造です[15, 90]．迂回路のことを**スキップ接続 (skip connection)** と呼びます*6．

残差接続を持つネットワークでは，多層であっても学習の難しさが大きく緩和されるため，残差接続によって一般に推論の性能向上につながるネットワークの多層化が可能になります．ReLU やバッチ正規化と並ぶ，深層ニューラルネットワークの要といえます．

残差接続の具体的な計算は次の通りです．図 4.7(a) のように，迂回される部分（1 層以上の層）の入出力関係を $\mathbf{y} = \mathbf{g}(\mathbf{z})$ と書くとき，迂回路となるスキップ接続上を $\mathbf{z}$ がそのまま流れ，合流後の信号 $\mathbf{z}'$ は両者の和

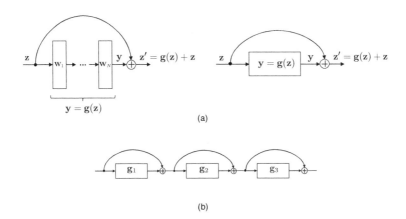

(a)

(b)

図 4.7 残差接続の概念図．(a) 1 つの残差ブロック（詳細構造と概要）．(b) 残差ブロックを順番に並べたもの．

---

*6 文献によって 'residual connection' が指すものはまちまちで，スキップ接続のことであったり，あるいはバイパスされる側の接続であったり，あるいは両方を含む全体であることもあります．

$$\mathbf{z}' = \mathbf{y} + \mathbf{z} = \mathbf{g}(\mathbf{z}) + \mathbf{z} \tag{4.21}$$

となります．なお，スキップ接続の直前から合流後のひとまとまりを指して，**残差ブロック (residual block)** と呼びます．多くの場合，残差ブロックを複数積み重ねて 1 つのネットワークを作ります．

式 (4.21) を変形すると $\mathbf{g}(\mathbf{z}) = \mathbf{z}' - \mathbf{z}$ となり，迂回された層が表す写像 $\mathbf{g}(\mathbf{z})$ は，このブロックの出力 $\mathbf{z}'$ と入力 $\mathbf{z}$ 間の「残差」$\mathbf{z}' - \mathbf{z}$ を表現することがわかります．つまり迂回された層は，それへの入力 $\mathbf{z}$ に対する「修正量」を予測する役割を持つことになります．

残差接続の効用は広く知られています．それがどういう仕組みでもたらされているかは，後述のように理論的な理解は難しいものの，直感的には次のように理解されます．まず誤差逆伝播法において，仮に $\mathbf{g}(\cdot)$ の部分で勾配が消滅しても，スキップ接続が，上の層からの勾配情報を下の層に確実に伝えてくれます．また上述のように，迂回された層は修正量を予測できれば良いので，これらの層が満たすべき条件は緩くなります．多層ネットワークが全体として表す写像は各層の写像を合成したものですが，残差接続がない場合には，すべての層が完全である必要があります．つまり，例えば層の中に 1 つでも出力が恒等的にゼロ ($\mathbf{g}(\mathbf{z}) \equiv \mathbf{0}$) となるものが存在すると，全体の写像も恒等的にゼロになってしまいます．残差接続があれば，迂回された層の写像がそうなっても，スキップ接続が信号を上に伝えるため，ネットワーク全体には影響しません．実際，学習後に残差ブロック 1 つをそっくり削除したり，あるいは複数のブロックの順番を入れ替えたりしても，推論の性能は大きくは低下しないことが知られています [91]．また，学習時にランダムに残差ブロックを選んで削除し，学習をよりうまく進める**確率的深度変動法 (stochastic depth)**[92] と呼ばれる方法があります．

残差接続はさまざまなネットワークで採用されています．端緒となった ResNet は畳み込みニューラルネットワーク（5 章）で残差接続を採用したものです．その他，1 次元 CNN である TCN（6.5 節），系列データや集合データに幅広く応用されているトランスフォーマー（7.3 節）でも採用されています．

なお，残差接続がなぜ学習と推論の性能を改善するかについては，上述のような理解を越えるものがいくつか考えられています．残差接続を伴う線形

ネットワークの損失関数が大域最小解を持つこと [93]，残差接続を持つ一般のネットワークの損失関数の滑らかさが経験的に向上すること [94]，スキップ接続の数だけ信号が伝わる経路が複数存在することから，残差接続を持つネットワークは，入力から出力に至るまでの経路の組合せが与える複数のネットワークのアンサンブルと見なせ，したがって推論性能の向上をもたらすこと [91] などです．

畳み込みニューラルネットワーク

> 畳み込みニューラルネットワークは，畳み込みの計算を構造的に行うネットワークです．本章では，基本的な事項を説明した後，正規化，代表的な構造のデザイン，入出力間の幾何学的関係，特別な畳み込み，そしてアップサンプリングについて，順に説明します．主に 2 次元画像に対する畳み込みを扱いますが，3 次元以上の畳み込みへの拡張は容易です．

5.1 単純型細胞と複雑型細胞

畳み込みニューラルネットワーク (convolutional neural network) （以下 CNN）は，画像分類など画像を入力とするさまざまな問題に適用可能な，順伝播型ネットワークです．CNN は，畳み込みという基本的な画像処理の演算を実行する**畳み込み層 (convolution layer)** と呼ばれる層を持つことが特徴です．これまでの章で扱ったネットワークは，図 5.1(a) のように隣接層のユニットすべてが**全結合 (fully-connected)** されたものでした（これ以降，層間が全結合された層のことを**全結合層 (fully-connected layer)** と呼びます）．畳み込み層では，図 5.1(b) および (c) のように，隣接層間の特定のユニットのみが結合を持ちます．

また CNN では多くの場合，畳み込みに加えてプーリング（より単純にはダウンサンプリング）という演算も行います．この畳み込みとプーリングという

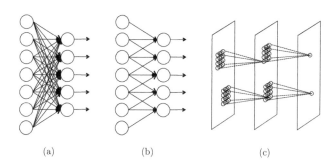

(a)   (b)   (c)

図 5.1　順伝播型ネットワークの層間結合の違い.（a）全結合層. 各層の全ユニットどうしが結合されています.（b）畳み込み層とプーリング層の構造（の簡略化した表現）. 上位層のユニットはそれぞれ決まった下位層のユニット少数とのみ結合を持ちます（局所受容野の構造）. また, 層間結合は通常, 上位層の全ユニットで共有されます（重みの共有）.（c）画像を対象とする CNN では, 畳み込み層およびプーリング層は図のような構造を持ちます.

2つの演算を組み合わせて用いることは, 生物の脳の**視覚野 (visual cortex)** に関する神経科学の知見からきています. 具体的には, 視覚野における神経細胞の**受容野 (receptive field)** の局所性と, **単純型細胞 (simple cell)** および**複雑型細胞 (complex cell)** の存在です. なお, 受容野とは一般に, ある神経細胞が, 空間的な広がりを持つ感覚器官の一部から入力を受け取るとき, その空間的な部分（範囲）のことをいいます.

　外界から眼に取り込んだ光は網膜で電気的な信号に変換され, その後脳の視覚野に伝達されます. そこにある無数の神経細胞の中には, 網膜の特定の場所に特定のパターンが入力されると興奮し, それ以外のときは興奮しないという, 選択的な振る舞いを示すものが存在します. 特に, 網膜からの情報の入口となる初期視覚野の神経細胞に, このような選択的振る舞いを示すものがあることが昔から知られています. 例えば視野の特定の位置に, 特定の方向・太さの線分が提示されたときのみ選択的に反応します.

　そのような細胞には, 単純型細胞, 複雑型細胞と呼ばれる 2 種類の細胞があります [95, 96, 97]. ともに特定の入力パターンにのみ反応しますが, 入力の位置選択性が異なります. 単純型細胞は位置選択性が厳密ですが, 複雑型細胞はそれほど厳密でなく, 入力パターンが少しずれても反応します. これらの振る舞いは, **図 5.2** のような構造の 2 層ネットワークでモデル化できます.

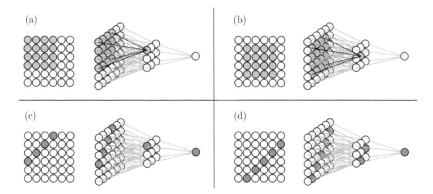

図 5.2 単純型細胞と複雑型細胞のモデル．図の 2 層ネットワークの中間層の各ユニットが単純型
細胞，出力層のユニットが複雑型細胞に対応します．中間層の各ユニットは (a) および (b)
のように，入力層の $4 \times 4 = 16$ のユニットとのみ結合を持ち，出力層ユニットは中間層
の $3 \times 3 = 9$ のユニットのどれか 1 つが活性化していれば活性化します．(c) および (d)
は，入力パターンの位置変化に伴う中間層および出力層の状態変化の例です．

各層のユニットは 2 次元的に並んでおり，中間層の各ユニットは，入力層の
4×4 のユニット群とのみ結合を持ち（同図 (a) と (b)），そこに特定のパター
ンが入力されるとそれに反応して活性化します．このパターンは中間層の全
ユニットで共通です．一方出力層のユニットは，中間層の 3×3 のユニット群
と結合を持ち，これらのユニットのうち 1 つでも活性化すると，自身も活性
化します．図 5.2(c) のように，中間層のユニットが 4×4 の斜め線分パター
ンに反応するとしたとき，全体への入力が (c) から (d) のように変わると，中
間層で活性化するユニットも図のように変化します．一方，このように入力
が変化しても出力層のユニットは活性化したままです．中間層のユニットが
どれか 1 つでも活性化していれば活性化するからです．このネットワークの
中間層のユニット 1 つが単純型細胞，出力層のユニットが複雑型細胞のモデ
ルです．中間層のユニットは入力パターンの位置変化に敏感ですが，出力層
のユニットは（この例では）3×3 の範囲の位置ずれには鈍感です．

　このような構造をパターン認識の問題に最初に応用したのが，**ネオコグニ
トロン (Neocognitron)**[7] です．単純型細胞と複雑型細胞をモデル化した
2 層構造を考え，このペアを複数繰り返す構造とした点で，現代の CNN と

同じです．その後，同様の構造を持つネットワークを用いて，その学習を誤差逆伝播法＋勾配降下法で行うようにした **LeNet** [6,98] が発表されました．LeNet は，現在の CNN の直接のルーツであり，当時，文字認識に応用されて高い認識性能を挙げることが示されました．

　CNN は，画像と画像に類似した構造を持つデータを扱う問題に対して最もよく使われています．例えば 1 枚の画像からそこに写る物体のカテゴリ名を識別する**物体カテゴリ認識** (**object category recognition**) は，深層学習以前は，人には容易だがコンピュータには難しい問題の典型でした．CNN は，この長年の難問を大きく解決に近づけました．また神経科学の分野では電気生理学的な実験を通じ，霊長類の脳の高次視覚野と CNN は互いに似た振る舞いを示すことが報告されています [99,100]．

5.2　畳み込み

5.2.1　定義

　濃淡値を各画素に格納したグレースケールの画像を考えます．画像サイズを $W \times H$ 画素とし，画素をインデックス $(i,j)(i = 0,\ldots,W-1,$ $j = 0,\ldots,H-1)$ で表します．これまでインデックスは 1 から開始しましたが，ここではその方が便利なのでインデックスを 0 から始めることにします．画素 (i,j) の画素値を x_{ij} と書き，x_{ij} は負の値を含む実数値をとるとします．そして，**フィルタ** (**filter**) と呼ぶサイズの小さい画像を考え，そのサイズを $W_f \times H_f$ 画素とします．フィルタの画素はインデックス $(p,q)(p = 0,\ldots,W_f-1,$ $q = 0,\ldots,H_f-1)$ で表し，画素値を h_{pq} と書きます．h_{pq} は x_{ij} と同様に任意の実数値をとります．

　画像の畳み込みとは，画像とフィルタ間で定義される次の積和計算です．

$$u_{ij} = \sum_{p=0}^{W_f-1} \sum_{q=0}^{H_f-1} x_{i+p,j+q} h_{pq} \tag{5.1}$$

ただし正確には，この計算は相関と呼ぶべきで，**畳み込み** (**convolution**) とは本来

$$u_{ij} = \sum_{p=0}^{W_f-1} \sum_{q=0}^{H_f-1} x_{i-p,j-q} h_{pq} \tag{5.2}$$

という計算のことです。ただし式 (5.1) は、フィルタを上下と左右方向に反転すると式 (5.2) に一致し、両者に実質的な違いはないので、慣用的に式 (5.1) の計算を畳み込みと呼んでいます。なおフィルタは畳み込みカーネル、あるいは単に**カーネル** (kernel) とも呼ばれます。

5.2.2 畳み込みの働き

画像の畳み込みには、フィルタの濃淡パターンと類似した濃淡パターンが入力画像上のどこにあるかを検出する働きがあります。つまり、フィルタが表す特徴的な濃淡構造を、画像から抽出する働きです。

図 5.3 に例を示します。図では、入力画像に 2 種類のフィルタを畳み込んでいます。1 つ目のフィルタは、左下から右上に走る太い線状の濃淡構造を持ちます。その畳み込み結果（すなわち式 (5.1) の u_{ij}）を見ると、入力画像

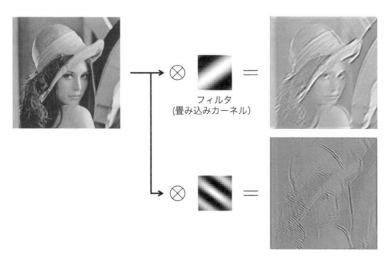

フィルタ
(畳み込みカーネル)

図 5.3 フィルタの畳み込み結果の例。サイズ 512×512 の画像に 17×17 のフィルタ 2 種類を畳み込んでいます。フィルタはわかりやすいように拡大表示しています（画像よりも相対的に大きく見えています）。またフィルタと畳み込み結果の画像は、負の画素値が黒く、正が白くなるように濃淡値を調整してあります。

で類似の構造を持つ部分，例えば帽子の縁などに，強い（濃淡が明るい）反応があることがわかります．2つ目のフィルタは，逆に左上から右下に走る線状の繰り返し構造を持ちます．畳み込みの結果は，肩口や帽子の頭部右側など，1つ目のフィルタとは違う部分に強い反応を示すことが見てとれます．また，2つ目のフィルタは1つ目のものより細かい構造（高い空間周波数）を持ち，髪の毛などの細かい濃淡構造を持つ部分により強い反応があることも見てとれます．

5.2.3　パディング

　式 (5.1) のように畳み込みは，画像にフィルタを重ねたとき，画像とフィルタの重なり合う画素どうしの積を求めて，それらの和を求める計算です．したがって，画像からフィルタがはみ出すような位置に重ねることは本来できません．画像内にフィルタ全体が収まる範囲内でフィルタを動かすと，畳み込み結果の画像のサイズ（u_{ij} のインデックスの範囲）は入力画像よりも小さくなります．このとき，そのサイズは

$$(W - 2\lfloor W_f/2 \rfloor) \times (H - 2\lfloor H_f/2 \rfloor)$$

と表せます．ただし $\lfloor \cdot \rfloor$ は小数点以下を切り下げて整数化する演算子を表すとします．図 5.4 はサイズ 8×8 の入力画像に 3×3 のフィルタを畳み込んだ結果を表します．出力画像の縦横の画素数は，上の式に従って $8 - 2\lfloor 3/2 \rfloor = 6$

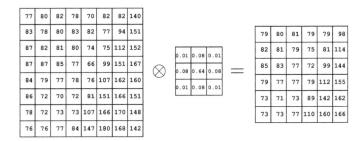

図 5.4　サイズ 8×8 の画像と 3×3 のフィルタの畳み込みによって生成される画像．画像内にフィルタが完全に収まる範囲でフィルタを動かし，各位置で相関を計算するとき，出力画像はサイズ 6×6 になります．

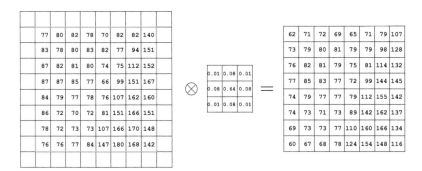

図 5.5 サイズ 8×8 の画像の周囲にゼロパディングを行って，畳み込み後の画像サイズが入力と同じ 8×8 となるようにしたものです．

となっています．

　畳み込み結果の画像が入力画像と同じサイズになるようにしたい場合は，入力画像の外側に横方向に幅 $\lfloor W_f/2 \rfloor$，縦方向には幅 $\lfloor H_f/2 \rfloor$ の「ふち」をつけて大きくし，出力画像のサイズが元の入力画像と同サイズになるようにします．この処理のことを**パディング (padding)** と呼びます．この「ふち」の部分の画素値は未定なので，何らかの方法で決める必要があります．最も一般的なのは，この部分の画素値を 0 にセットする方法で，**ゼロパディング (zero-padding)** と呼ばれます．図 5.4 の畳み込みに対し，ゼロパディングを行った場合の計算を**図 5.5** に示します．

　CNN ではゼロパディングが広く行われていますが，画像処理としては必ずしもよい手といえないところもあります．ゼロパディングをすると，畳み込みの結果，画像の周辺部が自動的に暗くなってしまうからです．これを防ぐため，「ふち」の部分の画素を，0 以外の尤もらしい値で埋めるテクニックがいくつかあります．画像をその 4 辺で折り返して未定部分の画素値を決める方法や，画像の最周囲の画素値をそのまま外挿する方法などです [101]．ただし，一概にどれがよいとはいえません．また，ゼロパディングは畳み込み層の出力に対し，位置の情報を埋め込む役割（例えば画像の端に近いかそうでないかが，ユニットの出力から判別可能）を果たし，画像分類などの精度向上に寄与する場合があると考えられています [102]．

5.2.4　ストライド

　画像上のフィルタの適用位置を 1 画素ではなく，数画素ずつ，縦横方向にずらして計算することもできます．このようなフィルタの適用位置の間隔を**ストライド (stride)** と呼びます．ストライドを s とするとき，出力画像の画素値は

$$u_{ij} = \sum_{p=0}^{W_f-1} \sum_{q=0}^{H_f-1} x_{si+p,sj+q} h_{pq} \tag{5.3}$$

のように計算され，出力画像サイズは約 $1/s$ 倍となります．上述のパディングを行う場合，正確なサイズは

$$(\lfloor (W-1)/s \rfloor + 1) \times (\lfloor (H-1)/s \rfloor + 1)$$

と計算されます．

　ストライドは後述するプーリングの代わりに，畳み込み層において $s > 1$ とすることで解像度を下げる（ダウンサンプリング）目的でも用いられます．

5.3　畳み込み層

　畳み込み層は，CNN を構成する 1 つの層として，畳み込みの計算を構造的に行います．前項で説明した畳み込みは，グレースケールの画像 1 枚に 1 つのフィルタを畳み込むだけですが，一般的な畳み込み層では，3 次元の配列に対し，同じく 3 次元の配列となるフィルタを複数，並行して畳み込む演算を行います（**図 5.6**）．そして，畳み込み層の出力もやはり 3 次元の配列となります．

　この 3 次元配列は，同じサイズ $(W \times H)$ の画像 C 枚を層状に重ねたものと考えることができます．この層のことをチャネル $(c = 1, \ldots, C)$ と呼びます．例えば RGB の 3 色からなるカラー画像ではチャネル数は $C = 3$，グレースケールの画像では $C = 1$ です．

　CNN は一般に最初の畳み込み層でこれらの画像を入力として受け取りますが，内部の畳み込み層では，一般にもっと多くのチャネル数（$C = 16$ や $C = 256$ など）を持つ 3 次元配列を扱います．この 3 次元配列（テンソルと表現されることもあります）のサイズを，$W \times H \times C$ と書くことにします．

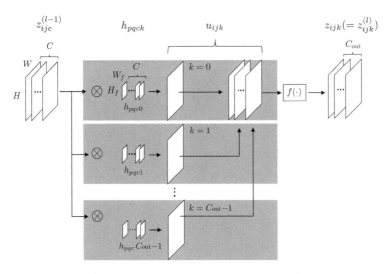

図 5.6 畳み込み層の概念図. この畳み込み層は $W \times H \times C$ の入力に対し, C_{out} 個のフィルタ（縦横 $W_f \times H_f \times C$）を適用し, $W \times H \times C_{\mathrm{out}}$ の出力を得ます.

図 5.6 を用いて畳み込み層が行う計算の詳細を説明します. この畳み込み層は第 l 層に位置し, 直前の第 $l-1$ 層からサイズが $W \times H \times C$ の入力 $z_{ijc}^{(l-1)}$ を受け取り, これに C_{out} 種類のフィルタ $h_{pqck}(k=0,\ldots,C_{\mathrm{out}}-1)$ を適用しています.

各フィルタのチャネル数は入力と同じ数 C であり, フィルタのサイズは $W_f \times H_f \times C$ と書くことができます. 図 5.6 のように, 各フィルタ $k(=0,1,\ldots)$ について並行に計算が実行され, それぞれ $W \times H \times 1$ の u_{ijk} が出力されます. この計算は, 各チャネル $c(=0,\ldots,C-1)$ について並行に画像とフィルタの畳み込みを行った後, 結果を画素ごとに全チャネルにわたって加算するものであり,

$$u_{ijk} = \sum_{c=0}^{C-1} \sum_{p=0}^{W_f-1} \sum_{q=0}^{H_f-1} z_{i+p,j+q,c}^{(l-1)} h_{pqck} + b_k \tag{5.4}$$

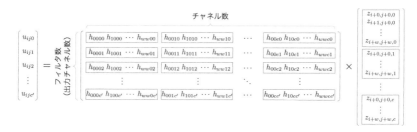

図 5.7　畳み込み層の計算を，行列ベクトル積で表したものです．これで出力マップの 1 箇所 (i, j) での全チャネル分の出力を計算します．表記の単純化のため添字の範囲を $W_f - 1, H_f - 1 \to w$, $C - 1 \to c$, $C_{\text{out}} - 1 \to c'$ としています．

のように表されます[*1]．図では省略しましたが，式 (5.4) ではバイアス b_k を導入しています．なお式 (5.4) の計算は通常，図 5.7 に示す行列・ベクトル積に書き換えて実行します．

　1 つのフィルタの適用結果は出力の 1 チャネルを与えるので，出力のチャネル数はフィルタ数に一致します (C_{out})．つまり入力のサイズが $W \times H \times C$ のとき，出力のサイズは $W \times H \times C_{\text{out}}$ になります[*2]．畳み込みのストライド s が 2 以上の場合は，先述の通り，出力画像の縦横サイズは小さく（約 $1/s$ 倍に）なります．こうして得た u_{ijk} には一般に活性化関数が適用され

$$z_{ijk} = f(u_{ijk}) \tag{5.5}$$

となり，その後の層へと伝播されます．

　先述の通り，CNN でも一般の順伝播型ネットワーク同様，勾配降下法によるパラメータの最適化を行います．畳み込み層の重みはフィルタの係数であり，それらが学習によって決定されます．

5.4　プーリング層

　プーリング層は，プーリングと呼ばれる演算を行う 1 つの独立した層です．

[*1]　単一チャネルのフィルタでは，入力画像の局所的な濃淡の構造を取り出すことができました．多チャネルのフィルタの場合，それに加えてチャネルごとの差異（例えば入力画像に特定の色が含まれるか否かなど）を取り出すことができます．

[*2]　パディングを適用して入出力間でサイズが変わらないようにしたときの話です．

その各ユニットは，本章最初に述べた複雑型細胞の簡素なモデルであり，畳み込み層の後ろにプーリング層を配置することで，画像内の特徴量の位置変化に対する不変性を生み出します（図 5.2 参照）．なお，従来はプーリング層はCNNに不可欠な存在でしたが，ストライド $s > 1$ の畳み込みで代用されることが多くなっています．

5.4.1 プーリングの役割

一般にプーリング層は2つの役割を果たします [23, 103, 104, 105]．1つは入力の各位置で，その局所領域内の値を要約することであり，もう1つは入力の空間解像度を下げる**ダウンサンプリング (downsampling)** の実行です．ダウンサンプリングとは，画像 x_{ij} の r 画素ごとの値のみを残し，元の $1/r$ 倍のサイズに縮小することをいいます（r は2以上の整数）．

この2つの処理をこの順で行うことは信号処理の観点から理にかなっています．元信号に高い空間周波数の成分が含まれるとき，それを無視して解像度を強制的に下げるとエイリアシングが発生します．1つ目の処理は一種の平滑化であり，つまり入力信号の高周波成分を取り除くローパスフィルタの役割を果たし，2つ目のダウンサンプリングのエイリアシングを防いでいると解釈できます [106]．

5.4.2 いろいろなプーリング

プーリング層での計算内容は次の通りです．サイズ $W \times H \times C$ の入力画像上で画素 (i, j) を中心とする $W_f \times H_f$ の領域をとり，この中に含まれる画素の集合を P_{ij} で表します．畳み込みと同様に適当なパディングを行えば，入力画像の端を含むすべての点を中心とする P_{ij} をとることができます．この P_{ij} 内の画素について，チャネル c ごとに独立に，$W_f H_f$ 個の画素値から1つの画素値 u_{ijc} を求めます．いくつかの方法があり，**最大プーリング (max pooling)** は，画素値の最大値を選びます（図 5.8）．

$$u_{ijc} = \max_{(p,q) \in P_{ij}} z_{pqc} \tag{5.6}$$

また，**平均プーリング (average pooling)** は平均値を計算します．

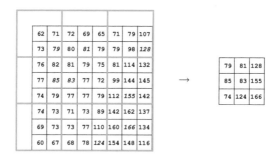

図 5.8 プーリングの例. プーリングサイズ 3×3, ストライド $s = 3$, ゼロパディングを行って最大プーリングを実行した場合. 太枠は各プーリング領域を表します.

$$u_{ijc} = \frac{1}{W_f H_f} \sum_{(p,q) \in P_{ij}} z_{pqc} \tag{5.7}$$

プーリングの計算は入力画像の各チャネルで独立に行われます. したがって通常, プーリング層の出力のチャネル数は, 入力画像のチャネル数と一致します. なおこれらのプーリングを含む一般性を持った表記として, 次の **Lp プーリング** (**Lp pooling**) があります.

$$u_{ijc} = \left(\frac{1}{W_f H_f} \sum_{(p,q) \in P_{ij}} z_{pqc}^P \right)^{\frac{1}{P}} \tag{5.8}$$

$P = 1$ で平均プーリングを, $P = \infty$ で最大プーリングを表現できます.

プーリング層でも畳み込み層と同じくストライドを設定でき, 解像度を下げるために $s > 1$ のストライドを設定するのが普通です. その場合の出力画像の縦横サイズは, 入力画像の縦横サイズを $W \times H$, プーリングの開始点を (適当なパディングを行って) $(i, j) = (0, 0)$ とすると, $(\lfloor (W-1)/s \rfloor + 1) \times (\lfloor (H-1)/s \rfloor + 1)$ となります. 図 5.9 にストライドを 2 とした場合のプーリングの計算例を示します.

入力サイズ $W \times H$ とプーリングの対象領域のサイズ $W_f \times H_f$ を一致させた平均プーリングを, **大域平均プーリング** (**global average pooling**) と呼びます. 入力のチャネル数を C とすると出力のサイズは $1 \times 1 \times C$ となります. クラス分類を行う CNN の出力層付近でよく用いられます.

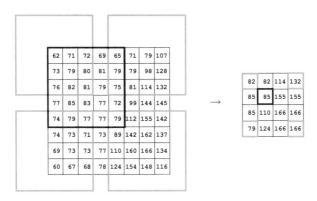

図 5.9 プーリングのもう 1 つの例（プーリング領域が出力画像の隣接画素間で重複する場合）. プーリングサイズ 5×5, ストライド $s = 2$, ゼロパディングを行って最大プーリングを実行した場合. 左の入力画像の太枠は, 4 つだけ選んだプーリング領域で, 右の出力画像の 4 画素に対応します.

　プーリング層では通常, 活性化関数は適用しません（すなわち $z_{ijc} = u_{ijc}$）. プーリング層の層間結合は畳み込み層同様, 局所的に限定されたものとなります. ただし結合重みは畳み込み層のフィルタのように調節可能なものではなく, 固定されています. したがって, プーリング層には学習によって変化するパラメータはありません. 誤差逆伝播法を実行するときは, プーリング層ではデルタの逆伝播計算のみ行います. 最大プーリングの場合, 順伝播時にはプーリングの対象となる局所領域の特定の位置（つまり最大値を与える位置）の値のみを上位層に伝えます. 逆伝播時には, そのとき選択された位置にのみデルタを伝えることになります. そのために, 順伝播時にどの場所が選択されたかを記憶しておきます.

5.5 畳み込み層の出力の正規化

5.5.1 バッチ正規化

　3.6.3 項で説明したバッチ正規化は畳み込み層でも有効です. 全結合層のバッチ正規化では, 同じ層でも各ユニットで独立に出力を正規化します. 具体的には, ミニバッチ内の全サンプルにわたる, そのユニットの出力の統計

量（平均と分散）を求め，出力を正規化します．畳み込み層の場合は，入力の
すべての空間位置で同一のフィルタを適用することから，その結果である出
力のチャネルごとに独立に——ただしすべての空間位置で共通の——正規化
を行います．したがって，正規化に必要な平均と分散はチャネルごとに，ミ
ニバッチ内の全サンプルの全空間位置での値を対象に求めます．

　数式で表すと次のようになります．ミニバッチ内のサンプルを $n(=1,\dots,N)$ で表し，ある畳み込み層のチャネル c を構成する $W \times H$ 内の
位置 (i,j) のユニットへの総入力を $u_{ijc}^{(n)}$ と表したとき，すべての i,j,n にわ
たる平均を次のように求めます．

$$\mu_c = \frac{1}{NWH} \sum_{i,j,n} u_{ijc}^{(n)} \tag{5.9}$$

同じ値の集合に対する分散 σ_c^2 も求め，$u_{ijc}^{(n)}$ を次のように正規化します．

$$\hat{u}_{ijc}^{(n)} = \gamma_c \frac{u_{ijc}^{(n)} - \mu_c}{\sqrt{\sigma_c^2 + \varepsilon}} + \beta_c \tag{5.10}$$

ここで γ_c と β_c は定数で，学習によって定めます．

　バッチ正規化において，同じ正規化を適用する範囲（統計量を求める範囲
でもある）を変えると，別の正規化の方法が導出されます．N 個のサンプル
からなるミニバッチと，出力サイズ $W \times H \times C$ の畳み込み層について，そ
れぞれのインデックスをバッチ，チャネル，画像サイズの順に並べ，その上
限を (N,C,H,W) と書くことにします．x と y のインデックスをまとめて
$1,\dots,WH$ に振り直し，(N,C,WH) と捉え直すと，バッチ正規化は $(*,C,*)$
の $*$ 印のインデックスを変化させて得られる集合に対し，統計量を求め正規
化を適用していることになります．このとき，対象とするインデックスとそ
の範囲の指定を変えると，図 5.10 のような異なる正規化方法が導かれます．

　レイヤー正規化（3.6.4 項）を畳み込み層に適用するときは，$(N,*,*)$ のよ
うに，ミニバッチのサンプル以外について統計量を求めます．ここからチャ
ネルを区別して統計量を求める $(N,C,*)$ ようにしたのがインスタンス正規
化です [107]．いずれの正規化もミニバッチに依存せず，現在の入力に対して
計算を行うので，学習と推論で処理は同じです．なおインスタンス正規化は
画像生成で利用されることが多く，学習可能な γ と β を用いた線形再変換は

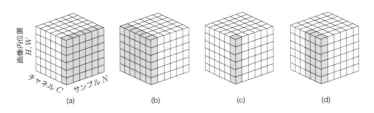

図 5.10　畳み込み層の出力を正規化する方法の比較 [108]. 畳み込み層の出力は空間方向 (H, W) とチャネル方向 (C), バッチ内のサンプル (N) の 3 つの方向（インデックス）があり, 各方法で, どの範囲の値を対象に平均と分散を計算し, 正規化を行うかが異なります. (a) バッチ正規化. (b) レイヤー正規化. (c) インスタンス正規化. (d) グループ正規化.

一般に適用しません.

　バッチ正規化はミニバッチのサイズが小さいと統計量の計算が不安定となり, 性能低下につながることがあります. インスタンス正規化はこの限りではありませんが, 全チャネルに同じ変換を施すので, 必要とされる自由度が確保できない問題があります. グループ正規化は, インスタンス正規化においてチャネルの範囲を $c = 0, \ldots, C - 1$ の一部にとどめることで, 以上の 2 つのバランスをとる方法です.

5.5.2　局所コントラスト正規化

　インスタンス正規化では畳み込み層の出力に対し, チャネル別に空間のすべての位置にわたる平均と分散を求め, 正規化を行います. これに対し**局所コントラスト正規化 (local contrast normalization)** は, 各位置で, その周りの局所的な範囲の値の統計量を求めて正規化を行います. これは入力画像に適用することが一般的ですが, 中間層の出力に適用することも可能です.

　なお, 入力前の画像の正規化は, 3.6.2 項のように行います. 入力画像の性質に応じて, 例えば学習画像の画素ごとの平均を

$$\tilde{x}_{ijc} = \sum_{n=1}^{N} x_{ijc}^{(n)}$$

と求め（ここでは N は訓練サンプル数), 対象とする画像からこの平均を

$$x_{ijc} \leftarrow x_{ijc} - \tilde{x}_{ijc}$$

のように差し引きます [11]．ただし $x_{ijc}^{(n)}$ は，n 番目のサンプルの画素 (i,j) のチャネル c の値を表します（入力画像なので c は RGB の 3 チャネルのどれか）．

さて，局所コントラスト正規化には，**減算正規化 (subtractive normalization)** と**除算正規化 (divisive normalization)** の 2 つがあります．いずれも一般的な画像処理の方法の 1 つですが，畳み込みやプーリングと同様，1 つの層として実現し，CNN に組み込むことが可能で，誤差逆伝播計算も可能です．以下では，まず単一チャネル画像について考え，次に多チャネル画像の場合を考えます．

まずチャネルが 1 つしかない場合を考えます．画像 x_{ij} に対し，プーリングと同様，画素 (i,j) を中心とする $W_f \times H_f$ の領域 P_{ij} を考えます．減算正規化とは，入力画像の各画素濃淡から P_{ij} に含まれる画素の濃淡値の平均，すなわち $\bar{x}_{ij} = \sum_{(p,q) \in P_{ij}} x_{i+p,j+q}$ を差し引くことです [109]．

$$z_{ij} = x_{ij} - \bar{x}_{ij}$$

ここで差し引く平均 $\bar{x}_{ij}$ には，重み付き平均

$$\bar{x}_{ij} = \sum_{(p,q) \in P_{ij}} w_{pq} x_{i+p,j+q}$$

を使うこともあります．その場合，w_{pq} は

$$\sum_{(p,q) \in P_{ij}} w_{pq} = \sum_{p=0}^{W_f-1} \sum_{q=0}^{H_f-1} w_{pq} = 1$$

であって，領域の中央で最大値をとり，周辺部へ向けて低下するようなものとします [23]．領域の中央部をより重視し，周辺部の相対的な影響を小さくするためです．

同じ局所領域内で，さらに画素値の分散を揃える操作が除算正規化です．領域 P_{ij} 内の画素値の分散は（同じ重み付き平均を採用すると）

$$\sigma_{ij}^2 = \sum_{(p,q) \in P_{ij}} w_{pq}(x_{i+p,j+q} - \bar{x}_{ij})^2$$

となりますが，減算正規化を施した入力画像をこの標準偏差で割り算します．

$$z_{ij} = \frac{x_{ij} - \bar{x}_{ij}}{\sigma_{ij}} \tag{5.11}$$

ただしこの計算をそのまま行うと，濃淡変化が少ない（コントラストが小さい）局所領域ほど濃淡が増幅されてしまい，例えば画像のノイズが強調されるようになってしまいます．そこで，入力画像のコントラストが大きい部分にのみ適用するために，ある定数 c を設定し，濃淡の標準偏差がこれを下回る（$\sigma_{ij} < \alpha$）ときは α で除算する

$$z_{ij} = \frac{x_{ij} - \bar{x}_{ij}}{\max(\alpha, \sigma_{ij})} \tag{5.12}$$

や，同様の効果が σ_{ij} に応じて連続的に変化する

$$z_{ij} = \frac{x_{ij} - \bar{x}_{ij}}{\sqrt{\alpha + \sigma_{ij}^2}} \tag{5.13}$$

を使います．減算正規化および式 (5.12) による除算正規化の計算例を図 **5.11**

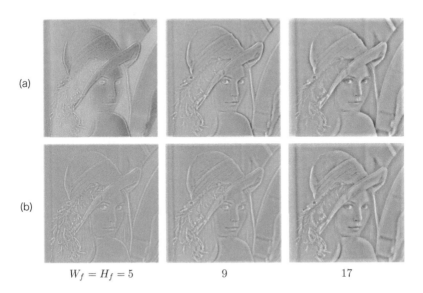

$$W_f = H_f = 5 \qquad\qquad 9 \qquad\qquad 17$$

図 5.11 (a) 減算正規化．(b) 除算正規化（式 (5.12) で $\alpha = 1.0$ とした場合）．5×5, 9×9, 17×17 の各サイズでそれぞれの正規化を行ったもの．

に示します．これらの正規化の結果，画像の画素値は負の値を取り得ます．図では表示のため，画素値の最大値と最小値が $[0,255]$ の範囲に収まるように画素値を線形変換しています．

単一チャネルではなく畳み込み層の出力でチャネルが複数ある場合は，チャネルごとに上の正規化を適用することもできますが，より一般にはチャネル間の相互作用を考えます．最も単純には，平均と分散を求める対象を全チャネルにわたる局所領域 P_{ij} とします．C チャネルからなる画像 x_{ijc} を対象とするとき，重み付き平均を

$$\bar{x}_{ij} = \frac{1}{C} \sum_{c=0}^{C-1} \sum_{(p,q) \in P_{ij}} w_{pqc} x_{i+p,j+q,c} \tag{5.14}$$

のように決定します．減算正規化は，画素 (i,j) ごとに違うがチャネル間では共通の $\bar{x}_{ij}$ を差し引いて

$$z_{ijc} = x_{ijc} - \bar{x}_{ij} \tag{5.15}$$

のように行われます．画像の全チャネルにわたる局所領域 P_{ij} の分散は

$$\sigma_{ij}^2 = \frac{1}{C} \sum_{c=0}^{C-1} \sum_{(p,q) \in P_{ij}} w_{pqc} (x_{i+p,j+q,c} - \bar{x}_{ij})^2 \tag{5.16}$$

のように計算され，除算正規化は

$$z_{ijc} = \frac{x_{ijc} - \bar{x}_{ij}}{\max(\alpha, \sigma_{ij})} \tag{5.17}$$

となります．単一チャネルの場合同様，分母を $\sqrt{\alpha + \sigma_{ij}^2}$ とすることもできます．

このようにチャネル間の相互作用を持つ正規化は，生体の視覚特性（例えば一般にコンテンツの違いには敏感ですが，明るさやコントラストの絶対的な違いには鈍感であるなど）を説明するモデルにもなっています [110,111,112]．

5.6　推論のための **CNN** の構造

5.6.1　基本的な構造

　CNN は，これまでに説明した要素を組み合わせて構成します．画像を入力に受け取り，クラス分類や回帰などの推論を行う CNN は，一般に多数の畳み込み層を積み重ね，数層のプーリング層をその途中にはさむ構造を持ちます．畳み込み層の後をプーリング層とする配置は，5.1 節で述べた単純型細胞と複雑型細胞の働きを模倣しています．より最近の CNN では，プーリング層を置かずに，ストライドを 2 以上に設定した畳み込み層をプーリング層の代わりとすることが多くなっています．

　出力層は 2.4 節で説明した通り，解きたい問題に応じて設計します．最後の畳み込み層（あるいはプーリング層）から出力層へは，1 層以上の全結合層を用いて接続します．それには 2 つの方法があり，1 つは最終畳み込み層の出力の要素 1 つ 1 つを全結合層の入力とする方法（後述の VGGNet が代表例），もう 1 つは最終畳み込み層直後に 5.4.2 項の大域プーリング層（以下**GAP 層**）を配置する方法（ResNet が代表例）です．

　後者は，GAP 層で入力をチャネルごとに集約し，チャネルと同数の成分を持つベクトルに変換します．それをそのまま（クラス分類ならソフトマックス関数を適用して）最終出力とするか[113]，1 層から数層程度の全結合層を追加し，最終出力につなげます[114]．

　GAP 層を用いる 2 番目の方法を，畳み込み層と全結合層を直結する 1 番目の方法と比べると，違いが 3 つあります．まず，出力層に至る全結合層の結線の数が大幅に少なくなります．次に，CNN が受け取れる入力のサイズが自由になります．つまり縦横の大きさが任意の画像を，直接入力できるようになります（5.7.3 項参照）．最後に，画像内の位置情報――画像のどこにその特徴があったのか――が GAP 層以降で失われます．これを嫌って位置情報をある程度残す目的で，入力画像を複数領域に再帰的に分割し，各領域内で大域プーリングを実行した結果を取り出す「空間ピラミッド」と呼ばれる方法もあります[115]．

5.6.2 代表的な CNN のデザイン

LeNet[6] に始まった CNN のデザインは,物体カテゴリ認識への適用で知られる **AlexNet**[11],その改良版である **VGGNet**[116],より現代的な構造を持つ **ResNet**[15,90] へと発展してきました.このうちいくつかを以下で紹介します.

AlexNet (図 5.12(a)) は,大規模な物体認識を初めて現実的な精度で成功させた CNN です (5.10 節でも改めて取り上げます).VGGNet (図 5.12(b)(c)) は AlexNet を大規模にしたもので,残差接続やバッチ正規化などの要素を持たず,ダウンサンプリングに最大プーリングを用いている点で,AlexNet とともに古い世代の CNN に属します.発表された当時は,フィルタのサイズを 3 × 3 の 1 種類としたことと,16〜19 層と当時としては層の数が多い点に新しさがありました.また AlexNet にはあったコントラスト正規化層がなくなっています.

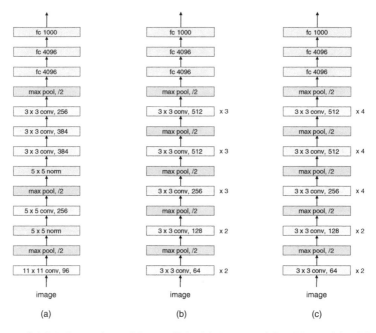

図 5.12 代表的な CNN である VGGNet の構造.(a) AlexNet.(b) VGG-16.(c) VGG-19.

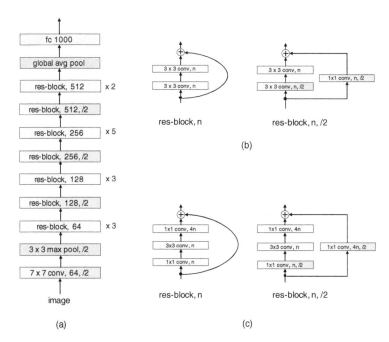

図 5.13 ResNet（正確には「活性化関数前置型」ResNet）の構造．(a) 全体構造．「/2」と書かれたブロックは，畳み込みと一緒に 2:1 のダウンサンプリングを実行します．(b)Res ブロックの基本形．ダウンサンプリングなしとあり．(c) ボトルネック構造採用時の Res ブロックの構造．

　その後に作られた ResNet（図 5.13(a)）は，残差接続とバッチ正規化を採用し，従来より層の数をはるかに増やすことができるようになっています．またプーリング層を廃止し，GAP 層で畳み込み層を全結合層に接続する点でも VGGNet と異なっています．ResNet は性能の高さから，スタンダードな CNN としての地位を確立しています．

　ResNet は，Res ブロックと呼ばれる，残差接続を 1 つ持つ基本構造の積み重ねでできています．図 5.13(b) の「res-block, n, /2」は 2:1 のダウンサンプリングを行うブロックです．Res ブロックは，同図 (b)，あるいはボトルネック構造と呼ばれる同図 (c) のいずれかの構造を持ちます．初期のデザインでは図 5.14(a) のように残差接続合流後に ReLU を適用していましたが，

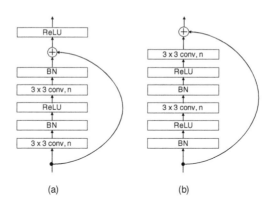

図 5.14　(a)Res ブロックの初期の構造. (b) 活性化関数前置型.

後に「活性化関数前置型（pre-activation あるいは preact）」と呼ばれる，合流前にのみ ReLU を適用する構造（同図 (b)）を使うように改められています [90].

　図 5.13(a) の構造の ResNet は，Res ブロックに同図 (b) を選ぶと ResNet-34，同図 (c) を選ぶと ResNet-50 と称されます*3. また図 5.13(a) 中のいくつかの Res ブロックにある「×3」などの表記は，繰り返しを表します. 下から $(3, 3, 5, 2)$ の数字を，それぞれ $(2, 1, 1, 1)$，$(3, 3, 22, 2)$，$(3, 7, 35, 2)$ へと変更したものはそれぞれ，ResNet-18, ResNet-101, ResNet-152 と呼ばれます.

　図 5.13(c) のボトルネック構造を持つ Res ブロックには，計算量を増やすことなくブロック内のチャネル数を増やす狙いがあります. そこではサイズ 1×1 のフィルタを持つ畳み込み層が活用されています（5.8.2 項参照）. 3×3 フィルタよりも 1×1 フィルタの畳み込みのほうが計算量が小さいので，3×3 フィルタの畳み込み時のみチャネル数を小さく抑え（ボトルネック），それ以外のところでより多くのチャネルを保持するというアイデアです.

---

*3　数字は学習可能な重みを持つ層を入力から出力まで数えたものです.

5.7 入出力間の幾何学的関係

5.7.1 同変性と不変性

　畳み込みは，並進移動（x, y 方向に画像を平行に移動する）に対して同変 (equivariant) であるという性質を持ちます．これは簡単にいうと，「入力を並進移動したら出力もそれと同じだけ並進移動する」ということです．畳み込み層のみからなる CNN もまた，並進移動に対する同変性を持っています．

　同変性 (**equivariance**) は厳密には次のように定義されます．画像 $\mathbf{x}$ に対する畳み込みは，$\mathbf{x}$ から特徴ベクトル $\mathbf{f}$ を得る写像 $\mathbf{f} = \phi(\mathbf{x})$ として捉えられます．そのようなある写像 ϕ に対し，画像 $\mathbf{x}$ を別の画像 $\mathbf{x}'$ に写す 1 つの変換 $\mathbf{x}' = \mathbf{g}(\mathbf{x})$ を考えます．このとき $\mathbf{g}$ に対して ϕ が同変であるとは，任意の画像 $\mathbf{x}$ に対し

$$\phi(\mathbf{g}(\mathbf{x})) = \mathbf{g}'(\phi(\mathbf{x})) \tag{5.18}$$

となるような，特徴 $\mathbf{f}$ の変換 $\mathbf{g}'$ が存在する場合をいいます．

　畳み込み層が表現する写像 ϕ は，式 (5.4) の計算の成り立ちから，任意の並進移動 $\mathbf{g}$ に対し同変です．この畳み込み層がダウンサンプリングを伴わなければ，式 (5.18) の $\mathbf{g}'$ は $\mathbf{g}$ に一致，すなわち $\phi(\mathbf{g}(\mathbf{x})) = \mathbf{g}(\phi(\mathbf{x}))$ となります．つまり入力 $\mathbf{x}$ に並進移動 $\mathbf{g}$ を適用したときの出力は，元の出力 $\mathbf{f}$ に同じ並進移動 $\mathbf{g}$ を適用したものになります．ダウンサンプリングを伴う場合は，$\mathbf{g}'$ は $\mathbf{g}$ にその縮小率を反映させたものになります[*4]．畳み込み層は，その他の変換，例えば画像の回転，左右や上下の反転などに対しては一般に同変ではありません．

　同変性に類似（ただし明確に異なる）の概念に不変性 (**invariance**) があります．写像 $\mathbf{f} = \phi(\mathbf{x})$ が，$\mathbf{x}$ に対する変換 $\mathbf{x}' = \mathbf{g}(\mathbf{x})$ に対して不変 (invariant) であるとは，$\mathbf{x}$ に対する $\mathbf{f} = \phi(\mathbf{g}(\mathbf{x}))$ が $\mathbf{g}$ によらず変化しないことをいいます．例として何層かの畳み込み層直後に GAP 層を配置した構造の CNN を考えます．GAP 層は入力を空間方向に集約する働きがあるので，この CNN が表す，入力 $\mathbf{x}$ から GAP 層の出力 $\mathbf{f}$ までの写像 $\mathbf{f} = \phi(\mathbf{x})$ は，$\mathbf{x}$ に対する

[*4] これは，パディングや画像の空間座標が離散化されていることの影響を無視した場合の話です．例えば並進移動の量が非整数の場合，式 (5.18) は近似的にしか成り立ちません．

任意の並進移動 **g** に対し，不変であるといえます（上と同様に，画像境界と座標の離散化の影響を無視した場合の話です）．

5.7.2 ダウンサンプリングと画像上の受容野

CNN では，2 以上のストライドを持つプーリング層や畳み込み層によって行われる**ダウンサンプリング**が，重要な役割を果たします．入力から出力までの間に，複数回のダウンサンプリングが行われ，それとともに中間層の出力の空間方向のサイズは単調に小さくなっていきます．

このダウンサンプリングは，微視的には先述の複雑型細胞の働き，つまり入力パターンの位置ずれに対する不変性を実現するためにあるといえますが，巨視的には，入力から不要な情報をそぎ落とし，クラス分類に真に必要な情報のみを取り出すことに寄与します．

ここでは，その結果もたらされる入力画像と畳み込み層の出力の間の幾何学的な関係を考えます．CNN はタスクごとにさまざまな構造をとりますが，ここでは 5.6.2 項で取り上げた VGGNet を例に説明します．まず VGGNet は，2:1 のダウンサンプリングを全部で 5 回行います．図 5.15 のように，入力画像のサイズが 224×224 である場合，5 回目のダウンサンプリング直後の層出力は，$224/(2^5) = 7$ の関係から 7×7 のサイズになります．

この $7 \times 7 = 49$ 個の出力すべてが，入力画像の異なる場所に単一の関数（入力層からこの層に至るすべての計算を表したもの）を適用して得られるものであることに注意します．49 個の出力が異なるのは，この関数を入力画像の異なる場所に適用しているからです．

ここで 49 個の出力の 1 つが入力画像上に持つ受容野（＝出力の値に影響を与え得る入力画像の範囲）を考えます（図 5.15）．隣接する受容野どうしの間隔——つまり上述の関数を入力画像に適用するストライド——は $2^5 = 32$ になっており，これはダウンサンプリングの設定（つまり 2:1 を 5 回行う）によって決まっています．なお受容野のサイズ自身は，ダウンサンプリングの設定に加えて，畳み込み層の数や各層のフィルタサイズにも依存します．

5.7.3 任意サイズの画像の入力

VGGNet のような CNN は，その構造の制約から決まったサイズの画像しか入力できません（VGGNet の場合 224×224）．しかしながら畳み込み層

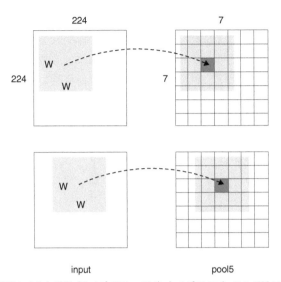

図 5.15 VGGNet の入力画像（サイズ 224 × 224）と 5 番目のプーリング層の出力 (7 × 7) の関係．プーリング層の各ユニットの出力は，同一の計算を入力画像上を $2^5 = 32$ のストライドで適用して得られています．

（とプーリング層）自体には，そのような入力サイズを固定する制約はありません [117]．実際，畳み込み層（とプーリング層）だけからなるネットワークには任意のサイズの画像を入力できます．その場合，入力のサイズを変えると，出力のサイズがそれに合わせて変わります．例えば図 5.15 で，入力画像のサイズを 224 × 224 から 384 × 384 に拡大すると，5 回目のダウンサンプリング後の出力は，比例して 7 × 7 から 12 × 12 へと空間方向のサイズが大きくなります．

　5.6.2 項では画像分類のための代表的な CNN を紹介しましたが，これらの CNN が固定サイズの入力しか受け取れないか，任意サイズの入力を受け取れるかは，最後の畳み込み層から出力層に至る間の構造に依存します．VGGNet のように両者を全結合層で直接つなぐ構造を持つ場合，入力画像のサイズは固定されます．一方，それらの間に GAP 層を配置すると，サイズの違いを GAP 層が吸収するため，自由なサイズの入力を受け取れるようになります．

　畳み込み層から最終出力までを 1 つ以上の全結合層で接続する CNN でも，

5.8.1 項に述べる方法で，全結合層すべてを畳み込み層に読み替えることができ，畳み込み層だけで構成された CNN として再解釈できます．そうすると任意の（より大きな）サイズの画像を入力できるようになりますが，その結果として最終出力が空間方向に広がりを持つこととなります．VGGNet の場合，例えば入力サイズを 224×224 から 384×384 に拡大したとすると（5回目のダウンサンプリング後の出力サイズが 7×7 から 12×12 に変化），これに伴って最終的な出力のサイズは 1×1 から 6×6 へと拡大されます[*5]．

5.8 畳み込み層の一般化

5.8.1 畳み込み層としての全結合層

全結合層は，一般的には畳み込み層とは区別しますが，畳み込み層の一種として解釈することもできます．まず，全結合層がある畳み込み層の後に接続されている場合を考えます．図 5.16(a) のように，この全結合層は，畳み

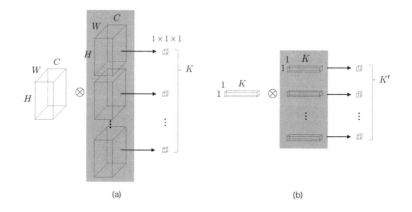

(a)   (b)

図 5.16　全結合層は畳み込み層として解釈可能です．(a) 畳み込み層に接続する全結合層は，そのユニット数 K と同数のフィルタ（入力＝畳み込み層の出力と同サイズ）を持つ畳み込み層と見なせます．(b) 全結合層に接続する全結合層は，下の全結合層のユニット数 K と入力チャネル数が同じで，この層のユニット数 K' と同数のサイズ 1×1 のフィルタを持つ畳み込み層と見なせます．グレーの部分がフィルタ（＝全結合層の重み）です．

[*5]　12×12 の入力に，7×7 のサイズのフィルタをパディングなしに畳み込む操作を行うことに相当します（$12 - 7 + 1 = 6$）．

込み層の出力にそれと同じサイズのフィルタを適用する畳み込み層として解釈できます. この全結合層が K 個のユニットを持つとすると, これを解釈し直した畳み込み層は, そのようなフィルタを K 個持つことになります. ただし「畳み込む」といっても, この（入力と同サイズの）フィルタは 1 箇所でのみ適用されます. したがって, この全結合層の出力は畳み込み層としては $1 \times 1 \times K$ のサイズを持ちます.

　また, この全結合層がさらに別の全結合層に接続されている場合は次のように考えます. 最初の全結合層のユニット数を K, 2 番目のそれを K' とすると, 最初の層の出力を上の結果に従って $1 \times 1 \times K$ のサイズと見て, これと同じサイズのフィルタを K' 個, この出力に畳み込んでいると考えます（図 5.16(b)）.

5.8.2 特別な畳み込み

　図 5.16(b) でも見られる 1×1 フィルタの畳み込みは**点単位の畳み込み** (**pointwise convolution**) とも呼ばれ, 畳み込み本来の「空間方向に情報を集約する」働きはありませんが, チャネル方向の情報の集約, 厳密にはチャネル間の線形和の計算を実行できます.

　この 1×1 畳み込みは, CNN の構造設計においてチャネル数を変換したい場合によく利用されます. 5.6.2 項で述べたように, ResNet の構造単位となる Res ブロックはボトルネック構造, すなわち入力に対し 1×1 畳み込みでいったんチャネル数を絞り, その後 3×3 の畳み込みを行い, 再度 1×1 畳み込みによってチャネル数を元に戻す構造を持ちます [15,118].

　通常の畳み込み層は, 入力とフィルタ間で, チャネルごとに 2 次元の畳み込みを独立に行った後, チャネル方向に和をとる計算を行います. これに対し**グループ別畳み込み** (**group-wise convolution**) は, チャネル $S = \{1, \ldots, C\}$ をいくつかのグループ $S_1, \ldots, S_K$ に分割し $(S = \cup_k S_k)$, 畳み込み後のチャネル方向の和を各グループ $k(= 1, \ldots, K)$ の内部でのみ求めます.

$$u_{ijk} = \sum_{c \in S_k} \sum_{p=0}^{W-1} \sum_{q=0}^{H-1} z_{i+p,j+q,c}^{(l-1)} h_{pqc} + b_k \tag{5.19}$$

通常の畳み込み層では 1 つのフィルタは 1 チャネルの出力を与えますが, グループ別畳み込みでは, 1 つのフィルタは K チャネルの出力を与えます（K

はグループ数).

　グループ別畳み込みにおいて，チャネル 1 つをグループとする（$S_k = \{k\}(k = 1, \dots, C)$），つまりグループの数が入力チャネルの数と同じになる極端な場合を考えます．この場合の畳み込みを**チャネル別畳み込み (channel-wise convolution)** と呼び，次のような計算になります[*6]．

$$u_{ijc} = \sum_{p=0}^{W-1} \sum_{q=0}^{H-1} z_{i+p,j+q,c}^{(l-1)} h_{pqc} + b_c \tag{5.20}$$

　チャネル別畳み込みは，CNN の小型化および計算高速化の目的で利用されます．具体的には，通常の畳み込み層をチャネル別畳み込みと 1×1 畳み込みのペアで代用する方法があります[119]．今，$W \times H \times C$ の入力に K 個の $W_f \times H_f \times C$ のフィルタを適用し $W \times H \times K$ の出力を得る通常の畳み込みを考えます．これを $W_f \times H_f \times C$ のフィルタによるチャネル別畳み込みと，K 個の $1 \times 1 \times C$ フィルタの畳み込みのペアで代用します．このとき 2 つの畳み込みそれぞれの後で活性化関数を適用します．この 2 ステップの畳み込みは元の畳み込みと同じサイズの出力を与えます．出力の (i, j) 成分（K チャネル分）を計算するのに要する積の回数は，元の畳み込みが $W_f \times H_f \times C \times K$ であるのに対し，この 2 ステップの方法では $W_f \times H_f \times C + C \times K$ となり，その比は約 $1/K + 1/(W_f H_f)$ となります．2 つの方法は計算の中身が異なり，互いに完全に入れ替えられるわけではありませんが，元の畳み込みが 3×3 ($W_f = H_f = 3$) の場合，計算量は 1/9 程度にまで低減されます．

　また，アップサンプリングしたフィルタを入力に畳み込む計算を**拡大 (dilated) 畳み込み**[*7] と呼びます（図 5.17）．図 5.17(a) の通常の畳み込みに対し，拡大畳み込みでは図 5.17(b) のようにフィルタをアップサンプリングし，畳み込みます．$W_f \times H_f$ のサイズのフィルタの場合，アップサンプリングの倍率を r とすると

$$u_{ij} = \sum_{p=0}^{W_f-1} \sum_{q=0}^{H_f-1} x_{i+rp,j+rq} h_{pq} \tag{5.21}$$

[*6]　チャネル方向を指して深さ (depth) と呼ぶ場合があり，そこから深さ別 (depth-wise) 畳み込みと呼ばれることもあります．

[*7]　フランス語で穴あきを意味する "à trous" から "atrous convolution" とも呼ばれます．

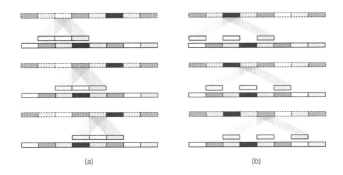

(a)　　　　　　　　　　　　(b)

図 5.17　拡大畳み込みの説明. (a) 通常の畳み込み（フィルタサイズ = 3）. (b) 拡大畳み込み
（フィルタサイズ = 3，倍率 = 2）.

と表せます.

拡大畳み込みの意義は，入力のダウンサンプリングを行うことなく，実効
的な受容野を拡大できることにあります. 単純にフィルタサイズを大きく
($rW_f \times rH_f$) しても同じように受容野を拡大できますが，計算量とパラメー
タ数（= フィルタの係数）が増えてしまいます. 6.5 節で説明する系列デー
タのための CNN でも，拡大畳み込みは重要な役割を果たします.

5.8.3　多次元の畳み込み

ここまで 2 次元画像を対象とする 2 次元の畳み込みを考えてきましたが，
3 以上の多次元の畳み込みを考えることもできます. それらは 4 次元以上の
配列の構造を持つデータが対象となります.

2 次元の畳み込み層では，入力は $W \times H \times C$ というサイズの配列であ
り，畳み込むフィルタはチャネル数を同じくする $W_f \times H_f \times C$ というサ
イズを持ちます. 計算は，フィルタを空間方向にスライドし，各位置でフィ
ルタ内の全要素にわたる積和をとります. 3 次元の畳み込みでは，空間の次
元数が 1 つ増えるだけで，それ以外はまったく同じです. 入力は 4 次元配列
($W \times H \times D \times C$) となり，畳み込むフィルタもチャネル数 C が同じ 4 次元
配列 ($W_f \times H_f \times D_f \times C$) になります. フィルタのサイズはチャネルを除
いて入力より小さく，入力の $W \times H \times D$ の配列の各位置で積和を計算しま
す. これは 4 以上の次元の畳み込みでも同じです.

5.8.4　幾何学的変換の学習

図 5.18(a) のように，入力画像から関心のある部分だけを切り出し，向き
やサイズを揃える幾何学的変換は，さまざまな画像分類の問題において有用
です．CNN はその構造上，入力画像の平行移動に不変な特徴を抽出するこ
とは得意ですが，このような幾何学的変換を直接実行することはできません．
また，何らかの方法でそんな幾何学的変換を行うとして，その変換パラメー
タを外部から与えるのではなく，入力画像から自動的に推定することができ
れば理想的です．

幾何学的変換機構 (spatial transformer)（以下 ST）は，以上を可能に
するネットワークの構造要素です．今，幾何学的変換を T_θ と書きます．θ は
変換パラメータです．ST は画像や畳み込み層の出力（特徴マップ）を入力に
受け取り，これに T_θ を適用し，図 5.18(a) のような幾何学的に正規化され
た画像を得て出力します．θ は入力から予測します．図 5.18(b) のように θ
の予測はサブネットワークが行い，その重みは学習によって決定します．ST
は T_θ を実行する仕組みを作り込まれているにもかかわらず，ネットワーク
の中間に挿入して全体のネットワークの学習を誤差逆伝播＋勾配降下法で行
える「微分可能な」演算機構（4.3.2 項）のはしりといえます．

また ST は，θ を予測するサブネットワークの重みを学習で定めますが，θ
の正解を外部から与え，それを予測できるように学習するのではなく，目的
とするタスクの学習——変換後の画像に対して計算される損失の最小化——
を通じてサブネットワークの学習を行います．

T_θ には，解析的に表現できるどんな変換も対象にできます．例えば，2 次
元の並進移動＋スケール倍の変換や，アフィン変換などです．これらの変換

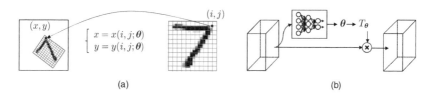

(a)　　　　　　　　　　　　　　　　　(b)

図 5.18　(a) 幾何学的変換機構は，入力された特徴マップに空間的変換 T_θ を施します．(b) 変換
パラメータ θ は，変換する入力の特徴マップから予測します．出力マップは入力マップ
を T_θ に従ってサンプリングすることで作り出します．

は，入力の特徴マップと出力のそれとの間の座標変換として表現できます．入力側の座標を (x, y)，出力側を (i, j) と書くと，$T_{\boldsymbol{\theta}}$ を $(i, j) \to (x, y)$ の変換として表現します．出力から入力への向きとするのは，出力マップを規則的な格子点上に作るためです．すなわち，出力側の座標は整数 (i, j) となり，一方で入力側の座標は実数 (x, y) になります．例えばアフィン変換では

$$
\begin{bmatrix} x \\ y \end{bmatrix} = \begin{bmatrix} \theta_{11} & \theta_{12} & \theta_{13} \\ \theta_{21} & \theta_{22} & \theta_{33} \end{bmatrix} \begin{bmatrix} i \\ j \\ 1 \end{bmatrix} \tag{5.22}
$$

と表記できます[*8]．

変換 $T_{\boldsymbol{\theta}}$ は次のようにして入力に適用します．入力（特徴マップ）を z_{pqc}，出力を z'_{ijc} と書きます．(p, q) は入力マップの空間座標を表し，$p \in [0, W-1]$，$q \in [0, H-1]$ の整数です．変換はチャネル $c \in [1, C]$ ごとに独立に実行され，具体的には次のように計算されます．

$$
z'_{ijc} = \sum_{p=0}^{W-1} \sum_{q=0}^{H-1} z_{pqc} \phi(p, x(i, j; \boldsymbol{\theta})) \phi(q, y(i, j; \boldsymbol{\theta})) \tag{5.23}
$$

ここで ϕ は「サンプリングカーネル」と呼ばれ，式 (5.22) のように (i, j) から計算される座標 $(x(i, j), y(i, j))$ に対し，z_{pqc} をどのように内挿するかを指定します．最も単純な**最近傍法**（**nearest neighbor**）を採用すると，ϕ は

$$
\phi(p, x)\phi(q, y) = \delta(p - \lfloor x + 0.5 \rfloor)\delta(q - \lfloor y + 0.5 \rfloor) \tag{5.24}
$$

と表記されます．ただし $\delta(\cdot)$ は入力値が 0 になったときのみ 1，それ以外のときは 0 を返すデルタ関数です．このようにすると，$(x(i, j), y(i, j))$ に最も近い格子点 (p, q) での値 z_{pqc} が z'_{ijc} に代入されます．ϕ を変えることで，**双線形補間**（**bilinear interpolation**）や**バイキュービック補間**（**bicubic interpolation**）を行うことも可能です．

以上の一連の計算を誤差逆伝播法による学習に組み入れるには，まず $\partial z'_{ijc}/\partial \boldsymbol{\theta}$ を計算できることが必要です．$\partial x/\partial \boldsymbol{\theta}$ と $\partial y/\partial \boldsymbol{\theta}$ は式 (5.22) のような $T_{\boldsymbol{\theta}}$ の式から計算できるので，$(\partial z'_{ijc}/\partial x, \partial z'_{ijc}/\partial y)$ が計算できればよい

[*8]　同じ変換であってもパラメータのとり方が学習の成否を左右し得るので，その選択は慎重に行う必要があります．

ことになります. ϕ を, 式 (5.24) のように選んでいれば, これらの微分も計算可能です. こうして, 全体のネットワークの出力側から ST の出力側に逆伝播させたデルタを, θ の予測を行うネットワークに伝播させ, その重みを更新することができます. さらにこれとは別に, 式 (5.23) から $\partial z'_{ijc}/\partial z_{pqc}$ を計算できるので, ST の出力側のデルタは（θ とは別に）入力側の特徴マップへ伝播させることが可能です. こうして ST の出力側に接続されたネットワークの重みも, 同じ誤差逆伝播計算の枠組みで更新できます.

5.9　アップサンプリングと畳み込み

5.9.1　サイズの拡大を要する問題

ここまでは, CNN に入力した画像が CNN 内部を伝播する際, その空間方向のサイズ（縦横の画素数）は変わらないか, あるいはダウンサンプリングによって小さくなる場合のみを考えてきました. 一方で, 画像を生成する問題や, 入力画像を別の画像に変換する問題では, 層の伝播に伴いサイズを拡大する構造を持つ CNN を用います.

そのような問題の例に, 画像の中身を表現したコンパクトなベクトルから 1 枚の画像を生成する問題や, あるいは入力画像の画素ごとにその画素がどの物体クラスに属するかを推定するセグメンテーションがあります. 前者の場合, 図 5.19(a) のように $1 \times 1 \times K$ のサイズのベクトルを入力して空間方向のサイズを徐々に拡大し, 最後に画像を得ます. 後者のように画像を別の画像に変換する問題では, 図 5.19(b) のように, たとえ入出力間でサイズが

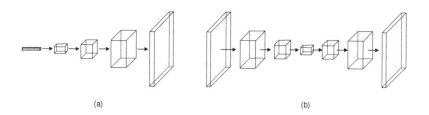

(a)　　　　　　　　　　　　　　　　(b)

図 5.19　画像を出力する CNN. (a) ベクトルを入力とし, 縦横サイズを徐々に拡大し, 望むサイズの画像を出力します. (b) 画像を入力に受け取り, 縦横サイズを徐々に縮小しつつ必要な表現をいったん得た後, 徐々に拡大していき, 画像を出力します.

同じであっても，CNN 内部で一度ダウンサンプリングを行ってサイズを小さくした後，図 5.19(a) と同様にサイズを少しずつ拡大するのが一般的です．

5.9.2 サイズを拡大する方法

サイズを拡大する最も単純な方法は，アップサンプリング (**upsampling**) と補間をペアで用いることです．すなわち，画素値 x_{ij} を r 画素間隔でとびとびに再配置し，その間の画素の値を補間します．この処理でサイズは r 倍になります．通常，何らかの効果を期待して，以上の処理の直後に畳み込みを行います（フィルタは学習の対象とする）．なおアップサンプリングと畳み込みをペアで行う場合には，補間を必要としない方法があります．これを以下に説明します．

その基本となるのが，**転置畳み込み** (**transposed convolution**) です．今，入力 x_{ij} にフィルタ h_{pq} をストライド s で畳み込んで，出力 u_{ij} を得たとします．畳み込みは線形計算なので，入力 x_{ij} と出力 u_{ij} をそれぞれ適当な方法でベクトル $\mathbf{x}$ と $\mathbf{u}$ に表現し直せば，いつも $\mathbf{u} = \mathbf{W}_h\mathbf{x}$ のように，行列とベクトルの積で書くことができます（図 5.20(a)）．$\mathbf{W}_h$ は，フィルタ h_{pq} の係数と 0 を要素とする行列で，係数の配置は，ベクトル $\mathbf{x}$ と $\mathbf{u}$ の作り方と，畳み込みのパラメータ（フィルタのサイズ，ストライドなど）で決まります．

$\mathbf{W}_h$ の転置行列 $\mathbf{W}_h^\top$ を使い，入力と出力を入れ替えた $\mathbf{u} = \mathbf{W}_h^\top\mathbf{x}$ を形式

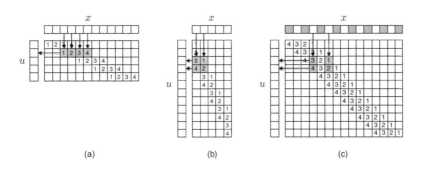

図 5.20 (a) 通常のストライド＝2 の畳み込み（フィルタサイズ＝4）．(b) 転置畳み込み（フィルタサイズ＝4，ストライド＝2）．(c) 補間なしのアップサンプリング＋畳み込み．(b) と同じ計算が行えます [120]．

的に考えます（図 5.20(b)）．これが実現する計算が転置畳み込みです．なお，転置畳み込みが行う計算は，元の畳み込み層に対し，結線（つまりフィルタ）の重みを保持したまま逆向きに伝播を行う計算と一致します．

　転置畳み込みは，図 5.20(c) のように通常の畳み込みで表現し直すことができて，入力 x に r 倍のアップサンプリング（ただし補間は行わない）を施した後，適当なフィルタ h' の畳み込みを行うことに相当します．フィルタ h' は，元の畳み込みのフィルタ h の係数を並べ替えたものになります．

　このように補間を伴わないアップサンプリングと畳み込みをこの順で行うことを，**アップコンボリューション** (**up-convolution**)，あるいは**サブピクセル畳み込み** (**subpixel convolution**) と呼びます．後者の名前は，x にそのまま h をストライド 1 で畳み込む場合と比べ，1 より小さいストライド $1/r$ で畳み込んでいると解釈できることに由来します．

　なお，補間を行わずにアップサンプリングし，その後に畳み込みを行う場合，フィルタ h' のサイズがアップサンプリングの倍率 r の整数倍になっていないと，出力に不自然な繰り返しパターンが発生します [121]．これは，出力の各画素 u_{ij} の計算に参加する入力側の画素数が場所によって変化するためです．この現象は，フィルタのサイズをアップサンプリングの倍率の整数倍とすることで回避できます．その場合，**ピクセルシャッフル** (**pixel shuffle**) と呼ばれる効率的な計算方法があります [122]．また，不自然なパターンの発生は冒頭に述べたようにアップサンプル時に補間を行うことでも回避できます．その場合はフィルタのサイズに制約はありません．

　上述のように入力された画像をもとに別の画像（形式のデータ）を出力する問題では，CNN 内部で入力画像をダウンサンプリングによっていったん縮小し，その後アップサンプリングによって拡大するアプローチがよくとられます．この場合，前半部には画像分類で一般的な CNN の構造を用い，後半部に上述のアップサンプリング（＋補間）＋畳み込みを繰り返す構造を用いるのが一般的です．

　このようにダウンサンプリング，畳み込み，アップサンプリングという 3 つの処理をこの順に行うとき，これらをまとめて 1 つの拡大畳み込み（5.8.2 項）で置き換えることができます [123]．これは，入力 x を $1/r$ 倍にダウンサンプリングした後，フィルタ h を畳み込んで得られる結果が，同じフィルタを用いて倍率 r の拡大畳み込みを適用し，次に $1/r$ 倍のダウンサンプリング

を適用したものと，完全に一致することによります．そして，倍率 r の拡大
畳み込みの出力は，同じ入力に倍率 $1/r$ のダウンサンプリング，畳み込み，
倍率 r のアップサンプリングを適用したときの出力よりも高い解像度を持ち
（つまり補間の必要がない），その点で優れているといえます．

5.9.3 その他

上述のように，入力と出力がともに画像（形式のデータ）である問題に対
し，入力画像をダウンサンプリングによって一度縮小し，アップサンプリング
によって拡大する構造を持つ CNN はよく使われますが，前半部で一度失っ
た空間解像度を後半部で再び取り戻す形となり，これを実行するのはそれほ
ど簡単ではありません．

U-Net は，この問題の解決を狙って考案された CNN です [124]．複数の
ダウンサンプリングによって解像度を低下させた後，複数のアップサンプリ
ングを行って解像度を戻す構造を基本としつつ，その折り返し点について対
称な位置にある層どうしでペアを作り，入力側の層からペアをなす出力側の
層に，層出力を転送します．転送された層出力は，転送先の層入力とチャネ
ル方向に結合することで統合します．複数の層をスキップする信号路を持つ
点で ResNet の残差接続と似ていますが，スキップした先の合流のやり方が
違います（残差接続では加算を行う）．

別のアプローチにシフト＆スティッチと呼ばれる方法があります．CNN の
画像への適用の仕方を変えるだけで，アップサンプリングを行わずに入力画
像と同程度の解像度の画像形式の出力を得る方法です．VGGNet の最終プー
リング層を例に考えます（図 5.15）．5.7.2 項で述べた通り，サイズ 224×224
の入力に対し，この層の出力は 7×7 であり，この 49 個の中の隣接する 2 つ
が入力画像上に持つ受容野は，互いに 32 画素ずれています．同じ入力画像を
1 画素だけ右にシフトしたものを同じ VGGNet に入力すると，やはり 7×7
の出力を得ますが，これは最初のものとは（似ているかもしれませんが）別の
ものです．同様の入力画像のシフトを x, y それぞれの方向に 0 から 31 画素
の間で行うと，それぞれに異なる 7×7 の出力を得ます．これらをモザイク
のようにつなぎ合わせると，$(7 \times 32) \times (7 \times 32) = 224 \times 224$，つまり入力と
同一サイズの出力が得られます．この入力を得るためには，$32 \times 32 = 1024$
回，画像を VGGNet に入力する必要があり，大変効率が悪いので，ほとんど

使われていません.

5.10　物体カテゴリ認識への適用例

　ここでは一般に ImageNet と通称される[*9]1,000 種類の物体を対象とした画像分類への CNN の適用例を示します. 対象となる 1,000 種類の物体クラスからランダムに取り出した 48 個を**表 5.1** に示します. 訓練データは, 各クラスにつき 1,000 枚前後, 全部で約百万枚の画像で構成されます.

　表 5.2（および図 5.12(a)）に示す AlexNet[11][*10] を適用したときの結果を示します. AlexNet は, 5 つの畳み込み層, 3 つのプーリング層, 2 つのコントラスト正規化層および 3 つの全結合層で構成されます. 学習では fc6 と fc7 の層のユニットに 3.3.2 項のドロップアウト（$p = 0.5$）を用いています. ミニバッチのサイズを 128 として確率的勾配降下法を実行したときの学習曲線を図 **5.21** に示します. 約 200,000 ミニバッチ, すなわち 20 万 × 128/(総訓練サンプル＝約百万)＝約 25 エポックほどで収束しています. なお訓練サンプルの画像(テストも同様)は, サイズを強制的に 256×256 に直した後, 中央の 227×227 部分を切り出し, 訓練データの平均画像を差し引いてから入力しています.

　学習後の AlexNet に図 5.22(a) の画像を入力したときの, 畳み込み, プーリング, 正規化各層の出力を入力側から順に, 図 5.23～図 5.28 に示します. また, その後の全結合層の出力をプロットしたものを図 5.29 に示します. 図 5.29(a) の fc6 層, (c) の fc7 層とも, 出力が 0 となっているユニットはそれほど多くなく, 活性化の様子はそれほど疎（スパース）ではないことがわかります. 一方, (e) の fc8 層の出力, 特に (f) のソフトマックス関数適用後は入力画像の正解クラスである 'lion' に鋭いピークが立っており, これは入力画像が正しく 'lion' と認識されていることを表しています.

[*9]　正確には ILSVRC(ImageNet Large Scale Visual Recognition Challenge) というコンテストで設計されたタスクの 1 つです.

[*10]　2012 年の ILSVRC で 1 位となった CNN とほぼ同じもので, CNN の能力の高さを広く知らしめた記念碑的なネットワークです.

表 5.1　1000 種のうちランダムに選んだ 48 種のカテゴリ名.

bathtub	basset	earthstar	volleyball
banana	albatross	spindle	plastic bag
snow leopard	snail	odometer	racket
remote control	giant schnauzer	tennis ball	Rhodesian ridgeback
ostrich	book jacket	mountain bike	yurt
little blue heron	studio couch	electric locomotive	robin
screw	corn	pot	golden retriever
rock python	crib	yawl	dingo
lynx	Siberian husky	power drill	Indian cobra
ladybug	oxygen mask	greenhouse	African chameleon
pinwheel	nematode	plate	agama
rubber eraser	black swan	pencil sharpener	dhole

表 5.2　AlexNet の構造. conv, pool, norm, fc はそれぞれ畳み込み層, プーリング層, 正規化層, 全結合層を表します. 関数の列は各層出力に適用される活性化関数です.

層種・名称	パッチ	ストライド	出力マップサイズ	関数	パラメータ
data	-	-	$227 \times 227 \times 3$	-	
conv1	11×11	4	$55 \times 55 \times 96$	ReLU	35k
pool1	3×3	2	$27 \times 27 \times 96$	-	0
norm1	5×5	1	$27 \times 27 \times 96$	-	0
conv2	5×5	1	$27 \times 27 \times 256$	ReLU	614k
pool2	3×3	2	$13 \times 13 \times 256$	-	0
norm2	5×5	1	$13 \times 13 \times 256$	-	0
conv3	3×3	1	$13 \times 13 \times 384$	ReLU	885k
conv4	3×3	1	$13 \times 13 \times 384$	ReLU	1,327k
conv5	3×3	1	$13 \times 13 \times 256$	ReLU	885k
pool5	3×3	2	$6 \times 6 \times 256$	-	0
fc6	-	-	$1 \times 1 \times 4096$	ReLU	37,748k
fc7	-	-	$1 \times 1 \times 4096$	ReLU	16,777k
fc8	-	-	$1 \times 1 \times 1000$	softmax	4,096k

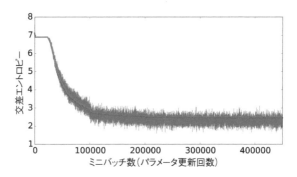

図 5.21 学習曲線の推移.縦軸が交差エントロピー,横軸は処理したミニバッチ数.変動の大きな細線が訓練誤差で,太線がテスト誤差(1000 ミニバッチ間隔でプロットしており滑らかに見える).

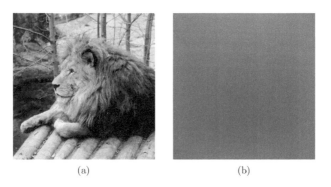

(a)   (b)

図 5.22 (a) テストに使った画像 (クリエイティブ・コモンズ・ライセンス (CC BY-SA 2.0) に従い利用しています https://www.flickr.com/photos/elpadawan/8238633021). (b) 入力前の画像から差し引かれる平均画像.

　図 5.30 に，訓練データにない新しい画像に対する推論の結果を示します．すべての画像で，出力されたカテゴリ尤度（ソフトマックス出力）上位 5 件中に正しいカテゴリが入っています．例えば 'lion' や 'zebra' は，高いスコアで正しく認識できています．一方，'acoustic guitar' を 'electric guitar' と，'crane'（クレーン車）を 'snowplow'（除雪車）とそれぞれ間違えています．前の 2 つは，われわれにとっても簡単で見間違えようのない画像であり，後の 2 つはカテゴリ分け自体が微妙で，われわれにも分類の難しい画像です．CNN にはこのように，単に認識性能が高いだけでなく，間違いを含めた振る舞いについても人の視覚にある程度近いという傾向があります．

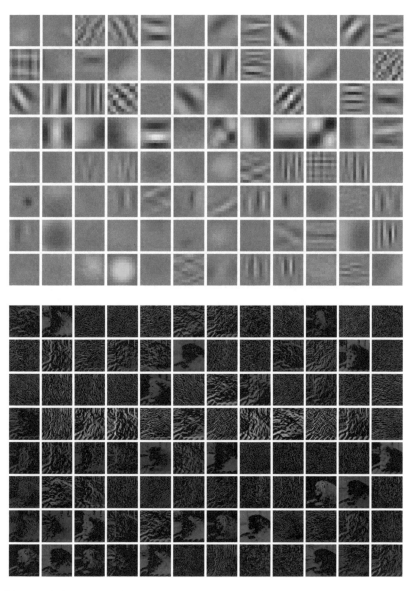

図 5.23 （上）conv1 層の全 96 個のフィルタ（$11 \times 11 \times 3$），（下）図 5.22(a) の画像入力時の出力マップ（55×55 画素，見やすくするために濃淡にガンマ補正 $(z/z_{\max})^{2/5}$ を適用しています）．

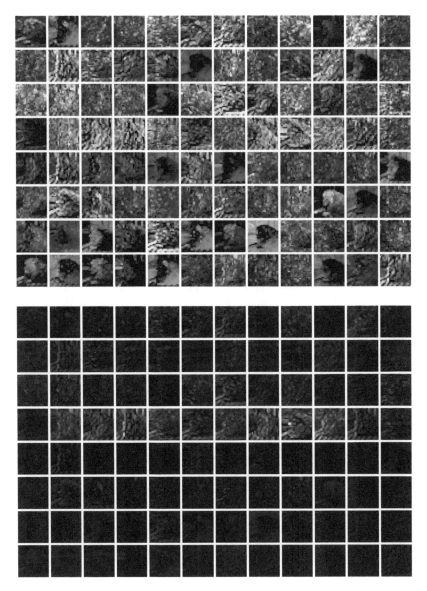

図 5.24 （上）pool1 層の出力マップ（27 × 27）．（下）norm1 層の出力マップ（27 × 27 画素）．
図 5.22(a) の画像入力時のもの．

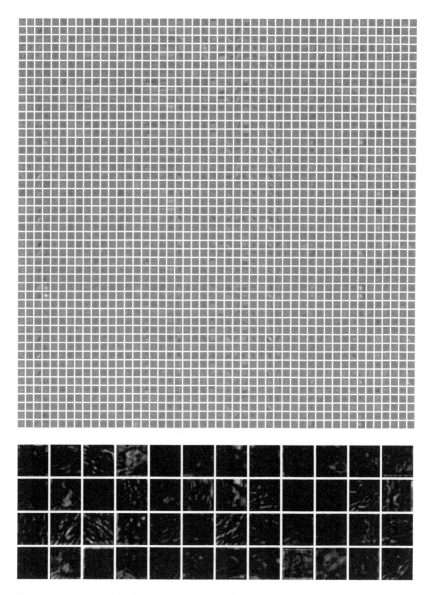

図 5.25　（上）conv2 層の全 256 フィルタ（サイズ $5 \times 5 \times 48$）のうちの 48（図のマトリックス各列が各フィルタに対応）．（下）図 5.22(a) の画像入力時の，同じ 48 フィルタの出力マップ（27×27 画素）．

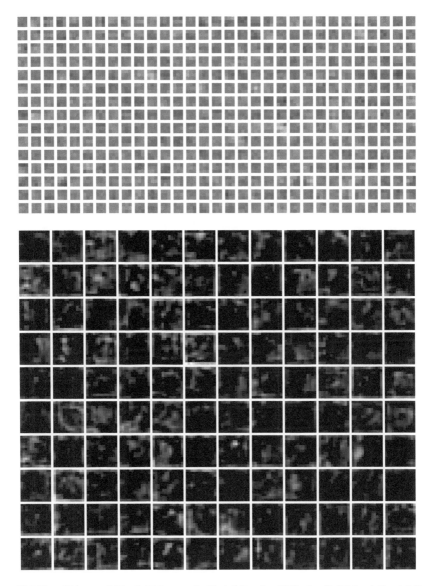

図 5.26 （上）conv3 層の全 384 フィルタ（サイズ 3 × 3 × 256）の一部（図のマトリックス各列が各フィルタに対応）．（下）図 5.22(a) の画像入力時の同じ 128 フィルタの出力マップ（13 × 13 画素）．

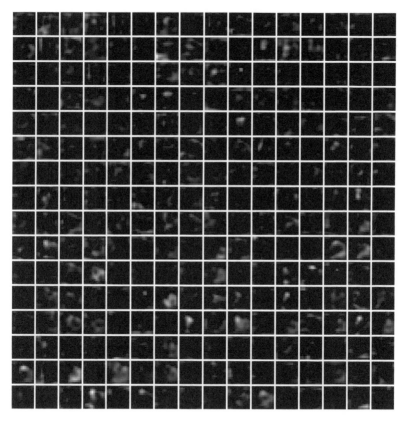

図 5.27　conv5 層の全 256 出力チャネル（それぞれ 13 × 13）．図 5.22(a) の画像入力時のもの．

図 5.28　pool5 層の全 256 出力チャネル（それぞれ 6 × 6）．図 5.22(a) の画像入力時のもの．

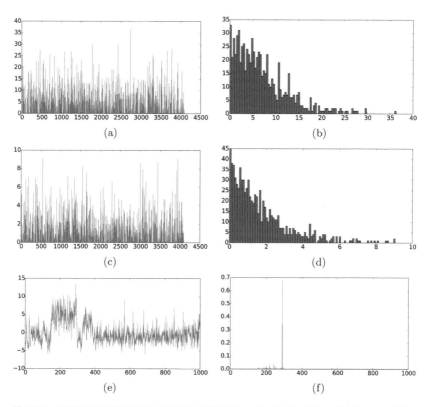

図 5.29　各全結合層の図 5.22(a) の画像入力時の出力．(a) fc6 層の出力．(b) そのヒストグラム．(c) fc7 層の出力．(d) そのヒストグラム．(e) fc8 層の状態（ソフトマックス関数適用前）．(f) 適用後．ソフトマックス関数適用後にはカテゴリ 'lion' のユニットに明確なピークが見られます．

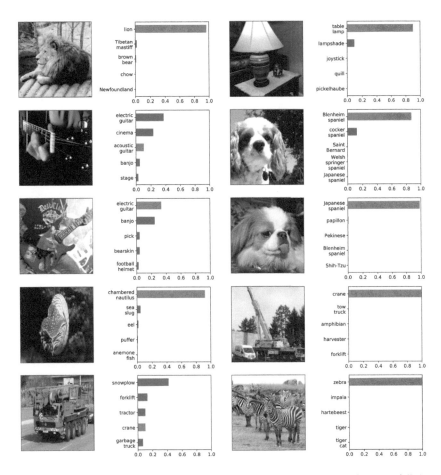

図 5.30 学習後の CNN のテスト結果 [*11]. 上位 5 つのクラスのクラススコア (クラスの事後確率) を表示しています.

---

*11 すべての画像は, クリエイティブ・コモンズ・ライセンス (CC BY あるいは BY-SA 2.0) に従い利用しています. 左上から右下へ順に,
https://www.flickr.com/photos/elpadawan/8238633021,
https://www.flickr.com/photos/38009628@N08/10085782733,
https://www.flickr.com/photos/gi/167282325,
https://www.flickr.com/photos/14511253@N04/4531941062,
https://www.flickr.com/photos/monavelion/5032771365,
https://www.flickr.com/photos/lostintexas/482312645,
https://www.flickr.com/photos/wbaiv/13976917152,
https://www.flickr.com/photos/12567713@N00/45608771015,
https://www.flickr.com/photos/didbygraham/5527607622,
https://www.flickr.com/photos/malczyk/5638610203.

6

系列データのためのネットワーク

本章では，系列データを対象とするニューラルネットワークを考えます．初めにその筆頭であるリカレントニューラルネットワーク (RNN) を説明し，次に RNN の課題を克服するためのゲート機構について述べます．さらに自己回帰モデルとその使い方を説明し，そして 1 次元畳み込みネットワークの系列データへの適用を述べます．最後に誤差逆伝播法の RNN への適用方法を示します．

6.1 系列データ

本章では系列データ，すなわち個々の要素が順序付きの集まり

$$\mathbf{x}^1, \mathbf{x}^2, \mathbf{x}^3, \ldots, \mathbf{x}^T$$

として与えられるデータを扱う問題を考えます．要素の並びをインデックス $t = 1, 2, 3, \ldots, T$ で表し，以降 t を便宜上，時刻と呼ぶことにします．t は物理的な時間と対応が付く場合が多いものの，いつもそうとは限りません．ここでは，個々の要素が順序を持ち，しかもその並びに意味が隠れているデータを対象とします．

系列データを扱う問題の例を 2 つ挙げます．1 つ目は入力として 1 つの文（テキスト）が与えられ，それをいくつかのクラスに分類する問題です．例え

ば次のようなレストランに対する利用客の感想

> They have the best happy hours, the food is good,
>
> and service is even better.

を，3段階（悪い，普通，良い）に分類する問題です．文を構成する各単語をベクトルで，$\mathbf{x}^1 = $ 'They', $\mathbf{x}^2 = $ 'have', ..., $\mathbf{x}^{15} = $ 'better' のように表現し，ベクトルの系列 $\mathbf{x}^1, \mathbf{x}^2, \ldots$ を得ます．データの最小単位（=1サンプル）が1つの文 $\mathbf{X}_n = (\mathbf{x}^1, \ldots, \mathbf{x}^{Tn})$ であることに注意します．文の長さ（単語数）は自由なので，系列長 T_n はサンプルごとに異なります．

　2つ目は，図6.1のような発話を記録した時間信号からその発話内容を推定する**音声認識 (speech recognition)** です．信号自体は一定の周期で標本化され，量子化されたデジタルデータです．この時間信号を例えば10 ms間隔で25 ms幅の窓で切り出し，そこから周波数スペクトルの分布情報を取り出すなどの方法で特徴ベクトル $\mathbf{x}^1, \mathbf{x}^2, \ldots$ の系列を得ます[*1]．

　音声認識ではこれらを入力に受け取り，発話を構成する**音素 (phoneme)**[*2]の列や，発話内容を直接表す文字列を推定します．いずれの場合でも，推定すべきものも系列データであって，しかもその系列長は入力系列の長さとは異なることに注意します．つまりネットワークでは，入力とは長さの異なる系列を出力できる必要があります．

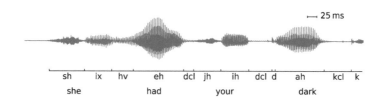

図6.1　音声信号と各瞬間に発されている音素，そして発話内容 ('She had your dark (suit)...')．データセット TIMIT(https://catalog.ldc.upenn.edu/LDC93S1) より．

[*1]　音声信号の生のデジタルデータをそのまま入力や（音声合成の場合）出力として扱うことも可能です．

[*2]　音素とは，図6.1に示す/sh/や/eh/など，母音や子音に分けられる発話の最小単位です．その数は有限で，英語の場合60程度あります．

6.2 リカレントニューラルネットワーク

6.2.1 概要

リカレントニューラルネットワーク (**recurrent neural network**) (以下 **RNN**) とは，内部に (有向) 閉路を持つニューラルネットワークの総称で，上のような系列データを扱います．Elman ネットワーク[125]，Jordan ネットワーク[126]，時間遅れネットワーク (time delay network)[127]，エコー状態ネットワーク (echo state network)[128] などさまざまなものがあります．ここでは図 6.2 のように，順伝播型ネットワークと同様の構造を持ち，ただし中間層のユニットの出力が自分自身に戻される「帰還路」を持つシンプルなものを考えます．

この構造により，情報を一時的に記憶し，また振る舞いを動的に変化させることができます．これによって，系列データ中に存在する「文脈」を捉え，上述のような分類問題をうまく処理することを目指します．以上は，順伝播型ネットワークとの大きな違いです．

RNN は各時刻 t につき 1 つの入力 $\mathbf{x}^t$ を受け取り，また同時に 1 つの出力 $\mathbf{y}^t$ を返します．つまり入力と同じ長さの系列を出力します．各時刻の出力に

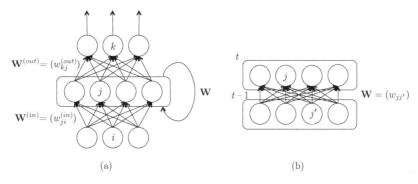

$$\mathbf{W}^{(out)} = (w_{kj}^{(out)})$$

$$\mathbf{W}^{(in)} = (w_{ji}^{(in)})$$

$$\mathbf{W}$$

$$\mathbf{W} = (w_{jj'})$$

(a)   (b)

図 6.2 (a) リカレントニューラルネットワーク (RNN) の概要．中間層が自分自身への帰還路を持ち，この例ではその他は 2 層の順伝播型ネットワークと同じ構造を持ちます．(b) 帰還路の結合の詳細．現時刻 t のユニットの出力が次時刻 $t+1$ のユニットへの入力になります．

は，ネットワーク内部にある帰還路により，過去に受け取った入力が影響を及ぼします．順伝播型ネットワークが入力1つに対し1つの出力を与える写像を表すのに対し，RNN は（少なくとも理論上）過去のすべての入力から1つの出力への写像を表します．

　RNN は順伝播型ネットワーク同様 [19] の万能性を，系列データに対して持つことが知られています [129]．すなわち中間層に十分な数のユニットがあれば，任意の系列から系列への写像を任意の精度で近似できることが証明されています．

6.2.2　順伝播の計算

　系列 $\mathbf{x}^1, \mathbf{x}^2, \dots$ を RNN に順番に入力すると，対応する出力は図 6.3 のように系列 $\mathbf{y}^1, \mathbf{y}^2, \dots$ を与えます．その計算の詳細は以下の通りです．まず記号を次のように定義します．入力層，中間層，出力層の各ユニットのインデックスを i, j, k で表します（図 6.2）．各ユニットは時刻 $t = 1, 2, \dots$ ごとに異なる状態をとるので，ネットワークへの入力を $\mathbf{x}^t = (x_i^t)$，中間層ユニットへの入出力をそれぞれ $\mathbf{u}^t = (u_j^t)$ と $\mathbf{z}^t = (z_j^t)$，出力層ユニットへの入出力をそれぞれ $\mathbf{v}^t = (v_k^t)$ と $\mathbf{y}^t = (y_k^t)$ のように書くことにします．また，目標出力を $\mathbf{d}^t = (d_k^t)$ と書きます．入力層と中間層間の重みを $\mathbf{W}^{(in)} = (w_{ji}^{(in)})$，中間層から中間層への帰還路の結合重みを $\mathbf{W} = (w_{jj'})$，中間層と出力層間の重みを $\mathbf{W}^{(out)} = (w_{kj}^{(out)})$ と表記します．重みは時刻 t とは関係なく，（学

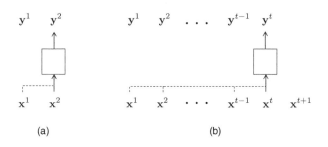

図 6.3　RNN は系列データを入力に受け取り系列データを出力します（(a)，(b) は時刻 2 および t での入出力の状態）．各時刻に受け取る入力は 1 つですが，その時刻の出力はそれまでに受け取ったすべての入力に依存します．

習によって更新はされるものの）順伝播計算中は定数であることに注意します．以下では4章同様に，常に1を出力する特別なユニットを1つ下の層に用意し，これと各ユニットとの結合重みをバイアスと見る表記を採用します（図 4.1 参照）．

　RNN の帰還路は，中間層の出力を自らの入力に戻しますが，この間の結合は全ユニット間で存在します．図 6.2(b) のように，時刻 $t-1$ における中間層の任意のユニット j' から時刻 t における中間層の任意のユニット j へ，重み $w_{jj'}$ の結合が存在します．重要なことはこの帰還が，時刻を1つ隔てて行われることです．したがって，時刻 t における中間層の各ユニットへの入力は，同時刻 t にて入力層から届くものと，時刻 $t-1$ の中間層の出力をフィードバックしたものとの和

$$u_j^t = \sum_i w_{ji}^{(in)} x_i^t + \sum_{j'} w_{jj'} z_{j'}^{t-1} \tag{6.1}$$

になります．中間層のバイアスは $w_{j0}^{(in)}$（$x_0^t = 1$ と固定）が与えます（バイアスを使わないこともあります）．ここから中間層の出力は，活性化関数 f を経由して

$$z_j^t = f(u_j^t) \tag{6.2}$$

と計算されます．RNN の活性化関数には伝統的に tanh が多く使われてきましたが，ReLU も使います [130]．以上をまとめると

$$\mathbf{z}^t = \mathbf{f}(\mathbf{W}^{(in)}\mathbf{x}^t + \mathbf{W}\mathbf{z}^{t-1}) \tag{6.3}$$

のように書けます．

　$t=1$ から始め，t を1つずつ増やしながら，入力系列 $\mathbf{x}^1, \mathbf{x}^2, \ldots$ を使って，式 (6.3) を繰り返し計算することで，任意の時刻 t における中間層の状態 $\mathbf{z}^t$ を求めることができます．ただし，$t=1$ における初期値 $\mathbf{z}^0 = (z_j^0)$ を与える必要があり，通常は $z_j^0 = 0$ とします*3．

　この過程を時間方向に展開すると，図 6.4 のようになります．図では，各時刻の各層が独立して存在するものと見なし，中間層の帰還路を，連続時刻での中間層間のユニットの結合として表現しています．このように RNN の計算を時間方向に展開すると，循環のない純粋な順伝播型ネットワークと見

---

*3　非ゼロの初期値を選ぶことで，耐ノイズ安定性向上が望めるとする研究もあります [131]．

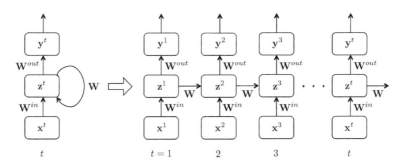

図 6.4　RNN の計算プロセスを時間方向に展開した図.

なすことができます.

　一方, RNN の出力 $\mathbf{y}^t$ は次のように計算します. まず出力層の各ユニットへの入力は, 中間層の出力 $\mathbf{z}^t$ から

$$v_k^t = \sum_j w_{kj}^{(out)} z_j^t \tag{6.4}$$

と決まります (出力層のバイアスは $w_{k0}^{(out)}$ です). 活性化関数を $\mathbf{f}^{(out)}$ と書くと, 以上をまとめて

$$\mathbf{y}^t = \mathbf{f}^{(out)}(\mathbf{v}^t) = \mathbf{f}^{(out)}(\mathbf{W}^{(out)}\mathbf{z}^t) \tag{6.5}$$

と書くことができます.

　なお, 深層ニューラルネットワークでは 3.6.3 項のバッチ正規化に代表される層出力の正規化がよく採用されますが, RNN の場合にはインスタンス正規化が用いられます. RNN の場合, 同じ層を何度も信号が循環するので, バッチ内のサンプル集合を対象に統計量を計算することが意味をなさないためです.

6.2.3　問題への適用

　RNN の出力層の設計は, 順伝播型ネットワークと同じです. 例えばクラス分類であれば, クラス数 (C とします) と同数のユニットを並べ, ソフトマックス関数を活性化関数に選びます. 出力系列 $\mathbf{y}^1, \ldots, \mathbf{y}^T$ の目標値 $\mathbf{d}^1, \ldots, \mathbf{d}^T$ が与えられたとき, 訓練サンプルを $n = 1, \ldots, N$ で表し, サンプル n の系

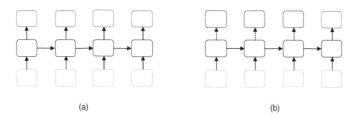

図 6.5 RNN の使い方. (a)N 入力 N 出力. (b)N 入力 1 出力.

列長を T_n と書くと（系列の長さはサンプル n ごとに一般に異なっていてよい），損失関数は

$$E(\mathbf{w}) = -\sum_{n=1}^{N} \sum_{t=1}^{T_n} \sum_{k=1}^{C} d_{nk}^t \log y_k^t(\mathbf{x}_n^t; \mathbf{w}) \tag{6.6}$$

のようになります．ここで，d_{nk}^t は n 番目のサンプルの時刻 t での目標出力，y_k^t はそれと比較すべき RNN の出力，$\mathbf{x}_n^t$ は n 番目のサンプルの時刻 t の要素です．回帰などでも順伝播型ネットワークと同様です．

さて，RNN の適用方法は，問題の構造に応じて変わります．上で見たように，系列データを RNN に入力すると同じ長さの系列が出力として得られます（図 6.5(a)）．対象とする問題がこの構造を持つ場合は，そのまま RNN を適用できます．

例えば，N 個の単語からなる文を入力に受け取り，各単語の品詞 (part-of-speech)，つまり名詞や動詞，前置詞などを決定する問題です．また，連続稼働する機械設備を常時監視し，異常を検知したり，事前にその発生を予測したりする問題も同様です．時間軸上を等間隔で標本化されたセンサデータが系列をなし，各時刻において，その時点あるいは一定時間の将来における異常の発生確率を予測します．

一方，入力は系列データですが，出力は系列ではなく単一の要素である場合もあります．発話の音声信号やテキストから感情を読み取る（つまり，喜び，怒り，戸惑いなどの感情の種類をクラス分類する）**感情分析 (sentiment analysis)** はその一例です．この場合，例えば RNN の最後の時刻の出力のみを利用します（図 6.5(b)）．

　時々刻々要素が追加入力され，系列を作る場合，RNN で実時間での推論を行うことができます．一方，問題によっては系列データが一括して与えられ，推論にそのような実時間性が必要ない場合もあります．その場合には，系列データを逆向き ($t = T, T - 1, \ldots, 1$) に RNN に入力することも可能です．順向きの系列を入力にとる RNN と，逆向きの系列を入力にとる RNN を考え，両者の出力層を統合したものを**双方向性 RNN(bidirectional RNN)** と呼びます [132]．この方法を使うと過去と将来の両方を考慮でき，推論の性能を向上させられる場合があります [133]．

6.3　ゲート機構

6.3.1　RNN と勾配消失問題

　上で述べた通り RNN は，過去の入力の履歴を最新の出力の計算に反映させることができます．では，どれだけ遠い過去の入力を出力に反映させることができるでしょうか．理論上は，過去の入力すべてがかかわるはずですが，何も工夫しなければ，せいぜい過去 10 時刻分程度であるといわれています [59]．

　この限界は，4.4 節で説明した順伝播型ネットワークの勾配消失問題——層数の多い深いネットワークにおいて誤差逆伝播法で勾配を計算するとき，出力から層をさかのぼるにつれて勾配の値が指数的に大きくなるか小さくなる問題——と同じ理由で生じます．図 6.4 のように RNN を時間方向に展開すると，一種の順伝播型ネットワークとして解釈し直せます．見かけの層数は少なく見えても，逆伝播の計算時にはさかのぼる時間の分だけ，深いネットワークであり，勾配消失の危険が高まります．そのため上述の基本的な RNN では，入力を短期的に記憶しておくことはできても，長期にわたって記憶し，出力の計算に利用することは難しいといえます．

6.3.2　長・短期記憶 (LSTM)

　上の問題を踏まえ，長期にわたる記憶を可能にすべく考案されたのが**長・短期記憶 (Long Short-Term Memory)**（以下 **LSTM**）です [133, 134]．LSTM は RNN の一種として位置付けられ，基本的な RNN の中間層のユニットをメモリユニットと呼ぶ要素で置き換えた構造を持ちます．入出力層の構造や問題への適用方法は基本的に同じです．

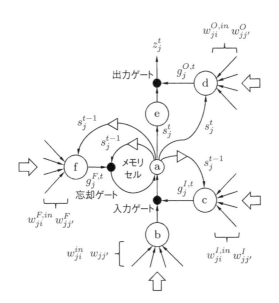

図 6.6　LSTM のメモリユニット 1 つの構造. 状態を記憶するメモリセル a と, 入力ゲート, 出力ゲート, 忘却ゲートの値を決定するユニット c, d, f, さらに外部入力を受け取るユニット b があります. 大きな矢印は外部からの入力を表し, これは入力層から届くものと, 中間層 (＝ 全メモリユニット) の出力を帰還させたものを合わせたものです. ユニット b, c, d, f はすべてこの入力 (に異なる重みを掛けたもの) を受け取ります. ユニット e はメモリセルの出力に活性化関数を適用します. 三角は時間遅れを表します.

　メモリユニット 1 つの内部構造を**図 6.6** に示します. 中央にメモリセル (図中記号 a) があり, その周囲に 5 つのユニット (図中記号 b〜f) があります. これらはメモリユニット内で図のような小規模のネットワークを構成します.

　メモリセル a は状態 s_j^t を保持し, これを 1 時刻を隔ててメモリセル自身に帰還することで記憶を実現します. この帰還路には途中に忘却ゲートが挿入されており, ユニット f の出力がゲートの値 $g_j^{F,t} \in [0,1]$ となります. s_j^t に $g_j^{F,t}$ を掛けたものが伝えられ, $g_j^{F,t}$ が 1 に近ければ現状態がそのまま記憶され, 0 に近ければリセット (忘却) されます.

　メモリユニットへの外部からの入力はユニット b が受け取り, その出力がメモリセルに入力されます. その間には入力ゲートがあり, ユニット c の出力がゲートの値 $g_j^{I,t} \in [0,1]$ になっています. ユニット b は, 通常の RNN

の中間層のユニット 1 つに相当しますが，その出力に $g_j^{I,t}$ を掛けたものがメモリセルに伝達されます．一方，メモリユニットからの外部への出力は，メモリセルからユニット e を経て行われます．出力との間には出力ゲートが挿入されており，ユニット d の出力がゲートの値 $g_j^{O,t} \in [0,1]$ になっています．この値が 1 に近ければメモリセルの出力は外部に伝達され，0 に近ければブロックされます．

　以上の仕組みで上述の RNN の限界——短期間の記憶しか実現できない——の緩和を図ります．単純な場合，忘却ゲートを 1 （オープン）にし，入力ゲートを 0 （クローズ）にし続ければ，メモリセルの状態は永遠に記憶されることになります．もちろん同じ状態を長く保持し続ければよいわけではないので，タイミングよくこれらのゲートを開閉する必要があります．もしそれがうまくいけば，長い文脈を捉えたより高度な推定が可能になります．

　以上の動作を式で書くと次のようになります．j 番目のメモリユニット内部のメモリセル（図 6.6 の a）は変数 s_j^t を保持します．メモリセルの帰還路は変数 s_j^t の中身を 1 時刻分後に引き継ぎます．

$$s_j^t = g_j^{F,t} s_j^{t-1} + g_j^{I,t} f(u_j^t) \tag{6.7}$$

ここで第 1 項は引き継いだ前時刻の状態に関する項であり，第 2 項はこのメモリユニット j が受け取る入力に関する項です．後者は元の RNN 同様，入力層と前の時刻の中間層から次のように入力を受け取ります．

$$u_j^t = \sum_i w_{ji}^{in} x_i^t + \sum_{j'} w_{jj'} z_{j'}^{t-1} \tag{6.8}$$

式 (6.7) の 2 つの項はそれぞれ，忘却ゲートの値 $g_j^{F,t}$ と，入力ゲートの値 $g_j^{I,t}$ との積になっており，それぞれ

$$g_j^{F,t} = \sigma(u_j^{F,t}) = \sigma\left(\sum_i w_{ji}^{F,in} x_i^t + \sum_{j'} w_{jj'}^F z_{j'}^{t-1} + w_j^F s_j^{t-1}\right) \tag{6.9}$$

$$g_j^{I,t} = \sigma(u_j^{I,t}) = \sigma\left(\sum_i w_{ji}^{I,in} x_i^t + \sum_{j'} w_{jj'}^I z_{j'}^{t-1} + w_j^I s_j^{t-1}\right) \tag{6.10}$$

のように計算されます．σ はロジスティックシグモイド関数で，これを使う

ことでゲートの出力が 0 から 1 の間に収まります．w_j^F, w_j^I はそれぞれ，メモリセルから忘却ゲートと入力ゲートの値を決めるユニット（図 6.6 の f と c）への結合重みです．これらは，下で扱う出力ゲートに関する同様の結合と合わせて，「のぞき穴 (peephole)」結合とも呼ばれています．のぞき穴結合は性能向上への貢献は大きくない場合もあり，その場合には省略されます [135].

メモリユニットからの出力は，式 (6.7) の s_j^t を用いて

$$z_j^t = g_j^{O,t} f(s_j^t) \tag{6.11}$$

のように計算されます．ただし $g_j^{O,t}$ は出力ゲートの値で

$$g_j^{O,t} = \sigma(u_j^{O,t}) = \sigma\left(\sum_i w_{ji}^{O,in} x_i^t + \sum_{j'} w_{jj'}^O z_{j'}^{t-1} + w_j^O s_j^t\right) \tag{6.12}$$

と計算されます．のぞき穴結合では出力ゲートのみ，s_j^{t-1} ではなく s_j^t を加算します．なおゲート以外の 2 箇所の活性化関数 f は，LSTM では通常 tanh が使われます．メモリユニットの出力 z_j^t は，次の時刻の 3 種のゲートを制御するユニットへの入力となる他，式 (6.4) に従って出力層のユニットへの入力にもなり，さらに式 (6.5) に従って時刻 t のネットワークの出力 $\mathbf{y}^t$ が確定します．

以上をまとめると，各メモリユニットの各変数を成分に持つベクトル，メモリユニットが受け取る入力 $\mathbf{u}^t$，メモリセルの内容 $\mathbf{s}^t$，メモリユニットからの出力 $\mathbf{z}^t$ を使うと次のように表記できます*4．

$$\mathbf{u}^t = \mathbf{W}^{in}\mathbf{x}^t + \mathbf{W}\mathbf{z}^{t-1} \tag{6.13a}$$

$$\mathbf{s}^t = \mathbf{g}^{F,t} \odot \mathbf{s}^{t-1} + \mathbf{g}^{I,t} \odot f(\mathbf{u}^t) \tag{6.13b}$$

$$\mathbf{z}^t = \mathbf{g}^{O,t} \odot f(\mathbf{s}^t) \tag{6.13c}$$

ここで $\odot$ はベクトルの成分ごとに積をとってベクトルを返す演算を表し，その対象となる 3 つのゲートは

$$\mathbf{g}^{F,t} = \sigma(\mathbf{W}^{F,in}\mathbf{x}^t + \mathbf{W}^F\mathbf{z}^{t-1}) \tag{6.14a}$$

$$\mathbf{g}^{I,t} = \sigma(\mathbf{W}^{I,in}\mathbf{x}^t + \mathbf{W}^I\mathbf{z}^{t-1}) \tag{6.14b}$$

---

*4　ここではのぞき穴結合は省略しています．

$$\mathbf{g}^{O,t} = \sigma(\mathbf{W}^{O,in}\mathbf{x}^t + \mathbf{W}^O\mathbf{z}^{t-1}) \tag{6.14c}$$

と計算されます.

6.3.3 その他のゲート付き構造

LSTM は,一般に基本的な RNN よりも高い性能を示しますが,上のように構造がかなり複雑であるので,その性能を維持したまま構造を簡素化する試みが行われています.LSTM の 3 つあるゲートのうち,忘却ゲートが最も重要であるといわれており [135, 136],ゲート数を減らした構造が考案されています.その 1 つが**更新ゲート RNN(update gate RNN)**(以下 **UGRNN**)です.UGRNN は,次のような計算を行います.

$$\mathbf{u}^t = \mathbf{W}^{in}\mathbf{x}^t + \mathbf{W}\mathbf{z}^{t-1} \tag{6.15a}$$

$$\mathbf{s}^t = \mathbf{g}^{U,t} \odot \mathbf{s}^{t-1} + (\mathbf{1} - \mathbf{g}^{U,t}) \odot f(\mathbf{u}^t) \tag{6.15b}$$

$$\mathbf{z}^t = \mathbf{s}^t \tag{6.15c}$$

最後の式にあるように $\mathbf{z}^t$ と $\mathbf{s}^t$ は同じものですが,LSTM との比較のためにこの表記をとっています.$\mathbf{g}^{U,t}$ は LSTM の忘却ゲートに代わるもので,**更新 (update) ゲート**と呼ばれます.これが 1 に近ければ,現在の状態は過去の状態 $\mathbf{s}^{t-1}(=\mathbf{z}^{t-1})$ をそのままコピーしたものとなり,逆に 0 に近ければ入力 $\mathbf{x}^t$ と過去の状態を混ぜたものになります.更新ゲートは LSTM の各ゲートと同様に次のように計算されます.

$$\mathbf{g}^{U,t} = \sigma(\mathbf{W}^{U,in}\mathbf{x}^t + \mathbf{W}^U\mathbf{z}^{t-1}) \tag{6.16}$$

また,**ゲート付き RNN(gated recurrent unit)**(以下 **GRU**) [137] は,UGRNN を拡張した形を持ち*5,**初期化 (reset) ゲート**と呼ぶゲートが追加されています.UGRNN では更新ゲート $\mathbf{g}^{U,t}$ が 0 であっても,過去の状態 $\mathbf{z}^{t-1}$ が常に同じ割合($\mathbf{W}\mathbf{z}^{t-1}$)で現在に伝播しますが(式 (6.15a) の右辺第 2 項),これを初期化ゲートを加えた $\mathbf{W}\mathbf{g}^{R,t} \odot \mathbf{z}^{t-1}$ で置き換えることで,さらなる制御が可能になっています.計算は以下の通りです.

$$\mathbf{u}^t = \mathbf{W}^{in}\mathbf{x}^t + \mathbf{W}\mathbf{g}^{R,t} \odot \mathbf{z}^{t-1} \tag{6.17a}$$

---

*5 ただし,GRU のほうが先に発表されています.

$$\mathbf{s}^t = \mathbf{g}^{U,t} \odot \mathbf{s}^{t-1} + (\mathbf{1} - \mathbf{g}^{U,t}) \odot f(\mathbf{u}^t) \tag{6.17b}$$

$$\mathbf{z}^t = \mathbf{s}^t \tag{6.17c}$$

活性化関数 f は LSTM と同様 tanh です．$\mathbf{g}^{U,t}$ は URGNN と同じ更新ゲートであり，$\mathbf{g}^{R,t}$ が新たに追加されており（初期化ゲート），それぞれ以下のように計算されます．

$$\mathbf{g}^{U,t} = \sigma(\mathbf{W}^{U,in}\mathbf{x}^t + \mathbf{W}^U\mathbf{z}^{t-1}) \tag{6.18a}$$

$$\mathbf{g}^{R,t} = \sigma(\mathbf{W}^{R,in}\mathbf{x}^t + \mathbf{W}^R\mathbf{z}^{t-1}) \tag{6.18b}$$

この他にも +RNN と表記される**交差 RNN(intersection RNN)** など [138]，さまざまなものが考案されています．基本的な RNN と比べた性能の違いや，どれを使うべきかといった議論は文献 [138] に譲ります．

6.4 自己回帰モデル

6.4.1 概要

6.1 節で例示した文や音声信号などの系列データ $\mathbf{x}^1, \ldots, \mathbf{x}^t$ において，時刻 t の値 $\mathbf{x}^t$ は，過去の値 $\mathbf{x}^{t-1}, \mathbf{x}^{t-2}, \ldots$ と強い結び付きを持っています．その結び付きを

$$\mathbf{x}^t = \phi_0 + \sum_{i=t-\rho}^{t-1} \phi_i \mathbf{x}^i + \epsilon^t \tag{6.19}$$

のように，$\mathbf{x}^t$ を過去の値の線形和（ϕ_i は定数）とランダムなノイズ ϵ^t の和として表すことでモデル化したものを（線形）**自己回帰モデル (auto-regressive model)** といいます．

式 (6.19) のような線形和では表現力はたかが知れていますが，この「過去の系列 $\mathbf{x}^{t-\rho}, \ldots, \mathbf{x}^{t-1}$ から $\mathbf{x}^t$ が決まる仕組み」を RNN を使って表すことを考えます．具体的には $\mathbf{x}^1, \mathbf{x}^2, \ldots$ を順に RNN に入力したとき，時刻 $t-1$ での（$\mathbf{x}^{t-1}$ を入力したときの）出力 $\mathbf{y}^{t-1}$ が，時刻 t の値 $\mathbf{x}^t$ の予測であると見なします．

6.4.2 RNN による自己回帰モデル

例として，単語の系列としての文を RNN で学習することを考えます．文

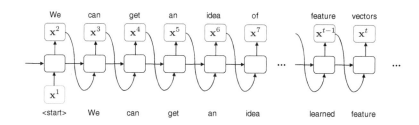

図 6.7　文章が途中まで与えられたとき，その次の単語を予測する問題．t 番目までの単語 $x^1, \ldots, x^t$ を入力とし，$t+1$ 番目の単語 y^t を予測します．

は自由な単語の組合せであり，無数に作ることができますが，一方で文中の各単語は，直前の単語の並びに強く影響を受けます．RNN にそのような単語の並びの関係性を学習させ，表現したものを**言語モデル (language model)** と呼びます [139, 140]．

　まず，英単語のうち代表的なものを K 語選び，これを 1-of-K 符号化してベクトル $\mathbf{x}$ で表すこととします．RNN はこのベクトルを入力にとり，また同じ K 語を多クラス分類として予測できるように出力層を設計します．つまり出力 $\mathbf{y}$ は，その要素 y_i が $i(=1, \ldots, K)$ 番目の単語である確率を格納するようにします．

　この RNN が学習するタスクは，1 つの文の単語の系列を途中まで順に入力したとき，その次の単語を予測することです（図 6.7）．例えば Wikipedia などのテキストデータを使って，それらを訓練データとして以上のクラス分類を学習します．なお，文の始まりと終わりを表す記号（開始記号 <start> と終端記号 <end>）を単語の一種として定義しておき，K クラスに含めておきます．系列は必ず <start> で始まり <end> で終わります．

　訓練後の RNN に単語の列 $\mathbf{x}^1, \ldots, \mathbf{x}^{t-1}$ を順番に入れると，$\mathbf{x}^{t-1}$ を入れた時点の出力 $\mathbf{y}^{t-1}$ は，次の単語 $\mathbf{x}^t$ を予測（K 個の単語のどれであるかの確率）します．このとき RNN が与える，入力 $\ldots, \mathbf{x}^{t-2}, \mathbf{x}^{t-1}$ から出力 $\mathbf{y}^{t-1}(\sim \mathbf{x}^t)$ に至る写像は，次の条件付き分布

$$p(\mathbf{x}^t | \mathbf{x}^{t-1}, \mathbf{x}^{t-2}, \cdots) \tag{6.20}$$

を表現すると解釈できます．

6.4.3 系列データの生成

　自己回帰モデルを使うと系列データを生成できます．上のように学習した RNN は，時刻 $t-1$ までの系列の要素を入力にとり，時刻 t の要素 $\mathbf{x}^t$ を予測します．もし予測が正確ならば，RNN は入力系列に対し常に 1 時刻後の要素を予測できることになります．そうすると，時刻 $t-1$ の出力 $\mathbf{x}^t$ を次の時刻 t の入力とすれば $\mathbf{x}^{t+1}$ の予測が手に入り，これを時刻 $t+1$ に入力すればさらに $\mathbf{x}^{t+2}$ が得られるという具合に，系列を自動生成できます．

　具体的な方法としては，系列を途中まで外部から入力し，その後を RNN に自動生成させる方法が考えられます．極端には，系列の最初の要素 $\mathbf{x}^1$ を入力するだけ（図 6.8(a)）でも，何らかの系列を生成できることになります．ただし生成される系列を思い通りに制御するには，外部から追加情報を与える必要があります．時刻 $t=1$ において，入力の代わりに（あるいはそれに加える形で）RNN の内部状態 $\mathbf{z}^1$ を指定するか，さらに各時刻で外部から入力を与え，自己回帰本来の入力（＝1 時刻前の出力）と統合（加算や成分の追加）して，RNN に入力します．

　前項の言語モデルでは，K 個の単語の確率を各時刻において出力します．文を具体的に得るには，各時刻で単語を 1 つ確定する必要があります．確率が最大となる単語 $\mathrm{argmax}_k\, y_k^t$ を選ぶ方策の他にも，確率の大小に応じて単語をランダムに選出することにすれば，実行のたびに違う単語が選ばれ，毎回違う文を生成できます．また予測する単語を 1 つに絞り込む代わりに，毎時刻，確率上位のものから複数の候補を選出し，それらを並列に次時刻の入力とし，次時刻の単語の予測を繰り返せば，複数のありそうな文を一度に生成することができます（ビームサーチと呼ばれる）．

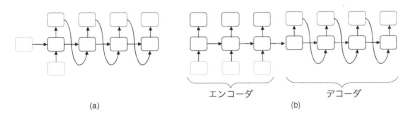

図 6.8　自己回帰 RNN による系列データの生成．(a) 最初の入力と追加の初期内部状態を元に生成する場合．(b) 系列変換 (Seq2Seq)．

6.4.4　Seq2Seq

　系列データを入力に受け取って系列データを出力する問題で，入力と出力の間で系列の長さが違う場合があります．例えば機械翻訳では，英語の文を入力とし，仏語の文を出力する場合，2つの文の単語数は一般に異なります．

　このような問題に RNN を適用する方法はいくつか知られていますが，その1つに**系列変換 (sequence to sequence)**（以下 **Seq2Seq**）があります [154]．Seq2Seq は，図 6.8(b) のように入力系列を受け取ってそこから特徴を取り出す部分と，それを元に出力系列を生成する部分からなります．それぞれ RNN で実現され，前者はエンコーダ，後者はデコーダと呼ばれます．

　エンコーダ側の RNN には入力系列を与えます．N 個の要素をすべて入力し終えたときの RNN の内部状態は，入力系列をコンパクトに表現したものであると解釈します．例えば機械翻訳に適用する場合，この内部状態は，入力する翻訳前の文の意味を過不足なく表現することを期待します．一方デコーダ側の RNN は，エンコーダ RNN の内部状態を受け取り，自己回帰 RNN として系列を生成します．機械翻訳では，このデコーダ RNN は，エンコーダ RNN が取り出した入力文の意味を反映した翻訳後の文を，生成できることが求められます．この RNN は一種の言語モデルと考えることができ，最初の時刻で内部状態の他に文の開始記号を入力します．その後は順番に単語を生成し，終端記号が出力されるまでこれを続けます．こうして生成された系列が，翻訳された文となります．その長さはエンコーダ RNN が自ら決定し，入力文の長さとは独立であることに注意します．

　Seq2Seq は 7.2.2 項で説明する注意機構と組み合わせて用いることで，いっそう高い性能を得ることができます．Seq2Seq の登場前は，入出力系列の長さが違う場合，隠れマルコフモデルとニューラルネットワークのハイブリッドモデル [10] や，コネクショニスト時系列分類法（通称 CTC）と呼ばれる方法が使われていました．後者は，出力を空白に相当する要素を含む系列とし，それを予測するように RNN の出力を再定義するアプローチです [133, 142, 143]．

6.5　1次元畳み込みネットワーク

6.5.1　固定長入力のネットワーク

　RNN の特徴は，任意の長さの系列を入力できることと，最新の時刻の推論

に過去の入力の履歴を反映させられることです．後者については，理論上はいくらでも遠い過去の入力が対象となるものの，6.3.1項で述べた通り現実には，有限の短い過去の入力しか推論に反映させられません．また6.2.2項に示したように，RNNは時間方向に展開すると1つの静的なネットワークと見なせますが（図6.4），その構造は，同一の層を過去にさかのぼるほど多く積み重ねた，アンバランスな形を持ちます．

これに対し，過去のどの範囲までの入力を推論に反映させるかを最初に決めてしまえるのなら，より自由にネットワークをデザインできます．具体的には，固定長sの入力系列を一度に受け取り，1つの値を出力するネットワークを考えます．このネットワークを，入力系列中の長さsの部分系列に位置をずらしながら適用し，出力の系列を得ます（図6.9）．

s個の要素を一度に入力に受け取り，1つの要素を出力すればよいので，ネットワークの構造はかなり自由になります．最も単純なのは，全結合層を積み重ねたネットワークです．このネットワークは，入力されたs個の要素間のいかなる関係性をも捉えることができます．一方で，多くの問題においてそれだけの自由度は過剰かもしれず，また学習もその分困難になる恐れがあります．

6.5.2 因果的・拡大畳み込みの利用

上述のような固定長入力のネットワークとして，1次元の畳み込みネットワーク (CNN) がさまざまな問題に有効であることがわかっています．5章で説明したCNNは主に画像（2次元配列）を対象としましたが，ここで述べるCNNは，1次元配列の形を持つ入力に1次元のフィルタを畳み込みます．畳み込みを階層的に繰り返すことで特徴を効率よく抽出しようとする狙

図6.9 固定長入力を受け取るネットワークで，系列データに対しRNN同様の推論を行います．

いは，2次元の CNN と同じですが，入力配列の次元数の違いの他にも，時間信号などへの適用においてしばしば畳み込みが因果的なものとなる点でも異なります．

　因果的 (causal) な畳み込みとは，現在時刻を含む過去の値のみを対象とする畳み込みです．時間の経過とともに系列データが到着する場合，当然ながら将来の要素は手に入らないので，これまでに入力された要素のみを用いて計算します．これに対し，一括して系列データが入力され，全時刻の要素にアクセスできる場合は，普通の（因果的ではない）畳み込みを用いることができます．

　時間畳み込みネットワーク (temporal convolutional network)（以下**TCN**）は，残差接続や拡大畳み込み（5.8.4項）などの現代的要素を取り入れてデザインされた1次元の CNN です [144]．TCN では，各層のユニットが入力系列上に持つ「受容野」を大きくする目的で，5.8.4項で述べた拡大畳み込み（の1次元版）が用いられます（**図6.10**）．5章で見たように，受容野を拡大するには，画像分類のための CNN で主流のダウンサンプリングの他に，拡大畳み込みを使うことができ，拡大畳み込みのほうが計算効率の面で有利です．入力系列上の TCN の適用位置は，時刻を1つカウントアップするたび，右に1つ分シフトしますが，このとき中間層でダウンサンプリングを行っていなければ，中間層でも入力同様に層出力を1時刻分シフトするだけで済み，計算を入力層からやり直す必要がありません．

　TCN を含む1次元 CNN では，時刻 t の入力ベクトル $\mathbf{x}^t$ の各要素 x_c^t を畳み込み層のチャネルとして扱います $(c = 1, \ldots, C)$．畳み込みフィルタ $\mathbf{h}^j$

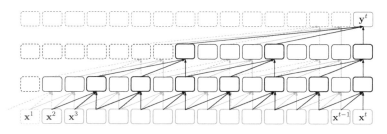

図6.10　現在と過去の入力のみを対象とする因果的な畳み込みと，拡大畳み込みを利用して受容野を広くとった1次元畳み込みネットワーク．

はこれと同数のチャネルを持ち, $\mathbf{h}^j$ を系列 $\mathbf{x}_1, \ldots, \mathbf{x}_i, \ldots$ に畳み込むと, その時刻 $i(s+1 < i < t)$ の出力 u^i は

$$u^i = \sum_{c=1}^{C} \sum_{j \in \mathcal{J}} h_c^j x_c^{i+j} + b_c \tag{6.21}$$

のように計算されます. $\mathcal{J}$ はフィルタの範囲と拡大畳み込みを指定するインデックスの集合です（例えばサイズ 3, 拡大率 2 の場合 $\mathcal{J} = \{-2, 0, 2\}$）. M 個のフィルタを畳み込む場合, 各時刻 i の層出力は, 2 次元の CNN 同様に M チャネルのベクトルとなります.

6.5.3　自己回帰への適用

　TCN のような固定長入力のネットワークは, RNN と同様に各時刻の出力を次時刻の入力とすることで, 自己回帰モデルとして使うことができます（図6.11）. その代表例に, さまざまな音声信号の生成を行うために考案された **WaveNet**[145] があります.

　自己回帰モデルはその計算の逐次性——各時刻の予測を順番に, 逐次的に行う必要がある——から, 並列計算が不可能であり, 生成する系列の長さに比例した計算時間を要します. この効率の悪さを解決するため, 知識蒸留（10.6節）を用いて, 入力から一気に出力を計算できる——計算を並列化でき, 1

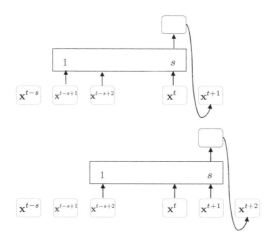

図 6.11　固定長入力の畳み込みネットワークによる自己回帰モデル.

つの信号の生成を効率的に行える——モデルを得る方法が考案されています[146].

6.6   逆伝播の計算

RNN の学習は他のネットワーク同様, 誤差逆伝播法によって重みの勾配を計算します. ただし, RNN に対する誤差逆伝播法の適用はその構造から若干複雑なものとなります. **RTRL(realtime recurrent learning) 法**[147]と **BPTT(back propagation through time) 法**[148, 149] が知られています. 前者はメモリ効率がよい一方, 後者は計算速度が速く, またよりシンプルです. ここでは BPTT 法を説明します.

BPTT 法は, RNN を図 6.4 のように時間方向に展開し, 順伝播型ネットワークと見なしたうえで誤差逆伝播計算を行います. 4 章で説明したように, 通常の順伝播型ネットワークでの第 $l+1$ 層から第 l 層へのデルタ, すなわち $\delta_j^{(l)} \equiv \partial E / \partial u_j^{(l)}$ の逆伝播は

$$\delta_j^{(l)} = \sum_k w_{kj}^{(l+1)} \delta_k^{(l+1)} f'(u_j^{(l)}) \tag{6.22}$$

のように与えられました. これを図 6.4 のネットワークの, 時刻 t における中間層のユニットでのデルタ計算に適用します. そのためにまず, 時刻 t の出力層のユニット k におけるデルタを

$$\delta_k^{out,t} \equiv \frac{\partial E}{\partial v_k^t}$$

と書き, 同時刻の中間層のユニット j のデルタを

$$\delta_j^t \equiv \frac{\partial E}{\partial u_j^t}$$

と書きます. t における中間層のユニット j は, **図 6.12** のように t での出力層のユニットと $t+1$ の中間層のユニットとつながりがあるので, 式 (6.22) をこれらに適用することで, δ_j^t は

$$\delta_j^t = \left(\sum_k w_{kj}^{out} \delta_k^{out,t} + \sum_{j'} w_{j'j} \delta_{j'}^{t+1} \right) f'(u_j^t) \tag{6.23}$$

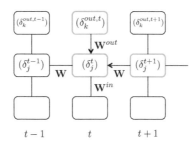

図 6.12　時間展開した RNN でのデルタの逆伝播.

のように計算できます.

　各時刻 $t = 1, \ldots, T$ における出力層のデルタ $\delta_k^{out,t}$ が与えられれば, $t = T$ から始め, 1 つずつ t を小さくしながら式 (6.23) を繰り返し計算すると, 各 t における中間層の δ_j^t が計算できます. ただし, $t = T+1$ におけるデルタはまだ計算できないので $\delta_j^{T+1} = 0$ とします. 各時刻における出力層のデルタ $\delta_k^{out,t}$ は, 順伝播時に計算済みの RNN の出力 $\mathbf{y}^t$ と, 問題に応じた表現を持つ目標出力 $\mathbf{d}^t$ から, これも問題に応じて選ぶ損失関数 (つまり回帰なら二乗誤差, クラス分類なら交差エントロピー) により計算されます.

　このように各時刻の各層のデルタが計算できたので, 誤差 E の各層の重みによる微分を次のように計算できます. 重みは w_{ji}^{in}, $w_{jj'}$, w_{kj}^{out} の 3 つあります. w_{ji}^{in} は, 式 (6.1) にあるように, 各 t の中間層のユニット j への入力 u_j^t にのみ含まれるので,

$$\frac{\partial E}{\partial w_{ji}^{in}} = \sum_{t=1}^{T} \frac{\partial E}{\partial u_j^t} \frac{\partial u_j^t}{\partial w_{ji}^{in}} = \sum_{t=1}^{T} \delta_j^t x_i^t$$

となります. $w_{jj'}$ は, やはり式 (6.1) にあるように, 各 t の中間層のユニット j への入力 u_j^t にのみ含まれ,

$$\frac{\partial E}{\partial w_{jj'}} = \sum_{t=1}^{T} \frac{\partial E}{\partial u_j^t} \frac{\partial u_j^t}{\partial w_{jj'}} = \sum_{t=1}^{T} \delta_j^t z_{j'}^{t-1}$$

となります. w_{kj}^{out} は, 式 (6.4) にあるように, 各 t の出力層のユニット k への入力 v_k^t にのみ含まれるので,

$$\frac{\partial E}{\partial w_{kj}^{out}} = \sum_{t=1}^{T} \frac{\partial E}{\partial v_k^t} \frac{\partial v_k^t}{\partial w_{kj}^{out}} = \sum_{t=1}^{T} \delta_k^{out,t} z_j^t$$

となります.

以上を要約します.与えられるのは,入力系列 $\mathbf{x}^1, \ldots, \mathbf{x}^T$ と目標出力の系列 $\mathbf{d}^1, \ldots, \mathbf{d}^T$ です.まず,$t = 1, \ldots, T$ の順に,順伝播計算を行って出力の系列 $\mathbf{y}^1, \ldots, \mathbf{y}^T$ を計算します.次に各時刻 t の $\mathbf{y}^t$ と $\mathbf{d}^t$ の差を求め,出力層の各ユニット k について,(同時刻の)デルタ $\delta_k^{out,t}$ を算出します.最後に,中間層の各ユニット j について(未来の時刻 $T+1$ における $\delta_j^{T+1} = 0$ とした後),$t = T, T-1, \ldots, 1$ の順に,逆伝播計算を実行し中間層のデルタを順に計算し,その後重みの誤差勾配を計算します.後は各重みを勾配方向に減少させる通常の勾配降下法の重み更新を行います.

Chapter 7

集合・グラフのためのネットワークと注意機構

本章では，集合，あるいはグラフの構造を持つ入力データを対象とするニューラルネットワークを考えます．扱うデータの構造がこれまでと異なるため，それに応じたネットワークの構造が必要であり，さまざまなものが考えられています．中でも，注意機構と呼ばれるニューラルネットワークの構造が重要です．以下ではまず，集合データを扱える構造を持つ基本的なネットワークを説明し，次に注意機構を中核に持つトランスフォーマー (transformer)を解説します．最後にグラフの構造を持つデータを対象とするグラフニューラルネットワークを説明します．

7.1 集合データを扱うネットワーク

これまでネットワークの入力には，配列として表されるもの（ベクトルやテンソル）およびその系列を考えました．ここでは，新たに入力が集合 $\mathbf{X} = \{\mathbf{x}_1, \ldots, \mathbf{x}_N\}$ となる場合を考えます．なお $\mathbf{X}$ の要素はすべて同じサイズのベクトル，すなわち $\mathbf{x}_i \in \mathbb{R}^D (i = 1, \ldots, N)$ とします．このような集合 $\mathbf{X}$ を入力に受け取り，1つのベクトル $\mathbf{y} \in \mathbb{R}^K$ を出力するネットワーク

$$\mathbf{y} = \mathbf{f}(\mathbf{X}; \mathbf{w}) \tag{7.1}$$

を考えます [150, 151].

　このように集合として表されるデータの 1 つに，**点群 (point cloud)** があります．これは 3 次元空間に広がる点の集合のことで，1 つの点を表す（例えば 3 次元座標を格納）ベクトル $\mathbf{x}_i$ の集合 $\mathbf{X} = \{\mathbf{x}_1, \ldots, \mathbf{x}_N\}$ として表現されます．例えば物体形状を表すこのような点群 $\mathbf{X}$ を入力に，その物体のクラスを $\mathbf{y} = \mathbf{f}(\mathbf{X}; \mathbf{w})$ で予測する問題があります．

　集合として表されるデータは，その要素に順序がないことが特徴です．したがって $\mathbf{X}$ を入力とする推論では，$\mathbf{X}$ の要素の**並び替え (permutation)** が結果に影響しないことが求められます．計算機上では記憶のために各要素にインデックスを振りますが，インデックスを振り直しても得られる結果が変わらないことが必要です．例えば点群から物体のクラスを予測する問題では，各点に振るインデックス次第で結果が変わってはいけません．

　このことから式 (7.1) の写像 $\mathbf{f}$ は $\mathbf{X}$ の要素の並び替えに対し不変である，つまり出力 $\mathbf{y}$ を変えないことが求められます．これに対する 1 つの答えは，集合の各要素の情報を平等に統合するプーリングを実行することです[*1]．例えば

$$\mathbf{y} = \mathbf{f}(\mathbf{X}) = \mathbf{f}'\left(\sum_{i=1}^{N} \mathbf{g}'(\mathbf{x}_i)\right) \tag{7.2}$$

のように，各要素 $\mathbf{x}_i$ について独立にその特徴 $\mathbf{g}'(\mathbf{x}_i)$ を取り出し，全要素にわたってこれを加算したベクトルを，さらに $\mathbf{f}'$ で変換します．$\mathbf{f}'$ と $\mathbf{g}'$ にはそれぞれ任意の構造を持つネットワークを使います．式 (7.2) では特徴 $\mathbf{g}'$ の和としましたが，これとは別のプーリング——例えば対象とする要素の 1 つを選ぶ——を使うこともできます．以上の方法は PointNet[150] と DeepSets[151] で採用されています．

　なお式 (7.1) に加えて，入力 $\mathbf{X}$ から別の集合 $\mathbf{Y} = \{\mathbf{y}_1, \ldots, \mathbf{y}_N\}$ を出力する問題を考えることもあります[*2]．

$$\mathbf{Y} = \mathbf{g}(\mathbf{X}; \mathbf{w}) \tag{7.3}$$

このとき $\mathbf{g}$ には，上述の意味での $\mathbf{X} \to \mathbf{X}'$ の並び替えに対して同変 (equivariant) である——元の出力 $\mathbf{Y}$ に同じ並び替えを適用して得られる $\mathbf{Y}'$ が $\mathbf{X}'$

[*1]　10.2 節の事例集合学習でも同じ計算が採用されます．

[*2]　要素数は同一（$|\mathbf{Y}| = |\mathbf{X}|$）ですが，要素となるベクトル $\mathbf{y}_i \in \mathbb{R}^{D'}$ $(i = 1, \ldots, N)$ の成分数は $\mathbf{x}_i$ と異なっても構いません．

に対する出力となる（5.7.1 項参照）——ことを求めます．これは，各要素 $\mathbf{x}_i(i = 1,\ldots,N)$ に同一の変換 $\mathbf{y}_i = \mathbf{g}'(\mathbf{x}_i; \mathbf{w})$ を施せば実現できますが，それでは要素間の相互作用をモデル化できません．この後説明するトランスフォーマーはこの点を解決します．なおトランスフォーマーは，元々は集合データへの適用を想定して作られておらず，$\mathbf{X}$ の要素数が大きくなると効率が悪化するなどの問題があり，集合データ向けの改良を施した**集合トランスフォーマー** (**set transformer**) が考案されています [152]．

7.2 注意機構

7.2.1 基本的な考え方

注意機構 (**attention mechanism**) はニューラルネットワークの構造要素の1つです．深層学習の中核をなす技術の1つに位置付けられます．

注意 (**attention**) とは，複数の要素からなる集合に対し，今持っている関心に応じた重要度に従って，各要素を重み付けすることをいいます．図 7.1 を使って説明します．図 (a) の画像を見たとき，この情景のどこが重要であると考えるかは，そのときの関心に応じて変わります [153]．図 (b) は「この動物は何？」という問いに対して重要な領域（キリンの領域）を，図 (c) は「空は曇り？」という問いに対して重要な領域（空の領域）をそれぞれ表します．

図 7.1(a) のように画像を小領域に分割し，それぞれをインデックス $i(= 1,\ldots,N)$ で表したとき，各小領域 i から画像特徴 $\mathbf{z}_i \in \mathbb{R}^D$ を取り出すとし

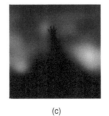

(a)   (b)   (c)

図 7.1 (a) 入力画像とその小領域への分割．(b) "What is this animal?"（この動物は何？）という問いに対し，画像の各領域に振り向けられる注意．(c) "Is it cloudy?"（空は曇り？）という問いに対する注意．これらは文献 [153] の方法で生成されたものです．

ます．また，1つの問いをベクトル $\mathbf{q} \in \mathbb{R}^D$ で表現できるとします（$\mathbf{q}$ はク
エリとも呼ばれます）．このとき各領域の画像特徴 $\mathbf{z}_i$ と，問い $\mathbf{q}$ との関連性
を，ある関数 r によって

$$r_i = r(\mathbf{z}_i, \mathbf{q}) \tag{7.4}$$

と計算します．そして各領域に対して得られた $r_1, \ldots, r_N$ を，総和が1にな
る（$\sum_{i=1}^N a_i = 1$）ようにソフトマックス関数で正規化します．

$$a_i = \operatorname*{softmax}_i(r_1, \ldots, r_N) = \frac{\exp(r_i)}{\sum_{l=1}^N \exp(r_l)} \tag{7.5}$$

この a_i は，領域 i（の特徴 $\mathbf{z}_i$）と $\mathbf{q}$ との関連性の高さを表すといえます．そ
こで，a_i を重みとする特徴ベクトル $\mathbf{z}_i$ の加重平均

$$\mathbf{z} = \sum_{i=1}^N a_i \mathbf{z}_i \tag{7.6}$$

を求めます．この $\mathbf{z}$ は，$\mathbf{q}$ と関連の深い画像の「中身」を，1つのベクトル
でコンパクトに表現したものと考えることができます．

　以上の計算において，特徴の集合 $\{\mathbf{z}_1, \ldots, \mathbf{z}_N\}$ をソース (**source**)，$\mathbf{q}$ をター
ゲット (**target**) と呼びます．そして式 (7.4) から式 (7.6) に至る計算をソー
ス・ターゲット注意 (**source-to-target attention**) と呼びます．上の例で
はソースは画像の各小領域であり，ターゲットは「問い」でしたが，何がソー
スで何がターゲットになるかは，解きたいタスク次第です．また，ソースと
ターゲットを同じくする場合もあり，そのときは**自己注意** (**self attention**)
と呼びます．

7.2.2　Seq2Seq と注意

　以上のような注意の計算は，6.4.4 項の Seq2Seq に対する拡張として最初に
考案され，その後の発展の端緒となりました [154]．6.4.4 項で述べたように，
Seq2Seq は，エンコーダとデコーダとして働く 2 つの RNN を用いて，入力系
列 $\mathbf{x}_1, \ldots, \mathbf{x}_N$ から出力系列 $\mathbf{y}_1, \ldots, \mathbf{y}_M$ を，次のように生成します*3．エン
コーダの RNN は，$\mathbf{x}_1, \ldots, \mathbf{x}_N$ から内部状態の系列 $\mathbf{z}_1, \ldots, \mathbf{z}_N$ を計算し，一方
デコーダの RNN は，その最初 ($j = 1$) の内部状態 $\mathbf{h}_1$ をエンコーダが出力する

---

*3　ここでは本章の他の説明に合わせて（6 章と違って）時刻を表すのに下付き添字を使います．

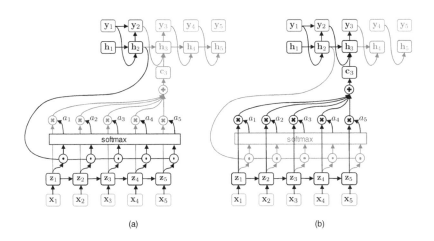

図 7.2 Seq2Seq に注意を組み込んだもの. (a) デコーダの最新の内部状態 ($\mathbf{h}_j$) が, エンコーダの各内部状態 ($\mathbf{z}_1, \dots$) と対照され, その関連度から注意の重み ($a_1, \dots$) が (式 (7.7)-(7.9)) のように計算されます. (b) 重みを元にエンコーダの内部状態の加重和 $\mathbf{c}_j$ が式 (7.8) によって計算され, デコーダの内部状態に反映されます.

最後の内部状態で初期化 ($\mathbf{h}_1 \leftarrow \mathbf{z}_N$) した後, 自己回帰によって $\mathbf{y}_1, \dots, \mathbf{y}_M$ を計算します. 具体的には, エンコーダは $i = 1, \dots, N$ の順に $\mathbf{z}_i = \mathbf{f}(\mathbf{x}_i, \mathbf{z}_{i-1})$ を実行し, デコーダは $j = 1, \dots, M$ の順に $\mathbf{h}_j = \mathbf{g}(\mathbf{y}_{j-1}, \mathbf{h}_{j-1})$ を実行します.

　上の基本的な Seq2Seq では, デコーダは, エンコーダの最後の内部状態 $\mathbf{z}_N$ だけしか入力に取り込みません. そこで, 内部状態の系列 $\mathbf{z}_1, \dots, \mathbf{z}_N$ から必要な情報を取り込むために, デコーダの計算の各ステップ j で, $\mathbf{z}_1, \dots, \mathbf{z}_N$ を要約したベクトル $\mathbf{c}_j$ (文脈ベクトルと呼ばれます) を作り,

$$\mathbf{h}_j = \mathbf{g}(\mathbf{y}_{j-1}, \mathbf{h}_{j-1}, \mathbf{c}_j) \tag{7.7}$$

と内部状態を計算する拡張を行います.

　この $\mathbf{c}_j$ をソース・ターゲット注意の考え方で計算します (図 7.2). ソースをエンコーダの内部状態 $\mathbf{z}_1, \dots, \mathbf{z}_N$ とし, ターゲットをデコーダの最新の内部状態 $\mathbf{h}_{j-1}$ とします. そして $\{\mathbf{z}_i\}$ の要素の加重線形和

$$\mathbf{c}_j = \sum_{i=1}^{N} a_{ij}\mathbf{z}_i \tag{7.8}$$

によって $\mathbf{c}_j$ を作り，式 (7.7) で用います．ここで a_{ij} は，$\mathbf{z}_i$ と $\mathbf{h}_{j-1}$ から

$$e_{ij} = r(\mathbf{z}_i, \mathbf{h}_{j-1}) \tag{7.9}$$

を計算し，これを $a_{ij} = \mathrm{softmax}_i(e_{1j}, \ldots, e_{lj})$ と正規化して得ます．a_{ij} は，出力系列の j ステップ目の計算における $\mathbf{z}_i$ の重要度を表すと考えることができます．この方法は最初に機械翻訳に適用されましたが，そこでは a_{ij} は，翻訳した出力文の単語 j と翻訳前の入力文単語 i の関連性を表しています．

7.2.3　関連性の計算

ソース $\mathbf{z}_1, \ldots, \mathbf{z}_N$ に対するターゲット $\mathbf{q}$ 間からの注意の計算では，要素間の関連性 $r(\mathbf{z}_i, \mathbf{q})$ をどのように計算するかが重要です．r にはさまざまな関数を用いることができますが，最も一般的なのは $\mathbf{z}$ と $\mathbf{q}$ の内積

$$r(\mathbf{z}, \mathbf{q}) = \frac{\mathbf{z}^\top \mathbf{q}}{\sqrt{D}} \tag{7.10}$$

です．$\mathbf{z}$ および $\mathbf{q}$ の次元数 D の平方根 $\sqrt{D}$ で割るのは，式 (7.5) でのソフトマックスの出力が，0 と 1 に二極化する傾向を緩和するためです（8.3.2 項のソフトマックスの温度スケーリングを参照）[*4]．この内積に重み $\mathbf{W} \in \mathbb{R}^{D \times D}$ を挿入し，学習可能なパラメータを導入した

$$r(\mathbf{z}, \mathbf{q}) = \frac{\mathbf{z}^\top \mathbf{W} \mathbf{q}}{\sqrt{D}} \tag{7.11}$$

がよく使われています（**乗算的注意 (multiplicative attention)**[155]）．なお，$\mathbf{W}$ はネットワークの他の重みと一緒に学習で決定します．

このように内積を使う方法の他，次のように 1 層以上の順伝播型ネットワークを用いて $r(\cdot)$ を定義する方法もあります（**加算的注意 (additive attention)**[154]）．

$$r(\mathbf{z}, \mathbf{q}) = \mathrm{ReLU}\left(\mathbf{w}^\top \begin{bmatrix} \mathbf{z} \\ \mathbf{q} \end{bmatrix}\right) \tag{7.12}$$

[*4]　D が大きくなるにつれ，$i = 1, \ldots, N$ の間で $r(\mathbf{z}_i, \mathbf{q})$ の差がつきやすくなることを補正しています．

ここで $\mathbf{w} \in \mathbb{R}^{2D}$ は学習の対象となるパラメータです．以上のように $\mathbf{z}$ と $\mathbf{q}$ の相互作用によって計算される注意を「**内容に基づく注意 (content-based attention)**」と呼びます [155]．これに対し，$\mathbf{q}$ のみを使って $\mathbf{a} = \mathrm{softmax}(\mathbf{W}\mathbf{q})$ のように，$\mathbf{z}$ には依存しない形で注意を求める方法もあり，こちらは「**位置に基づく注意 (location-based attention)**」と呼びます [155]．

いずれの場合でも注意はネットワーク内で得られた $\mathbf{z}_i$ に，ネットワーク内の別の場所で作り出された重み a_i を掛け合わせる計算を行っており，つまりネットワーク内部の信号どうしで積を求めています．この点で 6.3 節で説明したゲート機構と同じです．いずれも，それ以外のニューラルネットワークの構造要素では実現できない計算です．

7.2.4 畳み込み層のための注意機構

注意機構は CNN でも使われ，代表例が**圧縮・励起 (squeeze-excitation)**ネットワーク（以下 **SE-Net**）です．SE-Net の注意機構は，ResNet の残差ブロックを改良する形で構成されます．そこでは，畳み込み層の出力を z_{ijk} と表記すると（(i,j) が位置，$k(=1,\ldots,C_{out})$ が出力チャネル），次のような計算を行います．まず重み付けの対象（ターゲット）となるのは，出力の各チャネル $z_{..k}$ です．ソースは自分自身，ただし各チャネルで大域プーリングを適用して得た $z_k = \sum_{ij} z_{ijk}(k = 1,\ldots,C_{out})$ を使います．この $z_1,\ldots,z_{C_{out}}$ を 2 層の全結合層に入力し，出力をシグモイド関数で $[0,1]$ の範囲に収めたものを重み $a_1,\ldots,a_{C_{out}}$ とします．この 2 層の全結合層は，中間層のユニット数を入出力（= 畳み込み層のチャネル数）より小さくするいわゆるボトルネック構造とします．こうして得た重み a_k を $z_{..k}$ に掛け合わせたものをチャネル k の新しい出力マップとします．上述の注意の計算と違って，重み a_k と $z_{..k}$ の積をとるだけでそれらの和はとりません．

7.3 トランスフォーマー

7.3.1 集合データ上の注意

トランスフォーマー (**transformer**) は，上述の注意機構を核にした構造を持つ新しい世代のニューラルネットワークです．元々は機械翻訳を目的に

考案されましたが，言語を扱うほぼすべてのタスクに対して有効であることが確かめられています．さらに言語以外のさまざまな問題でも有効であることがわかり，適用対象・範囲の拡大トレンドが続いています．

　トランスフォーマーが特徴的なのは，元々は系列データを対象にデザインされたものでありながら，その基本的な仕組みは，集合データを入力にとるようにできていることです（7.1 節も参照）．トランスフォーマーは出力も集合であって，入力の集合と要素数が同じ集合を出力します．これら入出力間の関係は同変であり，つまりそれぞれの要素に順序を与え，入力を $[\mathbf{x}_1, \ldots, \mathbf{x}_N]$，出力を $[\mathbf{y}_1, \ldots, \mathbf{y}_N]$ としたとき，入力の $\mathbf{x}_i$ と $\mathbf{x}_j$ を入れ替えたときの出力は，入れ替え前の $\mathbf{y}_i$ と $\mathbf{y}_j$ を入れ替えたものに一致します．なお，入力集合の各要素 $\mathbf{x}_n (n = 1, \ldots, N)$ とトランスフォーマーの中間層で保持されるそれらを更新したものを，**トークン (token)** と呼びます．

　トランスフォーマーは，内部で次のような注意の計算を行います．入力（ソースとなる）を $[\mathbf{x}_1, \cdots, \mathbf{x}_N]$，クエリ（ターゲット）を $\mathbf{q}$ とします（$\mathbf{x}_i, \mathbf{q} \in \mathbb{R}^D$）．行列 $\mathbf{X} = [\mathbf{x}_1, \ldots, \mathbf{x}_N]^\top \in \mathbb{R}^{N \times D}$ を定義し，式 (7.11) の内積注意によって注意の重み $a_1, \ldots, a_N$ を

$$[a_1, \ldots, a_N] = \mathrm{softmax}\left(\frac{\mathbf{q}^\top \mathbf{X}^\top}{\sqrt{D}}\right) \tag{7.13}$$

と定めます．$\mathbf{x}_i$ に注意を適用して得られるベクトルを $\tilde{\mathbf{q}}$ と書くと，

$$\tilde{\mathbf{q}}^\top = \sum_{i=1}^{N} a_i \mathbf{x}_i^\top = \mathrm{softmax}\left(\frac{\mathbf{q}^\top \mathbf{X}^\top}{\sqrt{D}}\right) \mathbf{X} \tag{7.14}$$

のように書けます．

　さて，クエリが複数あって $\{\mathbf{q}_1, \ldots, \mathbf{q}_M\}$ のように集合をなす場合を考えます．これらを並べた行列を $\mathbf{Q} = [\mathbf{q}_1, \ldots, \mathbf{q}_M]^\top \in \mathbb{R}^{M \times D}$ と書き，これらから誘導される $\mathbf{X}$ の注意適用後のベクトルを並べたものを $\tilde{\mathbf{Q}} = [\tilde{\mathbf{q}}_1, \ldots, \tilde{\mathbf{q}}_M]^\top \in \mathbb{R}^{M \times D}$ と表記すると，これは次のように計算されます．

$$\tilde{\mathbf{Q}} = \mathrm{softmax}\left(\frac{\mathbf{Q}\mathbf{X}^\top}{\sqrt{D}}\right) \mathbf{X} \tag{7.15}$$

ただし $\mathrm{softmax}(\mathbf{B})$ は，行列 $\mathbf{B} \in \mathbb{R}^{M \times N}$ の各行ベクトルに対して独立にソフトマックスを適用する計算です．

7.3.2 重みの導入とマルチヘッド注意

トランスフォーマーでは，上のように複数のクエリ $\mathbf{q}_j (j = 1, \ldots, M)$ を扱う他，注意の重みも並行に複数生成し，ソースのベクトルに適用します．これを**マルチヘッド注意 (multi-head attention)** と呼びます．マルチヘッド注意を説明する目的で，式 (7.15) の2つの $\mathbf{X}$ を $\mathbf{K}, \mathbf{V} \in \mathbb{R}^{N \times D}$ と置き換えた

$$\mathcal{A}(\mathbf{Q}, \mathbf{K}, \mathbf{V}) = \mathrm{softmax}\left(\frac{\mathbf{Q}\mathbf{K}^\top}{\sqrt{D}}\right)\mathbf{V}$$

を定義します[*5]．式 (7.15) の $\tilde{\mathbf{Q}}$ は，$\mathcal{A}$ を使えば

$$\tilde{\mathbf{Q}} = \mathcal{A}(\mathbf{Q}, \mathbf{X}, \mathbf{X})$$

と表されます．

次のようにして，注意の計算を H 個並列に実行します．各注意 $h(= 1, \ldots, H)$ では，$\mathbf{Q}, \mathbf{K}, \mathbf{V}$ の各行ベクトルを D より小さい D' 次元空間に線形写像します．つまり3つの行列 $\mathbf{W}_h^Q, \mathbf{W}_h^K, \mathbf{W}_h^V \in \mathbb{R}^{D \times D'}$ を導入し，$\mathbf{Q} \to \mathbf{Q}\mathbf{W}_h^Q, \mathbf{K} \to \mathbf{K}\mathbf{W}_h^K, \mathbf{V} \to \mathbf{V}\mathbf{W}_h^V$ と置き換えます．つまりこの注意 h を

$$\mathrm{head}_h = \mathcal{A}(\mathbf{Q}\mathbf{W}_h^Q, \mathbf{K}\mathbf{W}_h^K, \mathbf{V}\mathbf{W}_h^V) \tag{7.16a}$$

と計算します．ここで $\mathrm{head}_h \in \mathbb{R}^{M \times D'}$ です．こうして得られた head_h を連結し，$\mathbf{W}^O \in \mathbb{R}^{D'H \times D}$ による線形写像を施して得られる

$$\mathcal{A}^{\mathrm{M}}(\mathbf{Q}, \mathbf{K}, \mathbf{V}) = [\mathrm{head}_1, \ldots, \mathrm{head}_H]\mathbf{W}^O \tag{7.16b}$$

を，$\mathcal{A}(\mathbf{Q}, \mathbf{K}, \mathbf{V})(\in \mathbb{R}^{M \times D})$ に代わる出力とします．なお，$\mathcal{A}^{\mathrm{M}}(\mathbf{Q}, \mathbf{K}, \mathbf{V}) \in \mathbb{R}^{M \times D}$ です．

このようにマルチヘッド注意は，ヘッド h ごとに異なる D' 次元空間に写像し，その中で注意の計算を行い，H 個の注意を並列に生成・適用します．$\mathbf{W}^O$ と，各ヘッド h で導入された重み $\mathbf{W}_h^Q, \mathbf{W}_h^K, \mathbf{W}_h^V (h = 1, \ldots, H)$ はすべて学習の対象となります．D' の選択は原則自由ですが，普通は $D' = D/H$ とします．その場合，$\mathbf{W}^O$ は $D \times D$ 行列となります．

[*5] 注意機構の役割は辞書（あるいは連想配列）——すなわちキー (key) と値 (value) を集めたデータ表現——に例えられます [18]．$\mathbf{q}$ をクエリに，それと類似度の高い $\mathbf{k}$ を選び出し，それとひもづけられた $\mathbf{v}$ を返すという解釈です（$\mathbf{k}, \mathbf{v}$ はそれぞれ $\mathbf{K}, \mathbf{V}$ の行ベクトル）．

7.3.3　トランスフォーマーの全体構造

トランスフォーマーでは，上で説明したマルチヘッド注意に若干の計算を追加したものでブロックを作り（図 7.3），これを複数個積み重ねて 1 つのネットワークを作ります．同図 (a) に $\mathbf{Z}$ をソース，$\mathbf{Q}$ をターゲットとするブロック 1 つを示します．このブロックは内部で，受け取った $\mathbf{Q}$ の各要素を更新し，$\hat{\mathbf{Q}}$ として出力します．この図では表現されていませんが，$\mathbf{Q}$ の要素ごとに実行される演算は同じであり，そして注意機構以外で行われる演算はトークン単位で行われ，互いに独立しています．

ブロック内部の計算の詳細を示します．まずマルチヘッド注意（式 (7.16)）で $\tilde{\mathbf{Q}} = \mathcal{A}^{\mathrm{M}}(\mathbf{Q}, \mathbf{X}, \mathbf{X})$ を計算します．ここに残差接続を導入して $\mathbf{Q} + \tilde{\mathbf{Q}}(\in \mathbb{R}^{M \times D})$ を得て，トークン単位（$\mathbf{Q} + \tilde{\mathbf{Q}}$ の行ベクトル）で独立に [*6]3.6.4 項のレイヤー正規化を適用します．各トークンで同じ計算を行うので，レイヤー正規化のパラメータ γ, β はトークン間で共通です．トークン単位でレイヤー正規化を適用することを $\mathrm{LayerNorm}(\cdot)$ と表記すると，

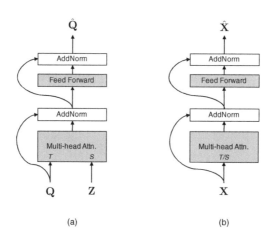

(a)　　　　　　　　　　(b)

図 7.3　トランスフォーマーの構成．(a) ソースとターゲットを分けた構成．(b) 自己注意，すなわちソースがターゲットと等しい場合．灰色の部分に学習の対象となるパラメータがあります．

[*6]　RNN へのレイヤー正規化の適用が元になっており，したがって全トークン（の全成分）にわたる統計量ではなく，トークンごとにその全成分の統計量を求めます．

$$\mathbf{Q}' = \mathrm{LayerNorm}(\mathbf{Q} + \tilde{\mathbf{Q}}) \tag{7.17}$$

となります．この出力 $\mathbf{Q}'$ に 1 層の全結合層を適用し，再び残差接続とレイヤー正規化を適用します．この全結合層は $\mathbf{Q}'$ の要素（行ベクトル）1 つを入力に受け取るもので，どの要素に対しても同じです．すなわち，

$$\hat{\mathbf{Q}} = \mathrm{LayerNorm}(\mathrm{ReLU}(\mathbf{Q}'\mathbf{W} + \mathbf{1}_M \mathbf{b}^\top) + \mathbf{Q}') \tag{7.18}$$

となります．ここで LayerNorm は式 (7.17) 同様，トークン単位の正規化です．こうして得られる $\hat{\mathbf{Q}}$ がこのブロックの出力となります．

　このようなブロックを，下のものの出力が上の入力にもなるように積み重ね，最上位のブロックの上にはタスクに応じて設計した出力層を追加します．

　図 7.3(b) に (a) において $\mathbf{X} = \mathbf{Q} = \mathbf{Z}$ とセットした，ソースとターゲットを同じくする自己注意の構成を示します．例えば，N 個の単語から構成される文 1 つが入力となり，それらの特徴ベクトルが $\mathbf{X} = [\mathbf{x}_1, \ldots, \mathbf{x}_N]^\top \in \mathbb{R}^{N \times D}$ と与えられるとします．各単語の特徴 $\mathbf{x}_i$ をクエリ（ターゲット）に，自分 ($\mathbf{x}_i$) を含む全入力ベクトルをソースとして注意の計算を行います．1 つ文に対してこの計算を行うことで，文を構成する単語間のさまざまな相互関係——例えば文法や係り受けの関係など——が取り出されることになります．

7.3.4　位置符号化による系列データへの適用

　上述のようにトランスフォーマーは，集合データを入力に受け取る構成を持ちますが，元々は系列データ，具体的には自然言語の文（＝単語の系列データ）を対象に作られました．文のような系列データでは要素の並びが重要であり，それを入力 $\mathbf{X}$ に反映させる必要があります．

　そのため，系列内の各要素に，それが系列において占める位置を表す情報を追加します．これを**位置符号化（positional encoding）**と呼びます．通常，$\mathbf{x}_i$ が系列内で占める位置（インデックス）i を表現する $\mathbf{x}_i$ と同じ長さのベクトル $\mathbf{p}_i (\in \mathbb{R}^D)$ を作り，$\mathbf{x}_i$ に加算し $\mathbf{x}_i + \mathbf{p}_i$ とするか，連結して $[\mathbf{x}_i^\top, \mathbf{p}_i^\top]$ とします．

　$\mathbf{p}_i$ は，天下り的に値を指定するか，あるいは学習で自動決定するようにします [156]．前者で最も標準的なのは，正弦波を使って系列内の位置を符号化する方法です [18]．具体的には $\mathbf{p}_i$ の第 $2j$ 成分を $\sin(i/\tau_j)$，第 $2j+1$ 成分を

$\cos(i/\tau_j)$ とします．ここで $\tau_j = 10,000^{2j/D}$ とします．つまり $\mathbf{p}_i$ の各成分には，i を位相に持ち成分 (j) ごとに異なる周波数 $1/\tau_j (j = 1, \ldots, D/2)$ を持つ正弦波を格納します．$\mathbf{p}_i$ の決定を学習に委ねる場合は，$\mathbf{p}_i$ を適当に初期化し，ネットワークの重みと一緒に学習します [157, 158, 159, 160]．

7.3.5　系列データへの適用例

　トランスフォーマーが入力に受け取る要素（トークン）の数は基本的には自由ですが，上述の位置符号化や計算効率の都合から，入力系列の長さを固定して使うこともよくあります．その場合，実際の入力がその長さに満たないときは，該当部分を無意味なトークンで埋めます（対応するトークンに対する注意の重みを強制的に 0 にすることで実現される）．

　そのうえで，トランスフォーマーを系列データに適用する方法は 3 通りあります．1 つ目は自己回帰モデルとして使う方法です．これは言語モデルの **GPT**[158] で採用されている方法です．1 つの文の途中まで単語の系列を入力し，次の単語を予測するタスクを学習しますが，計算効率を考えて自己回帰の時間軸とは関係なく常にすべての単語（トークン）を形式的に入力し，ただし 1 つの文の未入力部分を先読みさせないよう，時間の進展とともに注意重みの算出範囲を制御します．入力系列長を固定するときと同様，これは該当部分のトークンの注意重みをマスクする（＝強制的に 0 にする）ことで実現できます．

　もう 1 つは非自己回帰型の適用方法で，**BERT**[157] で採用されています．これは，例えば入力系列の一部の単語を隠し，隠れた単語を含めた入力文全体を予測するタスクを学習することで実現されます．最後の 1 つは，1 つ目の自己回帰型のトランスフォーマーをデコーダとして捉え，2 つ目の非自己回帰型のトランスフォーマーをエンコーダとして捉えて，エンコーダ，デコーダの順に組み合わせるものです．この構成により，入力系列を別の系列に変換する働きを持つトランスフォーマーを作ることができます．これは Seq2Seq と同じような使い方ができ，機械翻訳に適用された最初のトランスフォーマーは，この形をとっています [18]．

7.3.6 画像データへの適用

トランスフォーマーは画像分類にも適用されています（vision transformer あるいは **ViT** と呼ばれる）[161]．2 次元画像を規則的に小正方領域（パッチ）に分割し，各パッチを線形変換して得られるベクトルをトークン $x_1, \ldots, x_N$ とします．これらとは別に，クラストークンと呼ばれるトークンを新たに 1 つ作り，パッチのトークンとともにトランスフォーマーに入力します．トランスフォーマーから出力される各トークンを更新したもののうち，クラストークンに対応するもののみを取り出し，これを何層かの全結合層＋ソフトマックス関数に入力し，クラススコアを計算します．通常，各パッチのトークン x_i について，その画像内の位置を上述のベクトル p_i で表す位置符号化を行います．なお p_i とクラストークンは，トランスフォーマーの重みと一緒に学習を通じて決定します．

7.4 グラフニューラルネットワーク

7.4.1 グラフの構造を持つデータ

実世界のデータの中には，グラフとして表現されるものがあります（165 ページの図 7.7 も参照）．例えば，SNS のユーザどうしの関係は，ユーザをノード，ユーザ間のつながりをエッジとするグラフによって，表せます．その他にも，論文間の引用関係，知識を要素間の関係として表現する知識ベース（**knowledge base**），さらには分子が持つ化学構造など，さまざまな種類のデータがグラフとして表現されます．

このようにグラフで表現されるデータに対し，いろいろな種類の推論を行います．7.4.4 項で述べるように，ノードのクラス分類・クラスタリング，グラフのクラス分類，エッジの接続予測などです．これらの推論ではグラフの構造の他，最大 2 つの情報をグラフから取り出してネットワークに入力します．1 つは，ノードが保持する特徴量です．SNS の例では，ユーザ（＝ノード）ごとに年齢，居住地，趣味などの属性があり，これらはノード i が持つ特徴 $x_i \in \mathbb{R}^D$ として表現されます．これといった情報がない場合，ノードのインデックス i（を 1-of-K 表現したもの）をノードの特徴 x_i として用いることがあります．

もう 1 つはエッジに付帯する特徴です．例えばタンパク質の機能を予測す

る問題では，1つのタンパク質をノード，2つのタンパク質間の関係をエッジ
として表現したうえで，全タンパク質間の関係を予測します [162]．ただし，
エッジの特徴を扱う方法はそれほどメジャーではないため，以下では省略し
ます．

7.4.2 GNN の基本演算

グラフニューラルネットワーク (graph neural network)（以下 GNN）
は，このようなグラフを対象に用いられるニューラルネットワークです．数
多くの方法があるものの，基本的な仕組みはほぼ共通です．

まず，各ノード i は状態 $\mathbf{z}_i \in \mathbb{R}^D$ を保持します．各ノード i に特徴 $\mathbf{x}_i$ が
与えられたとして，GNN は，最初に各ノードの状態を $\mathbf{z}_i = \mathbf{x}_i$ と初期化し，
その後各ノードの状態 $\mathbf{z}_i$ を，次のように反復的に更新します ($l = 1, 2, \ldots$).

$$\mathbf{z}_i^{(l+1)} = \mathbf{f}^{(l)}\left(\mathbf{z}_i^{(l)}, \{\mathbf{z}_j^{(l)} \mid j \in \mathcal{N}_i\}\right) \tag{7.19}$$

ここで $\mathbf{z}_i^{(l)}$ は l 回目の更新後のノード i の状態を表し[*7]，$\mathbf{z}_i^{(l)} = \mathbf{x}_i$ です．ま
た $\mathcal{N}_i$ はノード i の隣接ノード，つまりノード i と 1 つのエッジで結ばれてい
るノードのインデックスの集合です．

$\mathbf{z}_i$ の更新式 (7.19) は，図 7.4 のようにノード i に接続するノード $j (\in \mathcal{N}_i)$
の状態 $\mathbf{z}_j^{(l)}$ を集約 (aggregate) し，自ノードの状態 $\mathbf{z}_i^{(l)}$ と合わせ (combine)，
新しい $\mathbf{z}_i^{(l+1)}$ を得る計算です．この計算は，グラフのすべてのノードについ
て独立に並行して行います．なお $\mathbf{f}^{(l)}$ には学習可能な重みが含まれ，後述す

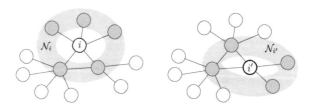

図 7.4 グラフニューラルネットワークでは，ノード i が持つ状態 $\mathbf{z}_i$ は，それとつながった周囲の
ノードの状態を使って更新されます．この更新は各ノードで独立かつ並行に実行され，そ
れが繰り返されます．$\mathcal{N}_i$ はノード i の隣接ノードのインデックスの集合です．

[*7] $l = 1$ の初期化を更新 1 回目と数えます．

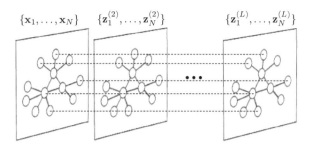

図 7.5 グラフニューラルネットワークの概念図. ノードの状態 $\mathbf{z}_i$ を一度更新する計算が, 1 層分の計算に相当します.

るように GNN の種類によってその中身は変わります.

上の更新の繰り返しは多層ネットワークで表現することができ, $l = 1, 2, \ldots$ の更新 1 回が 1 つの層に対応します (**図 7.5**). 1 回の更新のたびにノードの現状態が隣接ノードに伝播するので, L 回の更新を行うと, 各ノードの情報は, グラフ上 L 個のエッジをたどって到達可能な範囲にあるノードに伝播します. そのときの各ノードの最新の状態 $\mathbf{z}_i^{(L)}$ は, ノードの初期状態 ($\mathbf{x}_i$) に加え, その周りのノードのつながりを反映したものとなります. こうして得られる $\mathbf{z}_i^{(L)}$ をノードの埋め込み (**embedding**) と呼びます[*8]. 後述のさまざまなタイプの推論で, ノードの埋め込みが主要な役割を果たします.

GNN が CNN などと違うのは, $l \to l+1$ 層への伝播の計算 (式 (7.19)) において, $l+1$ 層の各ユニットに接続される l 層のユニットが, グラフの構造を反映して多様であることです. このとき, ノード i に対応するユニットが受け取る入力は, 集合 (要素数が $|\mathcal{N}_i|$) の形をとります. この点で, GNN とトランスフォーマーには共通点があります. GNN ではグラフ上の接続されたノード間でのみ相互作用があり, トランスフォーマーでは入力の全要素間で相互作用が生じます. 逆にいえば, トランスフォーマーは全ノードが互いにつながった構造のグラフを扱っていると見ることもできます.

以上を踏まえて, $\mathbf{z}_i$ の更新式 (7.19) が含む関数 $\mathbf{f}^{(l)}$ を設計します. まず更新の際, ノード i の隣接ノード $j \in \mathcal{N}_i$ どうしを互いに区別しません (つまり,

---

[*8] 一般に, 埋め込みとは, 何らかの実体を, それが持つ性質に応じて 1 つの空間に写像すること, あるいはその写像後の点のことをいいます.

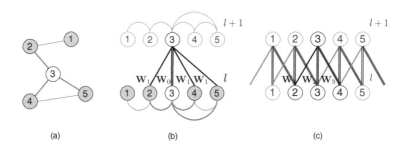

図 7.6　GCN（後述）と 1 次元 CNN の比較. (a) グラフの例. (b) それに対する $l \rightarrow l+1$ 層
　　　での，ノード 3 の状態の更新. (c)1 次元 CNN でのノード 3 に対する畳み込みの計算.

ノードごとに違う処理を加えない）．したがって，それらは区別することなく
集約 (aggregate) することとし，その後に自ノードの状態と結合 (combine)
する処理を加えることとなります．$\mathbf{f}^{(l)}$ は常に，この集約と結合の 2 つの処
理に分割することができ，GNN のいろいろな手法は，この 2 つの処理をど
のように定義するかによって俯瞰的に比較することができます [166]．

　図 7.6 に，GNN の例として後述のグラフ畳み込みネットワーク (GCN) [167]
を選び，1 次元 CNN と比較します．図 (b) は，(a) に示す構造のグラフに対
する GCN の $l \rightarrow l+1$ 層への伝播計算をノード 3 についてのみ示したもの
で，ノード 3 に接続する l 層の 3 つのノード (2, 4, 5) および自身 (3) からの
出力を元に，$l+1$ 層のノード 3 の状態を決定する様子を示します．GCN で
は，後述のように自ノードについては $\mathbf{W}_0$，それ以外のノードについては一
律で $\mathbf{W}_1$ を層間結合の重みとします．同図 (c) は，ノードの並びを系列デー
タに見立ててサイズ＝3 のフィルタを 1 次元畳み込みする場合の計算を示し
たものです．図の (b) と (c) を比べると，まず層間の重みは，GCN では自
ノードとそれ以外の区別しかできませんが，CNN では（ノードに順序がある
ので）フィルタのサイズ内で任意の重みを採用できます（図 (c) の $\mathbf{W}_1, \mathbf{W}_2$,
$\mathbf{W}_3$）．一方で層間のつながり方は，CNN では出力側の全ユニットで同一です
が，GCN ではグラフの構造を反映し，ユニットごとに違うものになります．

7.4.3　代表的な GNN

　GNN にはさまざまなものがあり，それぞれ式 (7.19) の関数 $\mathbf{f}^{(l)}$ が異なり
ます．代表的なものを以下に列挙します．

グラフ畳み込みネットワーク (**graph convolutional network**) （以下 **GCN**) の更新式は，以下の通りです [167]．

$$\mathbf{z}_i^{(l+1)} = \mathrm{ReLU}\left(\sum_{j \in \mathcal{N}_i \cup \{i\}} \frac{1}{\sqrt{\deg(i) \cdot \deg(j)}} \mathbf{W}^{(l+1)} \mathbf{z}_j^{(l)}\right) \tag{7.20}$$

$\deg(i)$, $\deg(j)$ はノード i, j の次数（ノードに入るエッジの数）です．これらはスペクトルグラフの理論から導出されており，これらの平方根で除算することでノードごとにエッジの数が異なることの影響をなくす効果があります．$\mathbf{W}^{(l+1)}$ は重みで，同じ層 $(l+1)$ では全ノードで共通です．ただし更新する自ノード i については別の重みを用いることが可能です*9．

グラフ注意ネットワーク (**graph attention network**) （以下 **GAT**) の更新式は次の通りです．

$$\mathbf{z}_i^{(l+1)} = \mathrm{ReLU}\left(\sum_{j \in \mathcal{N}_i \cup \{i\}} a_{ij} \mathbf{h}_j^{(l)}\right) \tag{7.21}$$

ただし $\mathbf{h}_j^{(l)} = \mathbf{W}^{(l+1)} \mathbf{z}_j^{(l)}$ で，a_{ij} は次のようにして計算される注意の重みです．

$$a_{ij} = \mathrm{softmax}\left[a\left(\mathbf{h}_i^{(l)}, \mathbf{h}_j^{(l)}\right)\right] \tag{7.22}$$

2つのベクトルを引数とする関数 a は，例えば $a(\mathbf{h}_i, \mathbf{h}_j) = [\mathbf{h}_i^\top, \mathbf{h}_j^\top]\mathbf{a}$ とし，ここで $\mathbf{a}$ は学習対象となるパラメータです．トランスフォーマー同様のマルチヘッド注意を使うこともできます．

なお文献 [166] では，GCN や GAT などの GNN が本質的にはグラフ上での平滑化の計算にすぎないこと，したがって更新回数（層数）の増加に伴って高周波成分を失うこと，ゆえに層数が多くなると（グラフの構造次第で）性能が低下する傾向のあることが指摘されています．これを改善するために考案されたのが**グラフ同形ネットワーク** (**graph isomorphism network**) （以下 **GIN**) で，その更新式は以下の通りです [166]．

---

*9　グラフ上で畳み込みを導入するには 2 つのアプローチがあり，1 つはグラフ信号処理 [163] に基づいてグラフの周波数領域で畳み込みを定義する方法，もう 1 つはより単純に空間領域で，グラフの構造に従って考える方法です．詳細は文献 [164, 165] を参照．

$$\mathbf{z}_i^{(l+1)} = \text{MLP}^{(l+1)} \left(\left(1 + \epsilon^{(l+1)}\right) \mathbf{z}_i^{(l)} + \sum_{j \in \mathcal{N}_i} \mathbf{z}_j^{(l)} \right) \tag{7.23}$$

ここで MLP はいくつかの全結合層を重ねたもので，ここに学習対象となる重みがあります．また $\epsilon^{(l+1)}$ も学習で決定します．

7.4.4　グラフを用いて行う推論

　グラフを対象に行われるさまざまな形の推論があります．本項ではその類型を示すとともに，それぞれの代表的な問題を紹介します．ほとんどの場合において，1つのグラフとその各ノードの特徴 $\mathbf{x}_i$ が与えられたとき，GNNによって $\mathbf{x}_i$ を初期値にノードの状態 $\mathbf{z}_i^{(l)}$ を繰り返し更新し，ノードの埋め込み $\mathbf{z}_i^{(L)}$ を得ます．その後，$\mathbf{z}_i^{(L)}$ を使って問題ごとに異なる計算を行って，何らかの形の出力を得ます．

ノードのクラス分類 (node classification)　グラフの各ノードを，あらかじめ定められたクラスの1つに分類する問題です．半教師学習として定式化されることが多く，その場合1つの大きなグラフが与えられ，そのノードの一部のみ正解クラスのラベルが与えられている条件のもとで，それ以外のノードのクラスを予測します[*10]．ベンチマークテストの1つに，論文の属性と論文間の引用関係を元に，研究分野などの論文の属性を予測する問題があります（図 7.7(a)）．1つの論文がノードに，論文間の引用の有無がエッジ（ある論文が別の論文を引用しているとそれらのノード間にエッジができる）となり，1つのグラフが構成されます．なお，引用関係は本来向きがありますが（論文 A が論文 B を引用），向きを無視し無向グラフとすることもあります．推論は，GNN でノードの状態を何度か更新した後の各ノードの状態 $\mathbf{z}_i^{(L)}$ を元に，例えば全結合層＋ソフトマックス関数を適用し，各クラスのスコアを得ます．学習では交差エントロピーを最小化して GNN 内のパラメータを定めます．

ノードのクラスタリング　グラフを構成するノードを，その埋め込み $\mathbf{z}_i^{(L)}$ を用

---

*10　この半教師学習の設定を transductive learning，そうでない場合を inductive learning と呼ぶことがあります [168]．

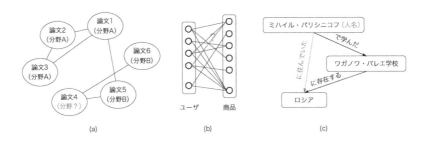

図 7.7 グラフで表現される問題の例.

いてクラスタリングします．目的によっては**コミュニティ検出 (community detection)** と呼ばれることもあります．

グラフのクラス分類 (graph classification)　与えられた1つのグラフをクラス分類します．最も単純な方法では，グラフの全ノードにわたってノードの埋め込み $\mathbf{z}_i^{(L)}$ を集約（プーリング）し，1つの特徴ベクトルを得て，これを元にグラフを分類します．集約には平均

$$\mathbf{z}_\mathcal{G} = \frac{1}{M} \sum_{i=1}^{M} \mathbf{z}_i^{(L)} \tag{7.24}$$

を始めとするプーリングを使います．ただし，こうして得られた特徴にはグラフの構造が（ノードの埋め込みに反映されているものを除き）反映されません．これを改善するさまざまな方法が提案・検討されています [164]．この問題の応用例に，タンパク質の構造をグラフとして表現したものを元に酵素としての働きを分類する問題があります．タンパク質は無数にあり，多数の働きを持ちます．その1つの働きが酵素ですが，酵素はそれが触媒となる化学反応によって分類されています．1つのタンパク質が酵素としての働きを持つか否かの2値分類（データセット PROTEINS[169]），あるいは6つほどのクラスのどれに分類されるか（データセット ENZYMES[169]）などが知られています．

接続予測 (link prediction)　グラフの指定したノード間にエッジがあるかどうかを予測する問題です．不完全なグラフ，つまりノード間のエッジの情

報が部分的に欠損している場合や，グラフそのものが時間とともに成長していくような場合を対象とします．用途は，商品，広告，SNSでのユーザ間のつながりなどのレコメンデーションや，知識ベースの構築などです．学習データとして与えられるのはグラフの事例の集合にすぎないので，この問題を直接的な教師あり学習で解くことはできません．そのため与えられたグラフをいったん低次元空間での表現に直し，そこからグラフの構造を再現する**グラフ自己符号化器**（graph autoencoder）を用いる方法が知られています．自己符号化器のエンコーダはノードの特徴からノードの埋め込み $\mathbf{z}_i^{(L)}$ を得るところまでを指し，デコーダは，$\mathbf{z}_i^{(L)}$ を使って2つのノード間の類似度を計算し

$$p(A_{ij} = 1) = \sigma(\mathbf{z}_i^\top \mathbf{z}_j) \tag{7.25}$$

のように接続有無の確率を与えるものを考えます（σ はシグモイド関数）．学習は，こうして予測されるノード間の接続有無を，訓練データのグラフの事例と比較して正誤を判定することで行います．推論は，不完全なグラフを自己符号化器に入力し，その完全な姿を予測することで行います．

2部グラフの接続予測　接続予測のよくある応用の1つにレコメンデーション，例えば商品を潜在的な購入者（例えばウェブサイトのユーザ）に推薦する問題があります．ユーザと商品をそれぞれ，個別のノードで表し，ユーザによる商品の購買有無をエッジとして表現します．得られるグラフは**2部グラフ**（bipartite graph），すなわちノードが2つのグループに分かれ，それぞれのグループ内のノードどうしにはエッジがないグラフになります（図7.7(b)）．エッジにはユーザからの商品への評価（rating）が付与されることがあります．このようなグラフ（不完全なものとなる）を用いて，あるユーザがある商品を購入する可能性がどのくらいあるかを，予測することが目的です．上と同様にノードの埋め込みを求めた後，ノード間の類似度を求めて接続有無を予測する方法が知られています [170]．

マルチグラフに対する推論　マルチグラフとはノード間に複数のエッジが存在し得るグラフです．知識ベースを構成するグラフはマルチグラフとなります．例えば

　「ミハイル・バリシニコフ (Mikhail Baryshnikov) はワガノワ・バレエ学校
　(Vaganova Academy) で学んだ (educated at)」

というような知識を保持するために使います [171]．図 7.7(c) のように，「ミ
ハイル・バリシニコフ」や「ワガノワ・バレエ学校」がそれぞれ 1 個のノー
ドとなり，「学んだ」という関係が前者から後者への有向エッジを与えます．
関係を表す概念は無数にあり得るので，2 つのノード間には，それらの関係ご
とに 1 つのエッジが作られることになり，その結果，ノード間に複数のエッ
ジが存在し得ることになります．上の 1 文だけからでも，「ミハイル・バリ
シニコフ」が特定の個人を指すことや，「ミハイル・バリシニコフはロシアに
住んでいた」という別の知識が，それぞれ示唆されます．前者の推論はノー
ドのクラス分類，後者の推論は接続予測の問題となります [171]．与えられた
知識群を元に，このような予測を行う問題は，**統計的関係学習 (statistical
relational learning)** と呼ばれています．

Chapter 8

推論の信頼性

深層ニューラルネットワークはさまざまな推論を高い精度で行うことができますが，個々の推論の結果が100%正しいということは一般にあり得ません．本章では，1つの推論を行ったとき，その結果がどのくらい信頼できるかという問題をいくつかの異なる観点から考えます．具体的には，推論の確からしさを定量評価する方法，分布外入力の検出，敵対的事例，推論の品質保証の試みについて，それぞれ説明します．

8.1 推論の不確かさ

8.1.1 不確かさとは

入力 $\mathbf{x}$ から何らかの量 y を予測する問題[*1] において，予測の結果をどのくらい信頼できるのかを定量的に測ることができれば，いろいろと有用です．そのための第一歩は，y の予測を1つの値で行うのではなく，その確率分布 $p(y|\mathbf{x})$ を予測するようにすることです．最終的に y の値を1つに決めたい場合でも，$p(y|\mathbf{x})$ が得られていれば，最も可能性の高い $\hat{y} = \mathrm{argmax}_y\, p(y|\mathbf{x})$ を選べば済みます．

多クラス分類では元々そのように定式化されており，ネットワークの出力 $\mathbf{y}$ の各成分 y_k は，$\mathbf{x}$ がクラス k である確率 $p(\mathcal{C}_k|\mathbf{x})$ を表現すると考えます．一方回帰では，$\mathbf{x}$ から y の値1つを予測することが普通です．この場合には

[*1]　$y \in \mathbb{R}^1$ を推定する回帰や，クラス分類などです．

8.3.1 項で詳しく述べるように，$p(y|\mathbf{x})$ を何らかのパラメトリックな確率分布——例えば正規分布 $N(y, \sigma^2)$——でモデル化し，ネットワークは y だけでなく σ^2 を一緒に予測するように拡張すれば，分布の予測を行えます．

推論の不確かさを捉えるには，このように予測の対象を 1 つの値でなく，確率分布とすることが第一歩です．ただし，それだけでは十分ではありません．なぜなら，得られた分布もまた 1 つの予測でしかなく，それがどれだけ信頼できるかという問いは残るからです．この問題は深層学習にとどまらず，より広く機械学習を見渡しても，完全には解決されていない問題です．以下では主に，深層学習の実応用においてどのような検討がなされてきたかを説明します．

8.1.2　不確かさの種類

推論の不確かさは，いくつかの要因が絡み合って生じます．そのため，不確かさをその発生理由に基づいて分類することを考えます．最も基本となるのは，**偶然性による不確かさ (aleatoric uncertainty)** と**知識の欠如による不確かさ (epistemic uncertainty)** への分類です．

これら 2 つの不確かさの違いを説明するため，単純な 1 変数関数の回帰を考えます．ある関数 $y = f(x)$ に従って生成された入出力ペアの集合 $\mathcal{D} = \{(x_n, y_n)\}_{n=1,\dots,N}$ が与えられたとき，元の関数を推定したいとします．今，真の関数は $f(x) = \sin(x)$ で，ただしわれわれが観測できるのはこれにノイズ ε_x が加算された

$$y = \sin(x) + \varepsilon_x$$

であるとし，$\mathcal{D}$ はその有限個のサンプルからなる集合であるとします．ここではこのノイズ ε_x は，x に依存し，分散が x^2 に比例して大きくなる正規分布 $N(0, 0.005x^2)$ に従うとします*2．また，観測されるデータ $\mathcal{D}$ は，入力の範囲 $0 < x < 2\pi$ についてのみ得られるものとします．以上のモデルのもとで観測される点の集合は，図 8.1(a) のようになります．

さて，このようなデータ $\mathcal{D}$ が与えられたとき，y と x 間の関係を表す適当なモデルを導入し，これをデータにフィットすることを考えます．今，真の

---

*2　このように $\mathbf{x}$ に依存して分散が変動する場合を，分散が不均一 (heteroskedastic) であるといいます．

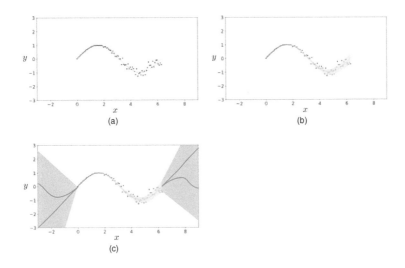

図 8.1　(a) $y = \sin(x) + \varepsilon_x$（$\varepsilon_x$ は正規分布 $N(0, 0.05^2)$ に従うノイズによって生成されたサンプル点群．(b) サンプル点に当てはめるべき曲線の分布．塗りつぶした部分は，実際は $y = \sin(x) \pm 0.005$ の範囲内を示します．(c) サンプル点だけからでは，$x < 0$ および $x > 2\pi$ でどのような曲線を描くかは不明となります．

関数が正弦関数であるという知識はないものとし，モデルとして 1 入力 1 出力の 2 層ネットワークを考えます．このネットワークのパラメータを $\mathcal{D}$ を元に決定します．

　結果は図 8.1(b) のようになります．観測値 y が持つノイズは，予測の精度を制約します．特に $0 < x < 2\pi$ において x に比例しノイズが大きくなり，それにつれて予測の精度が低下するからです．図 (b) では，この予測の精度を青色の領域で表しています．このような予測の不確かさが，偶然性による不確かさです．

　もう一方の知識の欠如による不確かさは，次のように 2 つの要因から生じます．1 つは，訓練データ $\mathcal{D}$ が $0 < x < 2\pi$ の範囲内でしか与えられていないことによる不確かさです．この範囲の外側，$x < 0$ と $x > 2\pi$ の領域では，データが存在しないので不確かな予測しかできません（図 8.1(c)）．もう 1 つの要因は，ここで用いた $y = f(x)$ のモデル（曲線にフィットする予測器）が，真の関数（ここでは $y = \sin(x)$）をうまく表現できるか，十分な表現能力が

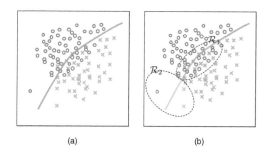

図 8.2 (a) 2 値分類と分類境界. (b) 領域 $\mathcal{R}_1$ では分類境界が曖昧になります(偶然性による不確かさ). 領域 $\mathcal{R}_2$ では,サンプルが十分でなく分類境界が正確に決められません(知識の欠如による不確かさ).

あるか,ということです. モデルの表現能力が足りなければ,予測は正確にはなり得ません.

以上の 2 つの要因はそれぞれ異なるものですが,対象に関する知識が足りない点で共通しており,ともに知識の欠如による不確かさとされます. 文献 [172] では,1 つ目を「近似由来の不確かさ (approximation uncertainty)」, 2 つ目を「モデル由来の不確かさ (model uncertainty)」と呼び,さらなる区別を行っています[*3].

クラス分類の場合も同様に,偶然性による不確かさと知識の欠如による不確かさの区別が可能です. 図 8.2 のような単純な 2 値分類を考えます. 図 (a) の分布から 2 クラスの境界線を決めるとき,2 つのクラスのサンプルが互いに重なり合って存在する領域(図 (b) の $\mathcal{R}_1$)では,自信を持って境界線を定めることはできません. ここで生じる予測の不正確さが,偶然性による不確かさです. 逆に 2 つのクラスのサンプルが重なり合っておらず,かつそれぞれのサンプルが十分密に存在している領域では,自信を持ってクラスの判別が行えるでしょう. 一方,サンプルが疎らにしか存在しない領域(図 (b) の $\mathcal{R}_2$)では,予測はやはり不確かになります. こちらはデータが十分でないこ

[*3] 深層ニューラルネットワークは一般にパラメータ数が多く,必要十分な自由度を持つ場合が多いと考えてもよいかもしれません. その場合には,知識の欠如による不確かさとはデータの不足のみに起因すると考えてよいでしょう.

とに由来し，つまり知識の欠如による不確かさです[*4].

　偶然性による不確かさと知識の欠如による不確かさは，以上のように区別できます．別な角度から見ると，偶然性による不確かさはどう頑張っても減らすことができないものであり，一方で知識の欠如による不確かさは，改善の可能性を残しているといえます．後者は文字通り知識が欠如しているので，知識を追加できれば改善できる可能性があるということです．具体的には，不足しているデータを追加するか，モデルの表現能力が不足しているのであればそれを改善します．一方で偶然性による不確かさは，そういう努力をしても減らせません．

　ただし偶然性による不確かさが減らせないというのは，あくまで与えられた条件・設定のもとでの話です．それらを変更できる場合には，改善の可能性があります．例えば図 8.3(a) のように，1 次元の入力空間 ($\mathbf{x} = [x_1]$) で 2 つのクラスのサンプルが重なり合うとき，分類精度には限度があります．しかし図 (b) のようにもう 1 つ特徴を追加し ($\mathbf{x} = [x_1, x_2]$)，サンプルの分布が同図のようになるとすれば，分類は正確に行えるでしょう．この場合，入力をよりリッチなものとすることが，偶然性による不確かさを減らすことにつながっています．例えば画像認識では，画像を撮影するカメラをより解像度の高いものに変えることで，予測の精度を改善できるかもしれないということです．

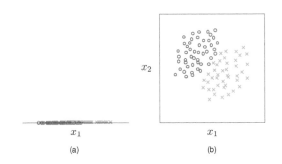

図 8.3 (a) 入力の空間が 1 次元の場合の 2 値分類．(b) 2 次元の場合．

[*4]　文献[172] の分類によれば，これは近似由来の不確かさです．同様に，採用したモデルの表現能力が不足する場合（＝ 描ける境界線の自由度が足りない）も起こり得て，それはモデル由来の不確かさになります．

8.2　不確かさの数理モデル

8.2.1　ベイジアンニューラルネットワーク

　ここまでは，ネットワークのパラメータ $\mathbf{w}$ は，学習によって 1 つに決定すべきものでした．知識の欠如による不確かさが訓練データ $\mathcal{D}$ の不足によるものならば，その不確かさは，与えられた $\mathcal{D}$ からパラメータ $\mathbf{w}$ をどれだけ曖昧さなく決定できるかに関係しています．$\mathbf{w}$ を確率変数と見なし，$p(\mathbf{w}|\mathcal{D})$ という条件付き分布を考えれば，これは $\mathcal{D}$ から $\mathbf{w}$ をどれだけ曖昧さなく決定できるかを表現します．つまり分布の形が鋭いピークを持つなら，$\mathbf{w}$ は曖昧さなく決定でき，分布の裾が広ければその逆になります．このように $p(\mathbf{w}|\mathcal{D})$ は，知識の欠如による不確かさを表現します．

　本章の冒頭に述べたように，推論の不確かさを捉えるために y そのものではなく，その分布 $p(y|\mathbf{x})$ を予測することを考えますが，ネットワークのパラメータ $\mathbf{w}$ を確率変数と考えると，この分布は $p(y|\mathbf{x}, \mathbf{w})$ と書かれることになります．これは，$\mathbf{w}$ を 1 つ指定して決まるネットワークに $\mathbf{x}$ を 1 つ入力すると，y の分布の予測が与えられるということです．ここで $p(y|\mathbf{x}, \mathbf{w})$ は，知識の欠如による不確かさを含んでいないことに注意します．$\mathbf{w}$ を確定的に 1 つ指定するため，$\mathcal{D}$ の過不足は無関係です．つまり，$p(y|\mathbf{x}, \mathbf{w})$ は偶然性に由来する不確かさのみを捉えるにすぎません．

　$\mathcal{D}$ から決定できる $\mathbf{w}$ のばらつきを考慮し，それぞれの $\mathbf{w}$ での予測結果を平均（つまり $\mathbf{w}$ を周辺化）すると，「$\mathcal{D}$ を前提にあらゆる $\mathbf{w}$ の可能性を折り込んだ y の予測」を

$$p(y|\mathbf{x}, \mathcal{D}) = \int_{\mathbf{w}} p(y|\mathbf{x}, \mathbf{w}) p(\mathbf{w}|\mathcal{D}) d\mathbf{w} \tag{8.1}$$

のように表現できます．$p(y|\mathbf{x}, \mathcal{D})$ は，2 種類の不確かさを統合したものを表します．ベイジアンニューラルネットワーク (**Bayesian neural network**) とは，$p(\mathbf{w}|\mathcal{D})$ を使って $\mathbf{w}$ をこのように周辺化することによって推論の不確かさを定量化しようとする試みです．

8.2.2 最尤推定との関係

上述のように知識の欠如による不確かさは $p(\mathbf{w}|\mathcal{D})$ でうまく捉えられます. しかしながら, 具体的にそれを求めるのは簡単ではありません. 今「仮に」, $p(\mathbf{w}|\mathcal{D})$ が手元にあったとします. このとき, 最適なパラメータ $\mathbf{w}$ を 1 つ決めようとすれば

$$\hat{\mathbf{w}} = \underset{\mathbf{w}}{\mathrm{argmax}}\, \log p(\mathbf{w}|\mathcal{D})$$

のように $p(\mathbf{w}|\mathcal{D})$ を最大化するのが理にかなっています. $p(\mathbf{w}|\mathcal{D})$ は, ベイズの定理に従い

$$p(\mathbf{w}|\mathcal{D}) = \frac{p(\mathbf{w}, \mathcal{D})}{p(\mathcal{D})} = \frac{p(\mathcal{D}|\mathbf{w})p(\mathbf{w})}{p(\mathcal{D})} \tag{8.2}$$

と書き直せるので, 上の最大化は

$$\hat{\mathbf{w}} = \underset{\mathbf{w}}{\mathrm{argmin}}(-\log p(\mathcal{D}|\mathbf{w}) - \log p(\mathbf{w}) + \mathrm{const.}) \tag{8.3}$$

と書き直せます. ここで $p(\mathbf{w})$ は $\mathbf{w}$ の事前分布であり, 今考えているネットワークについて, どういう $\mathbf{w}$ がより適当か——そんなものがわかるかどうかは置いておいて——を表すものです.

式 (8.3) において, $-\log p(\mathcal{D}|\mathbf{w})$ を $\mathbf{w}$ について最小化することは $\mathbf{w}$ の最尤推定と一致するので, つまりわれわれがこれまで考えてきた学習そのものです. 違いは第 2 項の $-\log p(\mathbf{w})$ です. しかしこの項を正則化を行うものと解釈すれば, 式 (8.3) はこれまでの学習の方法と一致します. 例えば, 重みの減衰項を正則化に加えた損失関数の最小化は

$$\min_{\mathbf{w}} \frac{1}{N} \sum_n^N E(y_n, \mathbf{f}(\mathbf{x}_n; \mathbf{w})) + \frac{\lambda}{2}\|\mathbf{w}\|^2 \tag{8.4}$$

となります (第 1 項の E は, 回帰では例えば二乗誤差, クラス分類では交差エントロピーです). この目的関数の第 1 項と第 2 項がそれぞれ, 式 (8.3) の第 1 項と第 2 項に対応すると見ることができます.

逆にベイズ推定の立場から見れば, 重みの減衰項による正則化は, $\mathbf{w}$ の事前分布 $p(\mathbf{w})$ に正規分布 $p(\mathbf{w}) \propto \exp(-\lambda/2\|\mathbf{w}\|^2)$ を指定するのと同じです.

$$\log p(\mathbf{w}) = -\lambda/2\|\mathbf{w}\|^2 + \mathrm{const.}$$

他の正則化手法を選んだ場合でも，それに対応する事前分布 $p(\mathbf{w})$ を選択したと解釈すれば，これまでの最尤推定に基づく学習の考え方と上のベイズ推定に基づくものを対応付けることができます．

8.3 不確かさの予測

次に，不確かさを定量的に測る方法を考えます．8.2 節で述べた通り，1つのネットワークに対しパラメータ $\mathbf{w}$ を1つ指定することで，$p(y|\mathbf{x},\mathbf{w})$ を表現できます．上述のように，これで偶然性による不確かさを捉えることを考えます．以下ではまず，回帰とクラス分類でこれをどう実行するかを説明します．その後，知識の欠如による不確かさを捉える方法を説明します．

8.3.1 回帰の場合

回帰に用いるネットワークは，最も単純には y そのものを予測するように設計します．分布 $p(y|\mathbf{x},\mathbf{w})$ を予測するようにするには，ネットワークの出力層と損失関数を設計し直す必要があります．

まず，予測すべき $p(y|\mathbf{x},\mathbf{w})$ を，何らかのパラメトリックな確率分布，例えば正規分布 $y \sim N(\mu,\sigma^2)$ でモデル化します[*5]．正規分布は μ と σ で表現できるので，ネットワークはこれらを予測するように設計します．

具体的には，ネットワークの出力層に2つのユニットを置き，1つは μ，もう1つは σ のそれぞれの予測値を出力するものとします．これらは入力 $\mathbf{x}$ とネットワークのパラメータに依存するので，$\mu(\mathbf{x};\mathbf{w})$ と $\sigma(\mathbf{x};\mathbf{w})$ と書けます．そのうえで，訓練データの1サンプル $(\mathbf{x}_n,y_n)$ を構成する y_n は

$$p(y_n|\mathbf{x}_n,\mathbf{w}) = \frac{1}{\sqrt{2\pi\sigma^2}} \exp\left\{-\frac{\|y_n - \mu(\mathbf{x}_n;\mathbf{w})\|^2}{2\sigma(\mathbf{x}_n;\mathbf{w})^2}\right\}$$

に従うものと考えます．

学習はこれまで同様，訓練データ $\{(\mathbf{x}_n,y_n)\}_{n=1,\dots,N}$ の尤度を最大化することで行います．つまり $L(\mathbf{w}) = \prod_n p(y_n|\mathbf{x}_n,\mathbf{w})$ を $\mathbf{w}$ について最大化します．なお，σ は二乗の形 σ^2 でしか尤度の式に現れないこと，また σ^2 が非負であることを考慮して，$s(\mathbf{x};\mathbf{w}) \equiv \log\sigma^2$ を新たに定義し σ の代わりに，こ

[*5]　もちろん，他の分布を指定することも可能です．

れをネットワークの出力とします（こうすると s は $-\infty$ から ∞ まで取り得るので，出力ユニットに活性化関数を使う必要がありません）．さて，$L(\mathbf{w})$ の対数をとり符号を反転すると

$$-\log L(\mathbf{w}) = \sum_{n=1}^{N} \Big\{ \frac{1}{2} \exp(-s(\mathbf{x}_n; \mathbf{w})) \cdot \|y_n - \mu(\mathbf{x}_n; \mathbf{w})\|^2$$
$$+ \frac{1}{2} s(\mathbf{x}_n; \mathbf{w}) \Big\} + \text{const.} \quad (8.5)$$

であり，これを最小化して $\mathbf{w}$ を決定します．ここで，σ（つまり s）を予測の対象とせずに定数としてしまえば，y の値のみを推定する従来の定式化に一致することに注意します．

さて式 (8.5) から，次のようなことが読み取れます．$\{\cdot\}$ 内の第 1 項に含まれる $\exp(-s)$ と，第 2 項の $s/2$ は，右辺の値を小さくするという目標に関して互いに相反します．そのためもし，$\|y_n - \mu(\mathbf{x}_n; \mathbf{w})\|^2$ が十分小さくできる場合は，s を小さくして第 2 項の s も小さくすれば，右辺をより小さくできます．そうでない場合には，第 2 項の増大には目をつむっても s を多少大きくして，$\exp(-s)$ を小さくすることで第 1 項を小さくしたほうが，結果的に右辺を小さくできます．要するにネットワークは，予測 μ を y_n に十分近づけられるような入力 $\mathbf{x}_n$ に対しては，s つまり分散 σ^2 を小さく予測し，そうでない場合は σ^2 を大きく予測するように，訓練が進むことになります．図 8.1 の場合に戻れば，y_n に乗るノイズが大きい訓練サンプル (x_n, y_n) については，$\mu(x_n)$ を y_n に平均的にあまり近づけられないので σ^2 は大きく予測され，そうでない訓練サンプルについては σ^2 は小さく予測されることになります．このような仕組みで，偶然性に基づく不確かさを定量的に予測できるようになります．

8.3.2　クラス分類の場合

一方クラス分類の場合は，ネットワークは元々各クラス k の事後確率 $p(\mathcal{C}_k|\mathbf{x}, \mathbf{w})(k = 1, \ldots, K)$ の予測を出力するように設計されており，そのままそれを偶然性による不確かさの予測に利用できます．おさらいすると，K クラスの分類では，ソフトマックス関数を直前の層の出力 $\mathbf{u} = [u_1, \ldots, u_K]^\top$ に適用した結果が，$\mathbf{x}$ がクラス k である確率を与えます．

$$y_k = p(\mathcal{C}_k|\mathbf{x}, \mathbf{w}) = \frac{\exp(u_k)}{\sum_{j=1}^{K} \exp(u_j)} \tag{8.6}$$

分類は y_k が最大となるクラスになされますが，その最大値 $\max_k y_k$ は，分類したクラスの事後確率の予測値であるので，この推論の**確信度 (confidence)** として解釈できます．

ただしその扱いには注意が必要です．というのは，何も対策をとらないと，確信度は本来あるべき値より高くなる，すなわち「自信過剰」となる傾向があることが経験的に知られているからです [173]．つまり，入力 $\mathbf{x}$ に対する分類を行ったとき，予測は誤っているのに確信度は高いということがしばしば起こります．

確信度が，「その分類結果が実際に正解である確率」であると考えると，そうなるための条件，すなわちある分類結果の確信度 q がその分類が正しい確率と一致する条件は，

$$p(\operatorname*{argmax}_k y_k = \bar{k}| \max_k y_k = q) = q \tag{8.7}$$

と表現できます．ただし $\bar{k}$ は正しいクラスです．

このような一致・不一致の度合いを測る尺度に，**期待校正誤差 (expected calibration error)**（以下 **ECE**）があります．N 個のテストサンプルがあるとき，まずそれら各々の分類結果の確信度の度数分布（ヒストグラム）を作ります．確信度の範囲 $[0,1]$ を M 分割したとき，その各ビン $(m = 1, \ldots, M)$ に含まれるサンプルの集合 B_m について，その平均正答率 $\mathrm{acc}(B_m)$ を算出します．B_m に含まれるサンプルの確信度はおよそ $\mathrm{conf}(B_m) = (m-1/2)/M$ となるはずです．ECE はこれらの差を

$$\mathrm{ECE} = \sum_{m=1}^{M} \frac{|B_m|}{N}|\mathrm{acc}(B_m) - \mathrm{conf}(B_m)| \tag{8.8}$$

のように求めたものです．

上述のように，クラス分類の予測が自信過剰となるネットワークでは，ECE の値が大きくなります．これを修正するために，ソフトマックス関数に**温度スケーリング (temperature scaling)** を施した

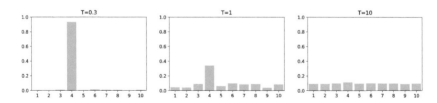

図 8.4 ソフトマックスの温度スケーリングの効果. 同じ 10 クラスのロジット **u** を入力とするソフトマックス関数の $T = 0.3, 1, 10$ の出力.

$$y_k = \frac{\exp(u_k/T)}{\sum_{j=1}^{K} \exp(u_j/T)} \tag{8.9}$$

を採用し, バリデーションデータ上で ECE が最小になるように温度 T を決定します. 以上の操作をソフトマックス出力の**校正 (calibration)** と呼びます. 図 8.4 のように, T を変えることでソフトマックスの出力分布のピークが鋭くなるようにしたり, 逆によりフラットにしたりすることができます. なおロジット $\mathbf{u} = [u_1, \ldots, u_K]$ の値が同じである限り, T を変えても最大値をとるクラスは変わらないので, 上の操作はクラス分類の結果には影響しません.

8.3.3　モデルのアンサンブル

同一のタスクと訓練データ $\mathcal{D}$ に対し, 何らかの方法で複数のモデルを得て, それらの推論結果を統合すると, 一般に推論の精度を向上させられます. 例えば, 同一構造のネットワークを, 毎回重み $\mathbf{w}$ の初期値を変えて訓練して複数のモデルを得て, 同一入力に対するこれらの推論結果を統合します.

さて, 8.1.2 項の議論に従えば, 8.3.1 項と 8.3.2 項の方法はいずれも偶然性による不確かさを推定することはできても, 知識の欠如による不確かさを捉えることはできないことになります. そこでの議論から, 知識の欠如による不確かさは $p(\mathbf{w}|\mathcal{D})$ で表されます. 式 (8.1) のように, これを用いて $\mathbf{w}$ を $\int p(y|\mathbf{x}, \mathbf{w})p(\mathbf{w}|\mathcal{D})d\mathbf{w}$ と周辺化すれば, 2 つの不確かさを統合した $p(y|\mathbf{x})$ を得られるはずですが, この計算は簡単には実行できません.

そこでモデルのアンサンブルを使って, 上の積分の近似を求めます [174]. つまり, 上述のように異なるモデル $\mathbf{f}_i(\mathbf{x}) = \mathbf{f}(\mathbf{x}; \mathbf{w}_i)$ $(i = 1, \ldots, I)$ を得ておいて, 推論時には 1 つの入力 $\mathbf{x}$ をこれら I 個のモデルに別々に入力し, そ

れらの出力を平均します.

クラス分類の場合, 単体のネットワークの出力は $y_k = p(\mathcal{C}_k|\mathbf{x},\mathbf{w})(k = 1,\ldots,K)$ であり, その平均 $\bar{y}_k = \sum_{i=1}^I f_k(\mathbf{x};\mathbf{w}_i)/I$ は各 $k = 1,\ldots,K$ について

$$p_{\text{ens}}(\mathcal{C}_k|\mathbf{x}) = \frac{1}{I}\sum_{i=1}^I p(\mathcal{C}_k|\mathbf{x},\mathbf{w}_i) \tag{8.10}$$

のようにクラスの確率の平均を与えます. 回帰の場合は 8.3.1 項のように, 個々のモデル i に, 例えば正規分布の平均と分散を予測させ, 各モデルの予測した分布を平均します[*6].

式 (8.10) を, 上述の $\int p(y|\mathbf{x},\mathbf{w})p(\mathbf{w}|\mathcal{D})d\mathbf{w}$ の近似と考えます. 直感的には, I 個のネットワークが同じ入力 $\mathbf{x}$ に対して与える推論の結果が食い違いを見せれば, 今の $\mathbf{x}$ に対し十分な学習が行われていないといえるでしょう. その場合, 分布の平均 $p_{\text{ens}}(\mathcal{C}_k|\mathbf{x})$ はピークが低く, より曖昧な予測になります. 反対にどのネットワークもほぼ同じ結果を与えるならば, 予測は確かなものと見なせます. 分布の平均は個々のモデルのそれと変わらず, そこに残るものは偶然性による不確かさであるといえます.

なお一般に比較的少数 ($I \sim 5$ 程度) のモデルでよい結果が得られますが, それでも単一モデルと比べると計算コストがかかります. 改善策として, MC-dropout[175] と呼ばれる方法が考案されています. これは, ドロップアウトを学習だけでなく推論においても行う方法です. 推論時にも同じ入力に対して異なる出力を得ることができ, それらを上述の複数モデルの出力と同様に扱います. ただし, ドロップアウトのハイパーパラメータ (間引き率や対象とする層) をうまく選ぶ必要があり, 常にアンサンブルの代わりとなるとまではいえません.

注記　8.2 節で述べたように, 知識の欠如による不確かさはベイジアンネットワークの枠組みにおいて盛んに研究され, さまざまな計算方法が提案されています. しかしながら, それらの性能はネットワークの集合を使う上述の

[*6]　個々のモデルは 1 つの正規分布を予測するので, その平均は混合正規分布になります. これらを 1 つの正規分布で近似し直し, その平均と分散で y の分布を表現し直してもよいでしょう. モデル別の出力が μ_i, σ_i^2 のとき, 近似後の平均は $\bar{\mu} = \sum_i \mu_i/I$, 分散が $\bar{\sigma}^2 = 1/I(\sum_i \sigma_i^2 + \mu_i^2) - \bar{\mu}^2$ と計算されます.

方法に及んでいないという報告があります [176]. 個別モデルの予測の平均 $(1/I)\sum_{i=1}^{I} p(y|\mathbf{x}, \mathbf{w}_i)$ は, $p(\mathbf{w}_i) = 1/I$ と考えれば $\sum_{i=1}^{I} p(y|\mathbf{x}, \mathbf{w}_i)p(\mathbf{w}_i)$ となり, 確かに式 (8.1) の 1 つの近似と解釈可能です. ただし, ランダムな初期値から最小化を始めて得られる $\mathbf{w}_i$ には, 損失関数が $\mathbf{w}$ の空間で見せる地形の複雑さが関与し, 見かけよりずっと複雑な要素が絡み合っている可能性があり, ベイジアンネットワークを近似するものと見なしてよいかについては議論があります [177].

8.3.4 不確かさの尺度

クラス分類の不確かさは上述の確信度に加えて, $p(y|\mathbf{x})$ の広がりを定量化するエントロピーでも測れます. エントロピーは, クラスの事後確率 $y_k = p(\mathcal{C}_k|\mathbf{x})$ を用いて

$$H[p(\mathcal{C}_k|\mathbf{x})] = -\sum_{k=1}^{K} p(\mathcal{C}_k|\mathbf{x}) \log p(\mathcal{C}_k|\mathbf{x}) = -\sum_{k=1}^{K} y_k \log y_k \qquad (8.11)$$

と計算されます. 回帰の場合, エントロピーは次のように計算されます.

$$H[p(y|\mathbf{x})] = -\int p(y|\mathbf{x}) \log p(y|\mathbf{x}) dy \qquad (8.12)$$

モデルのアンサンブルを用いる場合は, 上述の通り I 個のネットワークの出力の平均 $p(y|\mathbf{x}) = \sum_{i=1}^{I} p(y|\mathbf{x}; \mathbf{w}_i)/I$ を求めた後に, この分布に対し確信度やエントロピーを計算し, それらを不確かさの尺度とします. アンサンブルを使うときはこの他にも, 各モデルのソフトマックス出力のばらつきや, 各モデルが独立に予測したクラスがどれだけ揃っているかを測る**変動比 (variation ratio)**——次のように定義される——が使われることもあります.

$$v = 1 - \frac{m}{I} \qquad (8.13)$$

ここで m は, I 個の予測クラスのうち, 最大多数となったクラス (通常, 最終的な予測クラスとなる) 以外の数です. すなわち, $I = 5$ で予測クラスが $\{3, 2, 1, 3, 3\}$ の場合, $v = 1 - 2/5 = 0.6$ と計算されます.

8.3.5 2 つの不確かさの分離

前項で説明した通り, モデルのアンサンブルを用いれば, 知識の欠如によ

る不確かさを捉えられると考えられますが，そこで得られるのは偶然性による不確かさと合わせたトータルの不確かさです．2つの不確かさを分離して評価する方法はあるのでしょうか．

1つの方法は，偶然性による不確かさを求め，それを差し引くことです．$\mathbf{w}$を1つ指定したときの偶然性による不確かさは，$p(y|\mathbf{x}, \mathbf{w})$についてのエントロピーで表現できます．$\mathbf{w}$の取り得る変動を表す$p(\mathbf{w}|\mathcal{D})$が与えられ，このエントロピーの$p(\mathbf{w}|\mathcal{D})$に関する期待値

$$\mathbb{E}_{p(\mathbf{w}|\mathcal{D})} H[p(y|\mathbf{x}, \mathbf{w})]$$

が計算できるなら，トータルの不確かさ$H[p(y|\mathbf{x})]$からこれを引いた

$$H[p(y|\mathbf{x})] - \mathbb{E}_{p(\mathbf{w}|\mathcal{D})} H[p(y|\mathbf{x}, \mathbf{w})] \tag{8.14}$$

が，知識の欠如による不確かさを表すと考えられます．

これをクラス分類において（近似的に）計算すると次のようになります．まず，MC-dropout あるいはアンサンブルを用いて，$\mathbf{x}$から複数の出力$\mathbf{y}_1, \ldots, \mathbf{y}_I$を得ます（$\mathbf{y}_i$は$i$番目のモデルが予測した$K$個のクラス事後確率が作るベクトル）．それらの平均$\bar{\mathbf{y}} = (1/I) \sum_{i=1}^{I} \mathbf{y}_i$に関するエントロピー$H[\bar{\mathbf{y}}]$は，上述のように2つの不確かさを足し合わせたものです．偶然性による不確かさを表す上述の期待値$\mathbb{E}_{p(\mathbf{w}|\mathcal{D})} H[p(y|\mathbf{x}, \mathbf{w})]$は，個別の出力$\mathbf{y}_i$に関するエントロピーの平均，すなわち$(1/I) \sum_{i=1}^{I} H[\mathbf{y}_i]$で近似できます．すなわち，知識欠如による不確かさは両者の差

$$-\sum_{k=1}^{K} y_k \log y_k + \frac{1}{I} \sum_{i=1}^{I} H[\mathbf{y}_i]$$

として与えられることになります．なお，これはクラスの確率分布の平均のエントロピーからエントロピーの平均を引いたもの（$H[\bar{\mathbf{y}}] - (1/I) \sum_{i=1}^{I} H[\mathbf{y}_i]$）であり，相互情報量と呼ばれるものに相当します．

8.4 分布外入力の検出

8.4.1 概要

訓練データ$\mathcal{D}$の入力の集合$\{\mathbf{x}\}$が従う確率分布を$p(\mathbf{x})$とするとき，$p(\mathbf{x})$

とは異なる分布から生成された $\mathbf{x}$ のことを，**分布外 (out-of-distribution)** (以下 **OOD**) のサンプルと呼びます．一般にニューラルネットワークは，学習時に想定していなかった OOD サンプルに対し，予測が適切に行えない場合があります．

例えば，犬の画像1枚からその種類（犬種）を判別したいとし，犬の画像のみからなる訓練データ $\mathcal{D}$ を使ってネットワークを訓練し，犬種の判別が高精度に行えるようになったとします．このネットワークに訓練時に与えなかった画像，例えば犬と無関係な猫の画像や椅子の画像を入力すると，しばしば何の関係もない1つの犬種のクラスに高い確率を与えてしまうことがあります．

上のような事態は，与えられた入力サンプルが OOD かそうでないかを判定できれば回避可能です．以下では，$p(\mathbf{x})$ から生成された $\mathbf{x}$ を**分布内 (in-distribution)** と呼び，**ID** と略記します．ID と OOD を判別する最も自然な方法は，予測の不確かさを使う方法です．入力 $\mathbf{x}$ に対する出力 $y_k = p(\mathcal{C}_k|\mathbf{x}) = \mathrm{softmax}_k(u_1, \ldots, u_K)$ から，予測の不確かさを例えば確信度で測るとすると，$\max_k y_k$ に対し適当なしきい値 τ を設定し，

$$\max_{k=1,\ldots,K} y_k < \tau \tag{8.15}$$

となる場合に OOD，そうでない場合に ID と判別します [178]*7．なお，通常 OOD のサンプルは ID のサンプルよりかなり少ない頻度でネットワークに入力されるため，ID/OOD の判別は，多数の入力サンプルの中に潜む少数の OOD のサンプルを検出する問題になります．

8.4.2 検出精度の向上

OOD のサンプルを可能な限り高い精度で検出するには，どうすればよいでしょうか．ネットワークの理想的な振る舞いは，ID のサンプルに対しては自信を持って正解クラスをいい当て（＝クラススコアの最大値が大きくなる），OOD のサンプルに対しては全クラスの確率が等しく小さくなる（＝分類が最も不確かになる）というものです．

クラス分類の標準的な定式化と学習方法を使うと，ネットワークは必ずしもそのような理想的な振る舞いをしないことが経験的にわかっています．8.3.2

---

*7　確信度の代わりにエントロピーを同じように使うことができます．

項では,ネットワークの予測は自信過剰になりやすい,つまり正誤によらず特定のクラスの予測確率が過剰に大きくなりやすいことを述べました.またその対策として,ソフトマックス関数に温度 T を $y_k = \mathrm{softmax}_k(u_1/T, \ldots, u_K/T)$ のように挿入し,適切に $T(>1)$ を決める方法を説明しました.大きな T はクラス間の出力の差を小さくする方向に誘導するので,OOD のサンプルに対する全クラス確率をより等しくしますが,ID の正解クラスの確率も道連れに下げてしまうので,根本的な解決にはなりません.

より根本的には学習そのものを変える必要があると考えられます.これまでにさまざまな検討が行われてきていますが,ここではそのうちの代表的な方法を述べます.

1 つは事前学習を行うことです.例えば対象とするタスクが自然画像の分類であるなら,ImageNet のような多数のクラスを含む物体認識を事前学習したネットワークを用いてファインチューニング(11.3.3 項)を行います.一般に,目的タスクの訓練データの量が十分ならば,事前学習は性能の向上にほとんど貢献しない[179, 180] 一方で,予測の「頑健さ」が向上することが知られています[181].すなわち,敵対的事例(8.5 節)への耐性や確信度の校正精度(8.3.2 項)が向上し,また上述の不確かさを用いた OOD の検出精度が向上します.これは事前学習後のネットワークが持つ入力の内部表現の空間では,さまざまなクラスが異なる場所を占めるようになっており,その結果,ファインチューニング後の目的タスクのクラスの ID サンプルが占める位置と,OOD サンプルが占める位置とが一定以上離れることにつながるためであると考えられます.目的タスクだけを学習したネットワークの表現空間では,OOD サンプルが占める位置は成り行きに任され,ID サンプルのそれと偶然近くなってしまうことがより高い頻度で起こると考えられます.

事前学習の他にも,OOD のサンプルが ID のサンプルからなるべく離れるような表現空間を学習しようとする方法があります.その 1 つが,コサイン類似度を用いる方法です[182].具体的には,最終層で通常行われる $u_k = \mathbf{w}_k^\top \mathbf{f} + b_k$ という計算を,$u_k = s \cos\theta_k = s\mathbf{w}_k^\top \mathbf{f}/(|\mathbf{w}_k||\mathbf{f}|)$ という計算で置き換えます.s は余弦関数の値域の狭さ($[-1, 1]$)への対策です.つまり,クラス k の事後確率を

$$y_k = p(\mathcal{C}_k|\mathbf{x}) = \frac{\exp(-s\cos\theta_k)}{\sum_{i=1}^{K}\exp(-s\cos\theta_i)} \tag{8.16}$$

と定めます. s は温度 T の逆数 ($T = 1/s$) と見なすことも可能で, 定数 (ハイパーパラメータ) とする他, $\mathbf{f}$ から $s = \exp(\mathbf{w}^\top \mathbf{f} + b)$ のように予測し, $\mathbf{w}$ と b を学習によって決定することもできます. 学習自体はいつも通り, 交差エントロピーを最小化します. 推論時のクラスの予測はこのネットワークの出力から通常通り行い, OOD サンプルの検出は確信度 (事後確率の最大値) ではなく, スケール適用前のロジットにあたる $\cos\theta_k$ の最大値をしきい値処理します.

$$\max_k \cos\theta_k < \tau \tag{8.17}$$

また, OOD サンプルの検出は異常検出の問題として捉えることもできます. まず, ID サンプルがどのような分布をするかを訓練データ $\mathcal{D}$ を使ってモデリングし, 入力サンプルがその分布に従うかどうかで判定する方法です. 原理的には入力 $\mathbf{x}$ そのものの空間で ID サンプルの分布 $p(\mathbf{x})$ をモデル化し, 判定を行うことも可能ですが, 目的タスクを学習したネットワークの中間層の特徴空間でこれを行うと, よりよい性能を期待できます. 例えば中間層 l の特徴空間上で, ID サンプル $\mathbf{x}$ の特徴 $\mathbf{z}^{(l)}$ がとる分布 $p(\mathbf{z}^{(l)})$ を正規分布などで表します. 文献 [183] の方法では, 各クラス k につき, そのクラスに属するサンプルの $\mathbf{z}^{(l)}$ の集合に正規分布を当てはめます. 効率性などの配慮から, その分散共分散行列は全クラス共通とし, 平均はクラス間で異なるものとします. 新たなサンプル $\mathbf{x}$ が与えられると, 最大確率を与えるクラス k をまず特定し, $\mathbf{x}$ に対する $\mathbf{z}^{(l)}$ に対し, そのクラスの分布についてのマハラノビス距離を計算し, しきい値と比較して ID/OOD の判別を行います.

8.5 敵対的事例

8.5.1 概要

深層ニューラルネットワークは極めて高精度な推論を行える一方で, 入力を少し細工するだけでその推論を誤らせることが可能です (図 8.5). 図は物体認識の例で, ある CNN が正しく認識できる画像に, 後述する方法で計算したノイズを加算すると, 同じ CNN が誤った推論結果を与える様子です. このような細工がなされた入力のことを**敵対的事例 (adversarial example)** と呼びます [185]. クラス分類だけでなく回帰を含むさまざまな問題で, 一般

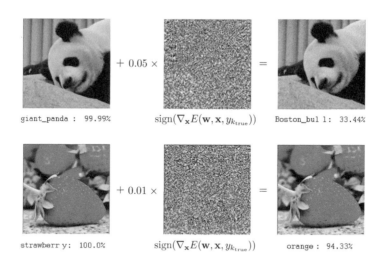

図 8.5　敵対的事例の例．FGM 法 [189] で求めたものです．

に敵対的事例を作ることができます．

　このことは，深層ニューラルネットワークを用いたシステムの安全性に対する大きな懸念になります．悪意を持った人物がネットワークへの入力を改ざんすることで，システムを攻撃できてしまうからです．この攻撃はデジタルデータへの細工にとどまらず，センシング前の実世界への細工によっても実行でき*8，脅威は小さくありません．

　また，そのような敵対的事例の存在は，深層ニューラルネットワークが一見，十分な性能を見せていても，必ずしもわれわれが望むものを学習していないらしいことを示唆しています．同様の現象として，「人にはノイズあるいは無意味なパターンにしか見えないが，ネットワークには何らかの物体に見える」画像も生成できます [190]．なぜ，人の認識には影響しない程度の小さな細工によって敵対的事例が作れるのか，さらにどうすれば攻撃を防ぐことができるのかを考えることは，深層学習の理解にも通じる問題であるといえます [187, 188]．

---

*8　例えば道路標識に小さな細工をすることで，自動運転の画像認識システムを誤動作させることも可能であると考えられています [186]．

8.5.2 敵対的事例の生成

画像を入力とする多クラス分類を例に，敵対的事例の生成方法を説明します．ネットワークは，画像 $\mathbf{x}$ から各クラスのスコア y_k $(k = 1, \ldots, K)$ を出力します．入力 $\mathbf{x}$ に微小な摂動 $\boldsymbol{\delta}$ を加算した $\mathbf{x} + \boldsymbol{\delta}$ をこのネットワークに入力したとき，$\mathbf{x}$ の正解クラス k_{true} とは違うクラス $k_{\text{adv}}(\neq k_{\text{true}})$ を予測するように，$\boldsymbol{\delta}$ を決定することを考えます．ここでは対象とするネットワークの構造とパラメータは完全にわかっているものとします．なお，この条件のもとでの攻撃（＝敵対的事例の生成と入力）を，**ホワイトボックス攻撃 (white-box attack)** と呼びます．

このネットワークはいつも通り，訓練サンプル $(\mathbf{x}, k_{\text{true}})$ に関する損失 $E(\mathbf{w}, \mathbf{x}, k_{\text{true}}) = -\log y_{k_{\text{true}}}(\mathbf{x}; \mathbf{w})$ を，ネットワークのパラメータ $\mathbf{w}$ について最小化することで学習を行ったとします．今，入力 $\mathbf{x} + \boldsymbol{\delta}$ を，目標とする誤ったクラス k_{adv} に分類させたいので，$E(\mathbf{w}, \mathbf{x} + \boldsymbol{\delta}, k_{\text{adv}})$ が小さくなるように $\boldsymbol{\delta}$ を求めます．同時に $\boldsymbol{\delta}$ は人にはわからないようなるべく小さくしたいので，これを制約に課した次の最小化を考えます [185]．

$$\min_{\boldsymbol{\delta}, \lambda} E(\mathbf{w}, \mathbf{x} + \boldsymbol{\delta}, k_{\text{adv}}) + \lambda |\boldsymbol{\delta}|_1$$

なお $\mathbf{x} + \boldsymbol{\delta}$ が画像の濃淡の範囲に収まる条件も一緒に課します．

このようにして求めた $\mathbf{x} + \boldsymbol{\delta}$ が図 8.5 です．$\boldsymbol{\delta}$ の各要素の値は小さいので，人の目には $\mathbf{x}$ と $\mathbf{x} + \boldsymbol{\delta}$ との違いは目立ちませんが，このネットワークには，高い確信度とともに違う物体クラスに見えています．

上では指定したクラスを予測するようにしましたが，推論を誤らせるだけなら，より簡単な方法があります．これは **FGSM(fast gradient sign method)** と呼ばれる方法で，損失 E の勾配の符号情報のみを使って [189]，$\mathbf{x} + \boldsymbol{\delta}$ を

$$\mathbf{x} + \varepsilon \, \text{sign}(\nabla_{\mathbf{x}} E(\mathbf{w}, \mathbf{x}, k_{\text{true}})) \tag{8.18}$$

と定めます．ε は小さな定数で，$\text{sign}(\cdot)$ は引数が正なら 1 を，負なら -1 を返す符号関数です．

式 (8.18) の中の損失の勾配 $\nabla_{\mathbf{x}} E$ は，損失が最も増加する $\mathbf{x}$ 空間の方向，つまり「最も予測クラスが正解 k_{true} でなくなる」方向です．この方向に $\mathbf{x}$ を移動させようということです．また，勾配の各成分の符号をとったものに

ε を乗じることで，$\boldsymbol{\delta}$ の各成分は絶対値が ε となり，ε を小さく選べば，$\mathbf{x}$ と比べて目立ちにくくなります．勾配そのものではなく，その符号の方向への移動は結果が予測できない部分もありますが，経験的にはこれで安定して敵対的事例を作れることが知られています．

また，次のように反復計算 ($t = 1, 2, \ldots$) によって，より強力な敵対的事例を作り出せる**反復的 FGSM(iterative FGSM)** あるいは**射影勾配降下(projected gradient descent)** （以下 **PGD**）法と呼ばれる方法があります．

$$\mathbf{x}^{t+1} = \mathrm{Clip}_{\mathbf{x},\varepsilon}\left[\mathbf{x}^t + \alpha\,\mathrm{sign}(\nabla_{\mathbf{x}}E(\mathbf{w}, \mathbf{x}^t, k_{\mathrm{true}}))\right] \qquad (8.19)$$

ここで $\mathrm{Clip}_{\mathbf{x},\varepsilon}(\mathbf{a})$ は，$\mathbf{a}$ の各要素 a_i を $[x_i - \varepsilon, x_i + \varepsilon]$ の範囲に収める処理を指します（つまり範囲を下回れば $x_i - \varepsilon$ に，上回れば $x_i + \varepsilon$ にする）．この方法は，攻撃者が入力に関する損失の勾配（1 次微分）を知り得る条件のもとでは，最も強力なものと考えられています．つまり，上の方法で作った敵対的事例を防ぐことができれば他の攻撃も防げる可能性が高いといえます [188]．

8.5.3　転移可能性

上では，1 つのネットワークに対し，その勾配へのアクセスができるという条件のもとで考えました．攻撃者から見れば，この条件はある程度ハードルが高いといえます．

しかしながら，敵対的事例は異なるネットワーク間で転移可能，すなわち特定のネットワーク向けに生成した敵対的事例が，しばしば別のネットワークに対しても有効となることが知られています．ここで別のネットワークとは，異なる構造を持ち，異なるデータで訓練されたものまでを含みます [191]．

手元のネットワークに対して作った敵対的事例が，別のネットワークにどのくらい有効か，つまりどのくらいの成功率で欺けるかは，条件によってかなり変動すると考えられます．一般には，ネットワークの構造の差が大きいほど，また訓練データの共通性が小さいほど，成功率は小さくなるでしょう．

それでもこの転移可能性は，攻撃者にとって都合がよいものです．攻撃対象とするネットワークそのものや，その損失の勾配に直接アクセスできない場合でも，敵対的事例をうまく生成できる可能性があるからです．このように，目的とするネットワークにアクセスできない条件のもとで行う攻撃は，ブ

ラックボックス攻撃 (black box attack) と呼ばれています.

8.5.4 防御

上述の方法の他にも多数の攻撃（敵対的事例の生成）方法が研究されていますが，同時にそのような攻撃を防ぐための方法も盛んに研究されています.ここでは PGD が，勾配の 1 次微分に基づく方法の中では最も強力な攻撃となり，それゆえこれを防ぐことできれば十分であるという前提に立ち[188]，これを防ぐ方法を説明します.防御のために，ネットワークに別の機構を追加する方法もありますが，ここでは敵対的事例に欺かれにくいネットワークのパラメータを得る学習方法を考えます.

通常の学習では，訓練データ $\mathcal{D} = \{(\mathbf{x}_n, d_n)\}_{n=1,\dots,N}$ に対して計算される損失を

$$\min_{\mathbf{w}} \frac{1}{N} \sum_n E(\mathbf{w}, \mathbf{x}_n, d_n)$$

のように，単純に $\mathbf{w}$ について最小化します.この代わりに，各訓練サンプル $(\mathbf{x}_n, d_n) \sim \mathcal{D}$ の入力 $\mathbf{x}_n$ に摂動 $\boldsymbol{\delta}$ を加えた場合の損失 $E(\mathbf{w}, \mathbf{x}_n + \boldsymbol{\delta}, d_n)$ を考え，その「最大値を $\mathbf{w}$ について最小化する」というミニマックス戦略を考えます.式で書くと

$$\min_{\mathbf{w}} \rho(\mathbf{w}), \quad \text{ただし} \quad \rho(\mathbf{w}) = \frac{1}{N} \sum_{n=1}^{N} \left[\max_{\boldsymbol{\delta} \in \mathcal{S}} E(\mathbf{w}, \mathbf{x}_n + \boldsymbol{\delta}, d_n) \right] \quad (8.20)$$

です.ここで $\mathcal{S}$ は摂動 $\boldsymbol{\delta}$ の範囲を与えるもので，例えば要素の絶対値の上限が ε となる $\boldsymbol{\delta}$ $(|\boldsymbol{\delta}|_\infty < \varepsilon)$ の集合を表します.

式 (8.20) の $\rho(\mathbf{w})$ の [·] 内は，最悪の場合を想定したものに当たります.つまり，損失を最大化する $\boldsymbol{\delta}$ を求めることで，$\mathbf{x}_n$ に対する敵対的事例が生成されていることになります.それゆえ，$\rho(\mathbf{w})$ を最小化するパラメータ $\mathbf{w}$ は敵対的事例に強いものであるといえます.少なくとも，同種の攻撃に対する防御がなされているといえます.

残る問題は，式 (8.20) の最適化をいかにして実行するかです.1 つの方法は，$\mathcal{D}$ の各サンプルに対して，PGD を使って敵対的事例を生成し，それを訓練データに追加して学習を行うことです.この方法は**敵対的学習 (adversarial training)** と呼ばれます.どれだけの量の敵対的事例を学習に用いるべきか

や，PGD のハイパーパラメータの選定に自由度がありますが，一定の効果が確かめられています．なお，PGD の代わりに FGSM で敵対的事例を生成して同じことを行っても，結果は芳しくないという報告[186]もありますが，FGSM では式 (8.20) の [·] 内の最大化が不十分であるためだと考えられます．

　上の方法以外にもさまざまな防御方法が考えられています．また防御よりもむしろ，攻撃されていること，つまり入力が改ざんされていることの検出に重きを置く考え方もあります．

8.6　品質保証の試み

　多くの製品やサービスに対して求められるのと同じような品質保証を，深層ニューラルネットワークの推論に対して求めようとする試みがあります．例えば，ある一定の範囲内で変動する任意の入力に対し，推論結果の正しさを保証するといったことです．ただし，敵対的事例の存在を見れば明らかなように，いくつかの入力の事例に対する推論が正しくとも，未知の入力に対してそうなるとは限りません．また深層学習で扱うデータは，画像や言語のように高次元空間にあり，網羅的に入力を変えてテストを行うことは現実的ではありません．このように推論の品質を保証することは難しい問題であり，今のところ，実用に耐える方法はありません．ここでは，これまでの研究を簡単に紹介します．

　1 つは入力に摂動を加えたとき，推論がどうなるかを予想することです．特に画像の場合，画像に微小な幾何学的変換を加えたとき，推論結果が変化しないことを証明できれば，実用的には一定の価値があるでしょう．とはいえ現実には，基本的な幾何学的変換，例えば画像回転や並進移動でさえ，その変換パラメータを探索すれば敵対的事例を生み出せることがわかっています[192,193]．そこで逆に，推論結果が変わらない幾何学的変動の範囲を特定しようという試みがあり，例えば DeepPoly[194] や DeepG[195] などです．ただし，今のところ扱えるネットワークは小規模なものに限定されています．

　これとは別の考え方として，**ニューロン網羅率 (neuron coverage)** と呼ばれる量を用いる方法があります．これはソフトウェアの品質評価技法である**命令網羅率 (statement coverage)**——プログラム中の各命令は一度以上実行されなければテストしたことにならない——からのアナロジーで考案

されました．具体的には，1つの入力に対しネットワーク内のユニットのう
ち活性化したもの（＝しきい値以上の出力値を与えたもの）の数を調べます．
そしてこの数を最大化する入力を計算し，それに対する推論結果を評価しま
す．このアプローチに基づく方法に DeepXplore[196]，DeepTest[197]，Deep-
Gauge[198] があります．ただし，このような評価が品質を保証するものとい
えるのか，その有用性はいかほどのものかは疑問が残るところです．

9

説明と可視化

ニューラルネットワークが下した 1 つの推論の結果に対し，なぜ
その結果に至ったのかを理解したいことがよくあります．本章で
は，入力の中のどの部分が推論結果にどのくらい影響したのかを
可視化する方法を，原理ごとに分けて説明します．また，今の推
論結果に，訓練データのどのサンプルがどれだけ影響したかを測
る方法を説明します．最後に，ネットワークが学習した内容を可
視化する方法を説明します．

9.1　はじめに

　ニューラルネットワークはブラックボックスになぞらえられ，それが行う
計算の中身を説明することは一般に難しい問題です．説明の対象となるのは
2 つあります．1 つは推論の過程，すなわちネットワークが入力から出力を得
る間に，何をどのように計算しているかです．もう 1 つは学習の内容，つま
り学習を通じてネットワークが何を獲得したのかです．

　1 つ目の推論の説明は，さまざまな状況・場面で求められます．例えばネッ
トワークの推論が誤りであったとき，なぜそうなったかを説明できれば，改
善や性能向上に活かせるでしょう．また，利害を伴う重大な意思決定——例
えば臓器移植を待つ患者の優先順位の決定など——について，関係者の納得
を得る目的で説明が求められる場合もあります．しかしそもそも説明すると
はどういうことで，何ができれば説明できたといえるのかは自明ではありま

せん. 目的や用途に応じてその中身は変わり得ます [199].

　そのためさまざまな方法が研究されていますが, 中でも有力なのは可視化と事例を用いる方法の 2 つです. この他にも, 説明を目的としたネットワークの専用構造を考えるアプローチもありますが, それほど成功しているとはいえないので, 本章では省略します.

　1 つ目の推論の**可視化 (visualization)** とは, 具体的には, 入力のどの部分が出力をどれだけ左右しているか——画像なら画像内のどの領域なのか, 文ならどの単語や句か——を定量的に示す方法です. 数多くある方法は次のように分類されます.

- 入力による出力の微分 (9.2 節)
- 入力の遮蔽・挿入 (9.3 節)
- 中間層出力の表示 (9.4 節)
- 寄与度の分解 (9.5 節)
- 寄与度の逆伝播計算 (9.6 節)
- 注意機構 (7.2 節) で計算される注意の表示

最後の項目は本章では省略します. 注意は入力の各要素の重要度を表現すると想定されるので, それを見ることは理にかなっています. ただし, その期待は必ずしも正しくないとする主張 [200] もあり, 慎重に考える必要はあるでしょう.

　さて, 推論の説明に使われるもう 1 つの方法は, 参考になる事例を集めて比較する方法です. 最も簡単なのは, 説明したい推論の結果に対し, 似たような結果を与える入力を複数, 例えばバリデーションデータの中から選出し比較することです. 選出したサンプルと最初の入力を見比べることで, なぜその推論結果が得られるのかを読み取ります [201]*1.

　事例を使う別の方法が, **影響関数 (influence function)** を用いる方法です. これは, あるネットワークの下した 1 つの推論が, 訓練データ内のどのサンプルからどれだけの影響を受けているかを知ろうとするものです. 正しい推論であれ誤った推論であれ, 特定のサンプルによって結果が大きく左右さ

---

*1　図 9.3 は, 多くの画像の中から 1 つのユニットの出力が大きい上位の画像を選出して表示しています. 出力が似通った画像をこのように眺めることで, ネットワークが何に反応しているかをある程度読み取れます.

れる場合，それを特定できれば大変有用です．詳しくは 9.8 節で説明します．

　他にも事例を用いた説明や解釈の方法があります．1 つは 8.5 節の敵対的事例です．直感に反するネットワークの振る舞いを見ることができます．さらに，「反事実現実 (counterfactual) による説明」と呼ばれる方法があります．文献 [202] の例を引用すれば，

　　あなたの年収が 30,000 ポンドであるため，ローンの申し込みは認められませんでした．もし 45,000 ポンドあれば，認められていました．

というような説明です．望む結果を得るには現実がどうあるべきかを示すことで効果的な説明を与えます．同様の考え方で，例えば 2 値分類を行うネットワークが下した 1 つの推論結果に対し，結果が反転するような元の入力に最も近い入力を，敵対的事例同様の計算によって求めます．こうして求めた入力は，元の入力に近いにもかかわらず違う結果を与えるので，最初の推論を理解するうえで一助となります．

　最後に，個々の推論を説明するのではなく，ネットワークが学習を通じて何を得たかを理解したいという要求もあります．これをかなえるのが，9.9 節で説明する「学習内容の可視化」です．

9.2　入力による出力の微分

9.2.1　基本となる考え方

　あるネットワークが入力 $\mathbf{x} \in \mathbb{R}^D$ を受け取って K 個のクラスのスコア $\mathbf{y} = [y_1, \ldots, y_K]^\top$ を出力するクラス分類を考えます．今，クラス k のスコア y_k に関心があるとします（大きくても小さくてもよい）．そこで $\mathbf{x}$ の 1 つの成分 x_i を $x_i + \delta x_i$ とわずかに変化させたとき，出力 y_k がどうなるかを考えます．y_k の変化量は，関数 $y_k = y_k(\mathbf{x})$ の $\mathbf{x}$ の各成分 x_i による微分 $y'_{k,i}(\mathbf{x}) \equiv \partial y_k / \partial x_i$ に相当します（$i = 1, \ldots, D$）[203]．$\mathbf{x}$ の各成分について微分係数 $[y'_{k,1}(\mathbf{x}), \cdots, y'_{k,D}(\mathbf{x})]^\top$ を求めると，その各成分 $y'_{k,i}(\mathbf{x})$ は y_k の x_i に対する感度 (sensitivity) を表します．$\mathbf{x}$ が画像であれば，これらは y_k の各画素に対する感度を表し，その絶対値 $|y'_{k,i}(\mathbf{x})|$ を画素値とする画像を見れば，各画素の影響の大きさを直感的に捉えられそうです（209 ページの図 9.2 の "Gradient"）．

　関数 $y_k(\mathbf{x})$ はネットワークの順伝播で計算されるので，その微分の計算は煩雑に見えますが，学習時の誤差逆伝播の計算と同じ手順を踏んで実行できます[*2]．この計算では，通常の誤差逆伝播と同様，ReLU や最大プーリング層を逆にたどる際はそれらの順伝播時の情報を利用することになります．

9.2.2　手法の拡張

　微分の性質上 $y'_{k,i}(\mathbf{x})$ の値は $\mathbf{x}$ のノイズに敏感であり，可視化結果もノイズを含むものになりがちです．SmoothGrad と呼ばれる方法はこれを緩和します[204]．$\mathbf{x}$ に微小なノイズ ε_j を加算した $\mathbf{x}_j \equiv \mathbf{x} + \varepsilon_j$ をネットワークに入力し，上の方法で $\mathbf{x}_j$ での微分係数を求め，ε_j をランダムに変えてこの計算を何度か繰り返し $(j = 1, \ldots, J)$，その平均を求めます．平均をとることでノイズの影響が低減され，加算したノイズに左右されない $\mathbf{x}$ の本質的成分の影響を捉えます（209 ページの図 9.2 の "SmoothGrad"）．

　なお ReLU を採用した層では，微分を計算するために行う逆伝播の計算時，順伝播時に活性化したユニットにのみ信号を逆伝播させます．これに対し，逆伝播の際にも逆方向に ReLU が作用すると見なして計算を行う方法が考案されました．DeConvNet[205] は，逆伝播される値が ReLU を通過する際，順伝播時の記録を無視し，値が正のときのみ下層に伝えます．Guided Backprop[206] は，順・逆の両方向で正となるユニットのみに逆伝播を実行します．これらの方法は，ただの微分による方法と比べて一見よさそうに見える可視化結果を与えますが，推論を理解する目的には適さないことがわかっています[207]．図 9.2 の "Guided BP" では，y_k に何を選ぼうと可視化結果が変わっておらず，そのことが確認できます．

　微分 $y'_{k,i}(\mathbf{x}) = \partial y_k / \partial x_i$ を用いる以上の方法は，推論の可視化方法として一定の評価を得ている一方で，いくつかの疑問も呈されています．1 つは，$y'_{k,i}(\mathbf{x})$ はあくまで今の入力 $\mathbf{x}$ の 1 点での微分係数にすぎないので，$x_i \to x_i + \delta x_i$ と変化させても $y_k(\mathbf{x})$ が変化しなければ，仮に x_i の y_k への寄与が大きい場合でも，そのことを捉えられないという問題です．実際，ReLU を採用するネットワークでは，ReLU への入力が負の領域では入力変化に対して出力は

[*2] 誤差逆伝播の出発点となる損失 E の代わりに y_k を選び，さらに入力層の各ユニット i が x_i を総入力 $u_i^{(1)}$ に受け取り，それをそのまま出力する $(y_i^{(1)} = u_i^{(1)})$ と考えれば，入力層の各ユニットのデルタが $\delta_i^{(1)} = \partial E / \partial u_i^{(1)} = \partial y_k / \partial x_i$ となって，求めるものが得られます．

変化しないので，そのような現象が生じ得ます.

　これに対処するために，**積分勾配 (integrated gradients)** [208] と名付けられた方法が考案されています. この方法は，まず基準入力 $\bar{\mathbf{x}}$ を選び，これと現在の入力 $\mathbf{x}$ との違いに注目します. 具体的には

$$\mathrm{IG}_i(\mathbf{x}) = (x_i - \bar{x}_i) \int_0^1 y'_{k,i}(\bar{\mathbf{x}} + \alpha(\mathbf{x} - \bar{\mathbf{x}}))d\alpha \tag{9.1}$$

のように，基準 $\bar{\mathbf{x}}$ と現在の入力 $\mathbf{x}$ の $(1-\alpha):\alpha$ の比による内挿点 $\bar{\mathbf{x}}+\alpha(\mathbf{x}-\bar{\mathbf{x}})$ での微分係数を，$0 \leq \alpha \leq 1$ の範囲で積分して得られる値を使います.

9.2.3　議論

　本節の方法には一定の合理性はあるものの，上述の疑問点の他にも，推論結果の解釈としての有用性に対する疑問が呈されています [209, 210].

　まずこの方法では，最も単純な線形モデルによる推論をうまく説明できません. というのは，線形モデル $y = \mathbf{w}^\top\mathbf{x}$ をその入力 $\mathbf{x}$ で微分すると，$dy/d\mathbf{x} = \mathbf{w}$，すなわちモデルの重みが得られるにすぎないからです. 推論結果は個々の $\mathbf{x}$ に対して変化するはずですが，この方法は $\mathbf{w}$ という定数をいつも返すため，説明としては無理があります.

　文献 [209] では，物体認識を行う CNN を対象に，順伝播時の ReLU と最大プーリング層の選択記録が，この方法による可視化結果をほぼ決定することを示しています. つまり例えば，どのクラス $k(y_k)$ を説明対象に選んでも，可視化結果は大きくは変わらないということです. クラススコアの代わりに中間層のユニットの出力を説明対象に選ぶこともできますが，同じ層ならどのユニットを選んでも可視化結果はあまり変わらないとされています（図 9.2 も参照）.

　またこの方法は，入力の各要素単独の影響しか測れないという限界もあります. 画像の場合，1 つの画素を他の画素と独立して（他は固定した状態で）変動させたときの出力の変動を見ているにすぎず，2 つ以上の画素が連動して変化する場合の影響を捉えることはできません.

9.3   入力の遮蔽・挿入

入力 $\mathbf{x}$ の 1 つの成分 x_i だけでなく，複数の成分のまとまりを変化させ，それによって出力（推論結果）がどう変化するかを見ることを考えます．特に入力の一定の範囲を隠したとき，それによって出力が変わるなら，隠した部分は出力の変動分だけ元の推論に寄与していたといえるでしょう．画像の場合，例えば画像内で矩形領域を選び，その内部すべてを適当な色で塗りつぶしたときの出力の変動を見れば，その矩形領域の出力への影響をある程度見積もることができます [205]．同じサイズの矩形を画像内で場所を変えながら出力を計算することで，場所ごとの影響を可視化できます（図 9.1）．

具体的には次のようにします．画像 $\mathbf{x} \in \mathbb{R}^D$ に対し，画像の領域（画素の集合）を指定するマスク $\mathbf{m} \in \mathbb{R}^D$ を考えます．$\mathbf{m}$ の要素 m_i は $0, 1$ の 2 値，

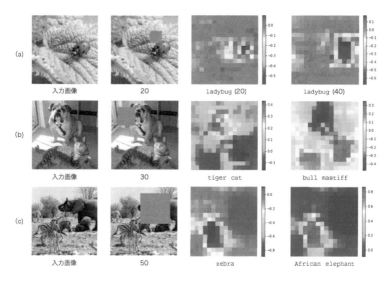

図 9.1 画像の一部をグレーの正方形で覆ったときのクラススコアの変化量を求めて可視化したもの．可視化結果の下に，選んだクラス名を示します．また画像の下の数字は使用した正方形のサイズを示します．

あるいは区間 $[0,1]$ の値をとるとします. この $\mathbf{m}$ を使って画像内の部分領域（隣接画素の集合）を指定し, それを遮蔽します. 具体的には遮蔽後の画像を $\tilde{\mathbf{x}} = \Phi(\mathbf{x}; \mathbf{m})$ と表すと, Φ の中身を画素 x_i について

$$\tilde{x}_i \equiv m_i x_i + (1 - m_i)\bar{x}_i \tag{9.2}$$

とします. つまり, $m_i = 1$ なら x_i はそのまま, $m_i = 0$ なら x_i を $\bar{x}_i$ で置き換えます. $\bar{x}_i$ は最も単純には定数とし, 0 や学習画像の画素値の平均値などとします*3.

可視化の対象がクラス k のスコア $y_k(\mathbf{x})$ で, これがある程度大きな値をとるとき, 画像の遮蔽 $\mathbf{x} \to \tilde{\mathbf{x}}$ に伴う $y_k(\mathbf{x})$ の変動

$$\delta_k(\mathbf{x}; \mathbf{m}) \equiv y_k(\tilde{\mathbf{x}}) - y_k(\mathbf{x}) = y_k(\Phi(\mathbf{x}; \mathbf{m})) - y_k(\mathbf{x}) \tag{9.3}$$

に注目します. δ_k が大きな値をとる（つまり y_k を減少させる）マスク $\mathbf{m}$（の $m_i = 0$ となる画素）は, 画像中の重要な部分領域を遮蔽していると考えられます. このとき $\mathbf{m}$ の 0 をとる成分の数が少ないほど, 重要な領域をより狭く特定できることになります.

以上を「重要領域の削除」と呼ぶことにすると, その反対が「重要領域の挿入」です. これは, 例えば画素値がすべて 0 をとる基準画像 $\bar{x}$ を出発点に, $y_k(\tilde{\mathbf{x}})$ がなるべく大きくなり, かつ $m_i = 1$ となる画素数が少ないマスク $\mathbf{m}$ を見つけます. そんな $\mathbf{m}$ の $m_i = 1$ の画素は, 本来の $y_k(\mathbf{x})$ を与える画像の部分領域を表します.

いずれの方法でも, 目的のマスク $\mathbf{m}$ を求める方法は 2 つ考えられます. 重要領域の削除を例にとると, 1 つはなるべく多数のいろいろなマスク $\mathbf{m}$ の集合 M を用意し, その中で最もスコアを低下させるもの, つまり $\hat{\mathbf{m}} = \operatorname{argmin}_{\mathbf{m} \in M} \delta_k(\mathbf{x}; \mathbf{m})$ を求める方法です.

これを効率よく行う方法に RISE [212] があります. これは $\mathbf{m}_n (n = 1, 2, \ldots)$ をランダムに生成し, 式 (9.2) に従って入力 $\tilde{\mathbf{x}}_n$ を複数作ります. それぞれを対象とするネットワークに入力し, 出力の値 $y_k(\tilde{\mathbf{x}}_n)$ をそれぞれ求め, それらで各マスクを重み付けした「平均マスク」$(1/Z) \sum_n y_k(\tilde{\mathbf{x}}_n)\mathbf{m}$ を計算します. Z は正規化のための定数です. 重要な領域ほど, このマスク

---

*3 ξ を ξ_i と画素ごとに異なる値とし, ノイズや元の $\mathbf{x}$ にローパスフィルタを適用し, ぼかした画像 $\mathbf{x}'$ の画素 x_i' を用いることで遮蔽の影響を小さくしようとする方法もあります [211].

の値は大きくなります.

　マスク $\mathbf{m}$ を求めるもう 1 つの方法は数値最適化を利用する方法です. 引き続き重要領域の削除を例にとると, $\mathbf{m}$ は区間 $[0,1]$ の連続値をとるものとし, 式 (9.3) の $\delta_k(\mathbf{x}; \mathbf{m})$ を最小化する $\mathbf{m}$ を SGD で求めます. 画像全体をマスク対象に選ぶ無意味な解を避けるため, $\mathbf{m}$ の成分のなるべく多くが $m_i = 1$ となるような制約を加えて, $\min_{\mathbf{m} \in M} \delta_k(\mathbf{x}; \mathbf{m}) + \lambda \|\mathbf{1} - \mathbf{m}\|_1$ を実行します. ただし, そのまま最適化を行うと, 敵対的事例 (8.5 節) に似た仕組みで得られる $\mathbf{m}$ はまっとうなものではなくなります [211]. これを回避するため, $\mathbf{m}$ に空間的な滑らかさを求めるなど, さらなる正則化を行うか (meaningful perturbation[211]), あるいは $\tilde{\mathbf{x}}(\mathbf{m})$ をネットワークに入力したときの各層出力に制約を導入します (FGVis)[213]*4.

　また, 入力 $\mathbf{x}$ とその推論に対していちいち最適化を行うのではなく, 目指すマスク $\mathbf{m}$ を $\mathbf{x}$ (など) から直接予測できるようにする方法もあります. そのために, 可視化対象のネットワークとは別のネットワークを用意し, 学習データ上で δ_k が小さくなるように訓練します [214,215].

　以上のようにマスク $\mathbf{m}$ で画像 $\mathbf{x}$ を一部遮蔽する方法は, 一般にうまく働きますが, 問題がないわけではありません. まず入力の一部を書き換えるので, 書き換え後の $\tilde{\mathbf{x}}$ が自然でなくなることが挙げられます. 例えば画像の矩形領域を単色で塗りつぶすと, それ自体が視覚的な意味を持ちかねず, 無視できない影響を与える可能性があります [216] (8.4 節, 11.7.1 項も参照). その対策として, x_i を単色で塗りつぶす代わりに, ありそうな濃淡パターンで置換する方法が提案されています [217] が, ありそうなパターンを見つけること自体が難しいという問題があります. 言語の場合でも同様に, 入力される文の単語や句をマスクして出力の低下幅を見ることで, それらの影響を測ろうとする方法があります [218]. 単語の組合せが推論結果に与える影響を測るために, 予測結果が反転する最少の単語の組合せを, 最適化問題を解いて求めます.

---

*4　元画像 $\mathbf{x}$ 入力時のそれと同じ符号を持ち, 絶対値が下回ることを条件とします. FGVis は高解像度のマスクを生成できることで知られています.

9.4 中間層出力の表示

9.4.1 クラス活性マッピング (CAM)

クラス活性マッピング (class activation mapping)（以下 **CAM**）[219]
は，主に画像分類を対象とする可視化手法で，ある特定の構造を持つネット
ワークにのみ適用可能です．そのため，微分を用いる方法（9.2 節）のように
適用範囲は広くありませんが，他に比べるものがないくらいその結果は信頼
できます．

まずわかりやすい例として，最終畳み込み層以降が

(最終畳み込み層) → (大域平均プーリング (GAP) 層)

$$\rightarrow (\text{ソフトマックス関数}) \rightarrow (\text{クラススコア})$$

という構造を持つネットワークを（network-in-network[113] など）考えます．
最終畳み込み層の出力を $W \times H \times C$（C はチャネル数）とするとき，これ
をチャネルごとに 1 つの行列 $\mathbf{Z}_c \in \mathbb{R}^{W \times H}(c = 1, \ldots, C)$ で表すことにしま
す．これに接続する GAP 層は，それぞれのチャネル c につき $\mathbf{Z}_c$ の成分の
平均値 $z_c \equiv \text{ave}(\mathbf{Z}_c)$ を求めて出力とします（ただし ave は行列の成分の平
均を求める計算，すなわち $\mathbf{A} \in \mathbb{R}^{N \times M}$ に対し $\text{ave}(\mathbf{A}) = \sum_{ij} a_{ij}/(NM)$）．
上の構造では GAP 層の出力がそのままロジットになるので（つまりチャネ
ル数 C がクラス K に一致），クラス $k(= 1, \ldots, K)$ のロジットは

$$u'_k = \text{ave}(\mathbf{Z}_k) \tag{9.4}$$

で与えられます．最終畳み込み層の活性化関数が ReLU であるとすると，$\mathbf{Z}_k$
の各要素は非負です．その結果 $\mathbf{Z}_k$ の成分が平均的に大きな値を持つクラス
k ほどスコアが高くなります．$\mathbf{Z}_k$ を画像として表示すれば（最終畳み込み層
の出力なので解像度は粗いものの），画像の各位置がどれだけロジットに貢献
しているかが一目瞭然となります．

多くの CNN が，上のように最終畳み込み層の直後に GAP 層を配置する
構造を持ちますが，それらの多くは GAP 層と出力層の間に 1 つ以上の全結
合層を持ちます．その場合でも全結合層が 1 つだけ，つまり

(最終畳み込み層) → (GAP 層)

→ (1 層の全結合層) → (ソフトマックス関数) → (クラススコア)

の場合には，次のようにして同様の可視化が可能です．なお ResNet を筆頭に，比較的新しい CNN はこの構造を持ちます．

この全結合層では，クラス $k(= 1, \ldots, K)$ のロジットを $u'_k = \sum_{c=1}^{C} w_{kc}z_c + b_k$ のように計算しますが，これは

$$u'_k = \sum_{c=1}^{C} w_{kc}z_c = \text{ave}\left(\sum_{c=1}^{C} w_{kc}\mathbf{Z}_c\right)$$

と変形できます．これに基づいて式 (9.4) にならい，

$$\sum_{c=1}^{C} w_{kc}\mathbf{Z}_c \tag{9.5}$$

を画像として表示します．w_{kc} は，チャネル c の出力マップ $\mathbf{Z}_c$ の y_k への貢献の大きさと考え，それを $\mathbf{Z}_c$ の重要度と見なして重み付き和を求めています．なお CAM では通常，バイアスを無視します．

CAM の欠点は，最終畳み込み層の出力 $\mathbf{Z}_k$ の空間解像度は入力 $\mathbf{x}$ よりずっと小さいので，可視化結果が粗いものになってしまうことと，上のような構造を持つネットワークでしか使えないことです．

9.4.2　Grad-CAM

CAM の 2 つ目の課題，つまり特定の構造を持つ CNN しか対象にできないことを解決しようとする方法が複数考案されています．それらのほとんどは，目をつけた畳み込み層の出力 $\mathbf{Z}_c(c = 1, \ldots, C)$ に対し，チャネル c ごとに異なる重み a_{kc} を割り当て，その重み付き和

$$\sum_{c=1}^{C} a_{kc}\mathbf{Z}_c \tag{9.6}$$

を計算します．そしてこれが，関心のあるクラス k の出力 $y_k(\mathbf{x})$ の説明となるように，重み a_{kc} を決めます．CAM が使えるネットワークでは $a_{kc} = w_{kc}$（最終層のチャネル c の GAP 出力とクラス k のユニット間の結合重み）と自ずと定まるので，a_{kc} をうまく決めることでそうでないネットワークでも有

用な可視化結果を得ることが狙いです.

　クラス k の y_k は,今注目している畳み込み層の全出力 $\mathbf{Z}_c(c = 1, \ldots, C)$ から計算可能です.この種の方法の端緒となった **Grad-CAM**[220] では,y_k をチャネル c の出力 $\mathbf{Z}_c$ の各成分で微分してできる行列 $\partial y_k / \partial \mathbf{Z}_c$ を考え,その全成分にわたる平均を a_{kc} に選びます.

$$a_{kc} = \mathrm{ave}\left(\frac{\partial y_k}{\partial \mathbf{Z}_c}\right) \tag{9.7}$$

これは 9.2 節と同様に,各チャネル c の出力マップ $\mathbf{Z}_c$ の各成分をわずかに変化させたときの y_k の変化を見ようという発想に基づいています.

　この Grad-CAM には,いくつかの懸念があります.まず,微分を用いる方法(9.2 節)の問題点がそのまま Grad-CAM にも当てはまります.またチャネル c の特徴マップの重み a_{kc} を式 (9.7) に従って決定することに,強い根拠があるわけではありません.この点で CAM ほどの信頼性は期待できず,Grad-CAM の利用にはある程度,慎重であるべきです.一般に,$\mathbf{Z}_c$ と出力層が近く,その間の構造が簡単であれば,Grad-CAM の計算内容は CAM に近くなり,結果はより信頼できるといえます.

　以上の懸念から a_{kc} を違う方法で計算する方法がいくつか提案されています.Grad-CAM++[221] や微分を使わない Ablation-CAM[222] などです.Ablation-CAM は,注目チャネル $\mathbf{Z}_c$ を取り除いたときに y_k がどれだけ低下するかを求め,その低下幅を重要度 a_{kc} として使います.

9.4.3　LSTM の可視化

　文献 [223] では,LSTM 内のメモリセルの保持内容を可視化し,各メモリセルがどういう働きを持つかを解釈する試みが行われています.式 (6.11) のように時刻 t でのメモリユニット j の出力 z_j^t は,出力ゲート g_j^t とメモリセル s_j^t の記憶内容(を活性化関数 f に通したもの)の積 $z_j^t = g_j^{O,t} f(s_j^t)$ で与えられます.$f = \tanh$ とすると,$\tanh(s_j^t)$ は -1 から 1 の間の値を出力しますが,これを 1 つのセル j について各時刻 t の値を表示しています.文字レベルの言語モデル(文を構成する文字の系列の中途までの入力で次の文字を予測する)を学習した LSTM でこれを行ったところ,いくつかのセルはその働きを解釈することができた一方で,ほとんどのセルの働きは容易には解

釈できないことが述べられています.

9.5　寄与度の分解

9.5.1　概要

入力 $\mathbf{x}$ から出力 $y = f(\mathbf{x})$ を得る計算において, $\mathbf{x}$ の成分 $x_i (i = 1, \ldots, D)$ が, 出力 y にどれだけ寄与しているかという「寄与度 (attribution)」を見積もれないかと考えます. そこで, 出力 y の「加法的分解」

$$y = \phi_0 + \phi_1 + \cdots + \phi_D \tag{9.8}$$

を考え, $\phi_i \in \mathbb{R}^1$ が x_i の y への寄与度を与えるようなものを求めることを考えます. なお ϕ_0 はどの要素も対応しない定数 (y のオフセット) です. 式 (9.8) のような y の分解は無数に可能ですが, ϕ_i が上述のような寄与度として解釈可能な, 意味のある分解を求めることが目標です. そこで, ϕ_i が正であることは x_i の存在が y を増加させることを, 負であれば減少させることを表すと考え, 絶対値 $|\phi_i|$ はその増減の大きさを表すものとします. なお ϕ_i は今の $\mathbf{x}$ に対して定め, $\mathbf{x}$ (したがって y) が変われば ϕ_i も変化するものとします.

そのような分解を得るために, $\mathbf{x}$ の D 個の成分のうち指定した x_i (複数でも可) を入力から削除して得られる $\mathbf{x}'$ を考えます. このとき, どの成分を削除し, どれを残すかを D 個の 2 値の成分を持つベクトル $\mathbf{z}' \in \{0,1\}^D$ によって表します. つまり $z'_i = 1$ の成分 x_i を残し, $z'_i = 0$ の成分 x_i を削除します. こうして, $\mathbf{z}'$ を 1 つ指定すると $\mathbf{x}'$ が定まりますが, この $\mathbf{z}' \to \mathbf{x}'$ という写像を $\mathbf{x}' = \mathbf{h_x}(\mathbf{z}')$ と書くことにします. さらに, $\mathbf{z}'$ を指定したとき, 残す要素 (つまり $z'_i = 1$ となる x_i) の寄与度の和を返す関数

$$g(\mathbf{z}') = \phi_0 + \sum_{i=1}^{M} \phi_i z'_i \tag{9.9}$$

を定義しておきます.

なお上では成分を削除すると書きましたが, 入力が画像の場合, これは前項と同様に入力の部分的な要素をマスク (= 平均値などで置換) することを指します. このとき, 画素単位で削除を考える必要はなく, 例えば色やテクス

チャが似通った画素の集合からなる領域（スーパーピクセルと呼ばれる）を削除の単位 x_i としても構いません．ただし，それらの成分 x_i は互いに重複せず，またすべての成分を合わせると元の画像 $\mathbf{x}$ を与えるようなものを考えます．

以上の準備に基づいて，次に ϕ_i を決定する方法を 2 つ説明します．

9.5.2 LIME

LIME(Local Interpretable Model-agnostic Explanation)[224] は，関数 f の局所形状を式 (9.9) の g で近似することで，ϕ_i を定める方法です．具体的には，$\mathbf{z}' = \mathbf{1}$（すべて 1）を基準にその周りで 2 値のベクトル $\mathbf{z}'$ を M 個ランダムにサンプリングし，それらに対する $g(\mathbf{z}')$ の値が，$\mathbf{x}' = \mathbf{h_x}(\mathbf{z}')$ に対する出力 $f(\mathbf{x}')$ にそれぞれなるべく近くなるように，$\phi_i (i = 0, \ldots, D)$ を定めます．すなわち

$$\min_{\phi_0, \ldots, \phi_M} \sum_{\mathbf{z}' \in \mathcal{Z}'} \| g(\mathbf{z}') - f(\mathbf{h_x}(\mathbf{z}')) \|_2^2 + \lambda \sum_{i=0}^{M} \| \phi_i \|_1 \tag{9.10}$$

を実行します．第 2 項はなるべく多くの ϕ_i が 0 になるようにする正規化項で，これによって重要でない成分 x_i に対応する ϕ_i が 0 となり，近似を成立させるのに不可欠な ϕ_i のみが非ゼロとなります．このように，$\mathbf{x}$ 周りの $y = f(\mathbf{x})$ の局所形状を，2 値変数 z_i' の加重和 $g(\mathbf{z}') = \phi_0 + \sum_{i=1}^{M} \phi_i z_i'$ で近似したとき，その和の重み ϕ_i で x_i の y への寄与度（x_i の有無の影響）を表します．

9.5.3 SHAP

SHAP[225] は，ϕ_i が寄与度であるならば満たすべき条件をいくつか要請し，それらを満たすような ϕ_i を計算する方法です．協力ゲームの理論に基づいており，複数のプレイヤーが協力してある目標を達成したとき，得られる報酬をプレイヤー間で公平に分配する**シャープレー値 (Shapley value)** の考え方を利用します．

ϕ_i に要請する条件とは次のようなものです．今，対象とする関数 $f(\mathbf{x})$ の他にもう 1 つ，同様の関数 $f'(\mathbf{x})$ があるとします．入力のある要素 x_i を削除したときの出力 y の変化が，f より f' のほうが大きい場合，f' に対して計算される x_i の寄与度 ϕ_i' は，f に対する寄与度 ϕ_i より必ず大きくなるはずだと

いうものです．この他 $\phi_0 = g(\mathbf{0}) = f(\mathbf{h_x}(\mathbf{0}))$ となることも要請します．ϕ_i の計算は最適化によって行われますが，その詳細は文献 [225] に譲ります．

9.5.4　議論

　本節で説明した方法は，機械学習全般で使用できる方法であり，有効性に一定の評価があります．入力の複数成分間の相互作用，すなわち除去する成分の組合せが出力に与える影響を測る点で，これまで述べた方法より優れているといえます．一方で，深層学習への適用にあたっては一定の注意が必要です．9.3 節で議論した通り，深層学習で扱う入力データ $\mathbf{x}$ の多くは，その各成分 x_i を単純に削除できません（入力 $\mathbf{x}'$ が，必ずしも自然なデータにならない）．逆にいえば LIME や SHAP と相性がよいのは，一部の成分を削除してできる $\mathbf{x}'$ が自然なデータとなる場合だといえます．また，前提とする仮定——出力 y を入力の成分 x_i の寄与度 ϕ_i に加法分解できる——がいつも妥当であるとはいえません．画像分類を対象にした SHAP による画素単位での可視化（つまり x_i が画素）結果を，図 9.2（209 ページ）に示します．

9.6　寄与度の逆伝播

　ニューラルネットワークによる 1 つの推論結果に対し，その入力から出力に至る計算を逆にたどり，入力の各成分の出力に対する寄与度を計算しようとする方法があります．この着想は古くからあり [226]，数多くの方法が考案されてきました．

　逆伝播の計算は，寄与度を算出したい出力，例えば上と同様にクラス k の $y_k = y_k(\mathbf{x})$ を起点に，入力側へ向けて行います．最初に y_k を出力したユニットに接続する 1 つ下の層の各ユニットの，y_k への寄与度を算定します．次に，この層の各ユニットに接続するもう 1 つ下の層の各ユニットについて寄与度を算定し，以下これを入力側へ向けて繰り返します．

　具体的に $l+1$ 層から l 層へどのように寄与度を伝播させるかを考えます．今，$l+1$ 層のユニット j が持つ出力 y_k への寄与度が $R_j^{(l+1)} \in \mathbb{R}^1$ と算定されているとします．これを元に l 層の各ユニット $i(=1, 2, \ldots)$ の寄与度 $R_i^{(l)}$ を算定することを考えます．なお，寄与度は一般に負の値もとることとし，た

だし各層で寄与度の総和は一定であってほしいので，$l+1$ 層 → l 層の伝播時に $\sum_j R_j^{(l+1)} = \sum_i R_i^{(l)}$ を要請します．そして，この条件下で $R_j^{(l+1)}$ を l 層の各ユニット i に「配分」します．l 層から $l+1$ 層への順伝播が

$$z_j^{(l+1)} = \sigma\left(\sum_{i=1} w_{ji}^{(l)} z_i^{(l)}\right)$$

であったとします（簡単のためバイアスを省略しました）．仮に，活性化関数 σ が恒等写像（$\sigma(x) = x$）であるとすると，$R_j^{(l+1)}$ を $a_{ji} \equiv w_{ji}^{(l)} z_i^{(l)}$ の比で比例配分し，$a_{ji} / \sum_{i'} a_{ji'}$ とするのが直感的に良さそうです．これを採用すると逆伝播の計算は

$$R_i^{(l)} = \sum_j \frac{a_{ji}}{\sum_{i'} a_{ji'}} R_j^{(l+1)} \tag{9.11}$$

となります．この方法は **LRP(layer-wise relevance propagation)** と名付けられています [227]．

ただし，式 (9.11) の寄与度の分配ルールに，直感的な解釈以上の根拠はなく，またそもそも活性化関数は一般に恒等写像ではないことも問題です．そのため，さまざまな改良が提案されています．そのうちの1つは，式 (9.11) では分母の $\sum_{i'} a_{ji'}$ が 0 になると計算できないので，a_{ji} の符号で l 層のユニットを2つのグループに分け，

$$R_i^{(l)} = \sum_j \left(\frac{a_{ji}^+}{\sum_{i'} a_{ji'}^+} + \frac{a_{ji}^-}{\sum_{i'} a_{ji'}^-}\right) R_j^{(l+1)} \tag{9.12}$$

と計算する方法です [227]．また，より確かな根拠に基づく分配則を定める **DTD(deep Taylor decomposition)** という方法 [228] や，上の a_{ji} の定義を修正し，$w_{ji} \geq 0$ のユニット i のみ $a_{ji} = w_{ji}^{(l)} z_i^{(l)}$ を維持し，$w_{ji} < 0$ では $a_{ji} = 0$ としたうえで式 (9.11) の逆伝播則を採用する方法 (excitation backprop) [229] などがあります．

このように，同様の目的を持つ異なる複数の方法が存在していますが，どれが一番優れているかを決めることは難しいです．寄与度を逆伝播するという発想は自然に見えますが，層間での寄与度の分配則を，合理的に定めることができず，その点でこれらの方法には問題があります．文献 [230] で，LRP，DeepLIFT[231]，入力と微分の積 $\mathbf{x} \odot (\partial y_k / \partial \mathbf{x})$ などの手法間の類似性が議論

されるとともに，統一の枠組みにおける手法の解釈が与えられています．この他，文献 [232] では LSTM の可視化手法——LSTM の出力を分解し入力までたどることで，入力系列の各要素の出力への影響を推し量ろうとするアルゴリズム——が示されています．

9.7　可視化手法の評価

さて，以上のように可視化手法は数多くありますが，どれを使えばよいのでしょうか．実は，この問いに答えるのはそれほど簡単なことではありません．なぜなら可視化手法の良し悪しをきちんと評価すること自体が難しいからです．まず，そもそも可視化に明快な正解はありません．また，予期しない結果を得たとき，可視化手法がおかしいからそうなったのか，あるいはネットワークの推論がおかしいからなのかを，簡単には見極められません．

とはいえ，可視化手法を評価する方法がないわけではありません．まず，説明する対象を変えたとき，それに合わせて可視化結果が合理的に変化するかを見ることで検証できます．図 9.2 に例を示します．図は，ある CNN が 2 枚の画像に対して行った物体認識の推論結果を，代表的な手法で可視化したものです．各入力画像につき，2 つの物体クラスを選び，CNN が出力したそれらのクラススコアを説明対象としています．

この結果から次のようなことがわかります．まず 9.2.2 項の "Guided BP" [206] は，可視化の対象に選んだクラスが違っていても可視化結果は同じであり，文献 [207] で指摘されている通り，推論の可視化とはいえないことが確認できます．正反対に "CAM" [219] の結果は，説明対象としたクラスの物体がよく強調されていており信頼できそうです．また，微分に基づく 9.2.1 項の "Gradient" [203] や "SmoothGrad" [204] は，"Guided BP" よりはましですが，文献 [209] に指摘されている通り，対象クラスによる違いが小さすぎるように見えます．ただし "tennis ball" と "Labrador retriever" の結果にはそれなりに違いが見られ，しかも違いの方向性は正しそうです．なお，このように可視化対象の変更に伴う可視化結果の変化を見る方法は，適当な評価用データがあれば，自動的かつ定量的に実行できます [229]*5．

---

*5　可視化を物体検出の問題であると捉え，物体検出の評価データを使って性能を測ります．

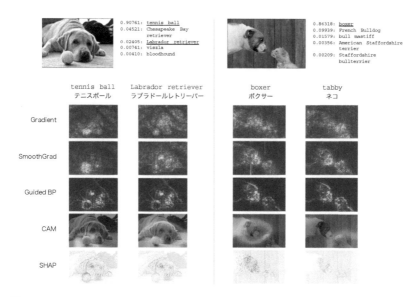

図 9.2　1000 クラス物体認識 (ImageNet) を学習した CNN(ResNet-152) の 2 枚の画像に対す
る推論結果（上段）に対し，5 つの可視化手法（クラススコアの微分，GuidedBP, Smooth-
Grad, CAM, SHAP）を，それぞれ 2 つのクラスを説明対象に選んで適用した結果（下
段）．上段の数値と文字列は，2 枚の画像に対する上位 5 つのクラスのスコア（ソフトマッ
クス値）とそのカテゴリ名．

　図 9.2 の結果は，各手法の優劣をよく表しているといえます．なお，本章
で説明した可視化方法のうち，著者が手放しに勧められるのは CAM だけで
あり，それは CAM が原理的に「正しい」方法だからです [221, 222]．次点に
は，入力を一部遮蔽する方法（9.3 節）を挙げます．先述の懸念に目をつむれ
ば，経験的にはかなり使える方法です．SHAP は画像にはあまり向いていな
いと考えますが，タスクやデータによってはよい方法であるといえます．

　以上とは異なる可視化手法の評価方法に，削除 (deletion) や挿入 (insertion)
に対する出力変動を見る方法があります [233]．具体的には，まず評価したい
可視化手法によって入力 $\mathbf{x}$ の各成分の重要度を求めます．そしてその重要度
の順番に，$\mathbf{x}$ の一部を削除し，新たな入力 $\tilde{\mathbf{x}}$ を作ります．そしてこれをネッ
トワークに入力し，説明対象とする出力（例えば指定クラスのスコア）の変
動を見ます．画像の場合で説明すると，予測された重要度の順に入力画像の

画素を徐々に遮蔽（基準値で置き換える）していき，それに伴うスコアの減少度合いを見ます．可視化手法の予測が正しければ，スコアは急激に低下するはずなので，実際にそうなっているかを確かめます（あるいは，基準入力 $\bar{\mathbf{x}}$（例えば画素値 0 の画像）を出発点に，重要度の高い順に画素を追加していき，スコアの増加度合いを見ます）．ただしこの方法は，入力を一部遮蔽する可視化手法と原理を同じくしており，同じ欠点を抱えています．

　この他，可視化手法をいろいろな角度から比較した研究がいくつかあります．文献 [230] では，ランダムに画像の一部をマスクし，マスク領域の重要度の積分値とネットワークの性能の相関（sensitivity-n スコア）を調べるという方法で，いくつかの手法が評価されています．文献 [207] では可視化手法の「サニティ (sanity) チェック」が行われています．具体的には，ネットワークの重みを層ごとにランダムな値で置き換えて破壊したとき，可視化結果がどのように変化するかや，学習時の訓練データを破壊したときに可視化結果がどう変わるかなどを見ることで，手法の比較を行っています．また文献 [216] では，画像の一部を遮蔽して作られる画像の不自然さが推論に与える影響を取り除くために，遮蔽された画像を使って学習をやり直し，同様の画像をテストに用いて推論性能を見ることで，可視化手法が本当に重要な領域を同定できているかを調べる **ROAR(RemOve And Retrain)** という方法が提案されています．

9.8　影響関数

　訓練データ $\mathcal{D} = \{(\mathbf{x}_n, y_n)\}_{n=1,\dots,N}$ を学習したネットワークに，入力 $\mathbf{x}_T$ を入れて推論を行ったとき，$\mathcal{D}$ の各サンプルがこの推論結果にどれだけの影響を与えたかを測ることができれば，いろいろ役に立ちそうです．**影響関数 (influence function)** は，これを行うための方法です [234]．

　$\mathcal{D}$ の 1 つのサンプル $\mathbf{x}$ の影響を測るには，$\mathbf{x}$ を取り除いた場合とそうでない場合とで，$\mathbf{x}_T$ に対する推論がどのように変わるかを見ればよさそうです．$\mathbf{x}$ を除くことで推論が悪化するなら $\mathbf{x}$ は有用な訓練サンプルであり，逆に改善するなら $\mathbf{x}$ はむしろ足を引っ張っていたとわかります．原理的にはこれは $\mathcal{D}$ から $\mathbf{x}$ を除いて学習し直すことで実行できますが，$\mathcal{D}$ のすべての要素についてそうすることは非現実的です．

　そこで $\mathcal{D}$ から $\mathbf{x}$ を除く代わりに，学習時の損失における $\mathbf{x}$ の重みを変えることを考えます．つまりネットワークの重み $\mathbf{w}$ を

$$\hat{\mathbf{w}}_{\epsilon,\mathbf{x}} = \frac{1}{N} \operatorname*{argmin}_{\mathbf{w}} \left\{ \sum_{n=1}^{N} E(\mathbf{x}_n, \mathbf{w}) + \epsilon E(\mathbf{x}, \mathbf{w}) \right\} \tag{9.13}$$

のように決定します．ここで $E(\mathbf{x}, \mathbf{w})$ はデータ $\mathbf{x}$ に対する損失を表します．式 (9.13) の $\{\cdot\}$ 内の第 1 項は $\mathcal{D}$ のサンプルすべての損失であり，第 2 項は $\mathbf{x}$ だけの損失を ϵ 倍したものです．第 2 項の追加により $\mathbf{x}$ の重みを $1+\epsilon$ に変えています．

　式 (9.13) の $\hat{\mathbf{w}}_{\epsilon,\mathbf{x}}$ を重みに持つネットワークに $\mathbf{x}_T$ を入力して推論を行ったとき，その良し悪しを損失 $E(\mathbf{x}_T, \hat{\mathbf{w}}_{\epsilon,\mathbf{x}})$ で評価することにします．$E(\mathbf{x}_T, \hat{\mathbf{w}}_{\epsilon,\mathbf{x}})$ の $\epsilon = 0$ での ϵ に対する感度は

$$\mathcal{I}(\mathbf{x}, \mathbf{x}_T) \equiv \frac{dE(\mathbf{x}_T, \hat{\mathbf{w}}_{\epsilon,\mathbf{x}})}{d\epsilon} \tag{9.14}$$

となります．$\mathcal{I}$ が負の値をとるなら $\mathbf{x}$ は推論を改善する方向に寄与し，正なら悪くする方向に寄与していることになります．また，ゼロならどちらでもありません．

　式 (9.14) を直接的に評価するのは困難ですが，ここでヘッセ行列 $\mathbf{H}_{\mathbf{w}} \equiv \frac{\partial^2}{\partial \mathbf{w}^2}\left(\frac{1}{N}\sum E(\mathbf{x}_n, \mathbf{w})\right)$ を使うと，式 (9.14) の $\mathcal{I}(\mathbf{x}, \mathbf{x}_T)$ は

$$\mathcal{I}(\mathbf{x}, \mathbf{x}_T) = -\nabla_{\mathbf{w}} E(\mathbf{x}_T, \hat{\mathbf{w}})^{\top} \mathbf{H}_{\hat{\mathbf{w}}}^{-1} \nabla_{\mathbf{w}} E(\mathbf{x}, \hat{\mathbf{w}}) \tag{9.15}$$

のように書き換えられ，計算ができるようになります（導出は文献 [234] 参照）．

　ただしこの方法は計算量が大きく，これを解決するために，**代表値 (representer value)** と呼ばれる概念に基づく方法 [235] が考案されています．この方法は，学習時に最終層の重みに L2 正則化を適用することを前提とし，つまり損失関数が $\tilde{E}(\mathbf{w}) \equiv (1/N)\sum_n E(\mathbf{x}_n, y_n, \mathbf{w}) + \lambda \|\mathbf{W}^{(L)}\|^2$ という形をとることを求めます（$\mathbf{W}^{(L)}$ は最終層の重みであり，$\mathbf{w}$ は $\mathbf{W}^{(L)}$ を含みます）．ネットワークの最終層の 1 つ手前の層の出力を $\mathbf{z}^{(L-1)}$，ロジットを $\phi(\mathbf{x}, \mathbf{w}) \equiv \mathbf{W}^{(L)}\mathbf{z}^{(L-1)}$ と書くことにします．つまり，ネットワークが出力するクラススコア $\mathbf{y}$ は $\mathbf{y} = \operatorname{softmax}(\phi)$ で与えられます．

　一定の計算により [*6]，ロジット ϕ は重みの最適値 $\hat{\mathbf{w}} = \operatorname{argmin}_{\mathbf{w}} \tilde{E}(\mathbf{w})$ を

---

*6　$\hat{\mathbf{w}}$ が $\tilde{E}(\mathbf{w})$ の停留点であるという事実だけから簡単に導出できますが，ここでは省略します．

用いて，

$$\phi(\mathbf{x}_T, \hat{\mathbf{w}}) = \sum_{n=1}^{N} \boldsymbol{\alpha}_n \mathbf{z}_n^{(L-1)\top} \mathbf{z}_T^{(L-1)} \tag{9.16}$$

と書き直すことができます．ただし

$$\boldsymbol{\alpha}_n = -\frac{1}{2\lambda n} \frac{\partial E(\mathbf{x}_n, y_n, \hat{\mathbf{w}})}{\partial \phi(\mathbf{x}_n, \hat{\mathbf{w}})} \tag{9.17}$$

です．式 (9.16) は次のように解釈できます．$\boldsymbol{\alpha}_n \in \mathbb{R}^K$ は，1 つの訓練サンプル $\mathbf{x}_n$ からのクラス k のロジットへの貢献の基本的な大きさを表し，さらに $\mathbf{x}_n$ と今の入力 $\mathbf{x}_T$ の特徴ベクトル間の内積 $\mathbf{z}_n^{(L-1)\top} \mathbf{z}_T^{(L-1)}$ が，$\mathbf{x}_n$ と $\mathbf{x}_T$ との関係を表します．これらの積が $\mathbf{x}_n$ からの $\mathbf{x}_T$ の推論への貢献を表すことになり，こうして 1 つの訓練サンプル $\mathbf{x}_n$ の推論結果に与える影響を測ることができます．

9.9　学習内容の可視化

9.9.1　概要

9.2 節から 9.6 節にかけて，1 つの推論の結果 $(\mathbf{x} \to y(\mathbf{x}))$ を対象とする可視化方法を説明しました．もう 1 つの可視化に，1 つのネットワークが学習を通じて何を獲得したかを知る目的で行われるものがあります．基本となる考え方は，ネットワーク内のあるユニットに注目したとき，そのユニットがどんな入力に対して反応するか（しないか）を調べることです．

9.9.2　ユニットを最も活性化する入力

学習内容を可視化する方法の 1 つは，多数の入力を用意し，それらを 1 つずつネットワークに入力したとき，各層・各ユニット（畳み込み層では各フィルタ）の出力が最も大きくなる上位の入力を表示することです．

図 9.3 は，物体認識を学習した CNN にこの方法を適用したときの結果です．ImageNet の 1,000 クラスの物体認識を学習した ResNet-50 に対し，バリデーション用の画像 50,000 枚を入力し，図の (1)〜(6) の層でランダムに選んだ 5 つのフィルタについて，出力が最も大きくなる上位 10 枚の画像を表示しています．なお，それぞれのフィルタの入力画像上の受容野の部分を

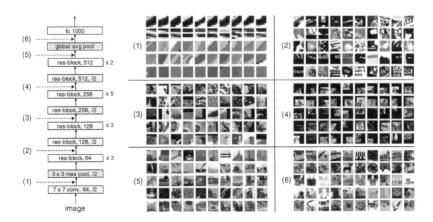

図 9.3 物体認識を学習した CNN の各層の個別のフィルタが，最も強く反応する上位 10 個の入力．1 つのフィルタが 10 個の画像からなる 1 つの行に対応します．CNN は ImageNet の 1000 クラスを学習した ResNet-50 で，左に示す 6 つの層それぞれについて，そこから 5 つのフィルタをランダムに選びました．

切り出して表示しています*7．つまり図は，50,000 枚の画像の中で各フィルタに最もよく反応する入力を示します．

　この図からいくつかのことがわかります．各フィルタが最も反応した入力（図では横に並んだ 10 枚）どうしを比較すると，どの層でも互いに似ていることがわかりますが，その類似性の意味が層によって違います．まず下位層では，単純な見た目が似ています．例えば (1) の層では，各フィルタはそれぞれ同じ濃淡構造や色に反応していることが見てとれます．一方で上位層では，単純な見た目ではなくて意味的に近いもの，例えば同一クラスの画像によく反応していることがわかります．例えば (6) の層の各フィルタは，鍵盤や犬といった特定のクラスを選好していることが観察されます．

　さらに，この類似性の変化は下位層から上位層へと，滑らかに起こっています．例えば (3) の層の各フィルタは，「見た目の同一性」と「クラスの同一性」という 2 つの概念の中間に位置すると考えられるもの，例えば「動物の耳」，「斑点模様」，「左向きの鳥の顔」などに反応していることがわかります．

　ただし (1) 以外の層では，上位 10 枚の画像がどういう点で類似しているか

---

*7　ただし (5)，(6) はサイズが入力画像のそれを超えるので入力画像をそのまま表示しています．

が解釈しづらいフィルタも存在します．例えば (2) の層のフィルタは，画像内の文字に反応していると解釈できるものがある一方で，何らかのパターンに反応しているように見えるものの，その言語化が難しいフィルタがあります．また上位層では，同時に複数の異なる視覚的概念に反応しているように見えるフィルタがあります．例えば (5) の 3 つ目のフィルタは，犬と消防車の 2 つのクラスを選好しているようです．

　このことは，ネットワーク内の各ユニット・フィルタが，単一の視覚的概念だけを捉えているわけではないことを示唆しています．つまり 1 つのユニット・フィルタが，複数の概念を表現しているということです．ネットワークの内部で入力画像がどのように表現されているかを考えると，複数のユニット・フィルタが，集団で 1 つの視覚的概念を表現していると考えた方が自然です[*8]．ネットワークが人と同じように数多くの物体を認識できるとすれば，その内部で表現すべき視覚的概念の数は，1 つの層が持つユニット・フィルタの数よりかなり多くなるはずだと考えられるからです[*9]．

　なお，図 9.3 の例では各フィルタがどんな入力に反応しているかは，われわれ（人間）が解釈しました．画像に詳細な情報が付与されたデータを使って，この解釈を自動的に行っている研究もあります[236, 237]．

9.9.3　ユニットの出力を最大化する入力

　上とは少し違うアプローチとして，ネットワーク内で選んだユニット 1 つについて，その出力を最大化する入力 $\mathbf{x}$ を数値的に計算する方法があります[*10]．例えばクラス k のスコア y_k を最大化する入力を，次の最適化問題を数値的に解いて求めます．

$$\hat{\mathbf{x}} = \operatorname*{argmax}_{\mathbf{x}} y_k(\mathbf{x}) + \lambda r(\mathbf{x}) \tag{9.18}$$

$r(\mathbf{x})$ は正則化項で，滑らかさなど自然画像が備えている性質を制約として与えます．一般にこの項がないと，この方法で得られる $\hat{\mathbf{x}}$ は自然な画像にはなりません．最適化の計算は逆伝播計算 + SGD によって行います．

---

*8　神経科学でも，脳（視覚皮質）において，どのように視覚情報が表現されているかについて昔から議論があります．「おばあさん細胞」仮説——脳皮質内に，「おばあさん」の概念だけを選択的に表現するニューロンが存在——と，それと対立する集団符号化 (population coding) 仮説があります．

*9　ただしこれには論争があり，明確な結論には至っていません[185, 236]．

*10　前項の方法と違って，この方法は動物を対象にした実験では取り得ない方法です．

　前項と同じ物体認識を学習した CNN（ここでは AlexNet）に対し，上の計算を行った結果を図 9.4 に示します．滑らかさなどの正則化を行ってなお，画像はあまり自然には見えませんが，それでも各クラスをよく表す特徴が出現しています．これらの結果は，この CNN にとって最も「そのクラスらしく見える」画像であるということができ，各クラスを認識するうえでこの CNN がどのような特徴を捉えているかを知ることができます．

　なお，クラスのスコア（つまり最終層の出力）の代わりに中間層のユニットを1つ選んで，その出力を最大化する入力を同じように求めることはできますが，その結果はあまり解釈できるようなものにはなりません．また，特定のユニットの出力を最大化するのではなくて，1枚の画像 $\mathbf{x}$ をネットワークに入力したときの1つの層の層出力全体を対象に，これをなるべく忠実に再現するような入力画像を同様の最適化によって求めることもできます．VGGNet などの CNN に対し，この方法を使って各層の出力のみから元の入力画像をかなり正確に復元できることが知られています．この方法で復元される画像は，最上位の層の出力を対象にすると，同じクラスの物体の画像になるもの

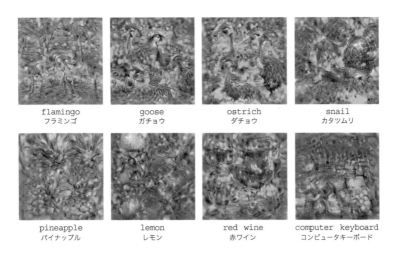

flamingo
フラミンゴ

goose
ガチョウ

ostrich
ダチョウ

snail
カタツムリ

pineapple
パイナップル

lemon
レモン

red wine
赤ワイン

computer keyboard
コンピュータキーボード

図 9.4 ImageNet の 1,000 クラス物体認識を学習した CNN(AlexNet) に対し，いろいろなクラスのスコアを最大化する入力画像を求めたもの（GitHub リポジトリ [238] を参考に計算）．AlexNet が各クラスの物体を認識する際，どのような特徴を捉えているかがわかります．

のそれ以外の詳細は失われる（ちょうど図 9.4 のようなものとなる）一方で，それより下位層の出力を対象にすると，入力画像をかなり忠実に復元できることがわかっています [239]．

10

いろいろな学習方法

本章では，目的・用途が異なるいろいろな学習方法を取り上げます．具体的には，よい特徴空間を得るための距離計量学習，個々の事例ではなく事例の集合単位でラベルが付与される場合を扱う事例集合（マルチインスタンス）学習，訓練データ内のラベルに誤りがある場合，あるいはクラス間の不均衡がある場合にクラス分類をよりよく行う方法，あるネットワークから学習で得た知識を別のネットワークに転移する知識蒸留，複数の異なるタスクを連続して学習する継続・追加学習，学習後のネットワークのサイズを小さくする枝刈り，計算速度の向上を狙った計算の量子化，ネットワークの構造を自動的に探索する NAS(neural architecture search)です．

10.1 距離計量学習

10.1.1 概要

距離計量学習 (**distance metric learning**) とは，データ $\mathbf{x}$ をコンパクトな特徴 $\mathbf{y}$ へ写す写像の中で，$\mathbf{y}$ の空間での距離がデータ $\mathbf{x}$ の類似度を表すようなものを学習する方法です[*1]．典型的な応用は，**開クラス集合の分類** (**open set classification**)，すなわち，訓練データに含まれない（つまり学習時には未知の）クラスを対象とした分類です．多クラス分類では事前にすべてのクラスが既知であり（クラスの集合が閉じている，という），訓練デー

[*1] 単に metric learning，あるいは**類似度学習** (**similarity learning**) とも呼ばれます．

タはそのどれかに分類されるサンプルで構成されています．一方，推薦シス
テムやバイオメトリクスを使った個人認証など，訓練データに含まれないク
ラスを扱う場合があります．例えば，初めて見る人の顔写真2枚 $\mathbf{x}_1$, $\mathbf{x}_2$ が
与えられ，それらが同一人物のものかどうかを判定したい場合です．その2
枚の写真は，さまざまな撮影条件の違い——顔の向きや照明，髪型や眼鏡の
有無といった違い——によって，たとえ同一人物であってもかなり違うもの
である可能性があります．そういった違いを無視して正しく判定を行うには
どうすればよいでしょうか．

　距離計量学習はこのような場合に有効です．具体的には，「2つの入力 $\mathbf{x}_1$
と $\mathbf{x}_2$ が同じクラス（上の例では同一人物の顔）ならば特徴 $\mathbf{y}_1$ と $\mathbf{y}_2$ が互いに
近くなり，そうでなければ $\mathbf{y}_1$ と $\mathbf{y}_2$ は互いに遠くなる」ような写像 $\mathbf{y}=\mathbf{f}(\mathbf{x})$
を求めます．そんな写像 $\mathbf{y}=\mathbf{f}(\mathbf{x})$ があれば，新しい $\mathbf{x}_1$ と $\mathbf{x}_2$ が与えられた
とき，これらが同一のクラスに属するか否かを，それらの特徴 $\mathbf{y}_1$ と $\mathbf{y}_2$ の距
離 $d(\mathbf{y}_1, \mathbf{y}_2)$ の大小で判定できます．この写像を $\mathbf{x}_1$（と $\mathbf{x}_2$）と同じクラスの
サンプルを使わずに学習できれば，上述の開クラス集合の分類が可能となり
ます．

　そこで，ニューラルネットワークを用いて写像 $\mathbf{y}=\mathbf{f}(\mathbf{x})$ を表現し，これ
が上で述べたものとなるように学習を行います．学習で用いる訓練データ $\mathcal{D}$
は，推論時に遭遇する入力（$\mathbf{x}_1$ や $\mathbf{x}_2$）が属するクラスを含まないことを除
くと，多クラス分類の訓練データ $\{(\mathbf{x}_n, d_n)\}$ と同じ構造を持ちます．学習で
は，$\mathcal{D}$ 内の既知クラスのサンプルについて上のような写像 $\mathbf{y}=\mathbf{f}(\mathbf{x})$ となる
ようにネットワークを学習し，結果的に未知クラスのサンプルについてもそ
うなることを期待します．顔画像の例では，例えば1万人の顔（10,000 クラ
ス）を多様な条件下で撮影した画像の集合（したがって1人の顔につき複数
の画像がある）を使い，同一人物の $\mathbf{x}$ は特徴空間の同じ点 $\mathbf{y}$ に写り，違う人
の $\mathbf{x}'$ は違う点 $\mathbf{y}'$ に写るように $\mathbf{f}$ を学習します．

　ニューラルネットワークを用いた距離計量学習の手法は2つに大別されま
す．サンプルの同一性・非同一性を用いる方法と，多クラス分類として定式
化する方法です．以下順に説明します．

10.1.2　サンプルの同一性・非同一性

　写像 $\mathbf{y}=\mathbf{f}(\mathbf{x})$ に求める上述の性質を，素直に損失関数として表現します．

いくつか方法がある中で,最も単純なのは**対照損失 (contrastive loss)** です[240]*2. 2つの入力 $\mathbf{x}_i$ と $\mathbf{x}_j$ に対し,これらが同一クラスならこれらの特徴 $\mathbf{y}_i$ と $\mathbf{y}_j$ を近づけ,そうでないなら遠ざけます.

$$E(\mathbf{w};\mathbf{x}_i,\mathbf{x}_j) = \begin{cases} \|\mathbf{y}_i - \mathbf{y}_j\|_2^2, & \mathbf{x}_i \text{ と } \mathbf{x}_j \text{ が同一なら} \\ \max(0, m - \|\mathbf{y}_i - \mathbf{y}_j\|_2^2), & \text{それ以外の場合} \end{cases}$$

(10.1)

m はマージンと呼ばれるハイパーパラメータで,異なるクラスのサンプルどうしを m を超えて過剰に遠ざけないようにします.訓練データ $\mathcal{D}$ から同一クラスのペアとそうでないペアを選出し,それらについて上の損失を求めて最小化します.

また,ペアではなく3つのサンプルを選んで損失を計算する**3つ組損失 (triplet loss)** があります.3つとは,基準(アンカーと呼ばれます)となる $\mathbf{x}$,これと同じクラスに属する正例 $\mathbf{x}^+$,異なるクラスの負例 $\mathbf{x}^-$ から構成されます.それぞれの特徴 $\mathbf{y}, \mathbf{y}^+, \mathbf{y}^-$ から次の損失

$$E(\mathbf{w};\mathbf{x},\mathbf{x}^+,\mathbf{x}^-) = \max(0, \|\mathbf{y} - \mathbf{y}^+\|_2^2 - \|\mathbf{y} - \mathbf{y}^-\|_2^2 + m)$$

(10.2)

を計算し,最小化します.m は同様にマージンです.この損失は,対照損失と同様に同じクラスに属するサンプルの特徴間の距離を小さく,そうでないものの距離を大きくするように働きます.上述の3つ組を多数選出し,それらについての損失の和を最小化します.

なお上の2つの方法では,$\mathcal{D}$ からどのサンプルを選んでペアや3つ組を作るかが結果を大きく左右します.例えば3つ組損失では,アンカー $\mathbf{x}$ に対し負例 $\mathbf{x}^-$ が遠すぎる(=分離が簡単)と学習の効果が小さくなるので,特徴 $\mathbf{y}$ の空間内でアンカーにある程度近い負例を選ぶことが大事です.一方で,選んだ負例が近すぎても(=分離が難しい)学習はかえって進まず,そのへんのさじ加減が難しいです[241].

そこで考え出されたのが,アンカーと正例はそのままに,負例をたくさん用いる方法です.同時に特徴 $\mathbf{y}$ の空間での近さ(類似度)を内積,つまり $\mathbf{y}$ と $\mathbf{y}^+$ の近さを $\mathbf{y}^\top \mathbf{y}^+$ で測ります.なお,内積なので近いほど値は大きくなることに注意します.K 個の負例を用意したとき,損失を次のように定義し

---

*2 対照損失という語は,後述の3つ組損失やそれ以降の損失も含むことがあります.

ます.

$$E(\mathbf{w}; \mathbf{x}, \mathbf{x}^+, \{\mathbf{x}_i^-\}_{i=1,\dots,K}) = \log\left(1 + \sum_{i=1}^{K}\exp(\mathbf{y}^\top\mathbf{y}_i^- - \mathbf{y}^\top\mathbf{y}^+)\right)$$

$$= -\log\frac{\exp(\mathbf{y}^\top\mathbf{y}^+)}{\exp(\mathbf{y}^\top\mathbf{y}^+) + \sum_{i=1}^{K}\exp(\mathbf{y}^\top\mathbf{y}_i^-)} \quad (10.3)$$

$\mathbf{y}$ が $\mathbf{y}^+$ に近く，各 $\mathbf{y}_i^-$ に遠いほど右辺が小さくなります[*3]．2 番目の式は，多クラス分類で用いる交差エントロピーに似た構造を持つことに注意します.

以上の方法では，負例の数が多いほど学習が安定化する傾向があります．アンカーに近い負例がより頻繁に現れることで，対照損失や 3 つ組損失が抱える上述の課題を緩和できるからだと考えられます．ただし計算機の記憶域の制約もあり，負例の数を再現なく大きくすることはできません．なお以上の方法は，11.5 節の自己教師学習においても採用されています．そこでは記憶域の制約内で負例を実効的に増やす方法について議論します.

式 (10.3) の損失はアンカーと正例のペア 1 つにつき，K 個の負例を含みますが，これらを合わせて 1 つのミニバッチ（$1+1+K$ 個のサンプル）としてしまうと，ミニバッチあたり 1 つのアンカーについての損失しか評価できなくなってしまいます．そこで，アンカーと正例の K ペア $\{(\mathbf{x}_i, \mathbf{x}_i^+)\}_{i=1,\dots,K}$ でミニバッチを構成し（サンプル数は $2K$），ミニバッチ 1 つにつき，K 個のアンカー損失を評価できるようにした方法が作られました [242]．この方法では，1 つのミニバッチに対する損失を

$$E(\mathbf{w}; \{(\mathbf{x}_i, \mathbf{x}_i^+)\}_{i=1,\dots,K})$$

$$= \sum_{i=1}^{K}\log\left(1 + \sum_{j=1, j\neq i}^{K}\exp(\mathbf{y}_i^\top\mathbf{y}_j^+ - \mathbf{y}_i^\top\mathbf{y}_i^+)\right) \quad (10.4)$$

とします.

10.1.3　多クラス分類としての学習

もう 1 つは，訓練データ $\mathcal{D}$ 内の全クラスを対象に，多クラス分類を学習する方法です．その学習を通じ，間接的に望みの写像を得ることを狙います.

[*3]　2 つ目の等号は $-\log(a/(a+b)) = \log((a+b)/a) = \log(1 + ba^{-1})$ から導けます.

　前項同様, 訓練データ $\mathcal{D}$ は複数クラスのサンプルから構成されるとします. 顔認証の例では, $\mathcal{D}$ は 10,000 クラス (人物) の顔をそれぞれ異なる撮影条件下で撮影した顔画像の集合です. この訓練データを使って 10,000 のクラス分類を標準的な方法で学習します. 学習後, 入力 $\mathbf{x}$ に対するネットワークの中間層の出力を, その特徴 $\mathbf{y}$ として利用します.

　このときクラススコアの計算に, **コサイン類似度 (cosine similarity)** を用いると, よりよい特徴空間が得られると考えられています. 具体的には, ネットワークの最終層と損失関数を以下のように設計します. 通常の多クラス分類では, ネットワークの最終層の 1 つ手前の層の出力 $\mathbf{z}$ から $u_i = \mathbf{w}_i^\top \mathbf{z} + b_i$ と計算した各クラス $i = 1, \ldots, K$ のロジットを, ソフトマックス関数で正規化してクラススコアを得ます ($\mathbf{w}_i$ は最終層の重み).

$$p(\mathcal{C}_k|\mathbf{x}) = \frac{\exp(\mathbf{w}_k^\top \mathbf{z} + b_k)}{\sum_{i=1}^K \exp(\mathbf{w}_i^\top \mathbf{z} + b_i)}$$

ここで, ロジット $u_i = \mathbf{w}_i^\top \mathbf{z} + b_i$ からバイアス b_i を除いた 2 つのベクトルの内積 $\mathbf{w}_i^\top \mathbf{z}$ を考えます. これらベクトルのなす角を θ_i と書くと, この内積は $\mathbf{w}_i^\top \mathbf{z} = \|\mathbf{w}_i\| \|\mathbf{z}\| \cos\theta_i$ と書けるので, これらのベクトルを正規化した後でとった内積 $(\mathbf{w}_i/\|\mathbf{w}_i\|)^\top (\mathbf{z}/\|\mathbf{z}\|)$ は, 余弦 $\cos\theta_i$ に一致します. これを温度付きのソフトマックスに入れクラススコアとし, それらの交差エントロピー

$$E(\mathbf{w}; \mathbf{x}) = -\log \frac{\exp(\cos\theta_k/\tau)}{\sum_{i=1}^K \exp(\cos\theta_i/\tau)} \tag{10.5}$$

を最小化します. 温度 $\tau(< 1)$ は, $\cos\theta_i$ が $[-1, 1]$ の範囲の値しかとらず, ソフトマックスへの入力としては適さないので, これを補正するためです.

　コサイン類似度の使用に伴い, ネットワークには, 多クラス分類のための標準的なネットワークの出力層付近を修正したものを用います. 具体的には, 手本とするネットワークの最終層とその 1 つ下の層の間に, 新たに 1 つの全結合層を挿入し, この層の入力を特徴ベクトル $\mathbf{y}$ として使います. これに伴い, 1 つ下の層の活性化関数を恒等写像とします. ReLU を用いると $\mathbf{y}$ は座標がすべて正の象限に限定されてしまうので, 恒等写像とすることでこれを避けています.

　なお, 式 (10.5) を改良しようとする試みがいくつも提案されています. $\mathbf{w}_i$ と $\mathbf{z}$ のどちらか一方を正規化する方法 [243, 244] や, 両方を正規化しつつ, 異

なるクラス間で特徴ベクトル $\mathbf{y}$ どうしの角度が十分離れるように「マージン」を取り入れる方法 (CosFace, ArcFace) [245, 246] などです．ただし，温度 τ をハイパーパラメータとせず，ネットワークの重みと同じく損失関数を最小化するように決定すると，式 (10.5) のシンプルな形で十分であるという報告もあります (AdaCos) [247]．

10.2　事例集合（マルチインスタンス）学習

10.2.1　概要

事例集合学習 (multiple instance learning)（以下 **MIL**）は，弱教師学習の一種で，個々の事例 (instance)$\mathbf{x}$ にではなく，事例の集合 $\mathbf{X} = \{\mathbf{x}_i\}_{i=1,...,I}$ に対してラベルが付与される場合を対象とする，問題およびその学習方法です．$\mathbf{X}$ のことをバッグ (bag) と呼び[*4]，バッグごとにラベルが付与されます．目標は，バッグとそのラベルの集合 $\mathcal{D} = \{(\mathbf{X}_n, d_n)\}_{n=1,...,N}$ が訓練データとして与えられたとき，新しく入力されるバッグ $\mathbf{X}$ のラベルを推定できるようになることです．加えて，どの事例 $\mathbf{x}_i$ が推定結果に支配的な影響を与えたかを知りたいということもあります．なお，各バッグ $\mathbf{X}_n$ の事例数 $|\mathbf{X}_n|$ は n ごとに異なっていてよく，またバッグ間に事例の重複はないものとします．

MIL は問題ごとに条件がかなり違い，利用できる事前知識や外部知識が異なる傾向があります [248]．問題ごとにそれらをうまく利用して解決を目指すことになり，普遍的な方法を述べることは一般に困難であるので，以下では基本的な考え方のみを説明します．

10.2.2　方法

バッグのラベルを予測する方法を考える上で重要なのは，バッグのラベルはバッグ内の事例の並べ替えに依存しないという性質です．したがってラベルの予測は，この並べ替えに対する不変性を備える必要があります（7.1 節も参照）．

今，バッグの特徴表現を $s(\mathbf{X})$ と書き，これを元にバッグのラベルを予測するとします．$s(\mathbf{X})$ に事例の並べ替えへの不変性を持たせるため，次のよう

[*4]　事例がまとめてバッグに放り込まれているイメージで，事例の間には順序がありません．

な計算を考えます [249].

$$s(\mathbf{X}) = \mathbf{g}\left(\sum_{\mathbf{x} \in \mathbf{X}} \mathbf{f}(\mathbf{x})\right) \tag{10.6}$$

これは，まずバッグ内の各事例の特徴表現 $\mathbf{f}(\mathbf{x})$ を得て，それらを加算した後，さらに変換 $\mathbf{g}$ を施したものをバッグの特徴表現 $\mathbf{s}(\mathbf{X})$ とするという計算です．バッグ内の事例にわたる和をとることで，あるいはこれを一般化したプーリングを実行することで，並べ替えへの不変性が実現されます．

　バッグ $\mathbf{X}$ のラベルを予測する問題は，通常の多クラス分類として定式化できます．式 (10.6) の $\mathbf{s}(\mathbf{X})$ を元にロジスティック回帰を行い，ラベルを予測することとし，$\mathbf{X}$ からクラススコアの出力までをニューラルネットワークで表現し，その重みを訓練データ $\mathcal{D}$ を使って学習します．

　このネットワークは図 10.1(a) や (b) のような構造を持つことになります．どこでプーリングを行うかは，結果を左右します．文献 [250] では，図の (a)，(b) のような構造よりも，図 (c) のようにネットワークの中間層においてもプーリングを行い，それらを加算・結合して統合したものをバッグの特徴としてクラスを予測したほうが，よい結果が得られるとしています．プーリングの影響から貧弱になりがちな下位層への教師信号の伝播が強化されるため

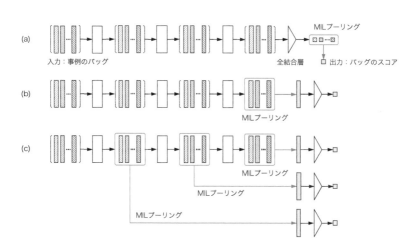

図 10.1　事例集合学習のためのネットワーク構造.

です.

また文献 [249] では，事例のプーリングを単純な和の代わりに，注意に基づく重み付け和

$$s(\mathbf{X}) = \mathbf{g}\left(\sum_{i=1}^{I} a_i \mathbf{f}(\mathbf{x}_i)\right) \tag{10.7}$$

とする方法が提案されています．ここで a_i が事例 $\mathbf{x}_i$ の重みであり，$\mathbf{x}_i$ の特徴 $\mathbf{f}_i \equiv \mathbf{f}(\mathbf{x}_i)$ を用いて

$$a_k = \operatorname*{softmax}_{i=1,\dots,I}\left(\exp\left(\mathbf{w}^\top \tanh(\mathbf{V}\mathbf{f}_i^\top)\right)\right)$$

のように決定します．$\mathbf{w}$ と $\mathbf{V}$ は，学習で定めるパラメータです．推論精度の向上の他，この方法には，バッグ $\mathbf{X}$ のラベル推定にどの事例 $\mathbf{x}_i$ がどれだけ影響を与えたかが重み a_i からただちにわかるという利点があります.

10.3　クラスラベルの誤り

10.3.1　概要

クラス分類の訓練データ $\mathcal{D} = \{(\mathbf{x}_n, d_n)\}_{n=1,\dots,N}$ に，クラスラベルの誤り——つまりラベル d_n が正しくないペア——が一定量含まれてしまうことがあります．そのような $\mathcal{D}$ を使ってネットワークを訓練すると，大なり小なり影響があります．ラベルの誤り方がクラスによらず一様な場合，誤りは対称であるといいます．クラスごとに偏りがある，つまり特定のクラス間でのみ高い頻度でラベルが入れ替わっているような場合，誤りは非対称であるといいます．一般に非対称な誤りのほうが対処は難しいといえます.

訓練データ $\mathcal{D}$ の中にそんなラベルの誤りがあるとき，その影響を最小化する学習方法が考案されています [251]．問題は，前提条件の違いから 2 つに分かれます．確実に誤りがないとわかっている（ただし一般に規模の小さい）データ $\mathcal{D}_T$ が与えられている場合と，そうでない場合です．前者の場合 $\mathcal{D}_T$ を活用し，一方の $\mathcal{D}$ 内の誤りを見出すことが主題となります．以下ではより困難な後者を考えます.

10.3.2 誤りへの耐性

そもそも，正解ラベルの誤りはどのくらい結果に影響するのでしょうか．実は，直感よりも誤りに頑健であることが知られています．文献 [252] によれば，MNIST（10 クラス分類）の場合，訓練データに誤りがないときの正答率が 99% のモデルは，訓練全体の 9 割弱（！）に故意に誤りを加えても正答率は 95% と高いままです．ImageNet（1000 クラス分類）では，誤りがないときの正答率が 69% であるモデルは，訓練データの 8 割を超える部分に誤りがあっても正答率 45% を達成します．なおこれらは誤りが対称（完全一様ランダム）な場合の話であり，誤りが非対称な場合はこれより性能は低下する傾向にあります．このことは，特定の 2 クラスで完全にラベルが入れ替わる極端な例を考えれば自明でしょう．

また，ラベルの誤りに対する頑健性は，タスクの難易度次第で変わる傾向があります．つまり，元々正答率が高い簡単なタスクほど誤りに強く，逆に難しいタスクほど誤りの影響を受けるということです．

このようにデータ $\mathcal{D}$ がラベルの誤りを含む場合に，なるべく影響を受けないように学習を行う方法が多数提案されています．以下では，いくつかの考え方に分けて代表的な方法を説明します．

10.3.3 ラベル平滑化

1-of-K 符号の目標出力に対する交差エントロピー損失では，モデルが正しく真のラベルを予測していても，与えた正解ラベルが間違っていれば，普通に間違っているのと同じペナルティが生じます．そこで，正解ラベルが間違っている可能性があるならば，目標出力を少し曖昧なものとすることが考えられます．

正解クラス $\tilde{k}$ のみ 1，残りは全部 0 となる（1-of-K 符号の）目標出力の与え方を，ハードラベルと呼びます．これに対し，k クラスの目標値 $d_k(k = 1, \ldots, K)$ を

$$d_k = \begin{cases} 1-\alpha, & k = \tilde{k} \text{のとき} \\ \alpha/(K-1), & \text{それ以外} \end{cases}$$

のように定めると，正解でないクラス k の d_k も一定の値をとることとなり，$\alpha \in [0,1]$ に応じて目標出力が曖昧になります．このように複数クラスにわ

たって非ゼロの値をとる目標出力のことをソフトラベルと呼びます．ハードラベルの代わりにソフトラベルを作り，そして学習に使うことを**ラベル平滑化 (label smoothing)** と呼びます．

　ラベル平滑化は，ラベルの誤りへの対策として用いられる他，予測性能の向上にも効果をもたらす場合があることが知られています[253]．また，8.3.2項で扱った確信度（最大クラス確率）の校正に用いることもできます．

10.3.4　クラス間遷移のモデル

　特定のクラス間での混同によってラベルの誤りが生じることはよくあります．そんなラベルの誤り方を統計的にモデル化し，これを損失の計算に組み込む方法があります．ここでは例として 2 値分類を考え，ラベルを $\{0, 1\}$ とします．

　訓練データ $\mathcal{D}$ は，人が入力 $\mathbf{x}_n$ に対して目標ラベル $d_n \in \{0, 1\}$ を与えることで作られているとします．d_n に一定の割合で誤りが含まれるとき，$\mathbf{x}_n$ に対しラベル d_n が与えられる確率は

$$p(d_n|\mathbf{x}_n) = \sum_{\tilde{d}_n = 0, 1} p(d_n|\tilde{d}_n)p(\tilde{d}_n|\mathbf{x}_n)$$

と表すことができます．ここで $p(d_n|\tilde{d}_n)$ は，特定の $\mathbf{x}_n$ とは関係なく真のラベルが $\tilde{d}_n$ であるとき，人がラベル d_n を与える確率です．$\mathbf{x}$ の真のクラスが $0(\tilde{d} = 0)$ なのにラベルを 1 としてしまう確率を $\theta_0 \equiv p(d = 1|\tilde{d} = 0)$，真のクラスが $1(\tilde{d} = 1)$ なのにラベルを 0 としてしまう確率を $\theta_1 \equiv p(d = 0|\tilde{d} = 1)$ と書くと，$\mathbf{x}_n$ に対してラベルを 0, 1 とする確率はそれぞれ

$$\begin{bmatrix} p(d_n = 0|\mathbf{x}_n) \\ p(d_n = 1|\mathbf{x}_n) \end{bmatrix} = \begin{bmatrix} 1 - \theta_0 & \theta_1 \\ \theta_0 & 1 - \theta_1 \end{bmatrix} \begin{bmatrix} p(\tilde{d}_n = 0|\mathbf{x}_n) \\ p(\tilde{d}_n = 1|\mathbf{x}_n) \end{bmatrix} \tag{10.8}$$

と書き下せます．

　ニューラルネットワークで推定したいのは $\mathbf{x}_n$ の真のラベル $\tilde{d}_n$ なので，$p(\tilde{d}_n = 1|\mathbf{x}_n)$ をネットワークの出力 $y(\mathbf{x}_n; \mathbf{w})$ で表現することとします（$p(\tilde{d}_n = 0|\mathbf{x}_n)$ はただちに $1 - y$ で与えられる）．$y_n = y(\mathbf{x}_n; \mathbf{w})$ と書くと，式 (10.8) から $p(d_n = 0|\mathbf{x}_n) = (1 - \theta_0)(1 - y_n) + \theta_1 y_n$，$p(\tilde{d}_n = 1|\mathbf{x}_n) = \theta_0(1 - y_n) + (1 - \theta_1)y_n$ と表せます．こうして $p(d_n|\mathbf{x}_n)$ を y_n で表現できる

ので，仮に θ_0, θ_1 が既知だとすると，訓練データ $\mathcal{D}$ を $p(d_n|\mathbf{x}_n)$ から得られる観測と見て最尤推定を行うことで，ネットワークのパラメータ $\mathbf{w}$ を定めることができます．推論は $y_n = y(\mathbf{x}_n; \mathbf{w})$ によって行います．

以上は多クラス分類に拡張できます．$\mathbf{x}_n$ のクラスラベルを 1-of-K 符号化したベクトル $\mathbf{d}_n$ で表すと，各クラスのスコア $\mathbf{y}(\mathbf{x}_n; \mathbf{w})$ についての交差エントロピー損失は $-\sum_{n=1}^N \log(\mathbf{d}_n^\top \mathbf{y}(\mathbf{x}_n; \mathbf{w}))$ と表せます．ここで式 (10.8) の右辺の行列にあたる，ラベルを付ける際に起こるクラス間の「遷移」を表す行列 $\mathbf{T}$ を考えます．その成分 T_{ij} は，真のクラスが i であるとき，付与されたラベルが j である確率 $p(k=j|k=i)$ を表します．$\mathbf{T}$ を使うと，$\mathcal{D}$ に対する最も尤もらしいネットワークのパラメータ $\mathbf{w}$ は，次を最小化するものです．

$$- \sum_{n=1}^N \log(\mathbf{d}_n^\top \mathbf{T} \mathbf{y}(\mathbf{x}_n; \mathbf{w}))$$

なお文献 [254] では以上の方法を前進 (forward) 補正と呼び，後進補正と呼ぶもう 1 つの方法を示しています．これは目標ラベルをハードラベルではなく，$\mathbf{T}^{-1}\mathbf{d}_n$ で求めたソフトラベルとする方法です．

$\mathbf{T}$ は何らかの手段で事前に定めるか，それができなければネットワークのパラメータ $\mathbf{w}$ と同時に学習時に決定します [254, 255]．ただし一般に $\mathbf{T}$ を高精度に学習するのは難しいといえます．2 値分類のようにクラス数が少ない場合には，$\mathbf{T}$（つまり θ_0, θ_1）をハイパーパラメータとして扱い，バリデーションデータを用いて決定することもできます [256]．

10.3.5 正しいラベルの推定

上の方法は，訓練データ $\mathcal{D}$ 内で共通するラベルの付け誤りの傾向を捉えるものでした．これに対し，$\mathcal{D}$ の各サンプルについて，その真のラベルを，ネットワークのパラメータと一緒に推定する方法があります [257, 258]．そんなうまい話は信じられないかもしれませんが，もし仮に，誤りがないことが確実なデータ $\mathcal{D}_T$ が他に与えられているなら，これを使って（例えばネットワークを学習し）$\mathcal{D}$ の各サンプルのラベルの正誤を判定できます．

さらに $\mathcal{D}_T$ がない場合でも，$\mathcal{D}$ 内で $\mathcal{D}_T$ に相当するものを見つけられれば，同じことができそうです．拠り所となるのは，誤ったラベル付きのサンプルに対するニューラルネットワークの学習時の典型的な振る舞い（3.2.3 項）で

す．ラベルに誤りのないサンプルは学習初期に正しく分類できるようになるが，誤りのあるサンプルは学習後期まで正しく分類できない，という傾向です．難しいサンプルほど（ラベルが誤っていようがなかろうが）学習に時間がかかる，と言い換えてもよいかもしれません．

　これと関連して，学習率が大きいとラベルの誤りの影響を受けにくいことが経験的に知られています[257]．一般的にいって，大きめの学習率を選ぶと正則化の働きが強まり，過剰適合が抑えられます．本来学習できないはずの誤ったラベルを学習してしまう（＝記憶する）ことは，過剰適合そのものであり，大きな学習率がラベルの誤りへの耐性を高めることは自然といえるかもしれません．

　以上の2つの原理を利用した方法がいくつかあります．具体的には，ネットワークのパラメータ更新とラベルの補正を交互に行う方法[257]や，これをまとめて行う方法[258]です．また，複数のネットワークを使う方法がいくつかあります．MentorNet[259]は，1つのネットワークに $\mathcal{D}$ を学習させ，$\mathcal{D}$ の中でラベル誤りがなさそうなサンプルを優先的に選び出し，目的とするもう1つのネットワークに学習させます．Co-teaching[260]は，2つのネットワークを対等に扱い，同じように $\mathcal{D}$ を学習させますが，誤りがなさそうなサンプルを互いに相手に教え合いながら学習を進めます．JoCoR[261]は，2つのネットワークの予測が互いに似るような正則化を加えつつ，上と同様に誤りがなさそうなサンプルを優先的に選んで学習します．

　これらの方法は，標準的なベンチマークテストで良好な性能を示します．ただし，学習が困難で後回しにされるサンプルのラベルが常に誤ったものであるとは限りません．ラベルは正しくても，学習が困難なサンプルもあるからです．本項で述べた方法では，原理的にこの違いを区別できないことに注意する必要があります．

10.3.6　損失関数による対策

　多クラス分類では交差エントロピーを損失に用いるのが一般的ですが，その勾配は，正解クラスのクラススコアの逆数に比例します．そのため，誤答となるサンプルほど学習でより大きな影響を与えます．ラベルに誤りがあるサンプルは誤答になりやすいと考えられ，その影響が大きくなってしまう可能性があります．このことから，交差エントロピー損失はラベルのノイズに

脆弱であると考えられています.

　損失関数の中にはラベルのノイズに頑健なものもあります.特に対称性と呼ばれる性質を満たす損失は,ノイズに左右されにくいことが証明されています [262].その1つが**平均絶対誤差 (mean absolute error, MAE)** と呼ばれるもので,$E_{\mathrm{MAE}}(\mathbf{x}, \mathbf{d}) = \|\mathbf{d} - \mathbf{y}(\mathbf{x}; \mathbf{w})\|_1$ です.ただし MAE は,ノイズがない場合の性能で交差エントロピーに大きく及ばないので,そのまま利用されることはありません.

　一般化交差エントロピー (generalized cross entropy) は,この問題の解決を狙ったもので,次のように定義されます [263].

$$E_{\mathrm{GCE}}(\mathbf{x}, \mathbf{d}) = \frac{1 - (y_k(\mathbf{x}))^q}{q}$$

k は正解クラスのインデックスであり,$q \in (0, 1]$ はハイパーパラメータです.この損失は,上述の2つの損失の中間に位置すると考えることができ,実際 $q = 1$ で MAE に一致し,$q \to 0$ で交差エントロピーに一致します.この損失を使ったうえで,さらに誤答となるサンプルの関与を下げるべく,ソフトマックスの値をしきい値処理して損失の値を打ち切ります.

　対称交差エントロピー (symmetric cross entropy) は,いくつかのベンチマークテストでこれを上回る性能を達成すると報告されています [264].通常の交差エントロピー $E_{\mathrm{CE}}(\mathbf{x}, \mathbf{d}) = -\sum_{k=1}^{K} d_k \log y_k(\mathbf{x})$ の項を入れ替えた逆交差エントロピー $E_{\mathrm{RCE}}(\mathbf{x}, \mathbf{d}) = -\sum_{k=1}^{K} y_k(\mathbf{x}) \log d_k$ を定義し,両者の重み付き和

$$\alpha E_{\mathrm{CE}} + \beta E_{\mathrm{RCE}}$$

を最小化します.ただし E_{RCE} は $d_k = 0$ の場合 $\log 0 = -\infty$ となって計算できないので,$\log 0$ を A と置き換え,$E_{\mathrm{RCE}} = A(y_k(\mathbf{x}) - 1)$ とします.

10.4　クラス間不均衡

　クラス分類を学習するとき,訓練データ内のサンプル数がクラス間で均衡していない場合があります.つまり特定のクラスのみサンプル数が多い,あるいは少ないという場合です.何も工夫せずに学習（＝訓練サンプルについての平均的な損失を最小化）すると,訓練データ内で多数派となるクラスに

偏った予測をするようになります.

　対策にはおおむね 3 種類あります. 訓練データのサンプリングによる対処,損失関数の改良, および特徴の学習と分類器の学習を分離する方法です. 以下順に説明します.

10.4.1　サンプリングによる対処

　クラス間で不均衡があると, マイナーなクラスのサンプルが損失に与える影響は小さくなります. これを改善する方法として, 訓練データからミニバッチを構成するサンプリングにおいて, マイナーなクラスのサンプルを, 重複を許して何度も選び出すオーバーサンプリングと, メジャーなクラスを間引いて選ぶアンダーサンプリングがあります. どちらが有効かはケースバイケースの印象ですが, 後者は手持ちのデータを有効活用できていないという欠点があります. 前者は, 重複して選ぶにしても, その都度異なるデータ拡張を施すことで結果を改善できる可能性があります.

　また, 分類が困難なサンプルから優先的に選ぶ「ハードサンプルマイニング」という考え方があり, 距離計量学習などでよく使われています (10.1 節). ただし系統立った方法は知られておらず, タスクやデータに応じてチューニングを必要とします.

10.4.2　損失関数の改良

　マイナーなクラスが損失により大きな影響を持つように, 損失関数において, 各クラスのサンプル数に応じた重みを与える方法があります. 正解クラスを 1-of-K 符合化したときの交差エントロピー損失は, 正解クラスに対するクラススコアを p_k と書くと $-\log p_k$ です. これに対し各クラス $k(=1,\ldots,K)$ の重みを α_k と定め, 損失を $-\alpha_k \log p_k$ とします. α_k は, サンプルが多いクラスほど小さく, そうでないクラスは大きくします.

　α_k の決め方ですが, 昔からの経験則はクラス $k(=1,\ldots,K)$ のサンプル数を N_k とするとき, $\alpha_k \propto 1/N_k$ と定める方法です. 重みをつけない場合の損失と大きさを揃えるには総和が $\sum_k \alpha_k = K$ となるように α_k を決めます. しかしながらこの方法は, 何もしない場合より悪化してしまう場合があることが知られています [265].

　これに対し**クラス均衡化損失 (class-balanced loss)** [265] は, α_k をより

合理的に決定します．データの空間で N_k のサンプルが実質的にどれだけの「体積」を占めるかを捉え，それに応じて各クラスの重み α_k を定めるという考え方で，具体的には $\alpha_k = (1 - \beta)/(1 - \beta^{N_k})$ とします．β はハイパーパラメータです．

局在損失 (focal loss) [31] は，学習途中で，すでに正しく分類できている「簡単な」サンプルを相対的に軽視し，反対にいまだ正しく分類できていない「難しい」サンプルを重視する損失関数です．具体的には

$$E_{\text{focal}} = -(1 - p_k)^\gamma \log p_k \tag{10.9}$$

と定義されます．γ は 1 より大きい定数で，サンプルの難易度をどのくらいその損失に反映させるかを制御します．例えば $\gamma = 1$ とすると標準的な交差エントロピーと一致し，$\gamma = 5$ とすると，例えば正解クラス k のクラススコア p_k が 0.9 であるようなサンプルの損失は，交差エントロピーの場合の 10^{-5} 倍にまで小さくなります．反対に $p_k = 0.1$ のサンプルは相対的に大きな存在感を持つこととなります．局在損失を，本項の冒頭で述べたクラス別の重み付けと組み合わせて用いることも一般に行われます．

10.4.3 特徴の学習と分類器の学習の分離

クラス分類を行うネットワークを，最終層とそれ以外に分けて考えると，後者でまず入力 $\mathbf{x}$ から特徴を計算し，最終層でそれをクラスに分類していると見なせます．この特徴を $\mathbf{z}$ とすると，最終層では $\mathbf{z}$ と各クラスの重みベクトル $(\mathbf{w}_k, b_k)$ との内積 $\mathbf{w}_k^\top \mathbf{z} + b_k$ を求め，これをソフトマックス関数に入力してクラス k のクラススコアを算出しています．

このように特徴 $\mathbf{z}$ の計算とそれを用いた分類に二分したとき，クラス間の不均衡はそのどちらにより強く影響するでしょうか．文献 [266] では，ほとんどが後者，つまり分類の学習にのみ影響していると報告されています．つまりクラス間の不均衡は，$\mathbf{z}$ の空間におけるクラス間の分離境界の決定には悪影響を及ぼすが，$\mathbf{z}$ の学習にはさほど影響しないということです．前者は，特徴空間において 2 つのクラスの訓練サンプルの分布が重なり合う境界付近では，より多くのサンプルを持つクラスに有利となるように境界線が引かれることを指します．

この知見に基づいて次のような方法が提案されています．最初に特段の措

置を行わずネットワークを学習します．次に，最終層を除く部分をすべてフリーズし，最終層のみをクラス不均衡の対策（例えば前項のサンプル数に反比例したクラスの重み付け）を行って再学習します [266]．あるいは再学習を行わず，$\tilde{\mathbf{w}} = \mathbf{w}/\|\mathbf{w}\|^\tau$ と分類器の重みベクトルを正規化したものを $\mathbf{w}$ の代わりにそのまま使ってもよい性能が出ると報告されています（τ は $[0,1]$ のハイパーパラメータ）．詳細は文献 [266] に譲ります．

10.5　継続・追加学習

10.5.1　概要

　1 つのネットワークで複数の異なるタスクを順番に学習し，その際に以前学習したタスクを解く能力を維持したまま，新しいタスクを追加的に学習することを，**継続学習 (continual learning)** といいます．ニューラルネットワークは，新しいタスクの学習によって以前の学習内容を失いやすく，その克服が課題となります．

　継続学習は主に 2 つの関心から研究がされています．1 つは，人や動物がその寿命の間，絶えることなく学習し続けられるのと同様に，1 つのネットワークで異なるタスクを継続的に学習できるようにするにはどうすればよいかを考える，サイエンスの問題としての関心です[*5]．もう 1 つは工学的で，現実的な要請に基づくものです．あるタスクを一定の性能でこなすニューラルネットワークがあるとき，性能向上や適用範囲の拡大を目的とした追加的な学習——**追加学習 (incremental learning)** と呼ばれます[*6]——を行うことがあります．このとき，それまで達成していた性能が低下しないように追加学習を行うにはどうすべきかが課題となります．

　以上のいずれの関心においても，新たに学習を行う際は，それ以前の学習で用いた訓練データを再度利用することはできないという制約を課します．現実の応用でも，以前用いた訓練データを保持する記憶域がないとか[*7]，ゼ

---

*5　この意味で「**生涯学習 (lifelong learning)**」と呼ばれることもありますが，最近はあまり使われていないようです．

*6　追加学習 (incremental learning) という語は，オンライン学習と同じ意味でも使われるので，話者が本当に意味するところは文脈に依存すると考えなければなりません．

*7　ハードウェアの制約だけでなく，プライバシーなどの他の理由で過去の情報を残せないこともあります．

ロから同じ学習を繰り返すことがコストの面で不可能であるなど，この制約
は一般的です．

10.5.2 破壊的忘却

　ニューラルネットワークには，あるタスクを学習後に新しいタスクを学習
すると，前に学習したタスクが以前のようにはうまくこなせなくなる傾向が
あり，これを**破壊的忘却 (catastrophic forgetting)** と呼びます．

　複数のタスク $\mathcal{T}_A$, $\mathcal{T}_B$, $\mathcal{T}_C$ を同一のネットワークで順番に追加的に学習し
たときの典型的な振る舞いを，図 10.2 に示します[*8]．最初に $\mathcal{T}_A$ を学習する
と，$\mathcal{T}_A$ の訓練データを用いた学習の進捗に伴い，$\mathcal{T}_A$ の推論の精度が上昇し
ていきます．その後適当な頃合いに，学習するタスクを $\mathcal{T}_B$ に切り替えたと
します．$\mathcal{T}_B$ の訓練データを用いて学習を進めることで，$\mathcal{T}_B$ の推論の精度は
上昇しますが，同時に $\mathcal{T}_A$ の精度は低下します．その後，学習するタスクを
$\mathcal{T}_C$ に切り替えて学習すると，$\mathcal{T}_C$ の精度はその学習に伴って上昇しますが，
引き換えに $\mathcal{T}_B$ の精度が低下し，また $\mathcal{T}_A$ の精度はいっそう低下します．この
ような現象が破壊的忘却です．

　なお，継続学習の最大の関心はこの破壊的忘却の回避にありますが，その

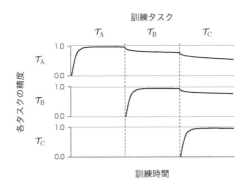

図 10.2　破壊的忘却が起こる様子．タスクを $\mathcal{T}_A \rightarrow \mathcal{T}_B \rightarrow \mathcal{T}_C$ の順に学習するのに伴い，新たに
　　　　学習するタスクの性能が上がると同時に以前のタスクの性能が低下します．

[*8]　この例は，MNIST の 10 クラスの手書き数字認識を元に，画素をシャッフルすることで仮想的に新
　　たなタスクを作り出す permuted MNIST と呼ばれるベンチマークテストの結果です．

他の追加の目標に，前方転移，後方転移などがあります．前方転移とは，古いタスクの学習内容を転移学習の意味で新しいタスクにて有効活用することを指します．新たなタスクを単独で学習する場合よりも，性能や学習速度を向上させることを狙います．後方転移とは，破壊的忘却を克服したうえで，同様の転移学習の効果により新たなタスクを学習することで古いタスクをよりうまく解けるようになることを指します．

10.5.3　対象とする問題の型

上ではタスクが新たに追加される場合を考えましたが，破壊的忘却は，何らかの新しい内容を追加的に学習すると起こり得ます．いろいろな場合が考えられますが，ここでは $\mathcal{P}_1$：タスクが追加される場合，$\mathcal{P}_2$：タスクは同じまま新しいクラスが追加される場合，$\mathcal{P}_3$：タスクは同じままドメインが追加される場合，の3つを考えます [267, 268]．手書き数字の分類を例にこの3つを示したのが図 10.3 です．

$\mathcal{P}_1$ はタスクが追加される場合で，例えば '0' と '1' を分類するタスク $\mathcal{T}_A$ を最初に学習し，次に，'2' と '3' を分類するタスク $\mathcal{T}_B$ を学習し，その後同様のタスク $\mathcal{T}_C$, $\mathcal{T}_D$ を順に学習していくような場合です．各タスクは互いに独立しており，マルチタスク学習（11.6 節）の標準的な方法に従い，ネットワークには，タスク別に出力層（以下ヘッドと呼びます）を設けます．学習と推論の両方において，今どのタスクを相手にしているかは外部から指定されるものとします．

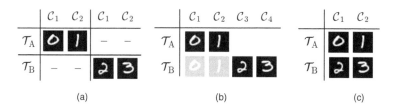

図 10.3　クラス分類を対象とする継続学習の3類型．タスク $\mathcal{T}_A$ を学習後，$\mathcal{T}_B$ を学習する場合．(a) $\mathcal{P}_1$（タスクの追加）．タスクが明確に切り替わり，タスク間に関係がありません．(b) $\mathcal{P}_2$（クラスの追加）．新しいクラスが追加されます．(c) $\mathcal{P}_3$（ドメインの追加）．同じクラスに分類すべき対象（ドメイン）が増えます．

$\mathcal{P}_2$ はクラスが追加される場合で，図 10.3(b) のように例えば最初に '0' と '1' の 2 分類（以下，便宜上「タスク」$\mathcal{T}_\text{A}$ と呼ぶ）を学習し，その後 '2' と '3'（同様に $\mathcal{T}_\text{B}$ とする）を学習し '0'～'3' を分類できるようにし，以降これを続けます．1 つの分類タスク内でクラス数が増加するのであって，タスクが増えているわけではない点で $\mathcal{P}_1$ とは違います．したがってネットワークの出力層は 1 つとし，時間とともにそのユニット数を増やしつつ，そこからそれまで学習したすべてのクラスのクラススコアを出力します．

$\mathcal{P}_3$ はドメインが追加される場合で，タスクとクラスは変化しませんが各クラスが指す対象の範囲が拡大します．'0' と '1' をそれぞれクラス $k = 1$ と $k = 2$ に分類するよう学習した後で（これを $\mathcal{T}_\text{A}$ と定義します），'2' と '3' もそれぞれ $k = 1$ と $k = 2$ に分類するよう（$\mathcal{T}_\text{B}$ とします）学習します．分類するクラス数は固定されており，ネットワークの出力層は最初のものから変化しません．なお上の 2 つと違って，学習時に今どの「タスク」を学習しているかがネットワーク側からはわからない条件を考えることもできます．

10.5.4 方法

継続学習の方法は 2 種類に大別できます．1 つは，新しいタスクを学習する際，以前の学習内容がなるべく失われないように，何らかの制約をネットワークの重みに加えて学習を行う方法です．もう 1 つは，古いタスクの訓練データを何らかの形で用意し，それを使って古いタスクを忘れないように新しいタスクと一緒に学習する方法です．

1 つ目の方法を代表するのが **EWC(elastic weight consolidation)**[269] です．今，2 つのタスク $\mathcal{T}_\text{A}$，$\mathcal{T}_\text{B}$ を，この順にそれぞれの訓練データ $\mathcal{D}_\text{A}$，$\mathcal{D}_\text{B}$ を使って学習するとします．理想的な性能が両タスクの同時学習によって達成されると考えると，これは $\mathcal{T}_\text{A}$ と $\mathcal{T}_\text{B}$ の損失関数の和

$$E(\mathbf{w}; \mathcal{D}_\text{A}, \mathcal{D}_\text{B}) = E_\text{A}(\mathbf{w}; \mathcal{D}_\text{A}) + E_\text{B}(\mathbf{w}; \mathcal{D}_\text{B}) \tag{10.10}$$

の最小化することで実現されます．しかし $\mathcal{T}_\text{A}$ の学習後, $\mathcal{T}_\text{B}$ の学習時に $\mathcal{D}_\text{A}$ は手元にないので, これをそのまま実行することはできません．そこで $E_\text{A}(\mathbf{w}; \mathcal{D}_\text{A})$ を $\mathcal{D}_\text{A}$ を使わずに計算することを目的に，$E_\text{A}(\mathbf{w}; \mathcal{D}_\text{A})$ の近似関数を作ります．具体的には，タスク $\mathcal{T}_\text{A}$ の最適解を $\mathbf{w}_\text{A}^* \equiv \operatorname{argmin}_\mathbf{w} E_\text{A}(\mathbf{w}; \mathcal{D}_\text{A})$ とするとき，$\mathbf{w}_\text{A}^*$ の近傍で $E_\text{A}(\mathbf{w}; \mathcal{D}_\text{A})$ を近似的に表現することを考えます．$\mathbf{w}_\text{A}^*$ が最適解

であるので E の 1 階微分は $\mathbf{w} = \mathbf{w}_A^*$ で $\partial E_A / \partial \mathbf{w} = \mathbf{0}$ と消滅し，$E_A(\mathbf{w})$ を $\mathbf{w} = \mathbf{w}_A^*$ の周りでテイラー展開し，2 次の項で打ち切ると

$$E_A(\mathbf{w}; \mathcal{D}_A) \approx \frac{1}{2}(\mathbf{w} - \mathbf{w}_A^*)^\top \mathbf{H}(\mathbf{w} - \mathbf{w}_A^*) \tag{10.11}$$

を得ます．ここで $\mathbf{H}$ はヘッセ行列，つまりその (i,j) 成分は $H_{i,j} = \partial^2 E_A / \partial w_i \partial w_j$ の $\mathbf{w}_A = \mathbf{w}_A^*$ での値です．$\mathbf{H}$ は巨大な行列であるので，対角成分だけを使って

$$E_A(\mathbf{w}; \mathcal{D}_A) \approx \frac{1}{2} \sum_i H_{ii}(w_i - w_i^*)^2 \tag{10.12}$$

と近似します．この式 (10.12) で式 (10.10) の第 1 項を置き換えた損失を最小化します[*9]．

　以上の方法では学習するタスク 1 つにつきネットワークのパラメータ数の 2 倍（$\mathbf{w}_A^*$ と H の対角成分）の記憶域を要し，学習するタスク数が増えると使いにくくなるので，それまでに学習した全タスクの損失関数の総和を逐次的に 2 次近似することで，これを回避する方法が提案されています[270]．ネットワークの構造や学習方法を工夫したさらなる改良版もあります[270,271]．

　継続学習のもう 1 つの考え方は，新しいタスクの学習時，古いタスクの訓練サンプルを何らかの形で利用できるようにし，古いタスクを再学習することです．この方法は再生 (replay) あるいは復唱 (rehearsal) と呼ばれます．例えば，GAN などを使って旧タスクの訓練サンプルを生成できるようにする方法があります[267,272]．旧タスクの訓練データをすべて記憶する代わりにコンパクトな生成モデルを記憶します．しかし高品質なサンプルを作り出す生成モデルを作るのは簡単ではなく，性能はあまり高くありません．これに対し **LwF(Learning without Forgetting)**[273] は，$\mathcal{T}_A$ を学習したネットワーク $\mathbf{f}_A$ をそのまま保存しておき，$\mathcal{T}_B$ の訓練データ $\mathcal{D}_B$ に対する $\mathbf{f}_A$ の出力を用いて $\mathcal{T}_A$ の疑似的な訓練データ $\mathcal{D}_A'$ を作り出して学習します．なお，$\mathcal{D}_A'$ の目標出力には，知識蒸留（10.6 節）の考え方に従って温度スケーリングを適用したものを用います．

　ここまでは，いったん新しいタスクに移行した後は，古いタスクの訓練デー

[*9] EWC の原論文[269] では，マルチタスク学習に対応する負の対数尤度（事後確率）$E(\mathbf{w}) = -\log p(\mathbf{w} | \mathcal{D}_A, \mathcal{D}_B)$ の最小化に基づく別の導出が示されています．

タにはいっさいアクセスできないという条件を考えてきました．しかし制約が記憶域の容量のみからきているのであれば，可能な範囲で古いタスクの訓練データの一部を保存しておいて後で利用することもできそうです．上述のほとんどの継続学習の方法は，ネットワークのパラメータ数と同じオーダーの記憶域を使います．それだけあれば一般にかなりの訓練データを保持できます．

　現に，同じだけの記憶域に旧タスクの訓練データを目一杯保持し，新しいタスクの学習時にこれを再学習に用いるだけで，かなりよい性能が得られることがわかっています [268]．例えばランダムに訓練サンプルを選抜しておき，新タスクのサンプルと半々の割合で混合してミニバッチを作って学習する単純な方法が，一般的なベンチマークテストでは一貫して EWC や LwF を上回ります．ただし旧タスクの少数の同じサンプルを学習し続けると過剰適合につながりやすいので，**GEM(gradient episodic memory)**[274] は，新タスクの学習時に旧タスクの損失を小さくするのではなく，増加しないよう制約するだけとします．また，これらの方法では記憶するサンプルを選ぶことになりますが，その際にランダムに選ぶのではなく，継続学習によい効果をもたらすものを選び出すことも考えられます．iCaRL[275] は，$\mathcal{P}_2$（クラスの追加学習）を対象にこれを行う方法です．

10.6 知識蒸留

10.6.1 概要

　知識蒸留 (**knowledge distillation**) とは，あるネットワークが学習によって得た「知識」を別のネットワークに転移する方法のことです [276]．それだけなら転移学習（11.3 節）と似ていますが，ニューラルネットワークを使った転移学習は，あるタスクを学習したネットワークの重みを流用して別のタスクを（例えばファインチューニングによって）解けるようにすることを指します．一方で知識蒸留は，1 つのタスクを対象に，「教師」役のネットワークに「生徒」役のネットワークの振る舞いを近づけることにより，生徒ネットワークがその同じタスクをうまく解けるようにします．**生徒・教師学習 (student-teacher learning)** とも呼ばれます．

　知識蒸留の主な目的は，小さくて高性能なネットワークを得ることです．

後述するように，大きなネットワークでなければ学習をうまく進められない
ことがよくあり，そんなときに大きなネットワークを学習した後で，それに
匹敵する性能を持ちサイズがより小さいネットワークを知識蒸留によって得
ます．

　深層学習は，一般に大きな計算量と記憶域を必要としますが，これが実用
上の制約を与えるのは，学習時より推論時においてです．例えば学習を大規
模な計算サーバー上で行い，推論をスマートフォン上で実行することがよく
あります．こういった場合に，学習済みの大きなネットワークを小さくする
ことが求められます．なお，同様の目的でネットワークの大きさや計算量を
削減する他の方法として，枝刈り（10.7 節）や推論の量子化（10.8 節）があ
ります．

　さらに，知識蒸留は，直接学習するのが困難な入出力関係の学習を可能にす
る目的でも用いられます．代表的な例に，系列データを生成する自己回帰モデ
ルの計算を，自己回帰によらずに実行できるようにしたものがあります [146]．
系列データの途中までを入力に受け取り，その先の系列データを生成する問題
に対して，自己回帰型のネットワークでこれをいったん学習した後で蒸留を行
い，入力系列から出力系列への変換を一度に計算できるモデルを得ます*10．

10.6.2　基本となる方法

　クラス分類のタスクを例に説明します（他のタスクでも同様です）．まず 1
つのネットワーク T を訓練データ $\mathcal{D}$ を用いて通常通り学習します．次に T
とは別のネットワーク S を，同一サンプル $\mathbf{x} \in \mathcal{D}$ に対する S と T の出力が
近づくように学習します．T を教師ネットワーク，S を生徒ネットワークと
呼びます．

　このとき S と T が出力する標準的なクラススコアどうしを近づけるのではな
く，8.3.2 項の温度付きソフトマックス関数を使ってクラススコアの分布が「ソ
フト」に，つまり値がなるべく 0 と 1 の中間の値をとるようにしたものを近づ
けます．具体的には，S, T が出力するロジットをそれぞれ $\mathbf{u}_T = \mathbf{f}_T(\mathbf{x}; \mathbf{w}_T)$,
$\mathbf{u}_S = \mathbf{f}_S(\mathbf{x}; \mathbf{w}_S)$ と書き，温度 τ を指定したソフトマックス関数を $\sigma(\mathbf{u}, \tau)$ と
書くと，$\sigma(\mathbf{u}_S, \tau)$ と $\sigma(\mathbf{u}_T, \tau)$ の間の交差エントロピーを小さくします．通

---

*10　逐次的な計算を要する自己回帰を回避することで並列計算が可能となり，計算時間をいっそう短縮で
　　　きます．

常, 標準的なハードラベルに対する S の損失にこれを加算した, 次の損失

$$E = \alpha\mathrm{CE}(\sigma(\mathbf{u}_S, 1), \mathbf{d}) + \beta\mathrm{CE}(\sigma(\mathbf{u}_S, \tau), \sigma(\mathbf{u}_T, \tau)) \tag{10.13}$$

を訓練データ $\mathcal{D}$ 上で求めて最小化し, S の学習を行います. ここで CE( ) は交差エントロピーを表し, $\mathbf{d}$ は正解クラスの 1-of-K 符号, α と β は 2 つの損失を重み付ける定数です. このようにすると, S を普通に——つまり式 (10.13) の第 1 項のみを小さくするように——学習するよりも良い結果が得られ, その性能は T に匹敵する場合があります.

　以上の方法がうまくいくのは, $\mathcal{D}$ のサンプルごとに異なるクラス分類の曖昧さの「知識」を活用できるためであると考えられます. 例えば手書き数字の画像認識では, ラフに書かれた数字の中には例えば 4 なのか 6 なのか, 人間でも判断の難しいものがあります. 教師ネットワーク T は, $\mathcal{D}$ を用いた通常の学習を経て, そういった曖昧さを表現できるようになります. つまり曖昧なサンプルに対し, 4 である確率が 0.7 で, 6 である確率が 0.3 であるというような予測ができます. 生徒ネットワーク S は, T が予測するこのような曖昧さを最初から学習に利用できることから, その性能がより規模の大きな T に匹敵し得るのだと考えられます. 通常の学習では, そのような曖昧なサンプルでも正解ラベルは 4 か 6 かのどちらかであり (ハードラベル), 上述の曖昧さは学習には取り入れられません.

10.6.3 さまざまな拡張

　上で述べた方法にはさまざまな拡張が加えられています. まず, 上では S と T の近さを測るのにネットワークが出力するクラススコアを使いましたが, 代わりに中間層の特徴を使う方法があります. S と T の中間層 (複数でも可) をそれぞれ選び, 同一入力 $\mathbf{x}$ に対するそれらの層の出力 $\mathbf{z}_S$, $\mathbf{z}_T$ の間の距離

$$\mathrm{dist}\left(\mathbf{g}_S(\mathbf{z}_S), \mathbf{g}_T(\mathbf{z}_T)\right) \tag{10.14}$$

を計算し, 式 (10.13) の第 2 項の代わりに用います. ここで $\mathbf{g}_S$, $\mathbf{g}_T$ は層出力に対する変換で, 一般に異なるサイズを持つ中間層出力のサイズを揃える働きをし, 時に学習対象となる重みを含みます. 距離 dist にはさまざまなものが使われます. うまく層を選ぶことで, 上述の基本的方法よりよい結果が得られることがあります.

　前項の説明では教師ネットワーク T は 1 つでしたが，複数の教師ネットワーク $T_i(i = 1, \ldots, I)$ を用い，そのアンサンブルを 1 つの生徒ネットワークに蒸留することも可能です．各ネットワークが出力するクラススコアの平均 $\sum_{i=1}^{I} \sigma(\mathbf{u}_{T_i}, \tau)/I$ を求め[*11]，式 (10.13) の $\sigma(\mathbf{u}_T, \tau)$ を置き換えます．一般に推論の性能は単一モデルよりもアンサンブルの方が高くなりますが，それを蒸留した S の性能も高くなります．

　また，同じ構造のネットワーク間で行う知識蒸留も研究されています．その端緒は「生まれ変わった (born-again) ネットワーク」と呼ばれる方法にあります [277]．最初に教師ネットワークを通常の方法で学習した後，同じ構造のネットワークを生徒に蒸留を行います．次に，この生徒ネットワークを新たに教師に位置付け，同じ構造のネットワークを初期化したものを生徒として，再度蒸留を行います．以下これを何度か繰り返し，最後に「世代」を重ねたすべての生徒ネットワークのアンサンブルを，最後の生徒ネットワークに蒸留します．この方法は一定の精度向上をもたらすことがわかっていますが，この方法でできるアンサンブルの推論の性能は，同数のネットワークを 1 から別々に学習して得られる標準的なアンサンブルには及ばないという指摘があります [278]．

　以上の方法では，教師ネットワーク T を学習した後で生徒ネットワーク S を学習するという逐次的なプロセスをとりました．これに対し T を陽には置かず，複数のネットワークをゼロから一緒に学習を始め，互いに蒸留を行いつつ学習を進める方法があり，オンライン蒸留とか，**相互学習 (mutual learning)** と呼ばれています [279]．2 つのネットワーク S_1 と S_2 が出力するクラススコアを $\mathbf{u}_1$，$\mathbf{u}_2$ とするとき，その近さをカルバック・ライブラー・ダイバージェンス（式 (12.10)）で測り，$\mathrm{KL}(\mathbf{u}_1, \mathbf{u}_2) + \mathrm{KL}(\mathbf{u}_2, \mathbf{u}_1)$ と最小化します．類似の方法に，複数のネットワークを用いる代わりに 1 つのネットワークを上位部分で枝分かれさせ，複数の出力を得てそれらを使う方法 [280] や，複数の生徒ネットワークのアンサンブルを教師役にし，アンサンブルを構成する個々の生徒ネットワークにその推論結果を蒸留する方法 [281] などがあります．

　以上では学習に用いる訓練データは，T の学習に用いた $\mathcal{D}$ をそのまま用い

[*11]　ロジットの平均を求めるなど，出力を統合する方法はいくつかあります．

ることを想定していましたが，T の予測が S の目標出力となる蒸留の損失は，正解ラベルのないデータ $\mathcal{D}_{\mathrm{UL}} = \{\mathbf{x}\}$ に対して求めることも可能です．その場合，正解ラベル付きの $\mathcal{D}$ と正解ラベルなしの $\mathcal{D}_{\mathrm{UL}}$ を用いる半教師学習として捉え直すことができます．なお，そのように教師ネットワーク T の $\mathcal{D}_{\mathrm{UL}}$ に対する予測をその正解ラベルと見なして S の学習に用いる場合，T が予測したラベルのことを疑似ラベルと呼びます（11.4.3 項）．

10.7　枝刈り

10.7.1　概要

一般に学習済みのネットワークにおいて，その重みのすべてが推論に貢献しているわけではなく，あまり貢献しない重みが一定の割合で存在することが知られています．**枝刈り (pruning)** は，そのようなネットワークの重み（つまりそれを与える結線）を除去し，性能をなるべく落とすことなく，ネットワークの規模を縮小する方法です．そのような枝刈りが可能であることは，かなり前から知られていました*12．

枝刈りは，次の方法を基本とします [284, 285]．

1. まず対象とするネットワークで目的タスクを最後まで学習します．
2. 次に，ある基準に従ってこのネットワークの重みを複数選んで削除します．
3. 得られたネットワークで目的タスクを再学習し，重みの削除に伴って低下する推論の性能を回復します．
4. 重みの選択・削除 (2) と再学習 (3) を反復して，小さなネットワークを得ます．

枝刈りによって規模の小さなネットワークを得るという実利に加えて，なぜ性能を落とすことなく枝刈りが可能なのかを考えることは，深層学習の本質にもつながる問いといえます．積極的な研究が続けられており，今後も新しい発見と理解の進展が期待されます．

---

*12　例えば，損失関数の極小解において，損失を増加させない重みを見つけて削除する方法 (Optimal Brain Damage/Surgeon) [282, 283] があります．

10.7.2　手法の分類

　枝刈りの方法は，非構造的 (**unstructured**) 手法と構造的 (**structured**) 手法の 2 つに大きく分類されます．

　非構造的手法は重み単位での除去を行います．構造的手法と比べて性能を落とさずに達成可能な圧縮率（= 削除されるパラメータの割合）をより大きくできますが，枝刈り後のネットワークの計算の均質性が損なわれ，一般に特別な演算装置を使わないと計算速度の向上につながりません．これに対し構造的手法は，重みの除去をまとまった単位で行います．非構造的手法と比べると圧縮率は劣りますが，計算速度の向上が期待できます．

10.7.3　CNN の構造的枝刈り

　構造的な枝刈り手法は，画像のための畳み込みニューラルネットワーク (CNN) を対象に盛んに研究されています．先述の通り，重みをひとまとまりの単位で削除しますが，

- 削除の単位（フィルタやチャネルなど）をどう選ぶか
- 削除対象をどのような基準で選ぶか（例えばどのフィルタを選ぶか）
- 削除に伴って必要となる（再）学習をどのように行うか

の 3 つが異なるいろいろな方法が存在しています．結論を先にいえば，これを書いている時点で，どの方法がどのような条件のもとでよいのかは，はっきりしていません．

　削除単位の選び方で最も一般的なのは，畳み込み層のフィルタ単位で削除を行う方法です．サイズ $W \times H$，チャネル数 C の N 個のフィルタを適用する畳み込み層では，図 5.7 に示したようにフィルタの係数を並べた $N \times (W \times H \times C)$ の行列と，入力を並べ替えた行列の積をとる計算が行われます．したがってフィルタ単位で重みの除去は，この行列の行ベクトル単位での除去に対応し，計算時間を短縮します[*13]．

　次に考えられるのが，チャネル単位で重みを除去する方法です．ある層の全フィルタ一律に特定のチャネルを削減することは，上の行列積の列ベクトル単

[*13]　なお，ある層でフィルタ 1 つを削除すると，その層の出力のうちの対応する 1 チャネルがなくなり，次の畳み込み層の入力において対応するチャネルが自動的に 1 つ消失することに注意します．

位での除去に相当します．この場合も計算時間の短縮につながります[286]*14．

　さて，CNN のための最も基本的な枝刈り手法は，削除単位にフィルタを選び，10.7.1 項で述べた手順に従って，選択・削除と再学習のペアを繰り返す方法です．削除するフィルタの選択は，各畳み込み層において，各フィルタの重要度を何らかの基準で定め，それが低いものを選ぶことで行います．

　フィルタの重要度を決める際，2 つの考え方があります．1 つはフィルタの値そのもの（あるいは，付随するバッチ正規化層のパラメータ）から算出する方法です．例えばフィルタの L_1 ノルムを求め，その大きさを重要度とします[287]．もう 1 つは入力に対するフィルタのレスポンス（層出力）を使う方法です．例えば HRank[288] は，l 層の出力のチャネル c を $\mathbf{Z}_c^{(l)} \in \mathbb{R}^{W \times H}$ と書くとき，行列 $\mathbf{Z}_c^{(l)}$ のランク $\mathrm{rank}(\mathbf{Z}_c^{(l)})$ を求め，これをチャネル c のフィルタの重要度として使います．この他，フィルタ削除時の次の層への影響の大きさを求めてこれを重要度とする方法[289, 290] などがあります．

　こうして算出した重要度に基づき，それが低いものから順にフィルタを削除します．その際にも 2 つの方法があり，1 つはあらかじめ何%のフィルタを削除するかを定めておく方法であり*15，もう 1 つは重要度のしきい値をあらかじめ決めておき，それを下回るフィルタを削除する方法です．後者は層ごとに削除率が変わり得るので，枝刈り後の構造の自由度がより高く，その点で好ましいものの，求める重要度の範囲や分布がある程度事前にわかっている必要があります．

　一般的には，フィルタの選択・削除後，失われる推論の性能を復元するために再学習を行います．そこでは選択・削除と再学習は互いに独立していますが，これらを同時に行う方法も考えられています．この方法は純粋な意味での枝刈りとはいえないかもしれませんが，より小さなネットワークを得るためには合理的です．

　その最も標準的な手法は，フィルタの重要度に相当する変数——スケールファクタなどと呼ばれる——を*16，ネットワークのパラメータに追加し，これを学習時に重みとともに決定するやり方です[291, 292, 293]．スケールファクタは推論時の計算への関与の強さを表し，0 なら影響がゼロです．なるべく多

---

*14　行列積の列数の変更で済む，さらに細かい単位での削除も可能です．

*15　この方法の是非については 10.7.5 項の議論を参照．

*16　フィルタだけでなく，その他のコンポーネントの単位（残差ブロックなど）で除去することも可能です．

くのスケールファクタが 0 になる（＝多くのフィルタが削除可能となる）ような正則化を加えつつ，ネットワークの学習を行います．さらに，強化学習やその他の最適化手法と組み合わせたより高度な方法 [286, 294] もあります．

10.7.4　低ランク近似

高精度な推論を行えるネットワークの全結合層の重み $\mathbf{W} \in \mathbb{R}^{M' \times M}$ は，行列の**低ランク分解** $\mathbf{W} \approx \mathbf{W}_1 \mathbf{W}_2$ でよく近似できることが知られています（ここで $\mathbf{W}_1 \in \mathbb{R}^{M' \times K}$, $\mathbf{W}_2 \in \mathbb{R}^{K \times M}$ であり，$K < \min(M', M)$）[*17]．この低ランク分解でこの層の計算を置き換えると，重みの数と計算量はともに $M'M$ から $(M' + M)K$ へと変化し，これらは K が小さければ減少します．

畳み込み層にもこれと類似の方法が使えます．1チャネルのサイズ $H \times H$ のフィルタ $\mathbf{H} \in \mathbb{R}^{H \times H}$ が，2つのベクトル $\mathbf{h}_1, \mathbf{h}_2 \in \mathbb{R}^H$ の積として $\mathbf{H} = \mathbf{h}_1 \mathbf{h}_2^\top$ のように書けるとき，**分離可能** (separable) であるといいます．このとき，2つの1次元フィルタ $\mathbf{h}_1, \mathbf{h}_2$ をこの順に畳み込むことは，$\mathbf{H}$ を畳み込むことと等価です．$\mathbf{H}$ を $W \times W$ のマップに畳み込む標準的な2次元畳み込みの計算量（積和の回数）は $H^2 W^2$ ですが，$\mathbf{h}_1$ と $\mathbf{h}_2$ を順に適用する場合の計算量は $2HW^2$ であり，H が大きいほど後者が有利です [295]．もっとも，$\mathbf{H} = \mathbf{h}_1 \mathbf{h}_2^\top$ と厳密に分解できることはまれで，代わりに近似的な分解を考えることになるので，それによる精度の低下を考える必要はあります．これを一般化し，1つのフィルタのすべてのチャネルを3階テンソルと捉え，あるいは同じ層のすべてのフィルタを一括して4階テンソルと捉えたうえで，これらテンソルの低ランク分解を考える方法もあります [296, 297]．また，フィルタを最初から以上のように低ランク表現したうえで学習を行う方法もあります [298]．

10.7.5　「宝くじ仮説」

学習後のニューラルネットワークが，性能を落とすことなく枝刈りできることは古くから知られていました．しかし，なぜそれが可能なのか，どういう原理によるのかはよくわかっていません．またこのことは，学習時に必要なネットワークのサイズは推論時に必要とされるものよりも大きい，と言い換えることができます．後で（性能を落とさずに）枝刈りが可能，すなわち

---

*17　これは $\mathbf{W}$ の特異値分解について，小さい方から一定数の特異値を 0 で置き換えることで得られます．

ネットワークの規模は過剰であるのに，学習時にはその規模が必要であるという，一見矛盾した現象です．

この謎に対する答えとして，「宝くじ仮説 (lottery ticket hypothesis)」[299] が唱えられています．簡単にいうと，学習時に大きなネットワークを必要とするのは，それが大きいほど「当たりくじ (winning ticket)」を引く可能性が高くなるからではないか，という仮説です．

当たりくじとは，重みの初期値を含む部分ネットワークを指します．学習開始時，重みはランダムに初期化するわけですが，この仮説では，その初期状態において，ネットワークは「当たり」のサブネットワークと，「はずれ」のサブネットワークから構成されていると考えます．学習を進めると，このうち「当たり」のサブネットワークだけが，目標——損失を小さくし推論を可能にする——を達成するというわけです．もしそうなら，ネットワークの規模が大きいほどそのような当たりくじをより高い確率で含むので，学習が成功しやすい，ということになります．また枝刈りとは，そんな「はずれ」のサブネットワークを除去しているのだと解釈できます．

この仮説は，枝刈り後のネットワークに対し，(i) 重みを学習開始時（ゆえに枝刈り前）の初期値に巻き戻し (rewind) て学習をやり直すと，最初のネットワークに匹敵する高い推論性能を達成すること，(ii) 枝刈り後のネットワークの重みをランダムに初期化して最初から学習すると，低い性能しか達成できない，という実験結果によって支持されます．現に，比較的小規模なネットワークとタスクの学習の場合において，以上の (i) と (ii) が正しいことが確認されています．

しかしながらその後の研究で，以上が普遍的に成り立つわけではないことが確認されてしまっています．具体的には，CNN を対象に構造的枝刈りを行うと上の (i) と (ii) は認められないこと [300]，また非構造的枝刈りでも，学習の規模が大きいとやはり見られなくなること [301] が報告されています．特に文献 [300] では，構造的枝刈り後のネットワークに対し，重みをランダムにリセットして学習をやり直しても，高い推論性能を維持できることを実験的に示しています（つまり上の (ii) が正しくない）．この結果は，少なくとも構造的枝刈りの場合には宝くじ仮説は成立しないことを示すとともに，枝刈りが一種のネットワーク構造探索（10.9 節）と見なせることを示唆します．ただし，枝刈り後，重みをランダムに初期化して学習し直しても同じ性能が得

られるという上述の現象は，ImageNet 以上の規模の問題で，かつ重みの削除率が高い場合には見られないという報告もあります [301]．

　以上の結論の食い違いの多くは，実験条件の違いに由来するのではないかと考えられ，対象とする問題の規模次第で，深層学習はいろいろな顔を見せるということでしょう．実用的な観点から大事なことは，ネットワークの枝刈りに伴う性能低下を回復するために行う再学習をどう行うべきかです．重みを引き継いで再学習する昔ながらの方法の他，学習前の初期値に巻き戻す [299]，ランダムに初期化する [300]，重みではなく学習係数を巻き戻す [302] などのいろいろな方法が提案されています．現時点では，宝くじ仮説は普遍的に成立するわけではないので，枝刈り前の重みを引き継ぐ再学習はやはり必要なのだと考えられます．

10.8　計算の量子化

10.8.1　概要

　ニューラルネットワークの計算では 32 ビットの浮動小数点数 (FP32) を用いるのが最も一般的ですが，低ビットのよりコンパクトな数の表現——特に整数——で計算ができれば，速度と消費電力を改善できます．計算を低ビットで行うことの難しさは，推論と学習で差があります．通常，推論の計算についてはその大部分を 8 ビットの整数演算で実行できますが，学習の計算にはより多くのビット数を必要とすると考えられています．学習においては重みは少しずつしか更新されませんが，その更新量を表現する必要があるからです．

10.8.2　推論の量子化

　上述のように学習を低ビット数の計算で行うのは難しいので，通常の方法で浮動小数点数の計算によって学習したモデルを量子化することで，推論を低ビット数の計算で行えるようにします．推論の計算は重みと層出力の 2 つの値を扱いますが，これら両方を例えば 8 ビットの整数に量子化します．このとき，基本となる積和計算 $u_j = \sum_i w_{ij} z_i + b_j$ の $\sum_i$ の和は大きくなるので，例えば重み w_{ij} と層出力 z_i を 8 ビット整数で表現するとき，それらの積和を格納するのに 32 ビット整数を用います．同じ理由でバイアス b_j も 32

ビット整数で保持します.

　浮動小数点数で表現される重みと層出力を量子化するには, それらがとる値の統計的な範囲を把握し, この範囲を量子化後の整数の範囲と対応させます. 重みの範囲は層ごとに決定し, 単純に最大・最小をとるか[303], 値の分布の適当なパーセンタイル (99.99 など) を元に定めます[304]. 層出力は入力に依存するので, 一定数のサンプルをネットワークに入力して分布を求めて値の取り得る範囲を定めます. 基本的に重みと層出力は, 各層ごとに異なるつりがね型の分布を持ち, その分布の裾を若干カットするように範囲を決めても, 推論には大きく影響しないと考えられています.

　範囲を定めた後, 重みと層出力を次のように量子化します. 量子化前の値を r, 量子化後の整数を q とすると, 両者の関係は $r \approx s(q - q_0)$ と書けます. 上で決めた値の範囲を元に s と q_0 を選び[303], 両辺が最も近くなるようにします. s を 2 のべき乗となるように選んでおけば, スケール倍の計算はビットシフトで高速に実行できます. なおバッチ正規化は, 推論時には直前の層と融合した形で計算されるので, その計算を量子化するだけで済みます.

10.8.3　低ビットモデルの学習

　以上のようにして浮動小数点数の学習済みモデルを量子化すると, 多かれ少なかれ推論の精度は低下します. 失った性能の多くは, 次に述べる方法で再学習 (ファインチューニング) を実行すれば回復できることが知られています.

　ただし先述の通り, 重みと層出力を低ビット数で表現した状態では, 重みの更新量を十分な精度で表現できないため, 学習を行うことはできません. そこで重みを浮動小数点数で保持し, 順伝播の計算を, 重みと層出力が量子化された状態をシミュレートして行います. 逆伝播の計算は, 元のネットワークに量子化のシミュレートのための演算 (積和の量子化やクリッピングの処理) を加えた構造に対して実行します. その際の計算はすべて, 浮動小数点数を用いて行います. ただし, 量子化のステップは微分可能でないので, そのステップそのものが存在しないかように扱う**ストレートスルー推定器 (straight through estimator)** を使います[305]. 以上の方法で量子化後のモデルのファインチューニングを行いますが, ストレートスルー推定器のせいで通常の浮動小数点数を用いた学習とは違う振る舞いを見せることがあります. 学

習係数を小さくしたり，通常より長く学習するなどの対策が必要となります [303,304,306]．

10.8.4　2 値化

低ビット化の極限は 2 値化です．重みだけを 2 値化した BinaryConnect[307]，重みと層出力の両方を 2 値化した **BNN(binarized neural network)** [308] が考案されています．2 値であっても上で述べたものと同じ方法でモデルを得ることができますが，一般に推論の精度は 8 ビット整数などと比べてかなり悪くなります．その割りに実用的には，一般的な演算装置では 8 ビット整数と比べて速度や消費電力の点でそう大きな利得は望めません．これに対し XNOR-Net は，同様に重みと層出力を 2 値化したうえで，計算の中心となる積和の計算を，論理演算の XNOR[*18] とビットカウントで実行する方法であり [309]，一般的な演算装置でもメリットが出ます．

以上は推論を高速・低消費電力で行うための方法でしたが，学習を高速化する目的でもいくつかの試みがなされています．上述の通り学習を低ビットの整数で行うのは現実的ではありませんが，といって FP32 である必要もないと考えられています．少なくとも 6 から 8 ビットの精度を要するという報告 [310] や，12 ビットの固定小数点数を用いて学習を行った研究 [311] があります．

10.9　ネットワーク構造探索（NAS）

一般に深層学習の応用でよい成果を挙げるには，目的とするタスクに適したネットワークの構造を見つけることが重要です．ただしネットワークの構造には高い自由度があり，しかも性能との因果関係を捉えることは難しいため，新しい構造を作っては試す繰り返す試行錯誤が避けられません．そのため，ネットワーク構造を自動的に探索する**ネットワーク構造探索 (neural architecture search)**（以下 **NAS**）の方法が研究されてきました．

NAS には 2 つの難しさがあります．1 つは，問題が高次元の探索空間を対象とした離散最適化であることです．もう 1 つは，構造の良し悪しの評価が，

---

*18　XNOR は排他的論理和の否定で，$w, z \in \{-1, +1\}$ としたとき，その積 $z = w \times x$ が XNOR で表せます．

時間のかかる学習を実行した後でしかできないことです．これらは NAS を難しくし，これまで明確な指針のないまま，強化学習や進化計算，あるいはその他の技術を用いたアプローチが試されてきました．

上述の難しさを回避し探索を現実的な時間で計算可能なものとするために，次の 3 つの工夫が考案されました．今では，多くの方法がこれらを採用するようになっています．

1. セルと呼ぶ構造の基本単位を指定し，セルの内部構造のみを探索の対象とする
2. 取り得る構造の間で共通する部分のパラメータ（重み）を共有し，新しい構造を試すたびにゼロから学習することを回避する
3. 目的とするタスクの代わりに小規模なタスクを用意し，その上で構造を探索する

です．以下順に説明します．

まずセルとはネットワークの単位となる構造であり，このセルを，指定した数だけ積み重ねて 1 つのネットワークを作ります．そしてこのセルの内部構造のみを探索の対象とします．数種類の異なるセルを同時に扱うことができますが，それぞれネットワークのどこに配置するかは通常，事前に指定します[19]．また，同種のセルであればネットワークの位置を問わず同一の構造を持つものとします．一方，セル内の演算が持つパラメータ（重み）は，同種のものでも違うセル間では異なります．

ネットワークの構造は，どこからどこへ信号が流れ，その過程でどんな演算を行うかを指定すれば定まります．そこでセルの内部に複数の層（ユニットの並び）を配置し，ある層から別の層へ信号が流れる間に，何らかの演算が実行されるとします．そして，それらの層をノードとし，層間の演算をエッジとするグラフ構造を考えます[20]．

ノードのペア間には複数のエッジを並行に渡し，それぞれ異なる演算を表すものとします．演算には例えばサイズ 1×1 のフィルタの畳み込み，3×3 の畳み込み，5×5 の畳み込み，3×3 の最大プーリング，3×3 の平均プーリング，恒等写像，演算なし，などを選定します．ただし，これらの演算は同

---

[19] CNN では最低でも，ダウンサンプルを伴うセルと伴わないセルの 2 種類を考えるのが一般的です．
[20] 正確には**有向非循環グラフ**（**directed acyclic graph, DAG**）といいます．

じ入出力サイズを持つとします．また，パラメータを持つ演算は学習によっ
てそれを定めることになります．

　この他にセル自体の入力と出力に対応するノードを 1 つずつ配置します．
信号が入力のノードから各ノードを経由して出力のノードへ一方向に流れる
ように，セル内部のエッジを配置します．構造の探索は，ノードのペアの間
を並行に走る複数のエッジの中から 1 つを選択する（それ以外は削除される）
ことに帰着されます．

　2 番目の工夫は，以上のセルの指定を前提に，セル内の（エッジで表され
る）演算が持つパラメータを，最初に一度だけ初期化し，最後まで継続して
更新し続けることです．セルは取り得る構造を表現しますが，その中からよ
い構造を 1 つ選び出すことが目標です．普通に考えれば新しい構造を 1 つ選
ぶたびに，そこに含まれる演算のパラメータをすべて初期化し，ゼロから学
習し直すべきですが，それをやると計算量が大きくなってしまいます．そこ
で，1 つの構造を選んで学習をある程度行ったら，更新されたパラメータを
保存しておき，次に別の構造であってもその中で同じ演算が選ばれれば，そ
れを戻して更新を再開します．

　3 番目の工夫は，まずセルの数を抑えた小さなネットワークを考え，これ
を小規模なタスク上で最適化する方法です．こうして見つけたセルを，必要
なだけ積層して大きなネットワークを作り，目的とするタスクに適用します．
前半の小規模なタスクと目的タスク間のずれの影響を小さくできるかが課題
となります．

　セルの内部構造の探索方法は数多くありますが，最低水準の計算資源で実
行でき，かつ性能も高い 2 つの方法を紹介します．1 つは拍子抜けするかも
しれませんがランダム探索に基づく方法です [312,313]．セルをデザインした
ら次のように学習を行います．まずすべての演算の重みを初期化した後，i)
セルの実現値としての構造をランダムに 1 つ選び出し，ii) それでできるネッ
トワーク全体を 1 バッチだけ学習し，iii) 更新された重みを記録する，を適当
な回数繰り返します．以上により，セル内の各演算の重みを学習します．そ
の後，セルの構造を可能な限り多数，ランダムにサンプリングし，対応する
ネットワークの性能を 1 つずつ評価して最良のものを解として選出します．

　もう 1 つの方法は DARTS[314] です．ノードのペアを結ぶ複数のエッジ（＝
演算）に重み付けし，各演算の出力の加重和が出力側のノードに伝わるように

して，各演算の重みとパラメータを一緒に学習します．そこには，よいエッジ
ほど大きな重みが割り当てられるという期待があります．他の方法のように
1つのエッジを排他的に選び，実現される構造を学習・評価するのではなく，
すべてのエッジが有効なものとして学習を行います．こうすることで，探索
を決定論的に行えるようになります．この学習が終わったら，並行するエッ
ジのうち重みが最大となるものだけを選び，最終的な構造とします．この過
程で性能が劣化するため，ファインチューニングを行います．

　以上の方法は，数あるNASの方法の中ではよい性能を示しますが，過度
の期待は禁物です．特に知見の乏しい新しい問題に対して，うまく機能させ
るのは簡単ではありません．セルの内部構造や，セルを積み重ねて作るネッ
トワーク全体の構造を，上手に選ばなければならないからです．NASが向い
ているのは，すでによい構造がある程度わかっており，また一定の性能が得
られているが，さらにそれを向上させたいという場合です．例えば，特定の
演算装置に向いたネットワーク構造を選びたいという場合に，うまく活用で
きます．畳み込み層のフィルタのサイズ数や入出力チャネル数を探索するこ
とで，計算速度を最適化できることが知られています．

データが少ない場合の学習

深層ニューラルネットワークの学習は，一般に多くの訓練データを必要とします．しかしながら訓練データを望むままに用意できることはほとんどなく，少ないデータでいかによい学習を行えるかが鍵になります．これまでに，適用可能な条件が異なるさまざまな方法が考案されています．本章では，それらの方法を取り上げます．具体的には，データ拡張，転移学習，半教師あり学習，自己教師学習，マルチタスク学習，ドメイン適応，少数事例学習，能動学習を，それぞれ順番に説明します．

11.1　はじめに

　あるタスク $\mathcal{T}$ を，小規模な訓練データ $\mathcal{D} = \{(\mathbf{x}_n, d_n)\}_{n=1,...,N}$ のみを用いて効果的に学習するにはどうすればよいかを考えます．$\mathcal{T}$ にはここではクラス分類を主に考えますが，議論の大部分は他の問題でも有効です．後で説明するようにいくつものアプローチがありますが，中でも，データ拡張（11.2節）と転移学習（11.3節）の2つが中核に位置します．データ拡張は単体で利用される他，後述の方法を構成する部品の1つにもなります．転移学習は，広い意味では別のタスク $\mathcal{T}'$ を学習して得た知識を $\mathcal{T}$ の学習に役立てることを指し，後述の多くの方法に共通する原理です．また狭い意味では，特定の方法を指します．

　この他に適用できる条件が異なるいろいろな方法があります．基本となる

訓練データ $\mathcal{D}$ の他に，正解ラベルを持たない入力サンプルの集合 $\mathcal{D}_{\mathrm{UL}} = \{\mathbf{x}_n\}_{n=1,\ldots,N'}$ が与えられることがあります．半教師あり学習（11.4 節）は，そんな $\mathcal{D}_{\mathrm{UL}}$ を $\mathcal{D}$ と一緒に活用し，$\mathcal{T}$ の学習を行う方法です．一方で自己教師学習（11.5 節）は，$\mathcal{D}_{\mathrm{UL}}$ のみを使って入力 $\mathbf{x}$ のよい特徴表現 $\mathbf{f} = \mathbf{f}(\mathbf{x})$ を学習する方法です．その後，正解ラベル付きの $\mathcal{D}$ を使って $\mathcal{T}$ への転移学習を行うのが一般的です．

マルチタスク学習（11.6 節）は，異なる複数のタスクを 1 つのネットワークで同時に学習し，それによる相乗効果を狙う方法です．ドメイン適応（11.7 節）は，訓練データとテストデータの間でドメインが異なる（＝ 両データの統計的な分布にずれがある）場合に，推論の精度低下を食い止め，良い推論を行う方法です．少数事例学習（11.8 節）は，訓練データのサイズ N が極端に小さい場合を対象にした学習方法です．能動学習（11.9 節）は，ラベルなしデータ $\mathcal{D}_{\mathrm{UL}}$ から限られた数のサンプルを選んで正解ラベルを付け，学習に用いるとき，最も効果的にサンプルを選ぶ方法です．

11.2　データ拡張

データ拡張 (**data augmentation**) は，訓練データが少ないとき，最初に検討すべき方法です．今あるデータ $\mathcal{D} = \{(\mathbf{x}_n, d_n)\}_{n=1,\ldots,N}$ を元に，入力 $\mathbf{x}_n$ を適当な φ で変換した $\mathbf{x}'_n \equiv \varphi(\mathbf{x}_n)$ を作り，これを $\mathbf{x}_n$ の目標出力 d_n と組み合わせて新たな訓練サンプル $(\mathbf{x}'_n, d_n)$ とし，学習に利用します．変換 φ には大きな自由度があり，少なくとも量についてだけいえば制限なく訓練データを増やすことも可能です．

11.2.1　基本的な考え方

入力に施す変換 φ の選び方ですが，基本となる考え方は，

- 入力を $\mathbf{x}_n \rightarrow \mathbf{x}'_n = \varphi(\mathbf{x}_n)$ と変化させても正解（＝ 目標出力）が変わらない
- $\mathbf{x}'_n$ がテスト時に実際に遭遇する入力になるべく近い

ように選ぶことです．どんな φ がよいのかはタスクに大きく依存し，その選択は，タスクやデータに関するわれわれの「知識」に委ねられています．

11.2.2 主に画像に対して有効な方法

データ拡張は，画像に対して特に有効です．例えば物体認識の場合，入力画像 $\mathbf{x}$ を別の画像 $\mathbf{x}' = \varphi(\mathbf{x})$ に変換したとき，画像内の物体が変換前後で変わらず認識できるような変換 φ を考えます．各画素にランダムなノイズを加えたり，画像全体の明暗やコントラストを変化させたり，さらにはさまざまな種類の幾何学変換，例えば画像の一部を切り出す，左右の反転，一定の範囲内での回転などを適用したりします（図 11.1）．

これらの中から φ にどれを選んだらよいか迷いますが，先述の通り φ によって画像のコンテンツが不変，かつ変換後の画像がテスト時に実際に遭遇しそうなものであることが 1 つの基準になるでしょう．例えば画像の左右反転は，文字認識では避けるべきですが，スナップ写真を入力とする物体認識では一般に有効です．さらに，上下が反転するほどの大きな回転はスナップ写真には向きませんが，航空写真を用いた地上物の認識に対しては有効です（図 11.2）．

ただし，テスト時にあまり遭遇しないであろう画像を作り出す変換 φ が，有効なことも珍しくありません．入力画像の一部をランダムな矩形でマスク（＝一定の色で塗りつぶす）する**カットアウト (cutout)** [315] や**ランダム消去 (random erasing)** [316] がその例で，物体認識などでの有効性が確かめられ

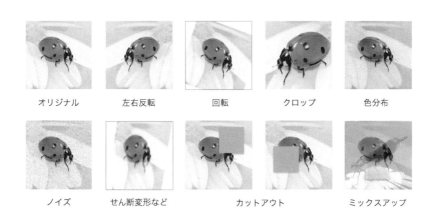

| オリジナル | 左右反転 | 回転 | クロップ | 色分布 |

| ノイズ | せん断変形など | カットアウト | ミックスアップ |

図 11.1 画像で用いられるデータ拡張の数々．

(a)　(b)

図 11.2　画像の自由回転や左右反転は文字認識では避けますが，航空写真には効果的です．

ています．生成される画像は自然とはいえないものの，画像の一部を隠して認識を難しくし，それでも正解を予測できるようにネットワークを訓練することで推論の性能向上をもたらすと理解できます．

　さて，このような入力の変換によるデータ拡張は，画像と同じように実世界を計測して得られる信号，例えば音声信号や機械の振動を計測した信号などにも適用できます．音声認識では，音声信号のスペクトログラムを画像のように扱い，全体の構造を維持したまま幾何学的にランダムに歪ませたり，特定の周波数帯や短い時間帯をランダムに選び，そこをマスクする（特定の値で塗りつぶす）方法が効果的であることが知られています [317]．

11.2.3　言語データで有効な方法

　言語の場合，入力データがセンサデータのような信号ではないため，データ拡張のための変換 $x' = \varphi(x)$ は，一般に画像の場合とは異なるものになります．「コンテンツが変わらない範囲での変換」というデータ拡張の基本を踏まえると，例えば x を1つの文とするとき，x と同じ意味を表す異なる文 x' を生成する「言い換え (paraphrase)」が有効です．例えば，x 内の単語をランダムに，あるいは何らかの基準で選び出し，類義語で入れ替えたり，あるいは既存の機械翻訳システムを使い，x を別の言語にいったん翻訳し，さらに元の言語に翻訳し戻して x' を作り出したりします [318]．いずれの場合でも，なるべく多様かつ正しい言い換えができるかどうかが鍵です．また，文を連続な特徴空間に写像し（埋め込み），x がその空間で連続値をとるベクトルとなる場合には，画像などと同様に，それらベクトルにランダムなノイズを加算して新たなサンプル $x + \varepsilon$ とすることも可能です．詳しくは文献 [319] に譲ります．

11.2.4　その他の方法

　11.2.1 項で述べた基本的な考え方とは相いれない方法が有効なこともあります．クラス分類を対象とするミックスアップ (**mixup**) がそんな例です．この方法は 1 つの訓練サンプルに変動を加えるのではなく，2 つのサンプルを組み合わせて新たな訓練サンプルを合成します [320]．その有効性は画像データに限りません．

　具体的には，2 つのサンプルの入力と正解ラベルをそれぞれ同じ比率で内挿します．まずランダムに 2 つの訓練サンプル $(\mathbf{x}_1, \mathbf{d}_1)$ と $(\mathbf{x}_2, \mathbf{d}_2)$ を選びます．ここで $\mathbf{d}_1$ と $\mathbf{d}_2$ は，1-of-K 符号で正解クラスを表すベクトルです．次に区間 $[0,1]$ からランダムなスカラー値 λ を選び，これを比率に 2 つを内挿した

$$(\lambda \mathbf{x}_1 + (1 - \lambda)\mathbf{x}_2, \quad \lambda \mathbf{d}_1 + (1 - \lambda)\mathbf{d}_2)$$

を，新たな訓練サンプルとして用います．一般に λ は中央 $(\lambda = 0.5)$ 付近でなるべくばらつくように，ベータ分布から $\lambda \sim \beta(\alpha, \alpha)$ のようにサンプルされます（α はどの程度中央に偏らせるかを制御するハイパーパラメータ）．

　ミックスアップがなぜよい結果を与えるのか，完全にはその理由はわかっていませんが[*1]，$\mathbf{x}$ の空間におけるクラスの分類境界付近で，各クラスの尤度の空間的な変化を滑らかにする効果があるためだと考えられます [322]．

11.2.5　データ拡張の自動探索

　データ拡張の変換 φ に多数の候補があるとき，その中のどれを選ぶかは重要です．また変換によっては，それが持つパラメータを決める必要があります（例えば画像の回転では，回転角）．パラメータをランダムに決めることにしても，その範囲（最大・最小値）を設定する必要があります．範囲が大きければ $\mathbf{x}'$ の $\mathbf{x}$ からの変化は大きくなり得るし，小さければ変化も小さくなります．これらの最適値は，あくまで目的とするタスクに依存します．

　そこで，このような変換の種類とその強度（ランダムに選ぶ変換パラメータの範囲）を，推論の性能を最大化するよう自動的に決定する方法がいくつか提案されています [323,324]．基本的な考え方は，選択すべきデータ拡張のパラメータを変化させたとき，バリデーションデータ上の予測精度がどう変

---

*1　なお，λ を $\lambda \sim \beta(\alpha, \alpha + 1)$ からサンプリングしたとき，$(\lambda \mathbf{x}_1 + (1 - \lambda)\mathbf{x}_2, \mathbf{d}_1)$ を学習サンプルとするのと等価であることが示されています [321]．

化するかを見ることで，よりよいパラメータを選択するというものです．強
化学習[323] やランダム探索[324] を用いて，パラメータ空間を探索する方法
が提案されています．

11.3　転移学習

11.3.1　概要

あるタスクを解く際に獲得した知識を，別のタスクを解くための学習に転
用することを**転移学習 (transfer learning)** といいます．その有効性の高さ
から，深層学習の中核的技術の1つに位置付けられます．

本来，転移学習とは包括的な概念を表しますが，深層学習でそれが指す方
法はかなり明確です．目的とするタスク $\mathcal{T}$ と，それとは異なるものの一定の
類似性を持つタスク $\mathcal{T}'$ があるとします．さらに $\mathcal{T}$ の訓練データ $\mathcal{D}$ は量が
十分でない一方，$\mathcal{T}'$ のデータ $\mathcal{D}'$ は豊富にあるとします．ここでは $\mathcal{T}$ と $\mathcal{T}'$
それぞれの入力（$\mathbf{x}$ と $\mathbf{x}'$）は同一の空間にあるが，出力（$\mathbf{y}$ と $\mathbf{y}'$）の空間は
違っていて構わないとします．このとき転移学習とは，まずあるネットワー
クに $\mathcal{D}'$ を使って $\mathcal{T}'$ を学習させた後，このネットワークを若干改変したもの
に $\mathcal{D}$ を使って $\mathcal{T}$ を学習させます．

具体的には次のように行います．まずネットワーク $\mathbf{y}' = \mathbf{f}'(\mathbf{x}')$ で $\mathcal{D}'$ を
使って $\mathcal{T}'$ を学習します．その結果 $\mathbf{f}'$ は $\mathcal{T}'$ を十分うまくこなせるようになっ
たとします．そんな $\mathbf{f}'$ を次のいずれかの方法で，$\mathcal{T}$ の学習に利用します．

- ネットワーク $\mathbf{f}'$ を $\mathcal{T}$ のための「特徴抽出器」として利用する．
- ネットワーク $\mathbf{f}'$ の構造と重みの一部をコピーして別のネットワーク $\mathbf{f}$ を作
  り，$\mathbf{f}$ で $\mathcal{T}$ を「再学習」する．なおこの方法はファインチューニングと呼
  ばれます．

これら2つを以下で詳しく述べます．

なお，$\mathcal{T}$ から見た上述の $\mathcal{T}'$ の学習を，$\mathcal{T}$ の**事前学習 (pretraining)** と呼
びます．逆に $\mathcal{T}'$ から見た $\mathcal{T}$ を，$\mathcal{T}'$ の**下流タスク (downstream task)** と
呼びます．タスク $\mathcal{T}'$ と $\mathcal{T}$ は互いにある程度近いものである必要があります
が，その近さを定量的に測ったり，事前に転移学習の成否を予想するのは一
般に困難です[325]．

11.3.2 特徴抽出器としての利用

1つ目は，$\mathcal{T}'$ を学習した $\mathbf{f}'$ を $\mathcal{T}$ のための特徴抽出器として利用する方法です．$\mathbf{f}'$ の中間層を1つ選び，入力 $\mathbf{x}$ に対するこの層の出力 $\mathbf{z} = \mathbf{z}(\mathbf{x})$ を $\mathbf{x}$ の特徴と見なします．そして $\mathbf{z}$ を入力とする何らかの予測器——多くの場合サポートベクトルマシンや決定木などの基本的なものでよい——を訓練します．推論は入力 $\mathbf{x}$ に対する $\mathbf{z} = \mathbf{z}(\mathbf{x})$ を学習した予測器に入れて行います．

この予測器の学習は次のように行います．目的タスク $\mathcal{T}$ の訓練データ $\mathcal{D} = \{(\mathbf{x}_n, d_n)\}_{n=1,\dots,N}$ の各サンプルについて，入力 $\mathbf{x}_n$ を $\mathbf{f}'$ に入れたときの中間層の出力 $\mathbf{z}_n = \mathbf{z}(\mathbf{x}_n)$ を計算し，新たなデータ $\tilde{\mathcal{D}} = \{(\mathbf{z}_n, d_n)\}_{n=1,\dots,N}$ を得ます．そして $\mathbf{z}_n$ から d_n を予測する予測器を学習します．取り出した特徴 $\mathbf{z}$ が $\mathcal{T}$ にとってよいものであれば，シンプルな予測器でも性能が出るはずです．予測器が単純である分，訓練データ $\tilde{\mathcal{D}}$（と元となる $\mathcal{D}$）の量が限られていても，過剰適合せずに学習が行えると期待されます．

なお，$\mathbf{z}$ に $\mathbf{f}'$ のどの層の出力を選ぶかに自由度があります．1つの層だけでなく，複数の層の出力を組み合わせたものを $\mathbf{z}$ とすることもできます．どうするのが最良の結果につながるかは，さまざまな要因が関与し，最終的には実験的な検証に委ねられます．

11.3.3 ファインチューニング

もう1つの方法は，転移元のタスク $\mathcal{T}'$ を学習したネットワーク $\mathbf{f}'$ の一部をコピーして新たにネットワーク $\mathbf{f}$ を作り，これを $\mathcal{T}$ の訓練データ $\mathcal{D}$ で訓練することです．$\mathcal{T}'$ と $\mathcal{T}$ が互いに近い場合，この訓練による $\mathbf{f}'$ から $\mathbf{f}$ への変化はわずかであると想定されることから，ファインチューニング (fine-tuning) と呼ばれます．

$\mathbf{f}$ の作り方に制約はありませんが，最も単純には $\mathbf{f}'$ の出力層を除く構造と重みをそっくりコピーします．一般には $\mathcal{T}$ と $\mathcal{T}'$ とで予測すべきもの（出力 $\mathbf{y}$ と $\mathbf{y}'$）が違うはずなので，少なくとも出力層だけは作り変える必要があります[*2]．その際，新たに中間層を追加したり，または逆に削減したりしても構いません[*3]．

[*2] 例えばクラス分類ではクラス数の増減に合わせて出力層のユニット数を変える必要があります．

[*3] $\mathbf{f}'$ から $\mathbf{f}$ を作る際，出力層のみを置換し，その重みだけを更新するようにすれば，11.3.2 項の方法とほとんど変わりません．

　こうして作った $\mathbf{f}$ を，訓練データ $\mathcal{D}$ を用いて通常の方法で訓練します．ゼロから学習する場合との違いは，$\mathbf{f}$ に $\mathbf{f}'$ と同じ構造を持たせたうえで，その重みの初期化をランダムに行うのではなく，$\mathbf{f}'$ の重みで初期化することです．なおこの状態の $\mathbf{f}$ を，**事前学習済み (pre-trained)** であるといいます．新たに追加した層の重みは（他に方法がないので）ランダムに初期化します．

　さて，$\mathbf{f}$ の学習時には，そのすべての層の重みを更新してもよいし，一部の層の重みだけを更新することもできます．更新の対象とする層数が多いと，それだけ決定すべきパラメータが増えるので，一般に訓練データ $\mathcal{D}$ が大きくなければなりません．したがって，与えられた $\mathcal{D}$ の量に応じて更新の対象とする層数を増減することが合理的です．つまり，$\mathcal{D}$ が豊富にあるときは，より高い予測性能を狙って多くの層を更新対象とします．逆に $\mathcal{D}$ が小さいときは，過剰適合を避けるため，重みを更新する層を絞ります．もちろん，ランダムに重みを初期化した層は必ず更新しなければなりません．

　なお，$\mathbf{f}$ のすべての層ではなく一部の層を更新対象に選ぶ場合は，通常，出力層側から連続する層を選びます．これは多くの場合，$\mathbf{f}'$ および $\mathbf{f}$ では，入力に近い下位層ほど異なるタスクに共通する基礎的な（＝「低次の」）特徴を抽出する傾向があり，一方で出力に近い上位層ほどタスク依存度の高い「高次」の特徴を取り出すと考えられるからです．そのため個別タスクへの専門性がより強いと思われる上位層から順に優先して，更新対象に選ぶことが合理的です．

11.3.4　ImageNet 事前学習

　画像分類を始めとする画像を扱う問題では，盛んに転移学習が活用されてきました．中でも ImageNet の物体カテゴリ認識は，さまざまなタスクに転移できることが知られています．5.10 節で説明したように，畳み込みネットワーク (CNN) を用いて，ImageNet の 1,000 種類の物体カテゴリを約 100 万枚の画像を使って学習します．この CNN がその内部に獲得する特徴表現は，画像を入力とするさまざまなタスクに対し，かなり普遍的に有効であることがわかっています．

　11.3.2 項，11.3.3 項のいずれの方法によっても，一般に訓練データ $\mathcal{D}$ が少ない場合でも，目的タスク $\mathcal{T}$ に対する推論を高い精度で実行できるようになります．これは $\mathcal{T}$ が ImageNet の物体認識に明らかに近い場合——未学習の物体

カテゴリ認識や，シーン画像の分類（キッチンやレストランといったシーンの
カテゴリを判別），鳥の種類の判別など見た目のわずかな違いに基づく詳細分類
(fine-grained recognition) など——はもちろん，ネットワークの上部構造が
大きく追加・拡張される場合——例えば物体検出 (object detection)——や，
それほど似ていないように思われるタスク間——シーンの画像 1 枚からシー
ンの奥行きマップを推定する単眼深度推定 (monocular depth estimation)
や，人の全身を捉えた画像から人のポーズ（関節位置）を推定するポーズ推
定など——でも当てはまることがあります．

11.3.5　事前学習の有効性

$\mathcal{D}$ を用いて $\mathcal{T}$ を一から（＝重みをランダム初期化した状態から）学習する
のではなく，$\mathcal{T}'$ を事前学習した状態から開始して学習することには，3 つの
効用があると考えられています．すなわち，(a) 予測精度の向上，(b) 学習の
収束速度の向上，そして (c) 推論時の頑健性の向上です．

このうち (a) の予測精度の向上は，われわれが事前学習に最も期待するこ
とであり，実際に多くの場合にそれが観測されます．タスク $\mathcal{T}'$ の学習を通
じて獲得した特徴抽出の能力が，$\mathcal{T}$ で再利用されるためであると理解されま
す．ただし，$\mathcal{T}$ の訓練データ $\mathcal{D}$ の量が十分である場合は，転移学習を行って
も性能は向上しないと考えられています [179]．

(b) の学習速度の向上は，事前学習によって，より少ない重みの更新回数
で同じ予測精度に達することを指しており，(a) とは違って $\mathcal{D}$ が大きい場合
でもこの現象が見られます [180, 326]．事前学習が，ランダムな初期値よりも
統計的によい初期値を重みに与えているためであるという説が，唱えられて
います．

(c) の推論の頑健性向上は，敵対的事例への防御（8.5.4 項），分布外 (out-
of-distribution) 入力の検出（8.4.2 項），さらに確信度の校正精度（8.3.2 項）
において，それぞれ性能が向上することを指します [181, 182]．これは事前学
習によって，より高い表現力を持つ特徴空間が獲得されるためであると考え
られます．事前学習なしに $\mathcal{T}$ を一から学習すると，$\mathcal{T}$ にとって必要最低限の
特徴空間しか得られないため，それが差につながると考えられます．

事前学習は，このようにさまざまな効果を期待できる一方で，解明されて
いない部分も残されています．文献 [180, 326] では，入力 $\mathbf{x}$ の統計的な性質が

大きく異なるタスク間——ImageNet の物体認識タスク $\mathcal{T}'$ から医療用 X 線写真を扱うタスク $\mathcal{T}$ へ——の転移学習を分析し，特徴の再利用がほぼ生じないにもかかわらず，推論の精度が向上する場合があることが報告されています．文献 [180] では，この一見矛盾する現象は，ImageNet 用にデザインされた CNN が，目的タスク $\mathcal{T}$ に不つり合いなほど規模が大きく，その負の影響を事前学習が緩和しているためであるとしています．

11.4 半教師あり学習

11.4.1 概要

半教師あり学習 (**semi-supervised learning**) とは，正解ラベル付きの訓練データ $\mathcal{D}_L$ と *4，ラベルのない入力のみのデータ $\mathcal{D}_{UL}$ の 2 つが与えられたとき，両方を効果的に使って目的タスクを学習する方法です．入力サンプルにラベルを与えるアノテーション作業のコストが大きい場合など，$\mathcal{D}_L$ は小さいが，$\mathcal{D}_{UL}$ は大きいという場合があります．$\mathcal{D}_L$ が小さいので $\mathcal{D}_L$ を用いた普通の教師あり学習だけではよい結果が得られないとき，$\mathcal{D}_{UL}$ を併用してよりよい結果を得ることを狙います．

いくつかの方法がありますが，いずれも $\mathcal{D}_L$ については通常の教師あり学習と同じ扱い方をする点で共通しており，違いは主に $\mathcal{D}_{UL}$ の使い方にあります．どの方法も，$\mathcal{D}_{UL}$ の各サンプルが満たすべき何らかの条件を目的関数 $E'(\mathbf{w}; \mathcal{D}_{UL})$ として表現し，$\mathcal{D}_L$ に関する損失関数と合算した $E(\mathbf{w}; \mathcal{D}_L) + E'(\mathbf{w}; \mathcal{D}_{UL})$ を最小化する形をとります．具体的には，**一致性正則化** (**consistency regularization**)，**疑似ラベル** (**pseudo label**)，**エントロピー最小化** (**entropy minimization**) の 3 つの方法があります [327]．以下，これらを順に説明します．

11.4.2 一致性正則化

一致性正則化 (**consistency regularization**) とは，$\mathcal{D}_{UL}$ の各サンプル $\mathbf{x}$ を，その中身が変わらない範囲（つまり予測の正解が変わらない範囲）で変動させた ($\mathbf{x} \to \mathbf{x}'$) とき，ネットワーク出力 $\mathbf{y}(\mathbf{x})$ がなるべく変化しないこと

---

*4 ラベル付きであることをよりはっきりさせるため，L を添字に追加しています．

を要請する方法です．出力の変化を測る尺度 $\delta(\mathbf{y}(\mathbf{x}_n), \mathbf{y}(\mathbf{x}'_n))$ には，クラス分類であれば交差エントロピー，回帰であれば二乗誤差などを選びます．これを $\mathcal{D}_\mathrm{L}$ 上の教師あり学習の損失と加算した

$$E(\mathbf{w}; \mathcal{D}_\mathrm{L}) + \lambda \sum_{\mathbf{x}_n \in \mathcal{D}_\mathrm{UL}} \delta(\mathbf{y}(\mathbf{x}_n; \mathbf{w}), \mathbf{y}(\mathbf{x}'_n; \mathbf{w})) \tag{11.1}$$

を最小化します．この方法は $\mathcal{D}_\mathrm{UL}$ の各サンプルに対して満たされるべき上述のような一致性を，$\mathcal{D}_\mathrm{L}$ を用いた通常の教師あり学習に正則化として取り入れたものと見なせます．

　入力の変動 $\mathbf{x} \to \mathbf{x}'$ は，典型的には 11.2 節のデータ拡張によって行います[318]．サンプル $\mathbf{x} \in \mathcal{D}_\mathrm{UL}$ の正解ラベルは不明なものの，そのラベルは $\mathbf{x}$ のデータ拡張で得られた $\mathbf{x}'$ のラベルと一致するはずだという考えに基づきます．どの程度までなら，$\mathbf{x}$ を変動させてもその中身（予測すべきラベル）が変わらないかという知識を，外部から与えていると見ることもできます．

　通常のデータ拡張の他，敵対的事例（8.5 節）にならい，出力 $\mathbf{y}(\mathbf{x})$ を大きく変えるわずかな入力変動を逆算し，これを用いる仮想敵対的学習 (virtual adversarial training)[328] や，ドロップアウトなどネットワークを確率的に変動させたとき，同じ入力 $\mathbf{x}$ に対する予測が不変となることを要請する方法もあります[329,330]．基本的な考え方は上述のデータ拡張による方法と同じです．

　この他に，学習中のネットワークの重みの時間変化を変動の源として利用する方法があります．SGD で重みを更新していくと，更新のたびに重みが少しずつ変化するので，同一の入力 $\mathbf{x}$ に対する出力も変動します．そのように変動する出力 $\mathbf{y}$ を時間方向に平均したものを $\mathbf{x}$ の正解ラベルと見なして学習する時間アンサンブル (temporal ensembling) 法[330] や，ネットワークのパラメータ $\mathbf{w}$ の時間方向の移動平均 $\bar{\mathbf{w}}$ を求めて $\mathbf{y}(\mathbf{x}; \bar{\mathbf{w}})$ を $\mathbf{x}$ の正解ラベルとする平均教師 (mean teacher) 法[331] などがあります．

11.4.3　疑似ラベル

　疑似ラベル (pseudo label) はクラス分類を対象とする方法で，10.6 節で述べた知識蒸留ともつながりがあります．後述のように疑似ラベルは，$\mathcal{D}_\mathrm{UL}$ のラベルなしの $\mathbf{x}$ を使って，教師の知識を生徒に転移する知識蒸留として捉

えることもできます．なお教師と生徒も同じネットワークとすることもあり，その場合この方法を，**自己訓練 (self-training)** と呼ぶことがあります．

　疑似ラベルの基本的な考え方は次の通りです．教師ネットワーク T と生徒ネットワーク S の 2 つのネットワークを考えます．最初に，ラベル付きデータ $\mathcal{D}_\mathrm{L}$ を用いて T を訓練します．次に $\mathcal{D}_\mathrm{UL} = \{\mathbf{x}_n\}_{n=1,\dots,N}$ の各サンプル $\mathbf{x}_n$ を T に入力し，ラベルの予測 y_n を得ます．この y_n が疑似ラベルです．入力 $\mathbf{x}_n$ と疑似ラベル y_n をペアリングしてラベル付きのデータ $\mathcal{D}'_\mathrm{UL} = \{(\mathbf{x}_n, y_n)\}_{n=1,\dots,N}$ を作り，S を通常の $\mathcal{D}'_\mathrm{UL}$ と $\mathcal{D}_\mathrm{L}$ の両方を用いて訓練します．

　こうして得られるネットワーク S は，条件次第で T の精度を超えます．これは，S が，T が得ていない情報を $\mathcal{D}_\mathrm{UL}$ から得られるからだと考えられます．その一方で，T が作る疑似ラベルに誤りがあると，当然ながら S の訓練に悪影響を及ぼします（confirmation bias と呼ばれます）[332]．

　なお，疑似ラベルの作り方にはいろいろな考え方があり，今のところ決まった方法はありません．クラススコアの分布をそのままソフトラベルとして使う方法や，最大スコアを与えるクラスの 1-of-K 符号（ハードラベル）を使う方法，さらにはクラススコアの分布から確率的にハードラベルをサンプリングする方法 [333] などが知られています．また，$\mathcal{D}_\mathrm{UL}$ のすべてのサンプルを生徒ネットワークの訓練に使うこともあれば，クラススコアの最大値にしきい値を設け，それを下回るサンプルは使わない（つまり確信度が高いもののみを用いる）場合もあります．また，S の訓練に $\mathcal{D}_\mathrm{L}$ を使わないこともあります．

　どの方法が良いのかがはっきりしない一方で応用は進んでおり，画像 [334,335]，自然言語 [336]，音声 [337] など幅広い分野で疑似ラベル（自己訓練）の有効性が確認されています．疑似ラベルが，定番の事前学習モデルの転移学習を上回るという報告もあります [338]．事前学習の対象とするタスク・データと，目的とするものの間には必ず何らかの違いがあり，それが事前学習の効果を減少させる可能性がありますが，疑似ラベルの場合にはそういったことがなく，それが疑似ラベルの利点であるといえます．

11.4.4　エントロピー最小化

　エントロピー最小化 (entropy minimization) は，$\mathcal{D}_\mathrm{UL}$ の各サンプル $\mathbf{x}$

について，ネットワークが出力するクラススコア $[y_1, \ldots, y_K]$ のエントロピーが小さくなるようにする方法です．つまり $E'(\mathbf{w}; \mathcal{D}_\mathrm{L}) = -\sum_{k=1}^{K} y_k \log y_k$ とします．これは，予測したクラスの事後確率の分布がなるべく（任意でよいので）特定のクラスに偏ることを要請しています．言い換えると，$\mathcal{D}_\mathrm{UL}$ のサンプル $\mathbf{x}$ は，どれかはわかりませんがクラスの1つに必ず分類されるはずだということです．他の方法同様，この $E'(\mathbf{w}; \mathcal{D}_\mathrm{UL})$ を $\mathcal{D}_\mathrm{L}$ の損失と合算したものを最小化します．

11.5　自己教師学習

11.5.1　概要

11.3 節では事前学習——目的タスク $\mathcal{T}$ の予測精度向上を狙って別のタスク $\mathcal{T}'$ をあらかじめ学習すること——について説明しました．そこでの期待は，$\mathcal{T}$ の訓練データの量が十分でないとき $\mathcal{T}'$ を学習することで，ネットワークが $\mathcal{T}$ にとって有用な特徴を抽出できるようになることでした．しかしながら，$\mathcal{T}'$ には大規模な訓練データ $\mathcal{D}'$ が得られるものを選ぶことが理想であるものの，そんな $\mathcal{D}'$ がある $\mathcal{T}$ に近い $\mathcal{T}'$ は，なかなかありません．

自己教師学習 (**self-supervised learning**)[*5] は，そのような $\mathcal{T}'$ や $\mathcal{D}'$ を要さない事前学習の方法です．学習には，正解ラベルのないデータ $\mathcal{D}_\mathrm{UL} = \{\mathbf{x}_n\}_{n=1,\ldots,N}$ を用います．具体的には「正解ラベルが自動的に——人の介入を必要とせずに——生成できるタスク」を事前学習タスク $\mathcal{T}'$ に選びます．例えば，文を構成する単語を一部隠しておいてそれを予測するタスクや，画像に幾何学変換を加えた画像どうしと別の画像を見分けるタスクなどです．これらのタスクは一般にそれ自体に実用性はなく，**プレテキスト**（=「うわべだけの」）**タスク** (pretext task) と呼ばれます．

自己教師学習は，$\mathcal{D}_\mathrm{UL} = \{\mathbf{x}_n\}_{n=1,\ldots,N}$ しか使わないので外から見れば教師なし学習と見なせますが，中から見れば自動生成した正解ラベルを使って行う $\mathcal{T}'$ の教師あり学習です．自己教師学習はあくまで事前学習ですが，その後の $\mathcal{D}$ を用いた $\mathcal{T}$ の教師あり学習までを含む全体を見れば，半教師あり学習として解釈することもできます．

[*5] 自己教示学習 (self-taught learning) と呼ばれることもあります．

　なお，目的とする $\mathcal{T}$ そのものが，正解ラベルを外部から与えなくても学習できる場合があり，それを自己教師学習と呼ぶこともあります[*6]．しかしながら，これはかなり異なる問題設定であり，そもそも $\mathcal{T}'$ が不要であって，事前学習ではありません．本節ではこちらの方法は扱いません．

11.5.2　プレテキストタスク

　先述の通り，自己教師学習とは**プレテキストタスク** $\mathcal{T}'$ の教師あり学習です．$\mathcal{T}'$ は，$\mathcal{D}_{\mathrm{UL}}$ のサンプル $\mathbf{x}$ を入力にとり，それに対する正解ラベルが自動的に得られるようなタスクでなければなりません．そのような $\mathcal{T}'$ のうち，目的タスク $\mathcal{T}$ に有用な事前学習を選ぶことが，鍵となります．

　自然言語で一般的な $\mathcal{T}'$ は，$\mathbf{x}$ を 1 つの完全な文とし，その一部を残りの部分から予測するタスクです．文を単語の系列と見て，文の途中までの部分系列を元に次の単語を予測するタスク[158]（6.4.2 項参照）や，文中の単語をランダムに選んでマスクしたものを入力に，マスクした単語を予測するタスク (masked language modeling)，さらに 2 つの文を並べたものを入力にとり，その文の連続性を 2 値で予測するタスク (next sentence prediction)[157] などの有効性が知られています．元になる文は，例えばウェブ上から大量に手に入れて，$\mathcal{D}_{\mathrm{UL}}$ とします．

　これらと同様のタスクは，画像や音声に対しても容易に作れます．ラベルがついていない画像データや音声データはさほどの苦労なく大量に入手できる点でも同じです．音声データの場合，1 つの音声信号に対し，途中の時刻までの信号を入力に，次時刻の信号（区間の代表値）を予測するタスクが，$\mathcal{T}'$ として有効です[339]．画像の場合も同じような考え方で，$\mathcal{T}'$ の候補となるタスクをいろいろと作ることができます．画像の一部をマスクで隠したものを入力に，隠した部分を予測するタスク (inpainting) や，カラー画像から色情報を除去してグレースケール画像を作り，これを入力に元の色情報を予測するタスク (colorization)[340,341]，さらに画像を同一サイズの矩形複数に分割し，順序をランダムに入れ替えたものを入力に，元の正しい並びを予測するタスク（ジグソーパズル）[342] などがあります．しかしながら，目的タスク

[*6]　例えば 2 台のステレオカメラの画像を入力に，シーンの奥行きやオプティカルフローなどを推定する問題です．それらの正解が外部から与えられない場合でも，2 台のカメラの画像間に成り立つ幾何学的制約を利用して，陰的に正解を指定する損失関数を計算できます．

$\mathcal{T}$ が一般的な画像分類である場合，これらのタスクの事前学習はあまり有効でないと考えられています．

有効性が確認されているのは，1 枚の画像から適切なデータ拡張で変換して作った 2 枚の画像に対し，それらの同一性を正しく判別するタスクです．その学習は距離計量学習の一種と見なせ，この同一性を課すことで，画像の特徴空間への写像を学習します．そこでのデータ拡張の使い方は，11.4.2 項で説明した半教師あり学習の一致性正則化での使い方に似ています [318]．

11.5.3 対照表現学習

上述の画像分類のためのプレテキストタスクには，いくつかの学習方法が知られています．中でも最も基本的なのが対照損失を用いる方法です．学習によって特徴表現空間が獲得されるため，その方法は**対照表現学習 (contrastive representation learning)** と呼ばれます．

方法は次の通りです．まず入力 $\mathbf{x}$ からその特徴 $\mathbf{z}$ を計算するネットワーク ($\mathbf{z} = \mathbf{f}(\mathbf{x}; \mathbf{w})$) を考えます．学習では，基準となる 1 つのサンプル $\mathbf{x}$（クエリと呼ぶ）と，正例 $\mathbf{x}^+$，K 個の負例 $\mathbf{x}_1^-, \ldots, \mathbf{x}_K^-$ を考えます．通常，同一画像に異なるデータ拡張を適用して 2 枚の画像を得て，1 枚をクエリ $\mathbf{x}$，もう 1 枚を正例 $\mathbf{x}^+$ とし，他の任意の画像を負例とします．これらのクエリ，正例，K 個の負例の特徴をそれぞれ $\mathbf{z} = \mathbf{f}(\mathbf{x})$，$\mathbf{z}^+ = \mathbf{f}(\mathbf{x}^+)$，$\mathbf{z}_i^- = \mathbf{f}(\mathbf{x}_i^-)$ と書き，また正例と K 個の負例をまとめて $\{\mathbf{x}_i\}_{i=0,\ldots,K}$，対応する特徴 $\{\mathbf{z}_i\}_{i=0,\ldots,K}$ と書くことにします（$\mathbf{x}_0 = \mathbf{x}^+$ としました）．なおここでは $\mathbf{f}$ をエンコーダと呼ぶことにします．

これらを使って次の損失を考えます．

$$E(\mathbf{w}; \mathbf{x}, \{\mathbf{x}_i\}_{i=0,\ldots,K}) = -\log \frac{\exp(\mathrm{sim}(\mathbf{z}, \mathbf{z}^+)/\tau)}{\sum_{i=0}^{K} \exp(\mathrm{sim}(\mathbf{z}, \mathbf{z}_i^-)/\tau)} \tag{11.2}$$

$\mathrm{sim}(\cdot, \cdot)$ は特徴ベクトル間の類似度であり，内積 $\mathrm{sim}(\mathbf{z}_1, \mathbf{z}_2) = \mathbf{z}_1^\top \mathbf{z}_2$ を用いるのが最も一般的です．この損失は **InfoNCE** [339] と称されていますが，10.1.2 項の式 (10.3) と実質的に同じであり，$\mathbf{z}$ と $\mathbf{z}^+$ を近づけ，$\mathbf{z}$ と $\mathbf{z}_i^-$ $(i = 1, \ldots, K)$

を遠ざけるように学習を行います[*7].

10.1.2 項でも述べたように，対照損失を使う学習は負例の数 K が大きいほどうまく進む傾向がありますが，大きな $\{\mathbf{x}_i^-\}_{i=1,...,K}$ は記憶域を圧迫します．クエリ，正例とすべての負例は 1 つのミニバッチに入れることになりますが，そのサイズが大変大きなものとなってしまいます．考えられる 1 つの対策は，$\mathbf{z}$ の次元数が $\mathbf{x}$ よりずっと小さいことに着目し，代わりに特徴 $\{\mathbf{z}_i^-\}_{i=1,...,K}$ を保持することです．ただし $\mathbf{z}_i^- = \mathbf{f}(\mathbf{x}_i^-; \mathbf{w})$ であり，$\mathbf{w}$ が更新されるたびに $\mathbf{z}_i^-$ を計算し直す必要があり，今度は計算量が膨大になってしまいます．

これを解決すべく考察された **MoCo(Momentum Contrast)** [344] は，$\mathbf{z}_i^-$（および $\mathbf{z}^+$）が滑らかに更新されるようにしたうえで，$\{\mathbf{z}_i^-\}$ をキュー（つまり，先入れ先出しのデータ構造）に保持します．キューに保持されている間 $\mathbf{z}_i^-$ は更新されませんが，その間の変化は小さいと考えて影響を無視します．

具体的には，まず構造が同じで重みが異なる 2 つのエンコーダ $\mathbf{f}(\mathbf{x}; \mathbf{w}_{\text{query}})$，$\mathbf{f}(\mathbf{x}; \mathbf{w}_{\text{key}})$ を用意します．そしてクエリ $\mathbf{x}$ を 1 つ目のエンコーダに入れ，正例 $\mathbf{x}^+$ と負例 $\mathbf{x}_i^-$ を 2 つ目のエンコーダに入れて，それぞれの特徴 $\mathbf{z}$, $\mathbf{z}_i^+$, $\mathbf{z}_i^-$ を得ます．そして，式 (11.2) の損失を，1 つ目のエンコーダの重み $\mathbf{w}_{\text{query}}$ についてのみ最小化します[*8]．2 つ目のエンコーダの重み $\mathbf{w}_{\text{key}}$ は，$\mathbf{w}_{\text{query}}$ の移動平均とします．

$$\mathbf{w}_{\text{key}} = \mu \mathbf{w}_{\text{key}} + (1 - \mu)\mathbf{w}_{\text{query}}$$

ここで $\mu \in [0, 1)$ は移動平均の重みです．移動平均をとることで $\mathbf{w}_{\text{key}}$ は滑らかに変化し，したがって正例と負例の特徴も滑らかに変化することとなります．以上の仕組みから，$\mathbf{f}(\mathbf{x}; \mathbf{w}_{\text{key}})$ はモメンタムエンコーダと呼ばれます．

$\{\mathbf{z}_i^-\}$ を保持するキューの長さは，式 (11.2) の損失における負例の数 K に相当し，これを長くとれば負例の数を増やすのと同じ効果が得られます．計算の実装上ミニバッチは必要ですが，そのサイズはキューの長さとは関係なく設定でき，記憶域の圧迫を招きません．

一方 **SimCLR** [345] は，K を大きくとれる記憶域を持つハードウェアの使用

---

* [*7]　InfoNCE の名前の由来となっている**ノイズ対照学習 (noise contrastive learning)**（以下 NCE）[343] は，$\mathbf{x}$ の分布 $p(\mathbf{x})$ をあるパラメトリックな関数で表現し，$\mathbf{x}$ のサンプル集合からそのパラメータを推定するとき，その関数が正規化されていない（積分をとると 1 にならない）場合に，$\mathbf{x}$ とノイズを判別する問題を学習することを通じ，パラメータの最尤推定を行う方法です．
* [*8]　つまり，このとき $\mathbf{w}_{\text{key}}$ は更新されません．

を前提に，式 (10.4) と同じくクエリと正例の K 個のペア $\{(\mathbf{x}_i, \mathbf{x}_i^+)\}_{i=1,\ldots,K}$ を用いて損失を求めます．各ペアにつき，クエリ $\mathbf{x}_i$，正例 $\mathbf{x}_i^+$，と $2(K-1)$ 個の負例 $\{(\mathbf{x}_j, \mathbf{x}_j^+)\}_{j \neq i}$ を生成し，これについて式 (11.2) の損失を求めます．MoCo とは異なり，エンコーダは 1 つしか使わず，また類似度の計算に L2 ノルムで正規化したベクトルの内積 $\mathrm{sim}(\mathbf{z}_1, \mathbf{z}_2) = \mathbf{z}_1^\top \mathbf{z}_2 / \|\mathbf{z}_1\|\|\mathbf{z}_2\|$ を用います．

以上が対照表現学習の概略ですが，いくつか追記すべきことがあります．1 つはエンコーダの構造です．対象が画像であるため，エンコーダには典型的な画像分類用の CNN が使われますが，出力層手前の層（L 層とします）の出力を特徴 $\mathbf{z} = \mathbf{z}^{(L)}$ として用いるよりも，この層の上に全結合層を数層（L' 層とする）積み重ね，その出力を特徴 $\mathbf{z} = \mathbf{z}^{(L+L')}$ として上の学習を行った後で，目的タスクには $\mathbf{z}^{(L)}$ を使う方が，一般に高い性能が得られることが知られています [346]．この追加した全結合層のことを射影子 (projector) と呼んでいます．

また，以上の方法では，クエリ $\mathbf{x}$ を正例 $\mathbf{x}^+$ と近づけ，負例 $\mathbf{x}_i^-$ と遠ざける学習を行っていました．一方で **BYOL(bootstrap your own latent)**[347] という方法は，同様にクエリと正例を近づけるものの，負例は使用しません．上述の多数の負例を用いる必要性とそれにかかわる困難さから解放される一方，学習はより不安定になる傾向があります．これは，クエリと正例を近づけるだけならば，入力の中身を問わず特徴空間の同一点に写す写像もまた，解の 1 つとなるからです．その無意味な解に収束してしまわないように，何らかの対策が必要になります．

BYOL は，クエリを入れるエンコーダ $\mathbf{x}$ と正例 $\mathbf{x}^+$ を入れるエンコーダを別々に持ち，MoCo 同様に，後者をモメンタムエンコーダとし，前者のみに勾配を逆伝播します．学習には，目的タスクで使う特徴（L 層の出力 $\mathbf{z}^{(L)}$）ではなくて，これを追加の層（射影子）で変換した $L+L'$ 層の出力 $\mathbf{z}^{(L+L')}$ を用います．クエリ側のエンコーダは，クエリ $\mathbf{x}$ を同様に $\mathbf{z}$ に変換したものを，さらに追加した層で変換します．この層のことを予測子 (predictor) と呼びます．以下，予測子による変換を $\mathbf{q}(\mathbf{z})$ と書きます．

BYOL は，このクエリ側の最終的な出力 $\mathbf{q}(\mathbf{z})$ と，正例の特徴 $\mathbf{z}^+$ をそれぞれ L2 ノルムで正規化したものの二乗距離

$$E(\mathbf{w}_{\text{query}}, \mathbf{w}_{\text{key}}; \mathbf{x}, \mathbf{x}^+) = \left\| \frac{\mathbf{q}(\mathbf{z})}{\|\mathbf{q}(\mathbf{z})\|_2} - \frac{\mathbf{z}^+}{\|\mathbf{z}^+\|_2} \right\|_2^2$$

を最小化します．ここで $\mathbf{w}_{\text{query}}$ はクエリ側のエンコーダの重み（$\mathbf{q}(\mathbf{z})$ の重みを含む）で，$\mathbf{w}_{\text{key}}$ は正例側のエンコーダの重みです．最終的に，入力の $\mathbf{x}$ と $\mathbf{x}^+$ を入れ替えて求めた上の損失の和

$$E_{\text{BYOL}}(\mathbf{w}_{\text{query}}, \mathbf{w}_{\text{key}}; \mathbf{x}, \mathbf{x}^+) \equiv E(\cdots; \mathbf{x}, \mathbf{x}^+) + E(\cdots; \mathbf{x}^+, \mathbf{x})$$

を $\mathbf{w}_{\text{query}}$ について最小化します．$\mathbf{w}_{\text{key}}$ は MoCo と同様に $\mathbf{w}_{\text{query}}$ の移動平均によって更新します（モメンタムエンコーダ）．BYOL 同様に負例を用いない学習方法がいくつか提案されています [348, 349, 350]．これらは，写像が特徴空間の 1 点に 収 斂 する無意味な解を避けるために，それぞれ異なる方法を採用しています．

11.6　マルチタスク学習

マルチタスク学習（**multi-task learning**）とは，1 つの機械学習のモデル（ここではニューラルネットワーク）で，同時に複数の異なるタスクを学習することをいいます [351, 352, 353]．そうすることで，各タスクをそれぞれ別に学習した場合には得られない効果を得ることが狙いです．

期待される効果はいくつかあります．1 つは訓練データの不足を補う効果です．各タスクの訓練データの量が限られており，それぞれを単独で学習しても高い性能が望めないとき，複数のタスクを同時に学習することによる相乗効果により，性能の向上を期待します．単純に考えれば，1 つのネットワークの学習に用いる訓練データ量が増えたことにより，過剰適合の回避と推論の性能向上につながる可能性があります．

また，目的とするものとは別のタスクを一緒に学習することで，目的タスクの学習をよい方向に誘導するために行われることもあります．あるタスク $\mathcal{T}_1$ を解くには入力 $\mathbf{x}$ 中の特定の特徴を取り出す必要があるのに，$\mathcal{T}_1$ を単独で学習してもそうはならなかったとします．別のタスク $\mathcal{T}_2$ を学習すれば目的とする特徴を取り出せるようになるとき，$\mathcal{T}_1$ と $\mathcal{T}_2$ を同時に学習することで問題の解決を図ります．

このようにマルチタスク学習に期待する効果は，転移学習に期待する効果と似ています．転移学習では2つのタスクを順番に学習し，一方マルチタスク学習では複数のタスクを同時に学習するので，そこに違いがあります．ただし複数のタスクを順番に，循環的に学習するマルチタスク学習もあり[*9]，その場合はさらに両者の差は小さくなるといえます．

マルチタスク学習の具体的な方法の中身は，ネットワークの設計や学習の方法に帰着され，それらは基本的にタスクやデータに依存します．したがって，普遍的に有効な方法というものはありません．個別のケーススタディはサーベイ[353]に譲ることとし，ここでは基本的な事項を要約して説明します．

まず方法は大きく2つに分類されます．1つは，タスク間で同じネットワークを用いるか，少なくともネットワークの一部を共有する方法で，これらは**ハードシェアリング (hard sharing)** と呼ばれます．もう1つは，タスクごとに別々のネットワークを持ち，学習時にそれらのパラメータどうしを何らか制約を加えて関連づける方法で，**ソフトシェアリング (soft sharing)** と呼ばれます．ハードシェアリングは，ネットワークの構造デザインに重きを置き，ソフトシェアリングは学習時の最適化手法に注目しているといえます．

ハードシェアリングの最も単純な形は，図 11.3 のように，同一の入力空間を持つタスクの場合に，ネットワークの入力層から途中までの層をタスク間で共有し，その後枝分かれして各タスク専用の出力層を設ける方法です．こ

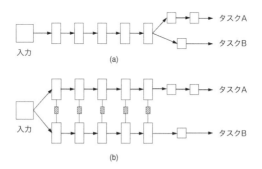

図 11.3 マルチタスク学習の2つの方法．(a) ハードシェアリング．(b) ソフトシェアリング．いずれも入力空間を共有する場合．

[*9]　全タスクを同時に学習する代わりに，各タスクを切り替えて学習します（例えば $\mathcal{T}_1, \mathcal{T}_2, \mathcal{T}_3, \mathcal{T}_1, \dots$）．

のネットワークの構造は，下位層が抽出する特徴はタスク間で共有され，上位層の特徴はタスク間で異なるという標準的な予想に基づいています．

ハードシェアリングの場合の学習は，タスク $\mathcal{T}_i(i = 1, \ldots)$ の損失を $E_i(\mathbf{w})$ と書くと，全タスクの損失の和 $\sum_i \lambda_i E_i(\mathbf{w})$ を最小化することで行います．λ_i はタスク別の損失の重みで，タスクごとに損失のスケールが変わる場合に，それを補正するためのものです．λ_i は，定数となるハイパーパラメータとして決定する他，推論の不確かさ [354] や学習の進み具合 [355] に応じて学習中に動的に変更します．一方ソフトシェアリングの場合の学習は，タスクごとに求めた損失の総和を，選んだ層の重みが近くなるような正則化とともに最小化します．

11.7　ドメイン適応・汎化

11.7.1　データのドメイン

データのドメインとは，データの出どころを表す概念で，数学的にはデータの統計的な分布として捉えられます．あるデータ $\mathbf{x}$ の集合が分布 $p_1(\mathbf{x})$ に従い，別のデータの集合が分布 $p_2(\mathbf{x})$ に従うとき，$p_1(\mathbf{x}) \neq p_2(\mathbf{x})$ であれば 2 つのデータのドメインは異なるといいます．

学習時の訓練データと推論時に遭遇するデータでこのようなドメインが異なる場合，一般に推論の性能は悪くなります．このとき，なるべく推論の性能が高くなるようにする問題が，**ドメイン適応 (domain adaptation)** です．訓練データのドメインをソースドメイン，推論の対象とするデータのドメインをターゲットドメインと呼びます．両方のドメインで（つまりターゲットだけでなくソースドメインのデータに対しても引き続き）推論をうまく行えるようにする問題は，**ドメイン汎化 (domain generalization)** と呼ばれます．

これらは，広く考えれば転移学習の問題と捉えることもできますが，11.3 節で説明した（狭義の）転移学習では，入力 $\mathbf{x}$ のドメインの違いにはあまりこだわらず（ただし基本的には同一ドメインを想定），異なるタスク間での転移を考えました．一方，ドメイン適応・汎化では，基本的に同一のタスクに対して，異なるドメイン間の転移を考えます．

図 11.4 に，画像を例にドメインが異なるデータの組を示します．このようなデータでは，あるドメインのデータで学習したモデルをそのまま他のドメ

図 11.4 ドメインの違うデータの例. 上段：数字認識のデータセット, MNIST, USPS, SVHN[356].
下段：車載カメラ画像のセグメンテーションのデータセット, Cityscapes[357] と
GTA5[358].

インのデータに適用しても, 一般によい結果は得られません. 例えば図 11.4
にある MNIST のデータセットで CNN を訓練し, 同じ MNIST のバリデー
ションデータ上で 99% の平均正答率を示したとしても, ドメインの異なる
USPS に対する正答率は 7 割程度まで減少してしまいます. 同図にあるセマ
ンティックセグメンテーションのための 2 つの異なるドメインのデータ, す
なわち実画像からなる Cityscapes[357] と合成画像からなる GTA5[358] の間
でも同様です. GTA5 のような合成画像データの場合, 正解ラベルが容易に
得られるため, 大規模な訓練データを得ることができます. もしこのような
合成画像データをソースドメイン, 実画像データをターゲットドメインとし
たとき, ドメイン適応によって推論の性能を向上できれば, 大変有用です.

11.7.2 教師なしドメイン適応

ドメイン適応の研究では通常, 次のような条件を仮定します. まず, ソー
スドメインのデータは正解ラベル付きのデータ $\mathcal{D}_\mathrm{s} = \{(\mathbf{x}_n, d_n)\}_{n=1,\ldots,N_\mathrm{s}}$ で
あり, その量は十分であるとします. ターゲットドメインのデータ $\mathcal{D}_\mathrm{t}$ の構
成はいくつかの場合が考えられますが, 最も盛んに研究されているのは, 正
解ラベルのないデータ, すなわち $\mathcal{D}_\mathrm{t} = \{\mathbf{x}_n\}_{n=1,\ldots,N_\mathrm{t}}$ です. この条件の下で
の問題を, **教師なしドメイン適応 (unsupervised domain adaptation)**
(以下 **UDA**) と呼びます.

UDA はさらなる詳細な条件の違いによって細分化されており, 具体的に
はソースとターゲット間でクラスの集合が完全一致する場合 (閉じた DA と

呼ばれる），ソースのクラスの一部がターゲットに引き継がれない場合（部分的 DA）[359]，あるいはその逆（オープンセット DA）[360]，さらにはそれらが不明な場合（ユニバーサル DA）[361] などです．

　しかしながら，実用性の観点からは，UDA の基本的な問題設定には疑問を抱かざるを得ません．というのは，通常の応用において，ターゲットドメインの正解ラベル付きデータがまったく得られないという状況は，あまりありそうにないからです．もし本当にそれらが得られないのなら，できあがったモデルの性能評価すらおぼつかないことになり，果たしてそんなモデルを実戦投入できるのか疑問です．普通はターゲットドメインであっても少なくとも一定量の正解ラベル付きデータは準備できるはずであり，であればそれを学習に使わない手はないように思われます．そして一定量の正解ラベル付きデータがあるのであれば，標準的な転移学習（ファインチューニング）を実行することができるだろうし，それで十分かもしれません．

　以上のような理由から，筆者は UDA の有用性に若干の疑問を持っていますが，これまでに考案された手法の考え方には，参考になる部分も多くあります．そういった趣旨から，以下では基本となるいくつかの考え方を説明します．

11.7.3　敵対的学習：分布の位置合わせ

　そもそもドメイン適応が必要になるのは，入力 $\mathbf{x}$ の空間でのソースドメインの分布 $p_s(\mathbf{x})$ とターゲットドメインの分布 $p_t(\mathbf{x})$ にずれがあるからです．そこで $\mathbf{x}$ から特徴 $\mathbf{z}$ を取り出し，これを用いて y を予測するとしたとき，$\mathbf{z}$ の空間では両ドメインの分布に差がなくなるようにできないかと考えます．

　つまり，入力 $\mathbf{x}$ から y への写像を 2 つに分け，

$$\mathbf{x} \xrightarrow{\mathbf{z}=\mathbf{g}(\mathbf{x};\mathbf{w}_g)} \mathbf{z} \xrightarrow{y=f(\mathbf{z};\mathbf{w}_f)} y$$

のように，まず特徴抽出用のネットワーク $\mathbf{g}$ によって入力から中間特徴 $\mathbf{z} = \mathbf{g}(\mathbf{x};\mathbf{w}_g)$ を取り出し，次に分類用ネットワーク f によって $\mathbf{z}$ から最終出力 $y = f(\mathbf{z};\mathbf{w}_f)$ を得るとします．$\mathbf{g}$ によって $p_s(\mathbf{x})$ は $p_s(\mathbf{z})$ に，$p_t(\mathbf{x})$ は $p_t(\mathbf{z})$ にそれぞれ写されるとしたとき，$\mathbf{g}$ をうまく学習して $p_s(\mathbf{z})$ と $p_t(\mathbf{z})$ に差がなくなるようにします．

　この目的で，$\mathbf{x}$ がソースとターゲットのどちらのドメインであるかを

$\mathbf{z}(=\mathbf{g}(\mathbf{x}))$ から判定する 2 値の識別器 $h(\mathbf{z})$ を考えます．ソースを 0，ターゲットを 1 と表現すると，h の理想の振る舞いは $\mathbf{x} \in p_{\mathrm{s}}(\mathbf{x})$ のとき $h(\mathbf{g}(\mathbf{x})) = 0$，$\mathbf{x} \in p_{\mathrm{t}}(\mathbf{x})$ のとき $h(\mathbf{g}(\mathbf{x})) = 1$ となることです．

もし $p_{\mathrm{s}}(\mathbf{z})$ と $p_{\mathrm{t}}(\mathbf{z})$ に差がなければ，どんなに高性能な h をもってしてもドメインの識別が正しく行えないはずです．逆に高性能な h で識別できないならば，両分布に差はないといえます．そこで GAN（12.4 節）と同じような考え方で，h と $\mathbf{g}$ を互いに競争させながら学習します [362]．

まず，特徴抽出を行うネットワーク $\mathbf{g}$ は h を騙すことが目標となります．そこで，$\mathbf{x} \in p_{\mathrm{t}}(\mathbf{x})$ を h がソースドメインと識別してしまうこと（つまり $h(\mathbf{g}(\mathbf{x})) = 0$）を理想として，これを形にした損失

$$-\sum_{\mathbf{x} \in \mathcal{D}_{\mathrm{s}}} \log\left(1 - h(\mathbf{g}(\mathbf{x}; \mathbf{w}_g); \mathbf{w}_h)\right) \tag{11.3}$$

を $\mathbf{w}_g$ について最小化します．一方ネットワーク h は正しくドメインを識別できることが目標であり，2 値の交差エントロピー

$$-\sum_{\mathbf{x} \in \mathcal{D}_{\mathrm{s}}} \log\left(1 - h(\mathbf{g}(\mathbf{x}; \mathbf{w}_g); \mathbf{w}_h)\right) - \sum_{\mathbf{x} \in \mathcal{D}_{\mathrm{t}}} \log h(\mathbf{g}(\mathbf{x}; \mathbf{w}_g); \mathbf{w}_h) \tag{11.4}$$

を $\mathbf{w}_h$ について最小化します．学習では，まずソースドメインの訓練データを用いて合成ネットワーク $y = f(\mathbf{g}(\mathbf{x}; \mathbf{w}_g); \mathbf{w}_f)$ を訓練した後，上述の方法で，h の学習と $\mathbf{g}$ の学習を交互に実行します．つまり，一方を学習するときはもう一方を固定してパラメータを更新します．

11.7.4　疑似ラベルによる方法

UDA は，正解ラベルありの $\mathcal{D}_{\mathrm{s}}$ とそれがない $\mathcal{D}_{\mathrm{t}}$ を学習に用いますが，この問題の構造は半教師あり学習に似ており，したがってそのための手法を適用することができます．具体的には 11.4.3 項で説明した，疑似ラベル（＝自己学習）の方法です．つまり，$\mathcal{D}_{\mathrm{s}}$ を学習したネットワークを $\mathcal{D}_{\mathrm{t}}$ の各サンプルに適用し，それらのクラスを予測します．そして予測したクラスを正解ラベルとして用いて，同じかあるいは別のネットワークを学習します．

11.7.5　用語と概念の整理

上述のようにドメイン適応は，入力 $\mathbf{x}$ の分布が学習時と推論時で異なる場

合を対象としています．意図せず生じたそのような **x** の分布のずれのことを，
ドメインシフト (**domain shift**) と呼びます．また，**x** の分布だけでなく，目
標出力 **d** も合わせたデータの統計的分布が，学習時と推論時で食い違うことが
あります．そのような現象を包括的に**コンセプトドリフト** (**concept drift**)
あるいは，**データセットシフト** (**dataset shift**) と呼びます．この現象が水
面下で起こると，知らない間にモデルの予測精度が低下してしまいます．

　x からラベル y を予測したい場合，われわれは知られざる事後分布 $p(y|\mathbf{x})$
をモデル $\hat{y} = f(\mathbf{x}; \mathbf{w})$ でなるべく正確に表すことを目標に，モデルのパラ
メータ **w** を訓練データ $\mathcal{D} = \{(\mathbf{x}, y)\}$ を使って定めようとします．コンセプ
トドリフトとは，同時分布 $p(\mathbf{x}, y)$ が時間とともに変化し，特に学習時と訓練
時で一致しないことをいいます．$p(\mathbf{x}, y) = p(y|\mathbf{x})p(\mathbf{x})$ であり，右辺の 2 つ
の項のどちらが変化するかによって，コンセプトドリフトは 2 種類に分けら
れます．

　1 つは $p(y|\mathbf{x})$ が変化する場合で，これを**実コンセプトドリフト** (**real concept drift**) あるいは，**クラスドリフト** [363] といいます．この場合 $p(\mathbf{x})$ は同
じでも違っていても構いません．メールのスパムフィルタを例にとると，次の
ような場合に当たります．メールの内容 **x** からそれがスパムである $(y = 1)$
か否か $(y = 0)$ を判断する問題を考えます．誰にとってもスパムであるメー
ルもあれば，商品やサービスの宣伝などユーザの興味関心次第で，判断が分
かれるものもあります．あるユーザの興味や関心が時ともに変化すると，同
じ入力 **x** であっても正解 y が変わる，つまり $p(y|\mathbf{x})$ が，時間とともに変わる
こととなります．

　もう 1 つは，$p(y|\mathbf{x})$ は変わらないが $p(\mathbf{x})$ が変化する場合で，これを**仮想コ
ンセプトドリフト** (**virtual concept drift**) [363] あるいは，**共変ドリフト**と
呼びます．スパムの例でいえば，ユーザの興味や関心とは関係なく，受信する
メールの傾向が統計的に変化する場合です．**x** の分布が $p_0(\mathbf{x})$ から $p_1(\mathbf{x})$ へ
と変化するとき，$p_0(\mathbf{x})$ に従うサンプル **x** を用いた学習で $f(\mathbf{x}; \mathbf{w})$ を $p(y|\mathbf{x})$
に近づけられても，その f が $p_1(\mathbf{x})$ に従うサンプル **x** に対しても $p(y|\mathbf{x})$ の
良いモデルである保証はありません．

11.8 少数事例学習

少数事例学習 (**few-shot learning**) は，数個程度のわずかな訓練事例の
みを使って学習を行う問題です．多クラス分類で，クラスあたり N 個の訓練
サンプルが与えられる場合を N-ショット (shot) 学習と呼びます．これは機
械学習の問題としては難問ですが，人間にとっては必ずしもそうとはいえま
せん．例えば，今まで見たことがない動物でも，数枚の写真を見るだけで，以
後はその動物を認識できそうです．このような人が持つ高い学習能力が，少
数事例学習の目標となっています．

　この問題は，一般的にはメタ学習の問題として定式化されています．つま
り，与えられる少数事例だけから学習する能力（＝学習スキル）を，学習す
る問題です．この場合，少数事例からの学習と，その学習結果の性能評価を
セットでエピソードと呼び，複数のエピソードを繰り返しこなすことで，学
習を進めます（**図 11.5**）．

　K 種類のクラス分類を考え，クラスあたり N 個の訓練サンプルが与えられ
るとしたとき，この条件を「K-way N-shot」と呼びます（図 11.5 は $K = 3$，
$N = 4$ の場合）．1 つのエピソードでは，K クラス $\times N$ サンプルの訓練デー
タと，同じ K クラス $\times M$（クラスあたり M サンプル）のテストデータが与
えられ，前者で学習を行い，後者でその性能を評価します．エピソードが変
わると，対象とする K クラスの中身が変わります．このようなエピソードを
複数，実行することで，少数事例学習の「スキル」を身につけ，未知のエピ
ソード（＝新しいクラスの少数事例からの分類）をこなせるようにします．

　少数事例学習の最も基本的な方法が，代表例を用いる方法 (prototypical
network) です [364]．まず，入力 $\mathbf{x}$ を特徴空間に $\mathbf{f} = \mathbf{f}(\mathbf{x}; \mathbf{w})$ のように埋め
込む 1 つのネットワークを考えます．学習を通じてパラメータ $\mathbf{w}$ をうまく定
め，少数事例だけ正しくクラス分類が行えるような，よい特徴空間を得るこ
とが目標です．

　まず，クラス分類をこの特徴空間上で次のように行うこととします．1
つのエピソード内で，与えられるクラス k の N 個のサンプルの集合を
$\mathcal{S}_k = \{(\mathbf{x}_{k,i}, d_{k,i})\}_{i=1,\dots,N}$ と書きます．今，各クラス k につき，$\mathcal{S}_k$ の平

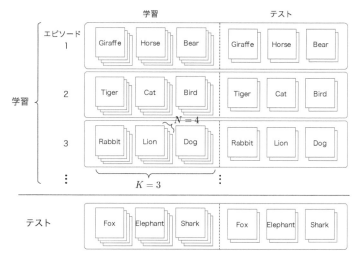

図 11.5　少数事例学習の研究において想定される問題設定.「3-way 4-shot」(クラス数 $K = 3$,
クラスあたりの事例数 $N = 4$) の場合.

均ベクトル $\mathbf{c}_k$ を次のように計算します.

$$\mathbf{c}_k = \frac{1}{N} \sum_{i=1}^{N} \mathbf{f}(\mathbf{x}_{k,i}; \mathbf{w}) \tag{11.5}$$

$\mathbf{c}_k$ はクラス k の代表例 (プロトタイプ) と見なします.つまり新しい入力 $\mathbf{x}$
が与えられたとき,$\mathbf{x}$ がクラス k である確率を特徴ベクトル $\mathbf{f}(\mathbf{x}; \mathbf{w})$ と $\mathbf{c}_k$ と
の距離 $\mathrm{dist}(\mathbf{f}(\mathbf{x}; \mathbf{w}), \mathbf{c}_k)$ を用いて

$$p(d = k|\mathbf{x}) = \frac{\exp(-\mathrm{dist}(\mathbf{f}(\mathbf{x}; \mathbf{w}), \mathbf{c}_k))}{\sum_{k'} \exp(-\mathrm{dist}(\mathbf{f}(\mathbf{x}; \mathbf{w}), \mathbf{c}_{k'}))} \tag{11.6}$$

と決めます.すると,$\mathbf{x}$ の特徴ベクトル $\mathbf{f}(\mathbf{x}; \mathbf{w})$ に最も近い代表ベクトル
$\mathbf{c}_k$ を与えるクラス k の確率が最大となり,$\mathbf{x}$ はそのクラスに分類されま
す.距離には,ユークリッド距離 $\mathrm{dist}(\mathbf{a}, \mathbf{b}) = \|a - b\|_2$ やコサイン距離
$\mathrm{dist}(\mathbf{a}, \mathbf{b}) = \mathbf{a}^\top \mathbf{b}/(\|\mathbf{a}\|\|\mathbf{b}\|)$ がよく用いられます.

　同じエピソード内で与えられるテストサンプルの集合を $\{(\mathbf{x}_i, d_i)\}_{i=1,\ldots,M}$
と書くと,それらサンプルの分類の損失は式 (11.6) の $p(d = k|\mathbf{x})$ を使って

$$E = -\frac{1}{M} \sum_{i=1}^{M} \log p(d = d_i | \mathbf{x}) \tag{11.7}$$

と計算されます．学習は，この損失を $\mathbf{w}$ について最小化することに帰着され，これを通じて $\mathbf{x}$ から特徴 $\mathbf{f}$ への良い写像 $\mathbf{f}(\mathbf{x}; \mathbf{w})$ を得ることを狙います．なお以上の方法で，学習時とテスト時とでエピソードが同じ構造を持つ必要はありません．クラス数 K や，クラスあたりのサンプル数（N および M）が学習時とテスト時で違っていても構いません．文献 [364] では，$N = M$ がよく，K は学習時に大きい方が結果がよいと報告されています．

　上述のメタ学習の枠組みに従う少数事例学習の方法は，この他にも多数提案されていますが [365]，その枠組み自体の有効性に疑問が呈されていることを述べておく必要があります [366,367]．メタ学習によって「学習スキル」を得ようとする考え方には一定の合理性と魅力がありますが，そんな学習スキルはネットワークのどこに，どのように表現されると考えればよいのでしょう．また，限られた数のエピソードの学習で，そんなスキルを得ることは現実に可能なのでしょうか．

　上の方法では，学習を通じて実際に獲得されるのは $\mathbf{x}$ の特徴の抽出方法，つまり $\mathbf{f} = \mathbf{f}(\mathbf{x}; \mathbf{w})$ です．このように，よい特徴空間を得ることが目的であるならば，実世界の応用では上のようなメタ学習よりも，類似タスクの転移学習を考える方が，より現実的であり，かつ性能もよい可能性があります．実際，例えば画像分類なら ImageNet の事前学習モデルをそのまま $\mathbf{f}(\mathbf{x}; \mathbf{w})$ に使うだけでも，上述の方法 (prototypical network) は，エピソードをまったく学習しない初期状態ですでにかなり機能します．なお，GPT-3 に代表される大規模言語モデル（6.4.2, 7.3.5 項）は，もともと少数事例学習の能力を備えていることがわかっています [160]．その原理は，上述のメタ学習とはまったく異なるものです．

　さて，少数事例学習で $N = 0$ のとき，すなわち訓練事例なしにタスクをこなせるようにすることを**ゼロショット学習 (zero-shot learning)** といいます．画像 1 枚から動物の種類を認識するタスクを例に考えると，1 枚の画像も用いずに新しい動物のクラスを認識できるようにしたいということです．これは，事例の代わりに何らかの外部知識を利用することで可能となります．例えば，パンダは「白と黒の模様を持ち，熊に似ている」というような知識

です．この場合問題は，画像と言語のマルチモーダルタスクとして捉えられます．

11.9　能動学習

　ここまで考えてきた問題では，訓練データは与えられるものでした．これに対し**能動学習** (**active learning**) では，訓練データの作り方を考えます．具体的には，ラベルのないデータがたくさんあり，そこから一定量を選んで正解ラベルを与えて学習に利用するとき，どのデータを選べば，学習効果が最も高くなるかを考えます．ラベルを付けるデータの量に上限を設定したとき，学習後の推論性能が最大化されるように，データを選んでラベルを付けることが目標です．

　機械学習の応用の現場では，このような要求がよくあります．新しい問題に取り組む場合，たいていは訓練データを作るところから始めることになります．ラベルのないデータ $\mathcal{D}_{\mathrm{UL}} = \{\mathbf{x}_n\}_{n=1,...,M}$ が手元にあり，これに正解ラベルを付与しようというとき，一気に全サンプルにラベルを与えることはせず，少しずつラベルを与えて訓練データを増やしながら，その都度学習と性能評価を行うことに自ずとなります．なぜなら，正解ラベルを与える作業に一定のコストがかかるうえ，一般に必要な訓練データの量を予想するのは困難であるためです．このような正解ラベルの付与と学習・性能評価のサイクルを回す際，学習効果の高いサンプルを優先的に選ぶことができれば，少ないコストでよい結果が得られるはずです．

　以上の要求を具体化するために次のような手順を考えることにします．まず訓練データへのラベル付けは，一定数（M 個とする）のサンプル集合の単位で行うこととします．最初は情報がないので，$\mathcal{D}_{\mathrm{UL}}$ から M 個のサンプルをランダムに選び，それらにラベルを付けて最初の訓練データ $\mathcal{D}_0$ とします．そして，この $\mathcal{D}_0$ を使ってネットワーク $\mathbf{f}(\mathbf{x}; \mathbf{w})$ を学習し，重みを $\mathbf{w} = \mathbf{w}_0$ と決定します．

　次に，残りのサンプル $(\mathcal{D}_{\mathrm{UL}} \backslash \mathcal{D}_0)$ に何らかの方法で優先順位を付けます．例えば各サンプルを $\mathbf{f}(\mathbf{x}; \mathbf{w}_0)$ に入力し，その反応を元に順位を付けます．その順位の上位 M 個を選んでラベルを付与し，追加分の訓練データ $\mathcal{D}_1$ とします．そして $\mathcal{D}_0 \cup \mathcal{D}_1$ を訓練データに用いて，同じネットワークを一から学習

し直して新しい重み $\mathbf{w}_1$ を得ます.

　この後同じサイクルを繰り返します. つまり, 残りのサンプル ($\mathcal{D}_{UL}\backslash(\mathcal{D}_0 \cup \mathcal{D}_1)$) を $\mathbf{f}(\mathbf{x}; \mathbf{w}_1)$ に通し, 同じように優先順位を付け, 上位の M 個を選んでラベルを付けて $\mathcal{D}_2$ を得ます. こうして $\mathcal{D}_0, \mathcal{D}_1, \mathcal{D}_2, \ldots$ と, サイズが $|\mathcal{D}_i| = M$ の訓練データの集合を徐々に増やします. 増えるに従い推論の精度は単調に増加しますが, その推論の精度向上の速度を最大化することが目標となります.

　以上のような手順を考えるとき, 問題は, 各ステップでサンプル $\mathbf{x}$ に与える優先順位をどう決めるかに帰着されます. この順位付けのため, $\mathbf{x}$ にスコアを与える関数 $s(\mathbf{x})$ を考えます. $s(\mathbf{x})$ は取得関数 (acquisition function) と呼ばれます. $s(\mathbf{x})$ の作り方は無数に考えられますが, 学習効果を高めるには, 今のモデル $\mathbf{f}(\mathbf{x}, \mathbf{w})$ が推論を誤る入力 $\mathbf{x}$ を優先するのが良さそうです. 順位付けの段階では推論の正誤はわからないので, 代わりに推論の不確かさを使うことにします. これは, 現在のモデルが推論に最も自信の持てないサンプルを優先するということです. 不確かさの算出には 8.3 節の方法, 例えば確信度 (クラススコアの最大値) やエントロピー[368], MC-dropout[175] やモデルのアンサンブルを用いる方法が使えます. なお, このうちのどれを選んでも結果に大きな差はつかないようです*10.

　なお優先順位を求めるのに, 上の方法は手元にある現在のモデル $\mathbf{f}(\mathbf{x}, \mathbf{w})$ を用いていますが, モデルに依存しない (「model-agnostic」な) 方法もあります. その代表がデータの分布を代表する少数のサンプルの集合, いわゆるコアセットを選ぶ方法[370] です. 入力や特徴空間でのサンプルの分布を見て, なるべく全データの分布をカバーするような少数のサンプル集合 =「コアセット」を選びます.

　この他にも数多くの手法が提案されていますが, どんなタスクやデータであっても普遍的に有効であるといえる方法は, 今のところないといってよいでしょう[371]. やっかいなのは手法の優劣が, 適用するタスクとデータに依存する傾向があることです. 例えば, 推論が最も不確かなサンプルを優先すると, 次のようなことが起こり得ます. 推論が不確かになる理由が, そのサンプルを未学習であるためなら合理的ですが——そのサンプルを訓練データ

---

*10　アンサンブル (複数モデル) が単一モデルを使う方法より優れているという報告もありますが[369], その差は, 複数モデルの推定精度が単一モデルよりも優れているという効果で説明できると考えられます.

に追加することはよい効果をもたらすでしょう——不確かになる理由が単純
に難しい——十分学習した後でもなお難しい，あるいは正解ラベルが間違っ
ている不適切なサンプルであるなど——場合はその限りではありません．そ
のようなサンプルを訓練データに追加しても意味はないと考えられます．ま
た難易度だけではなく，サンプルの分布から均一に選ぶことが大事である場
合もあります．実際，文献 [371] にもあるように，条件によってはランダムに
サンプルを選ぶ方法が最良である場合さえあります．実践的には，取得関数
を 1 つに絞り込むのではなく，結果を分析しつつ，慎重に進める必要がある
といえます．

　また，能動学習ではその各段階において，すでにラベルを付与したサンプル
$(\mathcal{D}_0 \cup \mathcal{D}_1(\cup \cdots))$ と，いまだに付与していないサンプル $(\mathcal{D}_{\mathrm{UL}} \backslash (\mathcal{D}_0(\cup \cdots)))$
があります．これは半教師あり学習を適用できる条件です．能動学習の取得
関数の差よりも，半教師あり学習を使うか使わないかの違いや，使う場合は
採用する半教師あり学習の手法の違いのほうが大きな違いを生むかもしれま
せん．能動学習にこだわらず，さまざまなアプローチを多面的に検討するこ
とが大事です．

生成モデル

深層ニューラルネットワークは，画像，音声，言語といった，高い自由度を持ちながらも固有の構造を持つデータを生成する問題において，類いまれな性能を示します．より一般的にいうと，これはデータがある確率分布に従って生成されていると考えたとき，その分布をモデル化する問題です．データの事例の集合を用いた教師なし学習によって，その確率分布を陽に，あるいは陰に表現するニューラルネットワークを，**深層生成モデル**と呼びます．本章では，基本事項を説明した後，自己符号化器による教師なし学習を説明し，その後に 4 つの深層生成モデル，すなわち変分自己符号化器（VAE），敵対的生成ネットワーク (GAN)，正規化フロー，ボルツマンマシンを順に説明します．

12.1 データの生成モデル

図 12.1 のような手書き数字画像のようなデータ $\mathbf{x}$ の集合

$$\mathbf{x}_1, \mathbf{x}_2, \ldots, \mathbf{x}_N$$

を考えます．これらの $\mathbf{x}$ には数字の種類の違いに加えて，書き手の違いによるものなどさまざまな多様性がありますが，その広がりは $\mathbf{x}$ の空間全体にわたるわけではありません．多様ではあっても数字には違いなく，その広がりは $\mathbf{x}$ の空間のごく一部にとどまり，「偏って」いるといえます．個々のデータ $\mathbf{x}$ が，ある未知の確率分布 $p(\mathbf{x})$ に従って**生成 (generate)** されていると考え

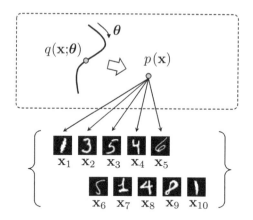

図 12.1　データ生成の確率的構造とそのモデルのイメージ．未知の分布 $p(\mathbf{x})$ からデータが生成されています．モデル分布 $q(\mathbf{x};\boldsymbol{\theta})$ は，そのパラメータ $\boldsymbol{\theta}$ を選ぶことでこの未知の分布を近似します．

れば，その「偏り」は $p(\mathbf{x})$ によって捉えられます．

　真の $p(\mathbf{x})$ はわからないので，分布を表す適当な関数 $q(\mathbf{x};\boldsymbol{\theta})$ を用意し，これを $p(\mathbf{x})$ のモデルとします．$q(\mathbf{x};\boldsymbol{\theta})$ は自由なパラメータ $\boldsymbol{\theta}$ を持ち，これを変えることで一定の範囲内でいろいろな分布を表現できるようなものです．この $q(\mathbf{x};\boldsymbol{\theta})$ の $\boldsymbol{\theta}$ を調節し，真の分布 $p(\mathbf{x})$ に近づけます．データを使ってそんなパラメータ $\boldsymbol{\theta}$ を求めますが，その最も一般的な方法は**最尤推定 (maximum likelihood estimation)**，すなわちモデル分布 $q(\mathbf{x};\boldsymbol{\theta})$ から $\mathbf{x}_1,\ldots,\mathbf{x}_N$ が生成されたのだとしたとき，最も尤もらしい $\boldsymbol{\theta}$ を推定値に選ぶ方法です．つまり，同一の $q(\mathbf{x};\boldsymbol{\theta})$ からデータ $\mathbf{x}_1,\ldots,\mathbf{x}_N$ が独立に生成しているとするとき，それらの同時確率を $\boldsymbol{\theta}$ の関数として捉え直した**尤度関数 (likelihood function)**

$$L(\boldsymbol{\theta}) = \prod_{n=1}^{N} q(\mathbf{x}_n;\boldsymbol{\theta}) \tag{12.1}$$

を考え，これを最大化する $\boldsymbol{\theta}$ を推定値とします．

　モデル分布 $q(\mathbf{x};\boldsymbol{\theta})$ には 2 つの用途があります．新たな $\mathbf{x}$ をサンプリング（＝生成）することと，与えられた $\mathbf{x}$ に対する確率密度の値 $q(\mathbf{x};\boldsymbol{\theta})$ を計算することの 2 つです．前者は，上の例では手書き数字の新しい画像 $\mathbf{x}$ を得るこ

とに当たります. 後者は, 手元にある $\mathbf{x}$ について $q(\mathbf{x};\boldsymbol{\theta})$ の値を求めることであり, 例えばその大小によって $\mathbf{x}$ が対象とする分布から生じたものであるかどうかを判定する目的で行います.

問題は, $\mathbf{x}$ の真の分布 $p(\mathbf{x})$ のモデルとなる $q(\mathbf{x};\boldsymbol{\theta})$ を, どのように作るかです. 本章ではそのための複数の方法を順に説明します.

12.2 自己符号化器

12.2.1 概要

自己符号化器 (autoencoder) とは, $\mathbf{x}$ の集合を使った教師なし学習により, $\mathbf{x}$ を過不足なく表すコンパクトな表現を得ることを主な目標とするニューラルネットワークです. 確率的な構造を持たないので生成モデルとは呼びませんが, 本章の他の内容と深いつながりがあり, ここで説明します.

図 12.2(a) のように, 入力 $\mathbf{x}$ を受け取り, 出力が

$$\mathbf{y} = \mathbf{f}(\mathbf{W}\mathbf{x} + \mathbf{b})$$

のように計算される単層の順伝播型ネットワークを考えます. 図 12.2(b) のように, このネットワークを出力層で折り返し, 入力層と出力層に同数のユニットを持つ 2 層のネットワークを作ります. 新たに追加した層の重みを $\tilde{\mathbf{W}}$, バイアスを $\tilde{\mathbf{b}}$ とします. この 2 層ネットワークは, 入力 $\mathbf{x}$ から出力 $\hat{\mathbf{x}}$ への変

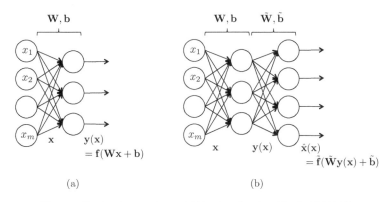

図 12.2 単層ネットワークとそれを折り返して作った 2 層の自己符号化器.

換を

$$\hat{\mathbf{x}}(\mathbf{x}) = \tilde{\mathbf{f}}(\tilde{\mathbf{W}}\mathbf{f}(\mathbf{W}\mathbf{x} + \mathbf{b}) + \tilde{\mathbf{b}}) \tag{12.2}$$

と行います．$\tilde{\mathbf{f}}$ は追加した層の活性化関数で，最初の層の活性化関数 $\mathbf{f}$ とは異なっていて構いません．

　入力 $\mathbf{x}$ に対する出力 $\hat{\mathbf{x}}$ が，元の入力 $\mathbf{x}$ になるべく近くなるように，上の 2 層ネットワークを訓練します．具体的には，訓練データ $\mathcal{D} = \{\mathbf{x}_1, \ldots, \mathbf{x}_N\}$ を使って，各サンプル $\mathbf{x}_n$ を入力したときのネットワークの出力 $\hat{\mathbf{x}}_n$ が，$\mathbf{x}_n$ に平均的に近くなるように学習を行います．

　こうして訓練したネットワークに，ある入力 $\mathbf{x}$ を与えたときの中間層の出力 $\mathbf{y}$ のことを $\mathbf{x}$ の符号 (code) と見なし，最初の変換 $\mathbf{y} = \mathbf{f}(\mathbf{W}\mathbf{x} + \mathbf{b})$ を符号化 (encode)，2 番目の変換 $\hat{\mathbf{x}} = \tilde{\mathbf{f}}(\tilde{\mathbf{W}}\mathbf{y} + \tilde{\mathbf{b}})$ を復号化 (decode) と呼びます．ネットワークの前半部分をエンコーダ（符号化器），後半部分をデコーダ（復号化器）と呼びます．

　ここでは上のような 2 層構造の自己符号化器を主に考えますが，ネットワークの構造は自由です．エンコーダとデコーダが対称的な構造を持っていなくても構いません．それぞれ全結合層だけでなく，畳み込み層を始めとする構造を何層持っていても構いません．

12.2.2　学習

　上述のように，入力 $\mathbf{x}$ に対する出力 $\hat{\mathbf{x}}$ が，元の入力 $\mathbf{x}$ になるべく近くなるようにネットワークを学習します．データ $\mathbf{x}$ の種類に応じて，ネットワーク出力層の活性化関数 $\tilde{\mathbf{f}}$ と，$\mathbf{x}$ と $\hat{\mathbf{x}}$ の近さの尺度となる損失関数を選びます．

　例えば $\mathbf{x}$ の各成分 x_i が実数値をとり，その値の範囲に制約がないとき，$\tilde{\mathbf{f}}$ は恒等写像とするのがよいでしょう．そして損失関数には，入出力間の二乗誤差の総和

$$E(\mathbf{w}) = \sum_{n=1}^{N} \|\mathbf{x}_n - \hat{\mathbf{x}}(\mathbf{x}_n)\|_2^2 \tag{12.3}$$

を用います．$\mathbf{x}$ の成分が 0 と 1 の 2 値をとる場合 $(x_i \in \{0, 1\})$ には，$\tilde{\mathbf{f}}$ にはロジスティック関数を用いるのが自然です．損失関数には交差エントロピー

$$E(\mathbf{w}) = \sum_{n=1}^{N} \left\{ -\sum_{i=1}^{D} x_i \log \hat{x}_i(\mathbf{x}) + (1 - x_i) \log(1 - \hat{x}_i(\mathbf{x})) \right\} \tag{12.4}$$

を用います.

12.2.3 主成分分析との関係

自己符号化器が何を学習するかは,まずはネットワークの構造——上の例では中間層のユニットの数($\mathbf{y}$ の成分数と一致)とそこで用いる活性化関数——に依存します.最も単純な場合として,中間層の活性化関数 $\mathbf{f}$ が恒等写像の場合を考えます.$\mathbf{x}$ が実数値をとるとし,出力層の活性化関数 $\tilde{\mathbf{f}}$ にも恒等写像を選びます.このとき,中間層の出力は $\mathbf{y} = \mathbf{Wx} + \mathbf{b}$ のように計算され,全体が表す写像は次のような線形写像になります.

$$\hat{\mathbf{x}} = \tilde{\mathbf{W}}(\mathbf{Wx} + \mathbf{b}) + \tilde{\mathbf{b}} \tag{12.5}$$

このネットワークの,中間層のユニット数を増減するとどんな影響があるかを考えます.入力層のユニット数を D_x,中間層のユニット数を D_y と表記します.

まず中間層が入力層より大きい(つまり $D_y \geq D_x$)場合を考えます.$\mathbf{W}$ は $D_y \times D_x$ 行列,$\tilde{\mathbf{W}}$ は $D_x \times D_y$ 行列でありともに最大ランクは D_x になります.これらの積 $\tilde{\mathbf{W}}\mathbf{W}$ はサイズが $D_x \times D_x$,最大ランクは D_x となるので,$\mathbf{W}$ と $\tilde{\mathbf{W}}$ の成分をうまく選ぶと

$$\tilde{\mathbf{W}}\mathbf{W} = \mathbf{I} \tag{12.6}$$

とできます.さらに $\mathbf{b} = \tilde{\mathbf{b}} = \mathbf{0}$ と選べば,$\mathbf{x}$ によらず常に,入力と出力が一致($\hat{\mathbf{x}} = \mathbf{x}$)することになります.このとき,$E(\mathbf{w})$ はいつも 0 になりますが,これは明らかにわれわれが望んだ解ではありません.したがって少なくとも活性化関数が線形関数の場合,意味のある結果を得るには,中間層のユニット数が入力層よりも小さい($D_y \leq D_x$)ことが必要条件となります.そうであれば $\tilde{\mathbf{W}}\mathbf{W}$ はフルランクにはなり得ず,$\mathbf{x} \to \hat{\mathbf{x}}$ は恒等写像にはなり得ません.

$D_y \leq D_x$ の場合,損失関数 $E(\mathbf{w})$ を最小にする $\mathbf{W}$ および $\tilde{\mathbf{W}}$ は,訓練データ $\{\mathbf{x}_1, \ldots, \mathbf{x}_n\}$ の**主成分分析**(**principal component analysis**)(以下 **PCA**)で得られるものと実質的に同じです[372].主成分分析では,データの D_x 次元空間での広がりを,訓練サンプル $\{\mathbf{x}_1, \ldots, \mathbf{x}_n\}$ の共分散行列

$$\mathbf{\Phi} = \frac{1}{N} \sum_{n=1}^{N} (\mathbf{x}_n - \bar{\mathbf{x}})(\mathbf{x}_n - \bar{\mathbf{x}})^\top \tag{12.7}$$

の固有値・固有ベクトルによって捉え，表現します．データがある低次元部分空間内にのみ偏って存在する場合，$\mathbf{\Phi}$ の固有値の大きなものから順に選んだ固有ベクトルがその部分空間を表します．

　さて，固有値の降順に $\mathbf{\Phi}$ の D_y 個の固有ベクトルを選び，これを行ベクトルとして格納した行列 $\mathbf{U}_{D_y}$ を定義します．この $\mathbf{U}_{D_y}$ および訓練サンプルの平均 $\bar{\mathbf{x}}$ は，次の最小化問題の解 $(\mathbf{\Gamma}, \boldsymbol{\xi}) = (\mathbf{U}_{D_y}, \bar{\mathbf{x}})$ になっています（ただし $\mathbf{\Gamma}$ は $D_y \times D_x$ 行列）．

$$\min_{\boldsymbol{\xi}, \mathbf{\Gamma}} \sum_{n=1}^{N} \left\| (\mathbf{x}_n - \boldsymbol{\xi}) - \mathbf{\Gamma}^\top \mathbf{\Gamma}(\mathbf{x}_n - \boldsymbol{\xi}) \right\|^2 \tag{12.8}$$

このことから，主成分分析つまり $\mathbf{\Phi}$ の固有ベクトルは，D_x 次元空間にある各サンプルを，二乗距離が最小になるという意味で最もよく表す D_y 次元部分空間を与えていると解釈できます．

　式 (12.8) は，今考えている自己符号化器の損失関数と同じ形をしており，実際，中間層の重みとバイアスを $\mathbf{W} = \mathbf{\Gamma}$，$\mathbf{b} = -\mathbf{\Gamma}\boldsymbol{\xi}$，出力層のそれらを $\tilde{\mathbf{W}} = \mathbf{\Gamma}^\top$，$\tilde{\mathbf{b}} = \boldsymbol{\xi}$ と選ぶと，両者はまったく同じになります．つまり今考えている自己符号化器では，$(\boldsymbol{\xi}, \mathbf{\Gamma}) = (\bar{\mathbf{x}}, \mathbf{U}_D)$ が，損失関数を最小化するネットワークのパラメータを与えるということです（厳密には損失関数の最小解には自由度があり，任意の $D_y \times D_y$ の直交行列 $\mathbf{Q}$ に対し，$\mathbf{W} = \mathbf{Q}\mathbf{U}_{D_y}$ も最適解になります）．

12.2.4　スパース自己符号化器

　上で述べたように，自己符号化器は入力データの特徴を学習しますが，一般によい特徴とは，入力データの不要な情報をそぎ落とし，その本質だけを取り出したものといえるでしょう．そうであれば，入力データの成分数 D_x よりも，それを符号化した符号が持つ成分数 D_y は自ずと小さくなりそうです．しかしながら，いつもそうしなければいけないわけではありません．本項で説明するスパース正則化を使うと，余分な自由度を持つ冗長な特徴でありながら入力データをうまく表現できるような特徴を得ることができます．

これを**過完備な** (**overcomplete**) 表現といいます.

前項では,少なくとも中間層の活性化関数に線形関数を選んだときは,中間層のユニット数 D_y が入力層のユニット数 D_x より多い場合に,無意味な結果しか得られないことを説明しました.活性化関数に非線形関数を選べば,この議論はそのままでは成り立ちませんが,中間層の自由度が入力の自由度を上回る $(D_y \geq D_x)$ ことには変わりなく,つまらない解($\mathbf{x} \to \hat{\mathbf{x}}$ が恒等写像となってしまう)しか得られない可能性は十分あります.これに対し,以下に述べるスパース正則化の考え方を使えば,中間層のユニット数のほうが多い $(D_y > D_x)$ 場合であっても,自己符号化器で意味のある表現を学習できるようになります.これを**スパース自己符号化器** (**sparse autoencoder**) と呼びます.

基本となる考えは,個々の訓練サンプル $\mathbf{x}_n$ をなるべく少ない数の中間層のユニットを使って再現できるように,パラメータを決定することです.入力 $\mathbf{x}$ から中間層の出力 $\mathbf{y}$ を経て出力 $\hat{\mathbf{x}}$ が計算される過程において,$\mathbf{y}$ の各ユニットのうち,なるべく少数のユニットのみが 0 でない出力値をとり,残りは出力が 0(= 活性化しない)となるような制約を追加します.

このために,例えば元の損失関数 $E(\mathbf{w})$ にある正則化項を加えた

$$\tilde{E}(\mathbf{w}) \equiv E(\mathbf{w}) + \beta \sum_{j=1}^{D_y} \mathrm{KL}(\rho \| \hat{\rho}_j) \tag{12.9}$$

を最小化します.ここで $\hat{\rho}_j$ は中間層のユニット j の平均活性度の推定値を表し,ρ はその目標値となるパラメータです.$\mathrm{KL}(\rho \| \hat{\rho}_j)$ はこれら 2 つの近さを与えるもので,平均値がそれぞれ ρ と $\hat{\rho}_j$ である 2 つのベルヌーイ分布間のカルバック・ライブラー・ダイバージェンス(以下 KL 距離)を表します[*1].

$$\mathrm{KL}(\rho \| \hat{\rho}_j) = \rho \log\left(\frac{\rho}{\hat{\rho}_j}\right) + (1 - \rho) \log\left(\frac{1 - \rho}{1 - \hat{\rho}_j}\right) \tag{12.10}$$

ρ に小さな値をセットし式 (12.9) を最小化すると,中間層の各ユニットの平均活性度が小さな ρ に近くなり,かつ入力の再現誤差 $E(\mathbf{w})$ が小さくなるよ

[*1] 中間層のユニットが 0 か 1 かの 2 値の出力をとるとし,かつその出力が確率 ρ で 1,確率 $1 - \rho$ で 0 となる場合に,このユニットの出力の実現分布と理想的な分布の間の近さを測っています.なお中間層のユニットの出力が 2 値でなくても,活性化関数にロジスティック関数や ReLU など,0 以上の値を返すものを使っていれば,(理論的な意味は別として)式 (12.9) の正則化は有効に機能します.

うに，$\mathbf{w}$ が決定されます．β はこの 2 つの目標のバランスを変えるパラメータで，ρ と一緒に指定します．なお平均活性度 $\hat{\rho}_j$ は，入力 $\mathbf{x}_n$ に対する同ユニットの出力を $\mathbf{y} = \mathbf{y}(\mathbf{x}_n)$ と書くと，$\hat{\rho}_j = (1/N) \sum_{n=1}^{N} y_j(\mathbf{x}_n)$ のように計算します．なお学習はミニバッチを用いて行いますが，ミニバッチが含むサンプル集合についてのみ平均活性度を求めることを繰り返し，ミニバッチ間で加重平均をとります．

上述したのと同じ自己符号化器にスパース正則化項を追加し，手書き数字を学習した結果を図 12.3 に示します．図は，中間層の目標平均活性度を $\rho = 0.05$ とし，β を 0.0〜3.0 まで変化させたとき，各 β に対し学習された特徴を示します．$\beta = 0.0$ すなわちスパース正則化を行わなかったとき，特徴は雑然としたパターンになっています．これに対し $\beta = 0.1$ の特徴は，数字を分解した「ストローク」のようなものになっています．これらストロークの組合せで任意の数字が表現できることになり，直感的には，これらはよい特徴といえそうです．一方 $\beta = 3.0$ では，個別の数字がそのまま「特徴」として選ばれてしまっています．正則化が強すぎたため，ただ 1 つの特徴で入力画像を表現しようとした結果です．明らかに，これでは数字の微妙な形状変化を捉えることはできないでしょう．

12.2.5 データの白色化

訓練データの平均や分散を揃えるデータの正規化（3.6.2 項）は，機械学習の基本的な処理であり，学習の成功率を向上させる効果があります．本項では，より高度なデータの正規化手法である**白色化 (whitening)** を説明します．白色化は，自己符号化器がよい特徴を学習できるかどうかを大きく左右することがあります [373]．

白色化は，訓練サンプルの成分間の相関をなくします．すなわち，D 次元空間にあるサンプル $\mathbf{x} = [x_1 \cdots x_D]$ の任意の 2 成分 x_p と x_q 間の相関を 0 にします．正規化（各サンプルから平均を引いた後，各成分を成分ごとの標準偏差で割る）がサンプルの成分単位での処理であったのに対し，白色化は成分間の関係を修正します．

以下では，各サンプルからあらかじめその平均を引いたものを $\mathbf{x}_1, \ldots, \mathbf{x}_N$ と書き，つまり $(1/N) \sum_{n=1}^{N} \mathbf{x}_n = \mathbf{0}$ であるとします．訓練サンプルの成分間の相関は共分散行列

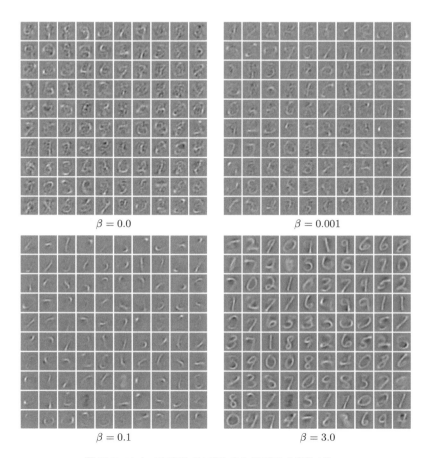

$\beta = 0.0$

$\beta = 0.001$

$\beta = 0.1$

$\beta = 3.0$

図 12.3 スパース正則化項の重み β と学習される特徴の違い.

$$\mathbf{\Phi}_X \equiv \frac{1}{N} \sum_{n=1}^{N} \mathbf{x}_n \mathbf{x}_n^\top = \frac{1}{N} \mathbf{X} \mathbf{X}^\top \tag{12.11}$$

によって捉えられます. ここで $\mathbf{X} = [\mathbf{x}_1 \ \cdots \ \mathbf{x}_N]$ です. この共分散行列 $\mathbf{\Phi}$ の (p, q) 成分は, サンプル $\mathbf{x}$ の (p, q) 成分がどの程度同じように変化するかを示します. 図 3.7(c) のように仮に成分ごとの分散を 1 に正規化した後でも, 一般にサンプルの分布の広がりには成分間で相関があり, これは $\mathbf{\Phi}$ の非

対角成分が 0 でないことと等価です．逆に共分散行列が対角行列であれば，
図 3.7(d) のように分布の広がりは各軸で独立となります．

そこで各サンプルに $D \times D$ 行列 $\mathbf{P}$ による線形変換

$$\mathbf{u}_n = \mathbf{P}\mathbf{x}_n \quad (n = 1, \ldots, N) \tag{12.12}$$

を施したとき，変換後の $\{\mathbf{u}_n\}$ の共分散行列

$$\mathbf{\Phi}_U \equiv \frac{1}{N}\sum_{n=1}^{N}\mathbf{u}_n\mathbf{u}_n^{\top} = \frac{1}{N}\mathbf{U}\mathbf{U}^{\top} \tag{12.13}$$

が対角行列になるように $\mathbf{P}$ を定めます（D はサンプル $\mathbf{x}$ が存在する空間の
次元数でした）．ここで $\mathbf{U} = [\mathbf{u}_1 \cdots \mathbf{u}_N]$ です．目標とする対角行列に単位
行列を選び，すなわち $\mathbf{\Phi}_U = \mathbf{I}$ とすると，$\mathbf{P}$ が満たすべき式は，$\mathbf{U} = \mathbf{P}\mathbf{X}$ を
代入すると

$$\mathbf{P}^{\top}\mathbf{P} = \mathbf{\Phi}_X^{-1} \tag{12.14}$$

となります．式 (12.14) を満たす $\mathbf{P}$ は，共分散行列 $\mathbf{\Phi}_X$ の固有ベクトル
$\mathbf{e}_1, \ldots, \mathbf{e}_D$ を使って表すことができます．これら固有ベクトルを列ベクト
ルに持つ行列 $\mathbf{E} = [\mathbf{e}_1 \cdots \mathbf{e}_D]$ を定義すると，$\mathbf{\Phi}_X$ はまず固有ベクトルの定
義に従って次のように分解できます．

$$\mathbf{\Phi}_X = \mathbf{E}\mathbf{D}\mathbf{E}^{\top} \tag{12.15}$$

ここで $\mathbf{D}$ は，$\mathbf{\Phi}_X$ の固有値 $\lambda_1, \ldots, \lambda_D$ を対角成分に持つ対角行列です．$\mathbf{E}$
が直交行列（$\mathbf{E}\mathbf{E}^{\top} = \mathbf{E}^{\top}\mathbf{E} = \mathbf{I}$）であることから，$\mathbf{\Phi}_X^{-1} = \mathbf{E}\mathbf{D}^{-1}\mathbf{E}^{\top}$ と書け
ます．式 (12.14) のようにこれが $\mathbf{P}^{\top}\mathbf{P}$ に一致することから，求める $\mathbf{P}$ は

$$\mathbf{P} = \mathbf{Q}\mathbf{D}^{-1/2}\mathbf{E}^{\top}$$

と表せます．ただし $\mathbf{Q}$ は，$\mathbf{P}$ と同サイズの任意の直交行列（$\mathbf{Q}^{\top}\mathbf{Q} = \mathbf{Q}\mathbf{Q}^{\top} =$
1）で，$\mathbf{D}^{-1/2}$ は $\mathbf{D}$ の対角成分を $-1/2$ 乗した対角行列です．$\mathbf{Q}$ の任意性の
分だけ，$\mathbf{P}$ は無数に存在します．例えば $\mathbf{Q} = \mathbf{I}$ のとき上の式が与える $\mathbf{P}$ は解
の 1 つです．共分散行列の固有ベクトルを利用することは，サンプル集合の
主成分分析 (PCA) を行うことに通じることから，この $\mathbf{P}$ を，以下では PCA
白色化と呼ぶことにします．

式 (12.14) を満たす $\mathbf{P}$ を対称行列（つまり $\mathbf{P} = \mathbf{P}^{\top}$）に制限する考え方

があります [373,374]. そんな **P** を用いた白色化を，ゼロ位相白色化 (zero-phase whitening) あるいはゼロ位相成分分析 (zero-phase component analysis) (以下 **ZCA**) と呼びます [374]. 求める解は **Q** = **E** とすることで得られ，すなわち

$$\mathbf{P}_{\mathrm{ZCA}} = \mathbf{E}\mathbf{D}^{-1/2}\mathbf{E}^{\top} \tag{12.16}$$

です．この名称は，**P** の各行ベクトルを **x** に適用するフィルタと見たとき，それが対称であること（ゼロ位相であること）に由来します．

なお，どちらの白色化を行う場合でも，データによっては特定の成分の分散がとても小さいか，極端な場合 0 になるものがあり，上の $\mathbf{D}^{-1/2}$ を計算する際問題になります．そのようなデータでは小さい値 ε（例えば 10^{-6}）を使って

$$\mathbf{P}_{\mathrm{ZCA}} \equiv \mathbf{E}(\mathbf{D} + \varepsilon\mathbf{I})^{-1/2}\mathbf{E}^{\top} \tag{12.17}$$

などとします．

図 12.4 に自然画像から無作為に切り出した小さなパッチ集合を白色化したときの結果を示します．同図 (a) は CIFAR-10[*2] から無作為に 50,000 枚を切り出した 10×10 画素のパッチの一部です．同図 (b) はこれらを ZCA 白色化したもの，(c) は PCA 白色化したものをそれぞれ示します．ZCA 白色化後のサンプルは，直流成分が取り除かれ，画像のエッジ（濃淡変化の大きい点）が強調されています．PCA 白色化後のサンプルは，高周波成分が一律に強調され，元の画像の空間構造がほとんど保存されていないように見えます．

この計算の際に求めた射影行列 **P** を，その各行ベクトルを画像化（画像パッチから **x** を作る手順の逆を，**P** の各列ベクトルに適用）したものを図 12.5 に示します．ZCA 白色化，PCA 白色化ともに，**P** の 100 個の列ベクトルのすべてを表示してあります．ZCA 白色化では，各列ベクトル（画像フィルタ）が 1 つ 1 つ異なる画素をサンプリングし，かつその画素の周囲との差を強調するような働きを持っています（オンセンタ (on-center) と呼ばれる）．この強調作用が図 12.4(b) のような結果につながっています．一方 PCA 白色化では，各フィルタは離散コサイン変換の基底に酷似しており，それぞれ特定の空間周波数・位相にチューニングされていることがわかります．自然画像には一般に低い周波数ほど大きいという偏りがありますが，PCA 白色化

---

*2　物体カテゴリ認識のためのデータセットです (http://www.cs.toronto.edu/~kriz/cifar.html).

(a)
(b)
(c)

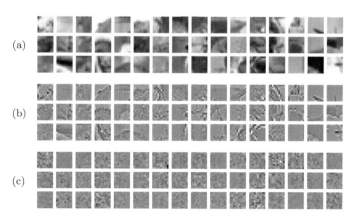

図 12.4　自然画像パッチの白色化の例. (a) CIFAR-10 の各画像（32×32 画素）からランダム
に 50,000 枚を切り出した 10×10 画素のパッチの一部. (b) 同じパッチを ZCA 白色
化した結果. (c) 同じく PCA 白色化した結果. 元のパッチを除き，画素の値を 0 が中
間のグレーに，値の範囲が 0～255 に収まるように濃淡値に変換しています.

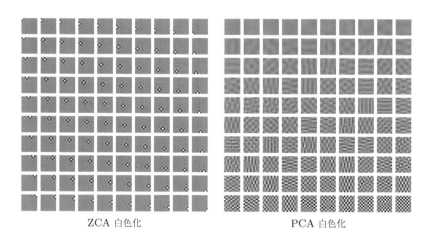

ZCA 白色化　　　　　　　　　　　PCA 白色化

図 12.5　ZCA 白色化と PCA 白色化の基底（射影行列 $\mathbf{P}(\mathbf{u} = \mathbf{Px})$ の行ベクトルを画像のフォー
マットに直したもの）.

はこの偏りをキャンセルすることで，高周波成分を強調する作用があります.
これにより図 12.4(c) のような結果が得られています.

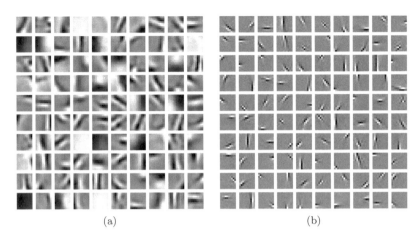

(a)   (b)

図 12.6 データの白色化の有無と RBM の学習後の重み．(a) 正規化のみ．(b) ゼロ位相 (ZCA) 白色化を行った場合．

　ここで用いた自然画像のパッチを，12.6.5 項で説明する制約ボルツマンマシン (RBM) を使って学習したときの結果を図 12.6 に示します．RBM は本章の自己符号化器とほとんど同じ学習を，ただし異なる学習アルゴリズムで行います．詳細は 12.6.5 項に譲りますが，ここで使用した RBM はガウシアン・ベルヌーイ RBM と呼ばれるもので，データの各成分の平均が 0，分散が 1 であることを前提とします．図 12.6 の (a) はこの前提を満たす基本的なデータの正規化のみを行った場合，(b) はさらに ZCA 白色化をデータに施し，学習を行った場合の結果です[*3]．いずれもいくつかの方向，空間周波数にチューニングされたストライプ状の濃淡構造が学習されていますが，ZCA 白色化のほうがずっとシャープなものになっていることがわかります．

12.2.6　その他の話題

　深層学習のれい明期には，自己符号化器は多層ネットワークの事前学習を行うために用いられていました[8]．多層ネットワークの層を 1 層ずつ切り出し，それらをエンコーダとする自己符号化器を構成し，下の層から順に学習を行います．つまり最初の層は $\mathcal{D} = \{\mathbf{x}_1, \ldots, \mathbf{x}_N\}$ を用いて学習を行い，学

---

*3　スパース正則化付きのガウシアン・ベルヌーイ RBM を使用しています．

習後に同じ $\mathcal{D} = \{\mathbf{x}_1, \dots, \mathbf{x}_N\}$ を2層目の入力の空間に写します．そして，それらを用いて2層目の（自己符号化器の）学習を行います．以降これを繰り返し，最上位層の学習まで漕ぎ着けます．こうして得た各層の重みを初期値とし，出力層を追加（ランダム初期化）して教師あり学習を行うことで，当時は難しかった多層ネットワークの学習を可能にしました．今ではこの方法が使われることはありませんが，この方法の成功が現在に至る深層学習の端緒となりました．

なお，2層の自己符号化器と同じような働きをするものに，12.6.5項で述べる制約ボルツマンマシン (RBM) があります．RBM も同じような単層構造のネットワークを使って学習を行いますが，基本的な成り立ちと学習方法が異なっています．通常の自己符号化器の性能は一般に RBM を少し下回りますが，デノイジング自己符号化器 (denoising autoencoder)[375] は匹敵する性能を示します．これは，サンプル $\mathbf{x}$ にランダムなノイズを加えたものを入力とし，ただしノイズを加えない元の $\mathbf{x}$ を目標出力とする学習を行うもので，一種のデータ拡張と見ることもできます．

12.3 変分自己符号化器（VAE）

12.3.1 潜在変数の導入

変分自己符号化器 (variational autoencoder)（以下 **VAE**）は，その名の通り自己符号化器に似た構造を持つ，代表的な深層生成モデルの1つです．

今，$\mathbf{x}$ が次のような仕組みで生成されると仮定します．ある変数 $\mathbf{z}$ が何らかの分布 $p(\mathbf{z})$ に従ってランダムに生成されるとし，この生成された $\mathbf{z}$ を1つ与えると，ある条件付き分布 $p(\mathbf{x}|\mathbf{z})$ に従って $\mathbf{x}$ が生成されるという仕組みです．このとき，$\mathbf{x}$ 単独の分布 $p(\mathbf{x})$ は，$\mathbf{x}$ と $\mathbf{z}$ の同時分布 $p(\mathbf{x}, \mathbf{z})(= p(\mathbf{x}|\mathbf{z})p(\mathbf{z}))$ について，次のように $\mathbf{z}$ を周辺化したものです．

$$p(\mathbf{x}) = \int p(\mathbf{x}, \mathbf{z})d\mathbf{z} = \int p(\mathbf{x}|\mathbf{z})p(\mathbf{z})d\mathbf{z} \tag{12.18}$$

$\mathbf{x}$ はわれわれが観測できる変数である一方，変数 $\mathbf{z}$ は観測できないものと考えます．このことから $\mathbf{z}$ を**潜在変数** (latent variable) と呼びます．

12.3.2　潜在変数から出力を得るデコーダ

さて $\mathbf{z}$ はある分布 $p(\mathbf{z})$ から生成されるとしました．多少強引に感じられるかもしれませんが，ここで $p(\mathbf{z})$ が正規分布，すなわち $N(\mathbf{0}, \mathbf{I})$ であると仮定します．上で想定した $\mathbf{x}$ が生成される仕組みでは $\mathbf{z}$ は観測されないので，その分布を最も扱いやすい正規分布でモデル化しても，おかしくはないでしょう．

次に $p(\mathbf{x}|\mathbf{z})$ を考えます．ここでは，$p(\mathbf{x}|\mathbf{z})$ をニューラルネットワークで表現します．表現する対象が確率分布なので，その表現の仕方は何通りか考えられます．

例えば $\mathbf{x}$ の要素が連続値の場合，$p(\mathbf{x}|\mathbf{z})$ を正規分布でモデル化し，その平均 $\boldsymbol{\mu}_\mathbf{x}$ をネットワークで予測する方法が考えられます（ここでは，分散 $\sigma_\mathbf{x}^2$ は定数とします）．すなわち $\mathbf{x} \sim N(\boldsymbol{\mu}_\mathbf{x}, \sigma_\mathbf{x}^2 \mathbf{I})$ と考え，平均を $\boldsymbol{\mu}_\mathbf{x} = \mathbf{f}(\mathbf{z}; \boldsymbol{\theta})$ のように入力 $\mathbf{z}$ から計算します[*4]．$p(\mathbf{x}|\mathbf{z})$ から $\mathbf{x}$ を 1 つサンプリングするには，$\mathbf{z}$ をネットワークに入力して出力 $\mathbf{f}(\mathbf{z}; \boldsymbol{\theta})$ を得て，これに正規分布に従うランダムノイズ $\boldsymbol{\epsilon}_\mathbf{x} \sim N(0, \sigma_\mathbf{x}^2 \mathbf{I})$ を加算して $\mathbf{x} = \mathbf{f}(\mathbf{z}; \boldsymbol{\theta}) + \boldsymbol{\epsilon}_\mathbf{x}$ を求めれば済みます．

分散 $\sigma_\mathbf{x}^2$ を定数とする代わりに，こちらも一緒にネットワークで計算することもできます．出力層にもう 1 つユニット（の集合）を追加して，$\log \sigma_\mathbf{x}^2$ を $\log \sigma_\mathbf{x}^2 = g(\mathbf{z}; \boldsymbol{\theta})$ のように求めます（対数をとる理由は 8.3.1 項を参照）．

$\mathbf{x}$ の各要素が連続値でなくて 2 値をとる場合には，要素 x_i ごとにシグモイド関数を採用した出力ユニットを用い，その出力が確率 $p(x_i = 1)$ を与えるものとします．例えば $\mathbf{x}$ が画素値が 2 値の画像である場合には，こちらのモデルがふさわしいでしょう．

いずれの場合でも，ここで導入したネットワーク $\mathbf{f}(\mathbf{z}; \boldsymbol{\theta})$ は，後述のように VAE の中でデコーダの役割を果たします．以下，このネットワークをデコーダと呼びます．なお用いるネットワークの構造や層数に特に制約はありません．

12.3.3　エンコーダの導入

上で導入した，$p(\mathbf{x}|\mathbf{z})$ を表現するデコーダ $\mathbf{f}(\mathbf{z}; \boldsymbol{\theta})$ のパラメータ $\boldsymbol{\theta}$ を，$\mathbf{x}$ のサンプル集合 $\mathcal{D} = \{\mathbf{x}_1, \ldots, \mathbf{x}_N\}$ を用いて決定することを考えます．これを

[*4]　本項ではネットワークのパラメータを $\mathbf{w}$ ではなく $\boldsymbol{\theta}$ と表記することとします．後述のデコーダのパラメータが $\boldsymbol{\theta}$，エンコーダのそれが $\boldsymbol{\phi}$ です．

$\boldsymbol{\theta}$ の最尤推定によって行うと，$\mathbf{x}$ の生成メカニズムに従って次の最小化問題に帰着されます．

$$\min_{\boldsymbol{\theta}} \frac{1}{N} \sum_{n=1}^{N} -\log p(\mathbf{x}_n) = \min_{\boldsymbol{\theta}} \frac{1}{N} \sum_{n=1}^{N} -\log \int p(\mathbf{x}_n|\mathbf{z})p(\mathbf{z})d\mathbf{z} \qquad (12.19)$$

理屈のうえではこの式を $\boldsymbol{\theta}$ について最小化すればよいのですが，右辺の式に $\mathbf{z}$ に関する積分があり，そのせいでこの最小化を行うことは困難です．このままでは，これ以上議論が先に進みません．

状況を打開するため，$p(\mathbf{x}|\mathbf{z})$ とは変数と条件が反対の $p(\mathbf{z}|\mathbf{x})$ をモデル化することを考えます．といっても $p(\mathbf{z}|\mathbf{x})$ そのものではなく，あるモデル（後述のように 1 つのニューラルネットワーク）を導入し，それが表現可能な分布 $q(\mathbf{z}|\mathbf{x})$ を考え，これで $p(\mathbf{z}|\mathbf{x})$ を近似することを考えます．詳細は省きますが，これは変分ベイズ推定の定番の考え方です．

今 $q(\mathbf{z}|\mathbf{x})$ を $p(\mathbf{z}|\mathbf{x})$ に近づけたいので，2 つの分布の近さを測る KL 距離

$$\mathrm{KL}\left[q(\mathbf{z}|\mathbf{x})\|p(\mathbf{z}|\mathbf{x})\right] = \mathbb{E}_{\mathbf{z}\sim q}\left[\log q(\mathbf{z}|\mathbf{x}) - \log p(\mathbf{z}|\mathbf{x})\right] \qquad (12.20)$$

を計算します．ただし $\mathbb{E}_{\mathbf{z}\sim q}$ は $q(\mathbf{z}|\mathbf{x})$ に関する期待値を表します．ベイズの式 $\log p(\mathbf{z}|\mathbf{x}) = \log p(\mathbf{x}|\mathbf{z}) + \log p(\mathbf{z}) - \log p(\mathbf{x})$ を使うと，右辺にある $-\log p(\mathbf{z}|\mathbf{x})$ の期待値は

$$\mathbb{E}_{\mathbf{z}\sim q}\left[-\log p(\mathbf{z}|\mathbf{x})\right] = \mathbb{E}_{\mathbf{z}\sim q}\left[-\log p(\mathbf{x}|\mathbf{z}) - \log p(\mathbf{z})\right] + \log p(\mathbf{x}) \qquad (12.21)$$

と展開できます．式 (12.20) にこれを代入し，$\log p(\mathbf{x})$ を左辺に移行すると

$$-\log p(\mathbf{x}) + \mathrm{KL}\left[q(\mathbf{z}|\mathbf{x})\|p(\mathbf{z}|\mathbf{x})\right]$$
$$= -\mathbb{E}_{\mathbf{z}\sim q}\left[\log p(\mathbf{x}|\mathbf{z})\right] + \mathrm{KL}\left[q(\mathbf{z}|\mathbf{x})\|p(\mathbf{z})\right] \qquad (12.22)$$

となります．ここで $\mathrm{KL}[q(\mathbf{z}|\mathbf{x})\|p(\mathbf{z})] = \mathbb{E}_{\mathbf{z}\sim q}[\log q(\mathbf{z}|\mathbf{x}) - \log p(\mathbf{z})]$ を使いました．

さて，式 (12.22) の左辺を眺めると，第 1 項は式 (12.19) の $\mathbf{x}$ が与えられたときの $\boldsymbol{\theta}$ の負の対数尤度であり，最尤推定の立場からなるべく小さくしたいものです．第 2 項は $q(\mathbf{z}|\mathbf{x})$ と $p(\mathbf{z}|\mathbf{x})$ の近さを測る KL 距離で，こちらもなるべく小さくしたいものです．したがって，左辺の 2 項をまとめて小さくできれば，2 つの目標を同時に達成できることになります．KL 距離の下限は 0

なので，その近辺まで $p(\mathbf{z}|\mathbf{x})$ に $q(\mathbf{z}|\mathbf{x})$ を十分近づけることができれば，それ以降のさらなる最小化は，式 (12.19) の最尤推定に一致することになります．

ただし左辺を直接最小化することは，上述の $p(\mathbf{x})$ にかかわる困難な計算を含んでおりやはり無理なので，代わりに右辺の最小化を考えます[*5]．右辺第 1 項の $-\mathbb{E}_{\mathbf{z}\sim q}[\log p(\mathbf{x}|\mathbf{z})]$ は，$p(\mathbf{x}|\mathbf{z})$ がすでにデコーダで表現できているので，$q(\mathbf{z}|\mathbf{x})$ 次第で計算できそうです．また第 2 項は，同じく $q(\mathbf{z}|\mathbf{x})$ と事前分布 $p(\mathbf{z})(= N(\mathbf{0}, \mathbf{I}))$ の KL 距離であり，こちらも計算できそうです．ということで，$q(\mathbf{z}|\mathbf{x})$ をどのように表現するかが鍵になります．

$q(\mathbf{z}|\mathbf{x})$ は，デコーダ同様，ニューラルネットワークで表現することとします．表したいのはサンプル $\mathbf{x}$ を 1 つ与えたときの $\mathbf{z}$ の条件付き分布です．やはりデコーダと同じように，この分布をまず正規分布 $N(\boldsymbol{\mu}, \mathrm{diag}(\boldsymbol{\sigma}^2))$ でモデル化し，その平均 $\boldsymbol{\mu}$ と分散 $\boldsymbol{\sigma}^2$ を $\mathbf{x}$ から $[\boldsymbol{\mu}, \boldsymbol{\sigma}]^{\top} = \mathbf{g}(\mathbf{x}; \boldsymbol{\phi})$ のように求めることにします．$\boldsymbol{\phi}$ はこのネットワークのパラメータです．このネットワークは $\mathbf{x}$ から $\mathbf{z}$（の分布）を作り出すので，エンコーダと呼びます．

12.3.4 導出のまとめ

上の議論の流れを要約すると次のようになります．目標は，$\mathbf{x}$ の生成分布 $p(\mathbf{x})$ を訓練データ $\mathcal{D}$ を用いてモデル化することでした．正規分布に従う潜在変数 $\mathbf{z} \sim p(\mathbf{z})$ を生成後，$p(\mathbf{x}|\mathbf{z})$ に従って $\mathbf{x}$ が生成されると仮定したうえで，まず入力に $\mathbf{z}$ を受け取り，$p(\mathbf{x}|\mathbf{z})$ を表現するデコーダ $\mathbf{f}(\mathbf{z}; \boldsymbol{\theta})$ を導入しました．デコーダのパラメータ $\boldsymbol{\theta}$ を決定しようとしたとき，標準的な最尤推定がうまく使えないので，ベイズの式 $\log p(\mathbf{z}|\mathbf{x}) = \log p(\mathbf{x}|\mathbf{z}) + \log p(\mathbf{z}) - \log p(\mathbf{x})$ を頼りに $p(\mathbf{z}|\mathbf{x})$ に目をつけ，これを近似表現する $q(\mathbf{z}|\mathbf{x})$ をネットワーク $\mathbf{g}(\mathbf{x}; \boldsymbol{\phi})$ で表し，その近似と最尤推定の目標が同時に達成される，式 (12.22) の最小化で代替する，ということをしています．

式 (12.22) の第 1 項を L_D，第 2 項を L_E，すなわち

$$L_D(\mathbf{x}) = -\mathbb{E}_{\mathbf{z}\sim q}[\log p(\mathbf{x}|\mathbf{z})], \tag{12.23a}$$

$$L_E(\mathbf{x}) = \mathrm{KL}[q(\mathbf{z}|\mathbf{x})\|p(\mathbf{z})] = \mathbb{E}_{\mathbf{z}\sim q}[\log q(\mathbf{z}|\mathbf{x}) - \log p(\mathbf{z})] \tag{12.23b}$$

[*5] 式 (12.22) の右辺の符号を反転したものは，対数周辺尤度 $\log p(\mathbf{x})$ の下限を与えることから，**ELBO（Evidence Lower Bound）** と呼ばれています．なお，周辺尤度はモデルの良さを測る指標となり，証拠 (evidence) と呼ばれることがあります．

と書くことにします．期待値はエンコーダが表現する $q(\mathbf{z}|\mathbf{x})$ に関するものです．

　L_D は，エンコーダ+デコーダが与える $\mathbf{x}$ の確率モデルに関する，$\mathbf{x}$ の対数尤度の期待値（の符号反転）ですが，これは通常の自己符号化器でいうところの $\mathbf{x}$ の再構成誤差に相当します．一方 L_E は，$\mathbf{x}$ を符号化した潜在変数 $\mathbf{z}$ の分布が，どれだけ $\mathcal{N}(\mathbf{0}, \mathbf{I})$ に近いかを測るものであって，L_D の最小化に関する正則化項と解釈することもできます．

12.3.5　VAE の学習

　図 12.7 は，エンコーダとデコーダの概要と両者の関係を表します．VAEの学習は $\mathcal{D}$ を使って式 (12.22) を θ と ϕ について最小化することで行われます．L_D, L_E の中の期待値は，エンコーダが表現する $q(\mathbf{z}|\mathbf{x})$ に関するものでした．$q(\mathbf{z}|\mathbf{x})$ は，入力された $\mathbf{x}$ からエンコーダが $\boldsymbol{\mu} = \boldsymbol{\mu}(\mathbf{x})$ と $\boldsymbol{\sigma} = \boldsymbol{\sigma}(\mathbf{x})$ を計算し，それらを母数とする正規分布 $\mathcal{N}(\boldsymbol{\mu}(\mathbf{x}), \boldsymbol{\sigma}(\mathbf{x}))$ として与えられます．ゆえに $q(\mathbf{z}|\mathbf{x})$ に従う $\mathbf{z}$ は，標準正規分布に従うノイズ $\boldsymbol{\epsilon} \sim N(\mathbf{0}, \mathbf{I})$ を用いて

$$\mathbf{z} = \boldsymbol{\mu}(\mathbf{x}) + \boldsymbol{\sigma}(\mathbf{x}) \odot \boldsymbol{\epsilon} \tag{12.24}$$

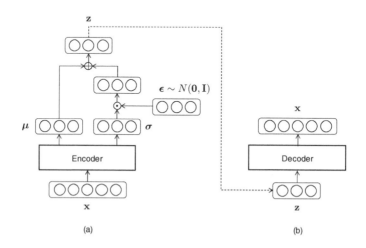

図 12.7　変分自己符号化器（VAE）の構造．

と表せます*6. こうすると L_D の期待値は $\epsilon \sim N(\mathbf{0}, \mathbf{I})$ に関するものに書き換えられ,

$$L_D(\mathbf{x}) = -\mathbb{E}_{\epsilon \sim N(\mathbf{0}, \mathbf{I})} \left[\log p(\mathbf{x} | \boldsymbol{\mu}(\mathbf{x}) + \boldsymbol{\sigma}(\mathbf{x}) \odot \epsilon) \right] \tag{12.25}$$

となります. 実際の計算は, ϵ を 1 回以上サンプリングしてデコーダに通し, 求めた $[\cdot]$ 内の値の平均で近似します. 一方 L_E は解析的に計算でき, 次のように簡略化できます.

$$L_E(\mathbf{x}) = \frac{1}{2} \sum_{k=1}^{K} \left[\mu_k^2(\mathbf{x}) + \sigma_k^2(\mathbf{x}) - 1 - \log(\sigma_k^2(\mathbf{x})) \right] \tag{12.26}$$

ただし $\mu_k(\mathbf{x})$, $\sigma_k(\mathbf{x})$ はそれぞれ $\boldsymbol{\mu}(\mathbf{x})$, $\boldsymbol{\sigma}(\mathbf{x})$ の k 成分です. こうして L_D, L_E を計算できるようになりました.

$\mathcal{D}$ の各サンプル $\mathbf{x}_n$ について $L_D(\mathbf{x}_n)$ と $L_E(\mathbf{x}_n)$ を評価し, $\mathcal{D}$ 上の和*7

$$\min_{\boldsymbol{\theta}, \boldsymbol{\phi}} \frac{1}{N} \sum_{n=1}^{N} L_D(\mathbf{x}_n) + L_E(\mathbf{x}_n) \tag{12.27}$$

を最小化します. 被最小化関数の $\boldsymbol{\theta}$ と $\boldsymbol{\phi}$ についての微分は, 通常の誤差逆伝播法で計算できるので, 通常のネットワークと同様に学習を行えます.

12.3.6 推論時の使い方

学習後の VAE は $p(\mathbf{x})$ （のモデル）を与えます. この $p(\mathbf{x})$ から $\mathbf{x}$ を 1 つサンプリングするには, まず $N(\mathbf{0}, \mathbf{I})$ から $\mathbf{z}$ をサンプリングし, これをデコーダに入力して出力 $\mathbf{x}$ を求めるだけです. 逆に, $\mathbf{x}$ が与えられたとき $p(\mathbf{x})$ を計算したい場合には, VAE では （$p(\mathbf{x}, \mathbf{z}) = p(\mathbf{x} | \mathbf{z}) p(\mathbf{z})$ の計算は簡単に行えますが） $p(\mathbf{x})$ は簡単に計算できず, **AIS(annealed importance sampling)** などのサンプリングを用いる方法で計算します[376]. なお後述の GAN では, $p(\mathbf{x})$ の値の計算はさらに困難です.

VAE の主な用途は, 潜在変数 $\mathbf{z}$ の空間において, 入力 $\mathbf{x}$ の解きほぐされた (disentangled) 表現を獲得することです. 例えば多様な顔画像 $\mathbf{x}$ を学習することで, さまざまな顔の属性——性別, 表情, 眼鏡やひげの有無, 顔の向き

---

*6 これは**再パラメータ化によるトリック** (**reparametrization trick**) と呼ばれています.
*7 実際には, 通常のネットワークの学習のようにミニバッチに関する和を考えます.

など——が $\mathbf{z}$ の空間に埋め込まれることを期待します．それを使うことで，例えば指定した属性を持つ顔画像を生成できるようになります．

　VAE は，さまざまな拡張がなされています．$\mathbf{z}$ が $N(\mathbf{0}, \mathbf{I})$ に従う制約を強めることで，よりよい表現空間を得ようとする β-VAE[377] や，生成精度の向上を狙った 2 段階 VAE[378] や超深層 VAE[379] などです．また潜在変数 $\mathbf{z}$ の分布を，上のように正規分布で表すのではなく，多クラス分布のような離散分布で表現できるようにする方法（Gumbel ソフトマックス[380,381] など）もあります．

12.4　敵対的生成ネットワーク（GAN）

12.4.1　基本的な GAN

　敵対的生成ネットワーク（**Generative Adversarial Networks**）（以下 **GAN**）は，本章の他の方法と同様に，データ $\mathbf{x}$ の分布 $p(\mathbf{x})$ をその有限のサンプル $\mathcal{D} = \{\mathbf{x}_1, \ldots, \mathbf{x}_N\}$ を学習して表現することを目標とします．ただし GAN は，$p(\mathbf{x})$ そのものを表現するというより，$p(\mathbf{x})$ に従う $\mathbf{x}$ を簡単に生成することに主眼があります．

　GAN の仕組みは，変数 $\mathbf{z}$ をある分布 $p(\mathbf{z})$ からランダムに 1 つサンプリングし，これをあるネットワーク G に入力すると[*8]，その出力 $\mathbf{x} = G(\mathbf{z})$ が，$p(\mathbf{x})$ からランダムにサンプリングした $\mathbf{x}$ を与えるというものです．このとき，この仕組みでネットワーク G が $p(\mathbf{x})$ をより正確に表すように，G とは別のネットワーク D を導入し[*9]，これら 2 つを対立させながら学習を行います．

　G の目標は，ランダムなベクトル $\mathbf{z}$ を入力に受け取り，自然な $\mathbf{x}$ を出力することです．$\mathbf{z}$ は例えば $N(\mathbf{0}, \mathbf{I})$ からランダムにサンプリングします．「自然な」というのは，$p(\mathbf{x})$ から生成されたように見える——訓練データ $\mathcal{D}$ の 1 つであったとしても違和感がない——ということです．D は学習時，G がそんな自然な $\mathbf{x}$ を生成するように働きます．具体的には，D は $\mathbf{x}$ を入力に受け取り，それが $p(\mathbf{x})$ から生成された本物なのか，あるいは G から生成された

[*8]　G は生成 (generate) から来ています．G の出力は一般にベクトル（多値）ですが，ここでは表記の都合で $\boldsymbol{G}$ とせず G と書きます．

[*9]　D は識別 (discriminate) から来ています．

偽物なのか判別する 2 クラス分類を学習します.

　そして，G は D を欺くことができるほど自然な $\mathbf{x}$ を生成できるように，D は G に欺かれることなく $\mathbf{x}$ の真贋を見抜けるように，D と G の学習を行います. 互いが切磋琢磨しながら高みを目指すように，この学習を次の最適化問題（ミニマックスゲーム）として定式化します.

$$\min_{G} \max_{D} \mathrm{E}_{\mathbf{x} \sim p(\mathbf{x})}\left[\log D(\mathbf{x})\right] + \mathrm{E}_{\mathbf{z} \sim p(\mathbf{z})}\left[\log(1 - D(G(\mathbf{z})))\right] \qquad (12.28)$$

　式 (12.28) において D は，D の予測，すなわち入力 $\mathbf{x}$ が本物である（$= p(\mathbf{x})$ から生成されたものである）確率を表します. 式 (12.28) の第 1 項は，$\mathbf{x}$ が実際に本物であるときの，D の予測 $[D, 1-D]$ とその正解 $[1,0]$ との間の負の交差エントロピーです（確率分布 $[d, 1-d]$ と $[p, 1-p]$ の交差エントロピーが $-d \log p - (1-d) \log(1-p)$ であることを思い出す）. 第 2 項は，$\mathbf{x}$ が G が生成した偽物であるときの予測 $[D, 1-D]$ と正解 $[0,1]$ との間の負の交差エントロピーです. これらの和が大きくなるように D のパラメータを動かせば，D は $\mathbf{x}$ の真贋をより正しく判定できるようになるはずです. 一方 G については，それが含まれる第 2 項の負の交差エントロピーを，逆に小さくするようにパラメータを動かします. そうすることで，G が $p(\mathbf{x})$ から生成されたものと見分けのつかない $\mathbf{x}$ を生成できるようになるはずです.

　なお，最も成功した GAN の応用は自然画像の生成です. その場合，G には 5.9 節で説明したアップサンプリングを伴う CNN[382] を，D には通常の画像分類を行う CNN を用いるのが一般的です.

12.4.2　学習の困難さ

　一般に GAN の学習は簡単ではありません. まず，学習の最初から最後まで G と D をうまい具合に切磋琢磨させる，つまり両者の学習の進み具合をうまくバランスをとりつつパラメータを更新していく必要があります. 通常，学習の初期段階では，G は質の低い，訓練データ $\mathcal{D}$ にはあまり似ていない $\mathbf{x}$ しか生成できませんが，その場合 D が $\mathbf{x}$ の真贋を判定するのは簡単です. そのとき，式 (12.28) の最大化は容易ですが，実際にそうしてしまうと G のパラメータに関する第 2 項の勾配が消失してしまい，G の学習がうまく進みません.

　またわれわれの理想は，G が $p(\mathbf{x})$ から生成され得る多様な $\mathbf{x}$ をまんべんな

く生成できるようになることですが，学習時に G は，そうできることを求められていません．確実に D を欺けるサンプル $\mathbf{x}$ を 1 つでも生成できるようになればよく，それ以上新しいサンプルを生成することに「挑戦」する必要はありません．そのため，学習途中で G が生成するサンプルがいつも同じという状態に陥ることがよくあります．この現象は**モード崩壊 (mode collapse)** と呼ばれています．

　こういった問題を解決すべく，さまざまな対策が考案されてきました．今のところすべてを解決する魔法の方法はなく，経験的に有効性が確認された複数の方法を，状況に応じて組み合わせて使われています．

　その 1 つに目的関数の変更があります．式 (12.28) では学習の初期に，D が相対的に強すぎて G の学習が進まなくなることがありますが，これを解決すべく，G のパラメータを決めるのに $\log(1 - D(G(\mathbf{z})))$ を最小化する代わりに $\log D(G(\mathbf{z}))$ を最大化する，非飽和ゲーム (non-saturating game) と呼ばれる方法があります．この他に，最尤推定ゲームと呼ばれる方法も知られています．

　また，さまざまな正則化手法や重みの更新方法が編み出されました．スペクトル正規化 [78]，2 つの時間スケールでの (two-timescale) 更新則 [383]，勾配ペナルティ [384,385] などです．

12.4.3　Wasserstein-GAN

　Wasserstein-GAN(WGAN) [386] は式 (12.28) の代わりに次の最適化を実行します．

$$\min_{G} \max_{D} \mathrm{E}_{\mathbf{x} \sim p(\mathbf{x})}[D(\mathbf{x})] - \mathrm{E}_{\mathbf{z} \sim p(\mathbf{z})}[D(G(\mathbf{z}))] \qquad (12.29)$$

ここでネットワーク D は，式 (12.28) のように $\mathbf{x}$ の真贋を 2 値分類する代わりに，ある種の回帰を実行します．具体的には，D は，Wasserstein 距離（あるいは Earth Mover 距離）と呼ばれる尺度を用いて，$\mathbf{x}$ の真の生成分布 $p(\mathbf{x})$ と，$G(\mathbf{z})$ が $z \sim p(\mathbf{z})$ によって生成するサンプルの作る分布の距離を測ります．また D はリプシッツ連続であることを要請します．実関数 $f : \mathbb{R}^D \to \mathbb{R}$ がリプシッツ連続であるとは，任意の $\mathbf{x}_1, \mathbf{x}_2 \in \mathbb{R}^D$ について，$\|f(\mathbf{x}_1) - f(\mathbf{x}_2)\| \leq K\|\mathbf{x}_1 - \mathbf{x}_2\|$ となるような定数 K が存在することをいいます．この目的で，最初の論文 [386] では，D の各層の重みを常に一定の範

囲内 $[-c, c]$ に収める処理（クリッピング）が採用されています.

12.4.4 条件付き GAN

上で扱った GAN は，ノイズ $\mathbf{z}$ を 1 つ入力に受け取り，$\mathbf{x}$ を 1 つ生成します．例えば手書き数字の画像生成では，入力した $\mathbf{z}$ に応じて数字の種類が自動的に決まり，その画像が生成されるという具合です．これに対し，われわれが数字を 1 つ選び，選んだ数字の画像 1 枚を生成したいこともあります．**条件付き GAN(conditional GAN)** はこのようなことを可能にします [387].

最も一般的な条件付き GAN は次のように構成されます．まず G と D の入力に付加情報 $\mathbf{y}$ を追加し，それぞれを $G(\mathbf{z}, \mathbf{y})$, $D(\mathbf{x}, \mathbf{y})$ のようにデザインします．文献 [387] では，例えば 10 種の数字を生成する問題を次のように定式化しています．まず $\mathbf{y}$ をクラスラベルの 1-of-K 符号とし，G は $[\mathbf{z}^\top, \mathbf{y}^\top]^\top$ を入力に受け取って $\mathbf{x}$ を生成します．D は $\mathbf{x}$ と $\mathbf{y}$ を受け取り，指定された $\mathbf{y}$ に対して $\mathbf{x}$ が本物である確率，つまり $\mathbf{x}$ がどのくらい，$\mathbf{y}$ によって指定される数学クラスの画像らしく見えるかを出力します．学習は，次の最適化に帰着されます.

$$\min_G \max_D \mathbb{E}_{\mathbf{x} \sim p(\mathbf{x})} \left[\log D(\mathbf{x}, \mathbf{y})\right] + \mathbb{E}_{\mathbf{z} \sim p(\mathbf{z})} \left[\log(1 - D(G(\mathbf{z}, \mathbf{y}), \mathbf{y}))\right] \quad (12.30)$$

一方，**AC-GAN(auxiliary classifier GAN)** [388] では，D は $\mathbf{x}$ のみを受け取り，その真贋の判定を行うとともに，付随タスクとして $\mathbf{x}$ のクラスの分類を行うようにします．つまり $D(\mathbf{x})$ は，その出力層から $\mathbf{x}$ が真である確率と，$\mathbf{x}$ の各クラスのスコア $p(\mathcal{C}_k | \mathbf{x}) (k = 1, \ldots, K)$ を，一緒に出力します．G は上と同様に，ノイズ $\mathbf{z}$ とクラスラベルの 1-of-K 符号 $\mathbf{y}$ を入力に受け取って $\mathbf{x}$ を生成します．学習には 2 つの損失関数を考えます．1 つは式 (12.28) と同様の $\mathbf{x}$ の真贋判定で，これは 2 値分類の負の損失

$$\mathcal{L}_s = \mathbb{E}_{\mathbf{x} \sim p(\mathbf{x})} \left[\log D(\mathbf{x})\right] + \mathbb{E}_{\mathbf{z} \sim p(\mathbf{z})} \left[\log(1 - D(G(\mathbf{z}, \mathbf{y})))\right] \quad (12.31)$$

です．もう 1 つの損失 $\mathcal{L}_c$ は D による $\mathbf{x}$ のクラス分類に関する損失で，具体的には D の出力するクラススコアとその正解 $\mathbf{y}$ との交差エントロピーとします．$\mathbf{x}$ は本物である（$\mathbf{x} \sim p(\mathbf{x})$）場合と，$G$ から生成された偽物である（$\mathbf{x} = G(\mathbf{z}, \mathbf{y})$）場合の両方がありますが，いずれの場合でも同じ $\mathcal{L}_c$ を使います．G は $\mathcal{L}_c + \mathcal{L}_s$ を小さく，D は $\mathcal{L}_c - \mathcal{L}_s$ を小さくするように学習を行

います.

12.4.5　pix2pix と CycleGAN

標準的な GAN は,ノイズ $\mathbf{z}$ を入力にとり $p(\mathbf{x})$ に従う $\mathbf{x}$ をランダムに生成しますが,用途によってはそのような確率的な生成を必要としないこともあります. **pix2pix** はそのような問題を扱う方法の代表例で,具体的には画像を別の画像に変換する目的で考案されました [389]. 例えば,グレースケールの写真を入力に受け取り,それに彩色したカラー画像を出力する問題を扱います.

pix2pix では条件付き GAN と同様,G は条件入力 $\mathbf{y}$ を受け取りますが,ノイズ $\mathbf{z}$ の入力は不要です. 彩色の問題では,$\mathbf{y}$ はグレースケールの入力画像であり,G はカラー画像 $G(\mathbf{y})$ を出力します. そして,$\mathbf{y}$ とそれに対する出力 $\mathbf{x}$ の正解ペアの集合 $\mathcal{D} = \{(\mathbf{x}_n, \mathbf{y}_n)\}_{n=1,...,N}$ を使って,G および D の学習を行います.

D は条件付き GAN での D 同様に,$\mathbf{y}$ と画像 1 枚($\mathbf{x}$ あるいは $G(\mathbf{y})$ のいずれか)のペアを入力に受け取り,その画像の真贋を判定します. その 2 値分類の負の損失は

$$\mathcal{L}_s^{\mathrm{p2p}} = \mathbb{E}_{\mathbf{x},\mathbf{y}}\left[\log D(\mathbf{x},\mathbf{y})\right] + \mathbb{E}_{\mathbf{y}}\left[\log(1 - D(G(\mathbf{y}),\mathbf{y}))\right] \tag{12.32}$$

であり,D の学習は $\mathcal{L}_s^{\mathrm{p2p}}$ を最大化することで行います. 一方 G の学習は,$\mathcal{D}$ で与えられた $\mathbf{y}$ に対する予測 $\hat{\mathbf{x}} = G(\mathbf{y})$ の正解 $\mathbf{x}$ を用いて,$\hat{\mathbf{x}}$ がなるべく $\mathbf{x}$ に近づくような損失を追加した

$$\mathcal{L}_s^{\mathrm{p2p}} + \lambda\mathbb{E}_{\mathbf{x},\mathbf{y}}\left[\|\mathbf{x} - G(\mathbf{y})\|_1\right] \tag{12.33}$$

を最小化することで行います. このように pix2pix は,$\mathbf{y}$ を $\mathbf{x}$ に変換する問題において,D による敵対的学習を取り込むことで,変換の精度向上を狙っています.

以上のように pix2pix は学習に入出力ペアの集合 $\mathcal{D} = \{(\mathbf{x}_n, \mathbf{y}_n)\}$ を用いますが,そのようなデータが得られない場合もあります. 例えば入力画像の集合 $\mathcal{D}_y = \{\mathbf{y}_n\}_{n=1,...,N}$ と出力画像の集合 $\mathcal{D}_x = \{\mathbf{x}_m\}_{m=1,...,M}$ という集合単位のペアは与えられるものの,2 つの集合の要素どうしが一対一に対応するわけではない場合です. 例えば,1 枚の風景写真の $\mathbf{y}$ から同じ風景の絵

画 **x** を得たいというとき，いろいろな風景写真の集合 $\mathcal{D}_y$ と，それらとは異なる風景の絵画の集合 $\mathcal{D}_x$ が与えられる——1 つの同じ風景の写真 **y** とその絵画 **x** のペアが与えられるわけではない——という場合です．

CycleGAN[390] は，このような不完全な訓練データしかない場合でも，望みの変換を行えるようにします．CycleGAN では，G の他にもう 1 つの生成ネットワーク F を用意します．G は pix2pix 同様，**y** を **x** に変換し，一方で F は，逆に **x** を **y** に変換するものとします．そしてこの 2 つをつないだ **y** $\xrightarrow{G}$ $\hat{\mathbf{x}}$ $\xrightarrow{F}$ $\hat{\mathbf{y}}$ という循環的な合成変換を考えます．訓練データ $\mathcal{D}$ の性質上 pix2pix のように $(\mathbf{x}, \mathbf{y})$ のペアを利用して $G(\mathbf{y})$ をその真の **x** に近づけることはできないので，代わりに $F(G(\mathbf{y}))$ が **y** になるべく近くなることを要請します．

そのために，2 つの生成ネットワーク G と F それぞれに対し，真贋を判定するネットワーク D_X と D_Y を用意します．D_X は **x** と $G(\mathbf{y})$ を判別し，D_Y は **y** と $F(\mathbf{x})$ を判別します．この分類タスクの負の損失はそれぞれ，

$$\mathcal{L}_s^{Y \to X} = \mathbb{E}_\mathbf{x}\left[\log D_X(\mathbf{x})\right] + \mathbb{E}_\mathbf{y}\left[\log(1 - D_X(G(\mathbf{y})))\right], \tag{12.34a}$$

$$\mathcal{L}_s^{X \to Y} = \mathbb{E}_\mathbf{y}\left[\log D_Y(\mathbf{y})\right] + \mathbb{E}_\mathbf{x}\left[\log(1 - D_Y(F(\mathbf{x})))\right] \tag{12.34b}$$

となります．そして 2 つの循環，すなわち **y** $\xrightarrow{G}$ $\hat{\mathbf{x}}$ $\xrightarrow{F}$ $\hat{\mathbf{y}}$ および **x** $\xrightarrow{F}$ $\hat{\mathbf{y}}$ $\xrightarrow{G}$ $\hat{\mathbf{x}}$ について，始点と終点が一致することを求めます．つまり

$$\mathcal{L}_{\mathrm{cyc}} = \mathbb{E}_\mathbf{y}\left[\|F(G(\mathbf{y})) - \mathbf{y}\|_1\right] + \mathbb{E}_\mathbf{x}\left[\|G(F(\mathbf{x})) - \mathbf{x}\|_1\right] \tag{12.35}$$

という損失の最小化を考えます．最終的に，2 つの生成ネットワーク G，F および 2 つの識別ネットワーク D_X，D_Y の計 4 つのネットワークについて，次の最適化を実行します．

$$\min_{G,F} \max_{D_X,D_Y} \mathcal{L}_s^{Y \to X} + \mathcal{L}_s^{X \to Y} + \lambda \mathcal{L}_{\mathrm{cyc}} \tag{12.36}$$

12.4.6 GAN のためのデータ拡張

GAN は画像を生成する用途でよく利用されますが，そこでは G の生成画像がどれくらい自然に見えるかに大きな関心があります．かつては，自然に見える画像を得るには，訓練データ（つまり合成でない本物の画像）を大量に要すると考えられていましたが，データ拡張を行うと，少ない枚数の訓練画

像しかなくても，自然な画像を生成できることがわかっています [87,88]*10．以下，これを説明します．

　まず，訓練データ $\mathcal{D}$ が少ないと GAN の学習が失敗するのは，学習の早い段階で D が訓練データ $\mathcal{D}$ の画像をすべて覚えてしまうためであると考えられています [87]．つまり D は，画像の真贋を判定するのではなく，特定の画像であるか否かを判定するように学習してしまうということです．学習時，G に伝わる勾配は常に D 経由で送られるので，D がそうなると G の学習がうまくいきません．

　それを防ぐには，D に入力する画像に，画像分類の教師あり学習で使われるのと同様のデータ拡張を施せばよさそうです．ただし，これを単純に行うと，データ拡張した画像も「本物の画像」であることになり，G はそれらを生成するようになってしまいます．有効なデータ拡張の中には，例えば大きなノイズを加えるなど不自然に見える画像を作り出すものもあり，G がそんな画像を生成することは望むところではありません．

　これを解決するために，データ $\mathcal{D}$ の画像と G が生成した画像の両方にデータ拡張を施して，D に入力するようにします．そのとき，G への勾配が D 経由で伝わるように，データ拡張自体を微分可能にする必要があります（11.2節，4.3.2項も参照）．文献 [87,88] では，このような微分可能なデータ拡張の導入により，ずいぶん少ない量の $\mathcal{D}$ だけでも自然に見える画像が生成できることが示されています．

12.5　正規化フロー

12.5.1　基本となる考え方

　正規化フロー（**normalizing flow**）[391] は，$\mathbf{x}$ の分布 $p_x(\mathbf{x})$ を表現*11 するもう 1 つ方法で，VAE や GAN と同様に $\mathbf{x}$ を簡単に生成でき，さらにそれらでは難しい $p_x(\mathbf{x})$ の評価（計算）を行える方法です．$\mathbf{x}(\in \mathbb{R}^D)$ と同じサイズの変数 $\mathbf{u}(\in \mathbb{R}^D)$ を考え，$\mathbf{u}$ の分布 $p_u(\mathbf{u})$ が既知——典型的には正規分布 $N(\mathbf{0}, \mathbf{I})$——であるとしたとき，$\mathbf{u}$ から $\mathbf{x}$ への変換 $\mathbf{x} = T(\mathbf{u})$ をうまく選

---

*10　ただし，生成画像が自然に見えることと，G が画像の生成分布 $p(\mathbf{x})$ を忠実に表現することとは少し違うことに留意しておく必要があります．

*11　本節では，$\mathbf{x}$ の分布を表すことを明示するため，$p_x(\mathbf{x})$ と書きます．

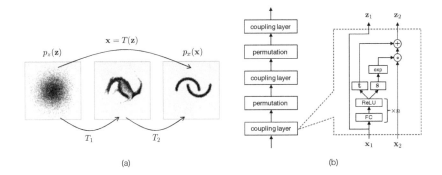

図 12.8 (a) 正規化フローの概念図. $\mathbf{x} = T(\mathbf{z})$ は 2 つの変換の合成 $T = T_2 \circ T_1$ で表現されます. (b) カップリング層と順列交換層の交互配置による T の表現. カップリング層の構造は $\det J_{T^{-1}}$ を高速に計算するためにデザインされています.

ぶことで, $p_x(\mathbf{x})$ を表現します（図 **12.8**(a)）.

$\mathbf{u}$ と $\mathbf{x}$ をつなぐ変換 T が微分可能で, かつ逆変換 T^{-1} が存在するとします. $p_u(\mathbf{u})$ の分布が既知であるので, $\mathbf{u} = T^{-1}(\mathbf{x})$ を使うことで $p_x(\mathbf{x})$ の分布は

$$p_x(\mathbf{x}) = p_u(T^{-1}(\mathbf{x})) \cdot |\det J_{T^{-1}}(\mathbf{x})| \qquad (12.37)$$

と与えられます. J_T^{-1} は変換 $\mathbf{u} = T^{-1}(\mathbf{x})$ のヤコビ行列 $J_T^{-1} = d\mathbf{T}^{-1}/d\mathbf{u}$ で, そのサイズは $D \times D$ で, (i, j) 成分は

$$\left(J_T^{-1} \right)_{ij} = \frac{\partial x_i}{\partial u_j} \qquad (12.38)$$

で与えられます. 式 (12.37) の右辺最後の $|\det J_{T^{-1}}(\mathbf{x})|$ は, T^{-1} による $\mathbf{x}$ から $\mathbf{u}$ への変換に伴う「空間の密度」の変化を補正していると解釈できます. $p_u(\mathbf{u})$ には扱いやすい分布なら何でも使えますが, 典型的には正規分布 $N(\mathbf{0}, \mathbf{I})$ を使います.

正規化フローは, 上の変換 $T(\mathbf{x})$ をニューラルネットワークで表現し, そのパラメータを訓練データ $\mathcal{D} = \{\mathbf{x}_1, \ldots, \mathbf{x}_N\}$ を用いて決定します. ネットワークの構造は, 変換 T の複雑さに応じて自由に設計できますが, T に要請される 2 つの条件, すなわち可逆であることと微分可能であることを満たす必要があります. さらに式 (12.37) の計算を高速に実行できることも求めら

れます．ヤコビ行列の行列式 $|\det J_{T^{-1}}(\mathbf{x})|$ は，普通に計算すると計算量が大きく ($O(D^3)$)，何らかの対策が必要となります．

なお，可逆で微分可能な変換 T は合成可能 (composable) です．つまり，可逆で微分可能である 2 つの変換 T_1, T_2 があるとき，その合成変換 $T = T_2 \circ T_1$ もまた，可逆で微分可能になります ($(T_2 \circ T_1)^{-1} = T_1^{-1} \circ T_2^{-1}$)．そのため T は，複数の変換の合成変換 $T = T_M \circ T_{M-1} \circ \cdots T_1$ として作れることになります．またそのヤコビ行列の行列式も $\det J_{T_1 \circ T_2}(\mathbf{u}) = \det J_{T_2}(T_1(\mathbf{u})) \cdot \det J_{T_1}(\mathbf{u})$ のように分解できます．1 つ 1 つの変換 T_i を 1 つ以上の層からなるブロックとして表現すれば，M 個の変換の合成変換を，M 個のブロックを積み重ねた構造のネットワークによって表現することが可能です．

12.5.2　カップリング層

カップリング層 (**coupling layer**) は，上のような変換 T を表現するためのネットワークの構成要素で式 (12.37) のヤコビ行列の行列式を高速に計算できるように工夫された構造を持ちます．

この層の入力を $\mathbf{x}$，出力を $\mathbf{z}$ とするとき，入力 $\mathbf{x}$ と出力 $\mathbf{z}$ の成分を，それぞれ同じ位置で前半と後半の 2 つに分割し，$\mathbf{x} = [\mathbf{x}_1^\top, \mathbf{x}_2^\top]^\top$ および $\mathbf{z} = [\mathbf{z}_1^\top, \mathbf{z}_2^\top]^\top$ とします ($\mathbf{x}_1, \mathbf{z}_1 \in \mathbb{R}^{D_1}$, $\mathbf{x}_2, \mathbf{z}_2 \in \mathbb{R}^{D_2}$, $D_1 + D_2 = D$)．そして $\mathbf{x}$ から $\mathbf{z}$ への変換 T^{-1} を，

$$\begin{bmatrix} \mathbf{z}_1 \\ \mathbf{z}_2 \end{bmatrix} = T^{-1}\left(\begin{bmatrix} \mathbf{x}_1 \\ \mathbf{x}_2 \end{bmatrix}\right) = \begin{bmatrix} \mathbf{x}_1 \\ \mathbf{x}_2 \circ \exp\left(\mathbf{s}(\mathbf{x}_1)\right) + \mathbf{t}(\mathbf{x}_1) \end{bmatrix} \tag{12.39}$$

のように定義します．$\mathbf{s}(\mathbf{x}_1)$ と $\mathbf{t}(\mathbf{x}_1)$ は $\mathbf{x}_1$ を入力にとる関数で，$\mathbf{s}, \mathbf{t} \in \mathbb{R}^{D_2}$ です．例えば図 12.8(b) のように，ReLU を持つ全結合層からなる 1 つの多層ネットワークを考え，入力を $\mathbf{x}_1$，出力を $\mathbf{s}$ と $\mathbf{t}$ とします．このとき逆変換は

$$\begin{bmatrix} \mathbf{x}_1 \\ \mathbf{x}_2 \end{bmatrix} = T\left(\begin{bmatrix} \mathbf{z}_1 \\ \mathbf{z}_2 \end{bmatrix}\right) = \begin{bmatrix} \mathbf{z}_1 \\ (\mathbf{z}_2 - \mathbf{t}(\mathbf{z}_1)) \circ \exp\left(-\mathbf{s}(\mathbf{z}_1)\right) \end{bmatrix} \tag{12.40}$$

と求められ，ヤコビ行列 $J_{T^{-1}}$ は

$$J_{T^{-1}} = \frac{d\mathbf{z}}{d\mathbf{x}} = \begin{bmatrix} \frac{\partial \mathbf{z}_1}{\partial \mathbf{x}_1} & \frac{\partial \mathbf{z}_1}{\partial \mathbf{x}_2} \\ \frac{\partial \mathbf{z}_2}{\partial \mathbf{x}_1} & \frac{\partial \mathbf{z}_2}{\partial \mathbf{x}_2} \end{bmatrix} = \begin{bmatrix} \mathbf{I} & \mathbf{0} \\ \mathbf{A} & \mathbf{D} \end{bmatrix} \tag{12.41}$$

と書けます．したがってその行列式は，ブロック行列の行列式の公式から

$$\det J_{T^{-1}} = \det \mathbf{D} = \det(\mathrm{diag}(\exp \mathbf{s}(\mathbf{x}_1))) = \prod_i \exp(s_i(\mathbf{x}_1)) \qquad (12.42)$$

と容易に計算できます．

12.5.3　学習と推論

　先述の通り正規化フローでは，$p_x(\mathbf{x})$ から $\mathbf{x}$ を確率的に生成するだけでなく，$\mathbf{x}$ を指定し $p_x(\mathbf{x})$ の値を評価することもできます．上のように変換 $\mathbf{x} = T(\mathbf{u})$ を $T = T_M \circ \cdots \circ T_1$ のように M 個の変換の合成で表したとすると，$\mathbf{x}$ の生成と $p_x(\mathbf{x})$ の評価は次のようにして実行します．

　$p_x(\mathbf{x})$ から $\mathbf{x}$ を 1 つサンプリングするのは簡単で，まず $p_u(\mathbf{u})$ から $\mathbf{u}$ を 1 つサンプリングし，これを $\mathbf{x} = T(\mathbf{u})$ に入れて $\mathbf{x}$ を計算します．具体的には，$\mathbf{z}_0 = \mathbf{u}$ として $m = 1, \ldots, M$ の順に以下を反復実行します．

$$\mathbf{z}_m = T_m(\mathbf{z}_{m-1}) \qquad (12.43)$$

最終的に $\mathbf{x} = \mathbf{z}_M$ として $\mathbf{x}$ を得ます．

　また $\mathbf{x}$ を 1 つ指定し，$p_x(\mathbf{x})$ を評価するには次のようにします．式 (12.37) のように $p_x(\mathbf{x}) = p_u(T^{-1}(\mathbf{x})) \cdot |\det J_{T^{-1}}(\mathbf{x})|$ であるので，右辺の 2 つの項をそれぞれ次のように計算します．まず $\mathbf{u} = T^{-1}(\mathbf{x})$ を得るには，上の逆を行えばよく，つまり $\mathbf{z}_M = \mathbf{x}$ として $m = M, \ldots, 1$ の順に

$$\mathbf{z}_{m-1} = T_m^{-1}(\mathbf{z}_m) \qquad (12.44)$$

を実行し，$\mathbf{u} = \mathbf{z}_0$ を得ます．一方 T^{-1} のヤコビ行列の行列式は

$$\log \left| \det J_{T^{-1}}(\mathbf{x}) \right| = \sum_{m=1}^{M} \log \left| \det J_{T_m^{-1}}(\mathbf{z}_m) \right| \qquad (12.45)$$

によって計算できます．

　ネットワークの学習は $\mathcal{D} = \{\mathbf{x}_1, \ldots, \mathbf{x}_N\}$ を用いた最尤推定によって行います．つまり，次のように観測 $\mathbf{x}_1, \ldots, \mathbf{x}_N$ を得る尤度が最大化されるよう，パラメータを求めます．

$$\operatorname*{argmin}_{\mathbf{w}} \left\{ -\log L(\mathbf{w}; \mathcal{D}) \right\} = \operatorname*{argmin}_{\mathbf{w}} \left\{ -\sum_{n=1}^{N} \log p_x(\mathbf{x}_n) \right\} \qquad (12.46)$$

12.6　ボルツマンマシン

12.6.1　概要

　ボルツマンマシンは，ユニット間結合が双方向性を持つ，これまでに扱ってきたものとは異なるタイプのニューラルネットワークです．ネットワークの挙動を確率的に記述することが最大の特徴で，一般にデータの生成モデルとして利用されます．普通の決定論的なニューラルネットワークと同様，学習を通じてネットワークの重みやバイアスを決定しますが，その方法は大きく異なります．現在の深層学習の成功は，後述の制約ボルツマンマシンを用いたディープビリーフネットワークの研究をきっかけとしており，これがなければ深層学習の発展もなかったかもしれません．

12.6.2　ボルツマンマシンの基礎

　図 12.9(a) のように，複数のユニットが向きを持たない結合によって結びついたグラフ（無向グラフ）を考えます．各ユニットは 0 か 1 の 2 種類の値をその状態としてとるとし，i 番目のユニットの状態を x_i と書きます．このようなユニットを **2 値ユニット (binary unit)** と呼びます．ボルツマンマシン (**Boltzmann machine**) とは，各ユニットがとる状態 x_i を確率変数と

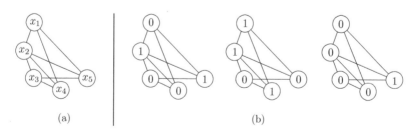

図 12.9　ボルツマンマシンの例．(a) 各ユニットの状態が確率変数 x_i で表されます．(b) グラフ全体の状態の組合せは 2 の「ユニット数」乗あります．

見なしたとき，グラフに M 個あるユニットすべての状態 $\mathbf{x} = [x_1 \ \cdots \ x_M]$ が次の確率分布によって与えられるようなものをいいます.

$$p(\mathbf{x}|\boldsymbol{\theta}) = \frac{1}{Z(\boldsymbol{\theta})} \exp\left\{-\Phi(\mathbf{x}, \boldsymbol{\theta})\right\} \tag{12.47}$$

$\Phi(\mathbf{x}, \boldsymbol{\theta})$ を**エネルギー関数 (energy function)** と呼び

$$\Phi(\mathbf{x}, \boldsymbol{\theta}) = -\sum_{i=1}^{M} b_i x_i - \sum_{(i,j) \in \mathcal{E}} w_{ij} x_i x_j \tag{12.48}$$

と定義されます. $\mathcal{E}$ はグラフにおけるユニット間の結合 (エッジ) です. $\boldsymbol{\theta}$ は, $\Phi(\mathbf{x}, \boldsymbol{\theta})$ 内の $\{b_i | i = 1, \ldots, M\}$ および $\{w_{ij} | (i,j) \in \mathcal{E}\}$ で, b_i をバイアス, w_{ij} を重みと呼びます. ユニット間結合に向きはないので $w_{ij} = w_{ji}$ です.

式 (12.47) の $Z(\boldsymbol{\theta})$ は, モデル分布が確率分布の条件 $\sum_{\mathbf{x}} p(\mathbf{x}|\boldsymbol{\theta}) = 1$ を満たすための規格化定数, すなわち

$$Z(\boldsymbol{\theta}) = \sum_{\mathbf{x}} \exp\left\{-\Phi(\mathbf{x}, \boldsymbol{\theta})\right\} \tag{12.49}$$

で, **分配関数 (partition function)** と呼びます. ここで和 $\sum_{\mathbf{x}}$ は

$$\sum_{\mathbf{x}} = \sum_{x_1=0,1} \sum_{x_2=0,1} \cdots \sum_{x_M=0,1}$$

のように $\mathbf{x} = [x_1 \ \cdots \ x_M]^\top$ のすべての値の組合せについての和を表します. $\mathbf{x}$ は各成分が 2 値 (0 か 1 か) なので, 組合せは全部で 2^M 通りあります. この和の表記はこれ以降も使用します.

以上の式 (12.47)〜(12.49) により定義される $p(\mathbf{x}|\boldsymbol{\theta})$ は, 2^M 通りの $\mathbf{x}$ の値の組合せそれぞれの生起確率を与えます. なお式 (12.47) の形の分布を**ボルツマン分布 (Boltzmann distribution)**, あるいは**ギブス分布 (Gibbs distribution)** と呼びます. 分布の具体的な形は, エネルギー関数 $\Phi(\mathbf{x}, \boldsymbol{\theta})$ によって決まります. 指数関数の単調性から, $\Phi(\mathbf{x}, \boldsymbol{\theta})$ が小さい $\mathbf{x}$ ほど生起確率が高くなります. 式 (12.48) のように $\Phi(\mathbf{x}, \boldsymbol{\theta})$ は 2 つの項からなり, 第 1 項は各ユニット単独の状態 x_i で決まり, 第 2 項は 2 つのユニットの状態 (x_i, x_j) の組合せで決まります. エネルギー関数の値は, この 2 つの項のグラフ全体にわたる和であり, この和を小さくする状態 $\mathbf{x}$ が生起しやすく, そうでない状態が生起しにくいことになります.

　学習は，このモデル分布 $p(\mathbf{x}|\boldsymbol{\theta})$ がデータの真の分布 $p_g(\mathbf{x})$ に最も近くなるように，データの集合 $\mathbf{x}_1, \ldots, \mathbf{x}_N$ を使って $\boldsymbol{\theta}$ を最尤推定します．引き続き，データ $\mathbf{x}_n$ は各成分が 0 と 1 の 2 値をとるとします．式 (12.1) の尤度関数 $L(\boldsymbol{\theta})$ を最大化する $\boldsymbol{\theta}$ を求めることが目標ですが，$L(\boldsymbol{\theta})$ の代わりにその対数 $\log L(\boldsymbol{\theta})$ を最大化しても同じことです．この**対数尤度関数 (log-likelihood function)** は，式 (12.47) から

$$\log L(\boldsymbol{\theta}) = \sum_{n=1}^{N} \log p(\mathbf{x}_n|\boldsymbol{\theta}) = \sum_{n=1}^{N} \{-\Phi(\mathbf{x}_n, \boldsymbol{\theta}) - \log Z(\boldsymbol{\theta})\}$$

となります．この対数尤度関数の，パラメータ $\boldsymbol{\theta}$ すなわちバイアス b_i および重み w_{ij} に関する勾配はそれぞれ

$$\frac{\partial \log L(\boldsymbol{\theta})}{\partial b_i} = \sum_{n=1}^{N} x_{ni} - N E_{\boldsymbol{\theta}}[x_i] \tag{12.50a}$$

$$\frac{\partial \log L(\boldsymbol{\theta})}{\partial w_{ij}} = \sum_{n=1}^{N} x_{ni} x_{nj} - N E_{\boldsymbol{\theta}}[x_i x_j] \tag{12.50b}$$

となります．なお x_{ni} と x_{nj} はそれぞれ $\mathbf{x}_n$ の i 成分と j 成分を表します．$E_{\boldsymbol{\theta}}[\cdot]$ は $\boldsymbol{\theta}$ を指定したモデル分布に関する期待値で，つまり $E_{\boldsymbol{\theta}}[x_i] = \sum_{\mathbf{x}} x_i p(\mathbf{x}|\boldsymbol{\theta})$，$E_{\boldsymbol{\theta}}[x_i x_j] = \sum_{\mathbf{x}} x_i x_j p(\mathbf{x}|\boldsymbol{\theta})$ です．全パラメータについて式 (12.50a) と (12.50b) の微分（勾配）が 0 になるような $\boldsymbol{\theta}$ が，求めるものです．

　表記の簡素化のため，**経験分布 (empirical distribution)**

$$q(\mathbf{x}) \equiv \frac{1}{N} \sum_{n=1}^{N} \delta(\mathbf{x}, \mathbf{x}_n)$$

を導入します．$\delta(\cdot)$ は次のように定義されます．

$$\delta(\mathbf{x}, \mathbf{y}) = \begin{cases} 0 & \mathbf{x} \neq \mathbf{y} \\ 1 & \mathbf{x} = \mathbf{y} \end{cases}$$

この経験分布 $q(\mathbf{x})$ を使うと，標本平均はこの分布に関する期待値として表せます．例えば式 (12.50b) の第 1 項を N で割ったものは

$$\frac{1}{N} \sum_{n=1}^{N} x_{ni} x_{nj} = \sum_{\mathbf{x}} x_i x_j q(\mathbf{x}) \tag{12.51}$$

と書き直せます．$q(\mathbf{x})$ に関する期待値を $\langle \cdot \rangle_{\text{data}}$, $p(\mathbf{x}|\boldsymbol{\theta})$ に関する期待値 $\mathbb{E}_{\boldsymbol{\theta}}[\cdot]$ を $\langle \cdot \rangle_{\text{model}}$ と書くことにすると，式 (12.50a) と (12.50b) それぞれの両辺を N で割ったものは次のように書き換えることができます．

$$\frac{1}{N}\frac{\partial \log L(\boldsymbol{\theta})}{\partial b_i} = \langle x_i \rangle_{\text{data}} - \langle x_i \rangle_{\text{model}} \tag{12.52a}$$

$$\frac{1}{N}\frac{\partial \log L(\boldsymbol{\theta})}{\partial w_{ij}} = \langle x_i x_j \rangle_{\text{data}} - \langle x_i x_j \rangle_{\text{model}} \tag{12.52b}$$

バイアス b_i と重み w_{ij} をそれぞれ式 (12.52a) と (12.52b) が与える勾配方向に更新し，これを反復できれば，尤度関数を最大化する勾配上昇法（目的関数の符号を反転した勾配降下法）を実行できます．ただし，第 2 項の期待値 $\langle \cdot \rangle_{\text{model}}$ を計算するのは容易ではありません．この期待値は $\sum_{\mathbf{x}}$ の形の和を含み，これは上述のようにグラフのユニット数 M に対し 2^M 通りの組合せについてとった和だからです．組合せの数は，例えば $M = 20$ では 1,048,576，$M = 30$ では 1,073,741,824 というように，M の増加とともに爆発的に増加してしまいます．それゆえ $\langle \cdot \rangle_{\text{model}}$ を直接計算するのは，ユニット数の少ない小規模なボルツマンマシン以外では現実的ではありません．

12.6.3　ギブスサンプリング

　あるパラメータ $\boldsymbol{\theta}$ が与えられたとき，モデル分布 $p(\mathbf{x}|\boldsymbol{\theta})$ から $\mathbf{x}$ をサンプリングする（分布に従う $\mathbf{x}$ をランダムに生成させる）ことを考えます．それができれば，サンプルを自由に作り出すことができるようになり，いろいろと便利です．例えば，$\mathbf{x}$ の複数のサンプルを使って，上述のように計算が難しい期待値 $\langle x_i x_j \rangle_{\text{model}}$ を近似的に求めることもできます．一般に，多変数の確率分布からそれに従う変数を生成することは簡単ではありませんが，ボルツマンマシンでは，局所マルコフ性と呼ばれる性質から，**ギブスサンプリング (Gibbs sampling)** という便利な方法を使うことができます．

　ユニット i 以外の全ユニットの変数を並べたベクトルを $\mathbf{x}_{-i}$ と書き，条件付き分布 $p(x_i|\mathbf{x}_{-i}, \boldsymbol{\theta})$，すなわち $\mathbf{x}_{-i}$ の値を指定したときの変数 x_i の分布を考えます．条件付き分布の定義により，これは

$$p(x_i|\mathbf{x}_{-i}, \boldsymbol{\theta}) = \frac{p(\mathbf{x}, \boldsymbol{\theta})}{\sum_{x_i=0,1} p(\mathbf{x}, \boldsymbol{\theta})}$$

と書けます．この式に式 (12.47) を代入すると，分母と分子でいくつかの項が打ち消し合い

$$p(x_i|\mathbf{x}_{-i}, \boldsymbol{\theta}) = \frac{\exp\left\{\left(b_i + \sum_{j \in \mathcal{N}_i} w_{ij} x_j\right) x_i\right\}}{1 + \exp\left(b_i + \sum_{j \in \mathcal{N}_i} w_{ij} x_j\right)} \tag{12.53}$$

となります．ただし $\mathcal{N}_i$ は，ユニット i と結合を持つユニットの集合です．このように，ユニット i 以外の全ユニットの状態 $\mathbf{x}_{-i}$ を指定した条件付き分布 $p(x_i|\mathbf{x}_{-i}, \boldsymbol{\theta})$ は，$\mathcal{N}_i$ のユニットのみの状態を指定した条件付き分布 $p(x_i|\{x_j|j \in \mathcal{N}_i\}, \boldsymbol{\theta})$ で与えられます．

　このように各 x_i の条件付き分布が効率よく計算できるので，ユニット i を除くユニットの状態がすべて与えられたとき，x_i をサンプリングするのは簡単です．具体的には，まず式 (12.53) に従って，与えられた $\mathbf{x}_{-i}$ を元に確率 $p(x_i = 1|\mathbf{x}_{-i}, \boldsymbol{\theta})$ を計算します．次に区間 $[0,1]$ の一様乱数を生成し，その値がこの確率を下回れば $x_i = 1$，そうでなければ $x_i = 0$ と決定します．こうして得た x_i は式 (12.53) の条件付き分布に従います．

　ギブスサンプリングは，このような変数 x_i のサンプリングを各変数 $(i = 1, \ldots, M)$ について順番に繰り返すことで，元の同時分布 $p(\mathbf{x}|\boldsymbol{\theta})$ に従う $\mathbf{x}$ の値をサンプリングする方法です．全体の手順は次の通りです．まず，各変数を適当に（ランダムに $0,1$ を決めて）初期化し，$\mathbf{x}^{(0)}$ とします．その後，各成分 x_i について $i = 1, \ldots, M$ の順に上述のサンプリングを行い，一巡したらまた $i = 1$ から同じことを行い，これを繰り返します．なお t 巡目 $(t = 1, 2, \ldots)$ の $x_i^{(t)}$ は，

$$p(x_i|x_1^{(t)}, \ldots, x_{i-1}^{(t)}, x_{i+1}^{(t-1)}, \ldots, x_M^{(t-1)})$$

からサンプリングすることとします．つまり x_i をサンプリングするとき，それ以外の変数は最新の値をセットします．

　t を十分大きくとると，こうして得られる $\mathbf{x}^{(t)}$ は，モデル分布 $p(\mathbf{x}|\boldsymbol{\theta})$ に従うことが知られています [392]．繰り返しの初期，つまり t が小さい間は，その精度は十分ではありません．また複数のサンプルを得るために t 順目と t' 順目のサンプルを取り出すときは，t と t' の間隔は十分空ける必要があります．t と t' が近いと $\mathbf{x}^{(t)}$ と $\mathbf{x}^{(t')}$ は互いに独立でなくなるからです．

　ギブスサンプリングは，精度を高めるには反復回数 t を十分大きくとる必

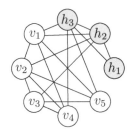

図 12.10　隠れ変数を持つボルツマンマシンの例.　v_1, v_2, v_3, v_4, v_5 が可視変数.　h_1, h_2, h_3 は隠れ変数.

要があるので，計算コストの高い方法ですが，$p(\mathbf{x}|\boldsymbol{\theta})$ に従う変数を生成することのできる貴重な手段です．$p(\mathbf{x}|\boldsymbol{\theta})$ に従う変数を生成することで，この分布に関する期待値 $\langle\cdot\rangle_{\mathrm{model}}$ や変数の周辺分布などを近似的に計算できます．後述する制約ボルツマンマシンの学習でも，ギブスサンプリングに基づく方法が使われます．

12.6.4　隠れ変数を持つボルツマンマシン

　ここまで，グラフのユニットの全状態がデータ $\mathbf{x}$ の全成分と対応する場合を考えてきました．図 12.10 のように，グラフが直接にはデータと関係しないユニットを持つ場合を考えます．ユニットの種別を表すため，ユニットの状態を 2 種類の変数 $\mathbf{v}$ および $\mathbf{h}$ を用いて表すことにします．$\mathbf{v}$ はデータ $\mathbf{x}$ を直接表し（$\mathbf{v} = \mathbf{x}$），$\mathbf{h}$ は $\mathbf{x}$ とは直接には関係を持ちません．このような $\mathbf{v}$ を**可視変数 (visible variable)**，$\mathbf{h}$ を**隠れ変数 (hidden variable)** と呼びます．グラフの挙動はあくまで $\mathbf{v}$ と $\mathbf{h}$ の両方によって表されますが，$\mathbf{h}$ の値は外部からは見ることはできず，$\mathbf{v}$ だけが観測できる（生成されたデータ $\mathbf{x}$ に相当する）ということです．

　隠れ変数を持つボルツマンマシンでも，状態の確率分布は，隠れ変数を持たない場合と同様に定義されます．表記を単純化するため，$\mathbf{v}$ と $\mathbf{h}$ の成分を順に並べて 1 つのベクトル $\mathbf{z}$ を作ります．例えば $\mathbf{v} = [v_1\ v_2\ v_3]^\top$, $\mathbf{h} = [h_1\ h_2]^\top$ のとき $\mathbf{z} = [z_1\ z_2\ z_3\ z_4\ z_5]^\top = [v_1\ v_2\ v_3\ h_1\ h_2]^\top$ という具合です．この変数 $\mathbf{z}$ を使うと，エネルギー関数は式 (12.48) 同様

$$\Phi(\mathbf{v}, \mathbf{h}, \boldsymbol{\theta}) = \Phi(\mathbf{z}, \boldsymbol{\theta}) = -\sum_i b_i z_i - \sum_{i,j} w_{ij} z_i z_j$$

と表現できます．全ユニットの状態は，確率分布

$$p(\mathbf{v}, \mathbf{h}|\boldsymbol{\theta}) = p(\mathbf{z}|\boldsymbol{\theta}) = \frac{1}{Z(\boldsymbol{\theta})} \exp\{-\Phi(\mathbf{z}, \boldsymbol{\theta})\}$$

によって記述されます．ただし $Z(\boldsymbol{\theta}) = \sum_{\mathbf{z}} p(\mathbf{z}|\boldsymbol{\theta})$ です．

　隠れ変数を持たないものと比べ，隠れ変数を持つボルツマンマシンは一般により高い自由度を持ち得ます．隠れ変数がない場合，モデル分布の自由度はデータ $\mathbf{x}$ の次元数といつも同じです．隠れ変数があれば，より複雑なデータの生成分布をより高い精度で近似できる可能性があります．実際，（後述する RBM に対して）隠れ変数の数を十分大きくとれば，どんな分布も表現できることが証明されています [393]．

　隠れ変数を持つボルツマンマシンの学習を最尤推定によって行うには，隠れ変数の周辺化が必要となります．紙面都合で計算は省略しますが，最終的に対数尤度の微分は，隠れ変数のない場合と同じ次の形になります．

$$\frac{\partial \log L(\boldsymbol{\theta})}{\partial w_{ij}} \propto \langle z_i z_j \rangle_{\text{data}} - \langle z_i z_j \rangle_{\text{model}} \tag{12.54}$$

ただし，ここでは期待値 $\langle \cdot \rangle_{\text{data}}$ は，$\langle g(\mathbf{v}, \mathbf{h}) \rangle_{\text{data}} = \sum_{\mathbf{v}} \sum_{\mathbf{h}} g(\mathbf{v}, \mathbf{h}) p(\mathbf{h}|\mathbf{v}, \boldsymbol{\theta}) q(\mathbf{v})$ を意味します．バイアスについての微分も同様に導出でき，それらの勾配方向にパラメータを更新する勾配降下法を実行できます．ただし，隠れ変数がない場合にも難しかった第2項の期待値に加えて，第1項でも状態の数が爆発する組合せ計算を行う必要があり，計算はいっそう難しいものになります．

12.6.5　制約ボルツマンマシン（RBM）

　制約ボルツマンマシン (restricted Boltzmann machine)（以下 RBM）は，隠れ変数を含むボルツマンマシンの一種で，ユニット間結合に特別な制約があるものをいいます．具体的には図 **12.11** のように，可視変数のユニットと隠れ変数のユニット間のみに結合があり，可視変数のユニットどうし，あるいは隠れ変数のユニットどうしは結合を持たないようなものです．ちょうど，単層の順伝播型ネットワークと同様の構造を持ちますが，ボルツマンマシンなので結合は双方向（無向エッジ）です．以下では可視変数のユニット

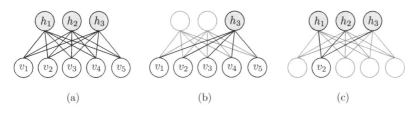

図 12.11 (a) 制約ボルツマンマシン (RBM) の例. v_1, v_2, v_3, v_4, v_5 が可視変数, h_1, h_2, h_3 は隠れ変数. (b) 可視変数が決まると各隠れユニットの状態の確率が定まります. (c) 逆に隠れ変数が決まると各可視ユニットの状態の確率が定まります.

を可視ユニット, 隠れ変数のユニットを隠れユニットと呼ぶことにします.

RBM はこの特別な構造のため, 状態の分布関数が特別な形をとります. 可視ユニットをインデックス i で, 隠れユニットを j でそれぞれ表すこととします. RBM のエネルギー関数は

$$\Phi(\mathbf{v}, \mathbf{h}, \boldsymbol{\theta}) = -\sum_i a_i v_i - \sum_j b_j h_j - \sum_i \sum_j w_{ij} v_i h_j \qquad (12.55)$$

となります. モデルのパラメータは, 可視変数と同数のバイアス $\{a_i\}$, 隠れ変数と同数のバイアス $\{b_j\}$, ならびに両者の組合せの数だけある重み $\{w_{ij}\}$ の 3 種類から構成されます. 全変数の確率分布はこれまで同様 $p(\mathbf{v}, \mathbf{h}|\boldsymbol{\theta}) = (1/Z(\boldsymbol{\theta})) \exp\{-\Phi(\mathbf{v}, \mathbf{h}, \boldsymbol{\theta})\}$ の形で与えられます.

RBM には, その構造ゆえに変数の条件付き分布が簡単に計算できる性質があります. 可視変数を指定したときの隠れ変数の条件付き分布 $p(\mathbf{h}|\mathbf{v}, \boldsymbol{\theta})$ は, 定義により

$$p(\mathbf{h}|\mathbf{v}, \boldsymbol{\theta}) = \frac{p(\mathbf{v}, \mathbf{h}|\boldsymbol{\theta})}{\sum_{\mathbf{h}} p(\mathbf{v}, \mathbf{h}|\boldsymbol{\theta})}$$

です. これに $p(\mathbf{v}, \mathbf{h}|\boldsymbol{\theta}) = (1/Z(\boldsymbol{\theta})) \exp\{-\Phi(\mathbf{v}, \mathbf{h}, \boldsymbol{\theta})\}$ および式 (12.55) を代入して計算すると

$$p(\mathbf{h}|\mathbf{v}, \boldsymbol{\theta}) = \prod_j p(h_j|\mathbf{v}, \boldsymbol{\theta}) \qquad (12.56a)$$

$$p(h_j|\mathbf{v}, \boldsymbol{\theta}) = \frac{\exp\left\{(b_j + \sum_i w_{ij} v_i) h_j\right\}}{1 + \exp(b_j + \sum_i w_{ij} v_i)} \qquad (12.56b)$$

を得ます. これらの式が意味するように, RBM では隠れユニット 1 つの状

態 h_j はそれ以外の隠れユニットと独立であり，さらに可視変数をすべて指定すると，隠れ変数の確率分布がそれぞれ個別に定まります（図 12.11(b)）．反対に隠れ変数をすべて指定したときは，可視変数の分布が定まります（図 12.11(c)）．

式 (12.56b) で $h_j = 1$ となる確率は，ロジスティック関数 $\sigma(x) = 1/(1 + \exp(-x))$ を使って次のように簡単に表せます．

$$p(h_j = 1|\mathbf{v}, \boldsymbol{\theta}) = \sigma\left(b_j + \sum_i w_{ij}v_i\right) \tag{12.57}$$

これと反対の向き，つまり隠れユニットの状態を指定したときの可視ユニットの挙動も同様になります．つまり，$\mathbf{h}$ を指定したときの $v_i = 1$ の条件付き確率は

$$p(v_i = 1|\mathbf{h}, \boldsymbol{\theta}) = \sigma\left(a_i + \sum_j w_{ij}h_j\right) \tag{12.58}$$

となります．2 値の変数 x が確率 p で 1 を，$1-p$ で 0 をとるとき，この変数の分布は**ベルヌーイ分布 (Bernoulli distribution)** です．このことから，今考えている（式 (12.55) が与える）RBM のことを**ベルヌーイ RBM(Bernoulli RBM)** と呼ぶことがあります．

12.6.6　RBM の学習

データ $\{\mathbf{v}_n|n = 1,\ldots,N\}$ から RBM のパラメータ $\{a_i\}$, $\{b_j\}$, $\{w_{ij}\}$ を定める方法を説明します．RBM の対数尤度の微分は，隠れ変数がある場合の対数尤度の微分を，上述の隠れ変数の条件付き分布の独立性を使って書き換えることで

$$\frac{1}{N}\frac{\partial \log L}{\partial w_{ij}} = \frac{1}{N}\sum_{n=1}^{N}\left\{\sum_{h_j=0,1}v_{ni}h_j p(h_j|\mathbf{v}_n)\right\} - \sum_{\mathbf{v},\mathbf{h}}v_i h_j p(\mathbf{v},\mathbf{h}|\boldsymbol{\theta})$$

$$= \frac{1}{N}\sum_{n=1}^{N}v_{ni}p(h_j = 1|\mathbf{v}_n) - \sum_{\mathbf{v},\mathbf{h}}v_i h_j p(\mathbf{v},\mathbf{h}|\boldsymbol{\theta}) \tag{12.59a}$$

と得られます．同様にバイアスについての微分は

$$\frac{1}{N}\frac{\partial \log L}{\partial a_i} = \frac{1}{N}\sum_{n=1}^{N} v_{ni} - \sum_{\mathbf{v},\mathbf{h}} v_i p(\mathbf{v},\mathbf{h}|\boldsymbol{\theta}) \tag{12.59b}$$

$$\frac{1}{N}\frac{\partial \log L}{\partial b_j} = \frac{1}{N}\sum_{n=1}^{N} p(h_j=1|\mathbf{v}_n) - \sum_{\mathbf{v},\mathbf{h}} h_j p(\mathbf{v},\mathbf{h}|\boldsymbol{\theta}) \tag{12.59c}$$

となります．これら勾配の第 1 項を $\langle\cdot\rangle_{\mathrm{data}}$，第 2 項の期待値を $\langle\cdot\rangle_{\mathrm{model}}$ と書くと，勾配降下法による重みとバイアスの更新式は

$$\Delta w_{ij} = \epsilon(\langle v_i h_j\rangle_{\mathrm{data}} - \langle v_i h_j\rangle_{\mathrm{model}}) \tag{12.60a}$$

$$\Delta a_i = \epsilon(\langle v_i\rangle_{\mathrm{data}} - \langle v_i\rangle_{\mathrm{model}}) \tag{12.60b}$$

$$\Delta b_j = \epsilon(\langle h_j\rangle_{\mathrm{data}} - \langle h_i\rangle_{\mathrm{model}}) \tag{12.60c}$$

のように書けます．

いずれのパラメータも更新式は $\langle\cdot\rangle_{\mathrm{data}}$ および $\langle\cdot\rangle_{\mathrm{model}}$ の 2 項で構成されています．RBM の場合 $\langle\cdot\rangle_{\mathrm{data}}$ つまり式 (12.60) それぞれの第 1 項は，苦労なく計算できますが，第 2 項の $\langle\cdot\rangle_{\mathrm{model}}$ は通常のボルツマンマシン同様，簡単には計算できません．そこでギブスサンプリングを使って近似的に計算することを考えます．隠れユニットどうしおよび可視ユニットどうしが結合を持たない性質のおかげで，いわゆるブロックサンプリングという方法を使うことができ，幾分計算は効率化できます．

具体的には，まず $\mathbf{v}$ にランダムな初期値 $\mathbf{v}^{(0)}$（各成分に 0,1 の値をランダムに割り振ったもの）をセットします．次に式 (12.57) を用いて $p_j \equiv p(h_j = 1|\mathbf{v}^{(0)})$ の値を算出し，ランダムに 2 値の h_j をサンプリングします．すなわち，区間 [0,1] のランダムな一様乱数が p_j を下回れば $h_j = 1$ とし，そうでなければ $h_j = 0$ とします．このサンプリングを各 j について順に行い，得られた 2 値のベクトルを $\mathbf{h}^{(0)}$ と書きます．続いて今度は反対に $\mathbf{h}^{(0)}$ を元に，式 (12.58) を用いて $p_i \equiv p(v_i = 1|\mathbf{h}^{(0)})$ の値を算出し，一様乱数を使った同じ手順により 2 値の v_i を各可視ユニットについてサンプリングし，結果を $\mathbf{v}^{(1)}$ と書きます．$\mathbf{v}$ と $\mathbf{h}$ を交互にサンプリングする以上の手続きを

$$\mathbf{v}^{(0)} \to \mathbf{h}^{(0)} \to \mathbf{v}^{(1)} \to \cdots \to \mathbf{v}^{(T)} \to \mathbf{h}^{(T)}$$

のように繰り返します．十分大きな T に対する $\mathbf{v}^{(T)}$ と $\mathbf{h}^{(T)}$ は，$p(\mathbf{v},\mathbf{h}|\boldsymbol{\theta})$

をサンプリングしたものに近くなることが保証されます.

この方法で**v**と**h**のサンプルを複数ペア $\{(\mathbf{v}, \mathbf{h})\}$ 生成し,それらに基づく平均値を,求めたい期待値の推定値として利用します.すなわち $\langle v_i h_j \rangle_{\text{model}} \approx \overline{v_i h_j}$, $\langle v_i \rangle_{\text{model}} \approx \overline{v_i}$ および $\langle h_j \rangle_{\text{model}} \approx \overline{h_j}$ です.

パラメータの更新量を上のようにギブスサンプリングによって計算すると,特に $\langle \cdot \rangle_{\text{model}}$ の項を十分な精度で得るのに反復回数 T を大きくする必要があり,かなりの計算コストを要します.ところが,同じ手順をわずかに修正するだけで,小さい T でもパラメータのよい更新量を計算できることがわかっています [394].その方法を**コントラスティブダイバージェンス (contrastive divergence)**(以下 **CD**)と呼びます [43, 394, 395].

CD の手順は単純で,最初に可視ユニットにセットする $\mathbf{v}^{(0)}$ を(ランダムに初期化するのではなく)訓練サンプル $\mathbf{v}^0 = \mathbf{v}_n$ とし,ギブスサンプリングと同じ隠れ変数と可視変数のサンプリングを T 回繰り返します.T は通常小さく,$T = 1$ としても構いません.以下,サンプリングを T 回行う CD を CD_T と記します[*12].こうして得られた $\mathbf{v}^{(T)}$ および $\mathbf{h}^{(T)}$ を使い,上と同様の期待値の近似を行います.

CD_T の具体的な計算は以下のようになります.なおここまでは,パラメータの一度の更新に N 個の訓練サンプルすべてを用いることを暗黙のうちに想定してきましたが,順伝播型ネットワークの確率的勾配降下法同様,少数のサンプルからなるミニバッチ単位での更新を繰り返す方法が有効です.サンプル1つ単位で更新を行う場合を考えると,サンプル $\mathbf{v}_n$ を1つ選んで $\mathbf{v}^{(0)} \equiv \mathbf{v}_n$ とセットし,上述の手順で $\mathbf{v}^{(0)} \to \mathbf{h}^{(0)} \to \cdots \mathbf{v}^{(T)} \to \mathbf{h}^{(T)}$ と生成を繰り返した後,

$$\Delta w_{ij} = \epsilon \left(v_i^{(0)} p_j^{(0)} - v_i^{(T)} p_j^{(T)} \right) \tag{12.61a}$$

$$\Delta a_i = \epsilon \left(v_i^{(0)} - v_i^{(T)} \right) \tag{12.61b}$$

$$\Delta b_j = \epsilon \left(p_j^{(0)} - p_j^{(T)} \right) \tag{12.61c}$$

のように各パラメータを更新します.ただし $p_j^{(t)} = p(h_j = 1 | \mathbf{v}^{(t)}, \boldsymbol{\theta})$ です.

[*12]　なお,CD_1 は計算量のうえではベストですが,$\text{CD}_T (T > 1)$ のほうが結果は一般によくなります.また十分大きな反復回数をとったギブスサンプリングのほうが,T が小さい CD_T よりも一般に結果はよくなります.

パラメータの更新をミニバッチ単位で行う場合，ミニバッチに含まれるサンプル1つ1つについて式 (12.61) それぞれの右辺の値を計算し，その平均を各パラメータの更新量とします．ミニバッチのサイズおよびその作り方は 3.1.3 項の考え方に準じます．

以上のように，CD は少ない回数のサンプリングで期待値を近似していると見ることができます．ただし，式 (12.61) が与えるパラメータの更新方向は，元の対数尤度の勾配をかなり粗く近似したものでしかありません．実際この更新方向は，対数尤度の勾配ではなくて，コントラスティブダイバージェンスと呼ばれる別の目的関数を小さくする方向であると考えることもできます．その詳細および，なぜコントラスティブダイバージェンスを小さくすると望みの最適化が行えるのかは文献 [394] に譲ります．

CD は，第2項の期待値 $\langle\cdot\rangle_{\mathrm{model}}$（に相当するもの）を計算するのに，毎回新しい訓練サンプル $\mathbf{v}_n$ を起点に $\mathbf{h}$ をサンプリングし，その後 $\mathbf{v}$ をサンプリングします．つまり $\mathbf{v}^{(0)} = \mathbf{v}_n$ とし $\mathbf{v}^{(0)} \rightarrow \mathbf{h}^{(0)} \rightarrow \mathbf{v}^{(1)}$ とサンプリングを実行（CD_T なら T 回反復）します．文献によっては，この期待値を $\mathbf{v}_n$ の再現 $\mathbf{v}^{(1)}$ に関する統計量という意味で，$\langle\cdot\rangle_{\mathrm{recon}}$ と記すことがあります．第1項の $\langle\cdot\rangle_{\mathrm{data}}$ を計算するのに使うものと同じサンプル $\mathbf{v}_n$ を使っていることが特徴です．

持続的 CD(persistent CD)（以下 **PCD**）は CD の改良版で，よりギブスサンプリングに近いやり方で $\langle\cdot\rangle_{\mathrm{model}}$ を求めます．PCD ではこの期待値を求めるためのサンプリングを行う際，毎回新しい訓練サンプル $\mathbf{v}_n$ を起点にするのではなく，前回のパラメータ更新時にサンプリングした $\mathbf{v}$ を起点に $\mathbf{h}$ と $\mathbf{v}$ のサンプルを行って，$\langle\cdot\rangle_{\mathrm{model}}$ を求めます（CD_T のように，このサンプリングを複数回行っても構いません）．このように PCD では，$\langle\cdot\rangle_{\mathrm{data}}$ の評価と $\langle\cdot\rangle_{\mathrm{model}}$ の評価が互いに切り離され，独立に行われます．名前の由来は $\mathbf{h}$ と $\mathbf{v}$ のサンプリングの連鎖がパラメータの更新周期ごとではなく，持続的 (persistent) に行われることからきています．

パラメータの更新をミニバッチ単位で行う場合，$\langle\cdot\rangle_{\mathrm{data}}$ の評価には CD 同様，ミニバッチが含む全サンプルを使い，$\langle\cdot\rangle_{\mathrm{model}}$ の評価には，例えばミニバッチのサンプルと同数のサンプリングの連鎖を並行して実行・保持しておいて，それらから評価します．このときサンプリングをパラメータ更新ごとに一度だけ行うとすると，計算時間は CD_1 と同じですが，精度は CD_{10} に匹

敵するといわれています.

　式 (12.61) にはいくつかの変更を加えることができます. 文献によっては式 (12.61a) および (12.61c) の $p_j^{(0)}$ がサンプル値 $h_j^{(0)}$ で置き換わります [395]. ただし, 式 (12.59a) および (12.59c) にあるように, 厳密には $p_j^{(0)}$ が正しいといえます. また, 式 (12.61a) および (12.61b) のサンプル値 $v_i^{(T)}$ は, その生成に使用した $p_i^{(T)}$ で置き換えてもよく, そうすると最適化が若干速くなるという指摘もあります [43].

　3 章で述べた確率的勾配降下法に付随する方法のほとんどは, RBM でも有効です. その 1 つに重みの減衰があります. 対数尤度に正則化項 $-\sum_{i,j} w_{ij}^2/2$ を加算します. 重みの更新量はその結果

$$\Delta w_{ij}^{(t+1)} = w_{ij}^{(t+1)} - w_{ij}^{(t)} = \epsilon \left(v_j^{(0)} p_j^{(0)} - v_i^{(T)} p_j^{(T)} - \lambda w_{ij}^{(t)} \right)$$

となります. バイアスは大きな値をとることも時に必要なので, 重みの減衰はバイアスには適用しません. 典型的な λ の値は 0.01〜0.00001 の間です. また, モメンタムが有効な場合があります. モメンタムを使う場合, 更新量は次のように修正されます.

$$\Delta w_{ij}^{(t+1)} = w_{ij}^{(t+1)} - w_{ij}^{(t)} = \epsilon(v_j^{(0)} p_j^{(0)} - v_i^{(T)} p_j^{(T)}) + \mu \Delta w_{ij}^{(t)}$$

バイアスも同様です. 典型的な μ の値は 0.5〜0.9 程度です.

　この他に 12.2.4 項で述べたスパース正則化と 3.3.2 項のドロップアウトは RBM でも有効です.

12.6.7　その他のユニット

　以上では状態が 0 と 1 の 2 値をとる 2 値ユニットのみを考えてきましたが, この他に状態の取り得る値や, その決まり方が異なるユニットがいくつかあります.

　可視層が 2 値ユニットからなる場合, 入力データが 2 値をとるものしか対象とできず, 応用範囲は限られます. そこで連続値をとれるユニットとして, **ガウシアンユニット (Gaussian unit)** が考案されました [396,397]. 特に可視層にこのユニットを使うことで, 連続値をとるデータにも適用できるようになります. RBM の可視層にガウシアンユニットを使い, 隠れ層は 2 値ユニットのままとしたものを**ガウシアン・ベルヌーイ RBM(Gaussian-Bernoulli**

RBM) と呼びます. この RBM は次のエネルギー関数を持ちます.

$$\Phi(\mathbf{v}, \mathbf{h}, \boldsymbol{\theta}) = \sum_i \frac{(v_i - a_i)^2}{2\sigma_i^2} - \sum_j b_j h_j - \sum_i \sum_j w_{ij} \frac{v_i}{\sigma_i} h_j$$

ここで σ_i は後述する正規分布（ガウス分布）の標準偏差です（本章ではロジスティック関数を $\sigma(x)$ と表していますが，これとは関係ありません）．なお，可視層・隠れ層ともに 2 値ユニットで構成される最も基本的な RBM は先述の通り，ベルヌーイ RBM と呼びます.

ガウシアン・ベルヌーイ RBM では，可視変数 v_i の条件付き分布 $p(v_i|\mathbf{h})$ は次のように計算されます.

$$p(v_i|\mathbf{h}) \propto \exp\left\{ -\frac{(v_i - a_i - \sum_j w_{ij} h_j)^2}{2\sigma_i^2} \right\}$$

すなわちこの場合，可視変数 v_i は平均 $a_i + \sum_j w_{ij} h_j$，分散 σ_i^2 の正規分布に従います．隠れ変数 h_j の条件付き分布 $p(h_j|\mathbf{v})$ はこれまでの RBM と同じです．σ_i は未知パラメータとしてデータから最尤推定することも可能ではありますが，訓練データの平均を 0，分散を 1 とする正規化を行ったうえで $\sigma_i = 1$ と固定するのが一般的です．最適化はベルヌーイ RBM 同様に CD で行います．パラメータの更新式は次のようになります.

$$\Delta w_{ij} = \epsilon \left(v_i^{(0)} p_j^{(0)} - p_i^{(T)} p_j^{(T)} \right) \tag{12.62a}$$

$$\Delta a_i = \epsilon \left(v_i^{(0)} - p_i^{(T)} \right) \tag{12.62b}$$

$$\Delta b_j = \epsilon \left(p_j^{(0)} - p_j^{(T)} \right) \tag{12.62c}$$

なお，可視層・隠れ層ともにガウシアンユニットとすることも理論的に可能ですが，その学習は難しく，一般的ではありません.

ユニット 1 つでより多くの情報を表現できるように，**2 項ユニット** (**binomial unit**) が考案されました [398]．2 項ユニットは同一のパラメータを持つ複数の 2 値ユニットによって表現されます．これら 2 値ユニットは同一の重みとバイアスを共有しており，したがって同一の入力を受け取ります．そのため状態の条件付き確率 p もまったく同じになりますが，個々のユニットの状態はあくまで確率的に定まります．2 項ユニットの状態は，これら 2 値

ユニットの状態の和として定義されます. 2項ユニット1つを K 個の2値ユニットで表現するとき, その状態の期待値は Kp, 分散は $Kp(1-p)$ となります.

　活性化関数の定番である ReLU は, この2項ユニットの拡張として考案されたものです [12]. まず上と同様に, 同一の重みとバイアスを持つ2値ユニットを考えます. ただし今度はその無限個の複製を考え, かつそれらのユニットのバイアスに, 異なるオフセット $-0.5, -1.5, -2.5, \dots$ を加算します. 新しいユニットの状態の期待値は, 各2値ユニットが状態1をとる条件付き確率の和 $\sum_i \sigma(x-i+0.5)$ で表せます ($\sigma(x)$ はロジスティック関数で, x は各2値ユニットが受け取る総入力です). この期待値は

$$\sum_{i=1}^{\infty} \sigma(x-i+0.5) \approx \log(1+e^x) \tag{12.63}$$

のように近似でき, 右辺は ReLU に近い形を持ちます. 期待値がこのように近似できるので, このユニットの状態は, 総入力 x に対して決まる $\log(1+e^x)$ にノイズを加算し, 整数化したものと見なせます. ノイズを加算するのは, 式 (12.63) は期待値であり, 実現値はそこから一定の分散を伴ってばらつくからです. なお, その分散は $\sigma(x)$ となります.

　このユニットの状態をその定義通りの計算で定めると計算コストが大きくなります. そこで, 状態が整数値をとるという制約を緩め, さらに式 (12.63) の右辺を ReLU で近似すると, このユニットの状態は近似的に $\max(0, x+N(0, \sigma(x)))$ によって与えられます. $N(0, V)$ は平均 0, 分散 V の正規分布に従う確率変数です. 文献 [12] では, これをノイズ付き ReLU と呼んでいます. また, このユニットを RBM の隠れ層に使用すると, 2値ユニットよりも画像認識のタスクでよい結果が得られることが紹介されています. 順伝播型ネットワークにおいても, シグモイド関数よりも ReLU を活性化関数に用いた方がよい結果が得られることが多く, その理由の一端を説明するものといえます.

12.6.8　ディープビリーフネットワーク

　ディープビリーフネットワーク [8](**deep belief network**) (以下 **DBN**) は, ユニットを層状に並べ, 最上位層のみ層間を無向エッジで結び, それ以

外の層間は下向きの有向エッジで結んだ構造を持ちます.上位層から下位側へと情報が一方向に伝達され,最下位の可視層の状態 $\mathbf{v}$ が決定される仕組みです.有向エッジを含むのでボルツマンマシンではなく,この名称になっています.RBM に比べて隠れ層の数を増やしたことで,より複雑なデータ生成の仕組みをモデル化できることを期待しています.

可視層から上位へ向けて層の番号を $l = 0, 1, \ldots, L$ とし,各層のユニットの状態を $\mathbf{h}^{(l)}$ と書くと,DBN の全ユニットの同時確率分布は

$$p(\mathbf{h}^{(0)}, \ldots, \mathbf{h}^{(L)}; \boldsymbol{\theta}) = \left(\prod_{l=0}^{L-2} p(\mathbf{h}^{(l)} | \mathbf{h}^{(l+1)}) \right) p(\mathbf{h}^{(L-1)}, \mathbf{h}^{(L)})$$

によって与えられます.$l = 0$ は可視層で,$\mathbf{h}^{(0)} = \mathbf{v}$ とします.$l = 0$ から $l = L - 2$ までの層は隣接する上位層と有向エッジで結ばれており,その間の条件付き分布は

$$p(\mathbf{h}_i^{(l)} = 1 | \mathbf{h}^{(l+1)}) = \sigma(b_i^{(l)} + \sum_j w_{ij}^{(l+1)} h_j^{(l+1)})$$

と与えられます.最上位層は RBM と同じ構造をとるので,$l = L-1$ と $l = L$ の層の同時分布 $p(\mathbf{h}^{(L-1)}, \mathbf{h}^{(L)})$ は RBM の分布関数と同じです(式 (12.55) の $\mathbf{v}, \mathbf{h}$ をそれぞれ $\mathbf{h}^{(L-1)}, \mathbf{h}^{(L)}$ で置き換えたものになる).

DBN は隠れ変数間に結合があり,層数も多いため,隠れ変数の条件付き分布 $p(\mathbf{h}|\mathbf{v})$ を RBM のように簡単に計算することはできません.そこで RBM の層間の計算にならって,隣接層間での条件付き分布を次のように近似します.

$$p(h_j^{(l)} = 1 | \mathbf{h}^{(l-1)}) = \sigma(b_j^{(l)} + \sum_i w_{ij}^{(l-1)} h_i^{(l-1)})$$

これを用いて,$\mathbf{h}^{(0)} = \mathbf{v}$ とし $l = 1, \ldots, L$ の順に状態を計算します.つまり多層順伝播型ネットワークの順伝播計算と同様の計算を行うことになります.実際,この後述べる方法で最適化を行った後,DBN は順伝播型ネットワークに転換して利用します [397].この場合,ランダムに重みを初期化した層を1層以上最上位に追加し(クラス分類の場合,この層の活性化関数をソフトマックス関数にすることが必要),それ以外の層は DBN の学習で得た重みを初期値に誤差逆伝播法に基づく勾配降下法で教師あり学習します.

DBN の学習は,12.2.6 項で説明した多層順伝播型ネットワークと同様の事

前学習によって行います [8]*13. 与えられたデータ $\mathbf{v}_1, \ldots, \mathbf{v}_n$ に対し, まず
1番下の層 ($l = 0$ と 1 の間) のパラメータを, $\mathbf{h}^{(0)}(= \mathbf{v})$ と $\mathbf{h}^{(1)}$ がそれぞれ
単体の RBM の可視変数と隠れ変数であると見て, 最適化します. 次に求め
たパラメータを用いて, データ $\mathbf{v}_1, \ldots, \mathbf{v}_n$ それぞれに対し, 層 $l = 1$ の状態
$\mathbf{h}_1^{(1)}, \ldots, \mathbf{h}_n^{(1)}$ を生成します. 次に 1 つ上の層 ($l = 1$ と 2 の間) のパラメー
タを, $\mathbf{h}^{(1)}$ と $\mathbf{h}^{(2)}$ がそれぞれ単体の RBM の可視変数と隠れ変数であると見
なし, また $\mathbf{h}_1^{(1)}, \ldots, \mathbf{h}_n^{(1)}$ をデータ (可視層の状態) と見て最適化します.

---

*13　研究の順序は DBN の事前学習のほうが先です. 多層ネットワークの事前学習は, 最初は DBN の
学習方法として発表されました.

B　i　b　l　i　o　g　r　a　p　h　y

参考文献

参考文献は，本文での引用順に並べています．また，学会および国際会議の略称として次のものを用います．

AAAI: Association for the Advancement of Artificial Intelligence, ACM: Association for Computing Machinery, AISTATS: International Conference on Artificial Intelligence and Statistics, CVPR: Conference on Computer Vision and Pattern Recognition, ECCV: European Conference on Computer Vision, ICCV: International Conference on Computer Vision, ICDAR: International Conference on Document Analysis and Recognition, ICLR: International Conference on Learning Representations, ICML: International Conference on Machine Learning, IEEE: Institute of Electrical and Electronics Engineers, IJCAI: International Joint Conferences on Artificial Intelligence, IJCNN: International Joint Conference on Neural Networks, NIPS: Conference on Neural Information Processing Systems, NeurIPS: Conference on Neural Information Processing Systems.

[1]　W. S. McCulloch and W. Pitts. A logical calculus of ideas immanent in nervous activity. *Bulletin of Mathematical Biophysics*, Vol. 5, No. 4, pp. 115–133, 1943.

[2]　D. Hebb. *The Organization of Behavior*. Wiley, 1949.

[3]　F. Rosenblatt. The perceptron: A probabilistic model for information storage and organization in the brain. *Psychological Review*, Vol. 65, No. 6, pp. 386–408, 1958.

[4]　D. E. Rumelhart and J. Mcclelland. *Parallel Distributed Processing: Explorations in the Microstructure of Cognition*. MIT Press, 1986.

[5]　P. Y. Simard, D. Steinkraus, and J. Platt. Best practice for convolutional neural networks applied to visual document analysis. In *Proc. ICDAR*, pp. 958–962, 2003.

[6]   Y. LeCun, B. Boser, J. S. Denker, D. Henderson, R. E. Howard, W. Hubbard, and L. D. Jackel. Backpropagation applied to handwritten zip code recognition. *Neural Computation*, Vol. 1, No. 4, pp. 541–551, 1989.

[7]   K. Fukushima and S. Miyake. Neocognitron: A new algorithm for pattern recognition tolerant of deformations and shifts in position. *Pattern Recognition*, Vol. 15, pp. 455–469, 1982.

[8]   G. E. Hinton, S. Osindero, and Y. W. Teh. A fast learning algorithm for deep belief nets. *Neural Computation*, Vol. 18, pp. 1527–1544, 2006.

[9]   Y. Bengio, P. Lamblin, D. Popovici, and H. Larochelle. Greedy layer-wise training of deep networks. In *Proc. NIPS*, pp. 153–160, 2006.

[10]   G. E. Hinton, L. Deng, D. Yu, G. E. Dahl, A. Mohamed, N. Jaitly, A. Senior, and V. Vanhoucke. Deep Neural Networks for Acoustic Modeling in Speech Recognition. *IEEE Signal Processing Magazine*, Vol. 29, No. 6, 2012.

[11]   A. Krizhevsky, I. Sutskever, and G. E Hinton. ImageNet classification with deep convolutional neural networks. In *Proc. NIPS*, pp. 1097–1105, 2012.

[12]   K. Jarrett, K. Kavukcuoglu, M. Ranzato, and Y. LeCun. What is the best multi-stage architecture for object recognition?. In *Proc. ICCV*, pp. 2146–2153, 2009.

[13]   N. Srivastava, G. E. Hinton, A. Krizhevsky, I. Sutskever, and R. Salakhutdinov. Dropout: a simple way to prevent neural networks from overfitting. *The journal of machine learning research*, Vol. 15, No. 1, pp. 1929–1958, 2014.

[14]   S. Ioffe and C. Szegedy. Batch normalization: Accelerating deep network training by reducing internal covariate shift. In *Proc. ICML*, pp. 448–456, 2015.

[15]   K. He, X. Zhang, S. Ren, and J. Sun. Deep residual learning for image recognition. In *Proc. CVPR*, pp. 770–778, 2016.

[16]   D. P. Kingma and J. Ba. Adam: A method for stochastic optimization. *arXiv:1412.6980*, 2014.

[17]   D. C. Cireşan, U. Meier, J. Masci, L. M. Gambardella, and J. Schmidhuber. Flexible, high performance convolutional neural networks for image classification. In *Proc. IJCAI*, pp. 1237–1242, 2011.

[18]   A. Vaswani, N. Shazeer, N. Parmar, J. Uszkoreit, L. Jones, A. N. Gomez, L.

Kaiser, and I. Polosukhin. Attention is all you need. *arXiv:1706.03762*, 2017.

[19] K. Hornik, M. Stinchcombe, and H. White. Multilayer feedforward networks are universal approximators. *Neural Networks*, Vol. 2, No. 5, pp. 359–366, 1989.

[20] H. Kato, D. Beker, M. Morariu, T. Ando, T. Matsuoka, W. Kehl, and A. Gaidon. Differentiable rendering: A survey. *arXiv:2006.12057*, 2020.

[21] A. W. Senior, R. Evans, J. Jumper, J. Kirkpatrick, L. Sifre, T. Green, C. Qin, A. Žídek, A. W. R. Nelson, A. Bridgland, *et al.*. Improved protein structure prediction using potentials from deep learning. *Nature*, Vol. 577, No. 7792, pp. 706–710, 2020.

[22] J. Kaplan, S. McCandlish, T. Henighan, T. B. Brown, B. Chess, R. Child, S. Gray, A. Radford, J. Wu, and D. Amodei. Scaling laws for neural language models. *arXiv:2001.08361*, 2020.

[23] K. Jarrett, K. Kavukcuoglu, M. A. Ranzato, and Y. LeCun. What is the best multi-stage architecture for object recognition. In *Proc. ICCV*, pp. 2146–2153, 2009.

[24] X. Glorot, A. Bordes, and Y. Bengio. Deep sparse rectifier neural networks. In *Proc. AISTATS*, pp. 315–323, 2011.

[25] K. He, X. Zhang, S. Ren, and J. Sun. Delving deep into rectifiers: Surpassing human-level performance on imagenet classification. In *Proc. ICCV*, pp. 1026–1034, 2015.

[26] B. Xu, N. Wang, T. Chen, and M. Li. Empirical evaluation of rectified activations in convolutional network. *arXiv:1505.00853*, 2015.

[27] I. Goodfellow, D. Warde-Farley, M. Mirza, A. Courville, and Y. Bengio. Maxout networks. In *Proc. ICML*, pp. 1319–1327, 2013.

[28] D. A. Clevert, T. Unterthiner, and S. Hochreiter. Fast and accurate deep network learning by exponential linear units (elus). *arXiv:1511.07289*, 2015.

[29] P. Ramachandran, B. Zoph, and Q. V. Le. Searching for activation functions. *arXiv:1710.05941*, 2017.

[30] D. Hendrycks and K. Gimpel. Gaussian error linear units (gelus). *arXiv:1606.08415*, 2016.

[31] T. Y. Lin, P. Goyal, R. Girshick, K. He, and P. Dollár. Focal loss for dense

object detection. In *Proc. ICCV*, pp. 2980–2988, 2017.

[32] E. Ben-Baruch, T. Ridnik, N. Zamir, A. Noy, I. Friedman, M. Protter, and L. Zelnik-Manor. Asymmetric loss for multi-label classification. *arXiv:2009.14119*, 2020.

[33] M. L. Zhang, Y. K. Li, X. Y. Liu, and X. Geng. Binary relevance for multi-label learning: an overview. *Frontiers of Computer Science*, Vol. 12, No. 2, pp. 191–202, 2018.

[34] Z. Niu, M. Zhou, L. Wang, X. Gao, and G. Hua. Ordinal regression with multiple output cnn for age estimation. In *Proc. CVPR*, pp. 4920–4928, 2016.

[35] H. Fu, M. Gong, C. Wang, K. Batmanghelich, and D. Tao. Deep ordinal regression network for monocular depth estimation. In *Proc. CVPR*, pp. 2002–2011, 2018.

[36] R. Diaz and A. Marathe. Soft labels for ordinal regression. In *Proc. CVPR*, pp. 4738–4747, 2019.

[37] M. Raissi, P. Perdikaris, and G. E. Karniadakis. Physics-informed neural networks: A deep learning framework for solving forward and inverse problems involving nonlinear partial differential equations. *Journal of Computational Physics*, Vol. 378, pp. 686–707, 2019.

[38] V. Sitzmann, J. Martel, A. Bergman, D. Lindell, and G. Wetzstein. Implicit neural representations with periodic activation functions. In *Proc. NeurIPS*, 2020.

[39] N. Rahaman, A. Baratin, D. Arpit, F. Draxler, M. Lin, F. Hamprecht, Y. Bengio, and A. Courville. On the spectral bias of neural networks. In *Proc. ICML*, pp. 5301–5310, 2019.

[40] B. Mildenhall, P. P. Srinivasan, M. Tancik, J. T. Barron, R. Ramamoorthi, and R. Ng. Nerf: Representing scenes as neural radiance fields for view synthesis. In *Proc. ECCV*, pp. 405–421, 2020.

[41] L. Mescheder, M. Oechsle, M. Niemeyer, S. Nowozin, and A. Geiger. Occupancy networks: Learning 3d reconstruction in function space. In *Proc. CVPR*, pp. 4460–4470, 2019.

[42] J. J. Park, P. Florence, J. Straub, R. Newcombe, and S. Lovegrove. DeepSDF: Learning continuous signed distance functions for shape representation. In *Proc. CVPR*, pp. 165–174, 2019.

[43]　G. E. Hinton. A Practical Guide to Training Restricted Boltzmann Machines. In *Neural networks: Tricks of the trade*, pp. 599–619, Springer, 2012.

[44]　I. Sutskever, J. Martens, G. Dahl, and G. E. Hinton. On the importance of initialization and momentum in deep learning. In *Proc. ICML*, pp. 1139–1147, 2013.

[45]　P. Nakkiran, G. Kaplun, Y. Bansal, T. Yang, B. Barak, and I. Sutskever. Deep double descent: Where bigger models and more data hurt. *arXiv:1912.02292*, 2019.

[46]　C. Zhang, S. Bengio, M. Hardt, B. Recht, and O. Vinyals. Understanding deep learning requires rethinking generalization. *arXiv:1611.03530*, 2016.

[47]　N. S. Keskar, D. Mudigere, J. Nocedal, M. Smelyanskiy, and P. T. P. Tang. On large-batch training for deep learning: Generalization gap and sharp minima. *arXiv:1609.04836*, 2016.

[48]　P. Foret, A. Kleiner, H. Mobahi, and B. Neyshabur. Sharpness-aware minimization for efficiently improving generalization. *arXiv:2010.01412*, 2020.

[49]　G. Zhang, C. Wang, B. Xu, and R. Grosse. Three mechanisms of weight decay regularization. *arXiv:1810.12281*, 2018.

[50]　N. Srebro and A. Shraibman. Rank, trace-norm and max-norm. In *Proc. International Conference on Computational Learning Theory*, pp. 545–560, 2005.

[51]　M. D. Zeiler and R. Fergus. Stochastic pooling for regularization of deep convolutional neural networks. *arXiv:1301.3557*, 2013.

[52]　L. Wan, M. Zeiler, S. Zhang, Y. LeCun, and R. Fergus. Regularization of neural networks using dropconnect. In *Proc. ICML*, pp. 1058–1066, 2013.

[53]　A. Neelakantan, L. Vilnis, Q. V. Le, I. Sutskever, L. Kaiser, K. Kurach, and J. Martens. Adding gradient noise improves learning for very deep networks. *arXiv:1511.06807*, 2015.

[54]　L. N. Smith. A disciplined approach to neural network hyperparameters: Part 1–learning rate, batch size, momentum, and weight decay. *arXiv:1803.09820*, 2018.

[55]　I. Loshchilov and F. Hutter. SGDR: Stochastic gradient descent with warm restarts. *arXiv:1608.03983*, 2016.

[56] L. N. Smith. Cyclical learning rates for training neural networks. In *2017 IEEE Winter Conference on Applications of Computer Vision*, pp. 464–472, 2017.

[57] J. Duchi, E. Hazan, and Y. Singer. Adaptive subgradient methods for online learning and stochastic optimization. *Journal of Machine Learning Research*, Vol. 12, No. 7, 2011.

[58] G. E. Hinton. https://www.cs.toronto.edu/~tijmen/csc321/slides/ lecture_slides_lec6.pdf.

[59] A. Graves. Generating sequences with recurrent neural networks. *arXiv:1308.0850*, 2013.

[60] M. D. Zeiler. ADADELTA: An adaptive learning rate method. *arXiv:1212.5701*, 2012.

[61] S. J. Reddi, S. Kale, and S. Kumar. On the convergence of Adam and beyond. *arXiv:1904.09237*, 2019.

[62] L. Luo, Y. Xiong, Y. Liu, and X. Sun. Adaptive gradient methods with dynamic bound of learning rate. *arXiv:1902.09843*, 2019.

[63] L. Liu, H. Jiang, P. He, W. Chen, X. Liu, J. Gao, and J. Han. On the variance of the adaptive learning rate and beyond. In *Proc. ICLR*, 2020.

[64] I. Loshchilov and F. Hutter. Fixing weight decay regularization in Adam. *arXiv:1711.05101*, 2018.

[65] I. Loshchilov and F. Hutter. Decoupled weight decay regularization. In *Proc. ICLR*, 2019.

[66] J. Dean and G. Corrado, R. Monga, K. Chen, M. Decin, M. Mao, M. Ranzato, A. Senior, P. Tucker, K. Yang, Q. Le, and A. Ng. Large scale distributed deep networks, Advances in neural information processing systems. In *Proc. NIPS*, Vol. 25, pp. 1223–1231, 2012.

[67] Y. You, I. Gitman, and B. Ginsburg. Scaling SGD batch size to 32k for imagenet training. *arXiv:1708.03888*, 2017.

[68] Y. You, J. Li, S. Reddi, J. Hseu, S. Kumar, S. Bhojanapalli, X. Song, J. Demmel, K. Keutzer, and C. J. Hsieh. Large batch optimization for deep learning: Training bert in 76 minutes. *arXiv:1904.00962*, 2019.

[69] Y. LeCun, L. Bottou, G. B. Orr, and K. R. Müller. Efficient backprop. In

Neural networks: Tricks of the trade, pp. 9–48. Springer, 2012.

[70] S. Santurkar, D. Tsipras, A. Ilyas, and A. Madry. How does batch normalization help optimization? *arXiv:1805.11604*, 2018.

[71] P. Luo, X. Wang, W. Shao, and Z. Peng. Towards understanding regularization in batch normalization. *arXiv:1809.00846*, 2018.

[72] S. De and S. Smith. Batch normalization biases residual blocks towards the identity function in deep networks. In *Proc. NeurIPS*, 2020.

[73] C. Summers and M. J. Dinneen. Four things everyone should know to improve batch normalization. *arXiv:1906.03548*, 2019.

[74] S. Singh and A. Shrivastava. Evalnorm: Estimating batch normalization statistics for evaluation. In *Proc. ICCV*, pp. 3633–3641, 2019.

[75] H. Touvron, A. Vedaldi, M. Douze, and H. Jégou. Fixing the train-test resolution discrepancy. In *Proc. NeurIPS*, pp. 8250–8260, 2019.

[76] A. Brock, S. De, and S. L. Smith. Characterizing signal propagation to close the performance gap in unnormalized resnets. *arXiv:2101.08692*, 2021.

[77] T. Salimans and D. P. Kingma. Weight normalization: A simple reparameterization to accelerate training of deep neural networks. *arXiv:1602.07868*, 2016.

[78] T. Miyato, T. Kataoka, M. Koyama, and Y. Yoshida. Spectral normalization for generative adversarial networks. In *Proc. ICLR*, 2018.

[79] S. Qiao, H. Wang, C. Liu, W. Shen, and A. Yuille. Micro-batch training with batch-channel normalization and weight standardization. *arXiv:1903.10520*, 2019.

[80] Y. Bengio, J. Louradour, R. Collobert, and J. Weston. Curriculum learning. In *Proc. ICML*, pp. 41–48, 2009.

[81] M. P. Kumar, B. Packer, and D. Koller. Self-paced learning for latent variable models. In *Proc. NIPS*, pp. 1189–1197, 2010.

[82] H. Cheng, D. Lian, B. Deng, S. Gao, T. Tan, and Y. Geng. Local to global learning: Gradually adding classes for training deep neural networks. In *Proc. CVPR*, pp. 4748–4756, 2019.

[83] X. Wu, E. Dyer, and B. Neyshabur. When do curricula work? *arXiv:2012.03107*, 2020.

[84] P. Izmailov, D. Podoprikhin, T. Garipov, D. Vetrov, and A. G. Wilson. Averaging weights leads to wider optima and better generalization. *arXiv:1803.05407*, 2018.

[85] M. Cuturi. Sinkhorn distances: Lightspeed computation of optimal transport. In *Proc. NIPS*, pp. 2292–2300, 2013.

[86] P. E. Sarlin, D. DeTone, T. Malisiewicz, and A. Rabinovich. SuperGlue: Learning feature matching with graph neural networks. In *Proc. CVPR*, pp. 4938–4947, 2020.

[87] T. Karras, M. Aittala, J. Hellsten, S. Laine, J. Lehtinen, and T. Aila. Training generative adversarial networks with limited data. *arXiv:2006.06676*, 2020.

[88] S. Zhao, Z. Liu, J. Lin, J. Y. Zhu, and S. Han. Differentiable augmentation for data-efficient gan training. *arXiv:2006.10738*, 2020.

[89] R. K. Srivastava, K. Greff, and J. Schmidhuber. Highway networks. *arXiv:1505.00387*, 2015.

[90] K. He, X. Zhang, S. Ren, and J. Sun. Identity mappings in deep residual networks. In *Proc. ECCV*, pp. 630–645, 2016.

[91] A. Veit, M. Wilber, and S. Belongie. Residual networks behave like ensembles of relatively shallow networks. *arXiv:1605.06431*, 2016.

[92] G. Huang, Y. Sun, Z. Liu, D. Sedra, and K. Q. Weinberger. Deep networks with stochastic depth. In *Proc. ECCV*, pp. 646–661, 2016.

[93] M. Hardt and T. Ma. Identity matters in deep learning. *arXiv:1611.04231*, 2016.

[94] H. Li, Z. Xu, G. Taylor, C. Studer, and T. Goldstein. Visualizing the loss landscape of neural nets. *arXiv:1712.09913*, 2017.

[95] D. H. Hubel and T. N. Wiesel. Receptive fields, binocular interactions, and functional architecture in the cat's visual cortex. *The Journal of Physiology*, Vol. 160, No. 1, pp. 106–154, 1962.

[96] D. H. Hubel and T. N. Wiesel. Receptive fields and functional architecture of monkey striate cortex. *The Journal of Physiology*, Vol. 195, No. 1, pp. 215–243, March 1968.

[97] P. Berkes and L. Wiskott. Slow feature analysis yields a rich repertoire of complex cell properties. *Journal of Vision*, Vol. 5, No. 6, pp. 579–602, 2005.

[98]　Y. LeCun, L. Bottou, Y. Bengio, and P. Haffner. Gradient-based learning applied to document recognition. In *Proc. IEEE*, Vol. 86, No. 11, pp. 2278–2324, 1998.

[99]　D. L. K. Yamins, H. Hong, C. F. Cadieu, E. A. Solomon, D. Seibert, and J. J. DiCarlo. Performance-optimized hierarchical models predict neural responses in higher visual cortex. *Proceedings of the National Academy of Sciences*, Vol. 111, No. 23, pp. 8619–8624, 2014.

[100]　C. F. Cadieu, H. Hong, D. L. K. Yamins, N. Pinto, D. Ardila, E. A. Solomon, N. J. Majaj, and J. J. DiCarlo. Deep neural networks rival the representation of primate it cortex for core visual object recognition. *PLoS computational biology*, Vol. 10, No. 12, p. e1003963, 2014.

[101]　R. Szeliski. *Computer vision: algorithms and applications*. Springer Science & Business Media, 2010.

[102]　M. A. Islam, S. Jia, and N. D. B. Bruce. How much position information do convolutional neural networks encode? *arXiv:2001.08248*, 2020.

[103]　Y. L. Boureau, F. Bach, Y. LeCun, and J. Ponce. Learning mid-level features for recognition. In *Proc. CVPR*, pp. 2559–2566, 2010.

[104]　Y. L. Boureau, J. Ponce, and Y. LeCun. A theoretical analysis of feature pooling in visual recognition. In *Proc. ICML*, pp. 111–118, 2010.

[105]　A. M. Saxe, P. W. Koh, Z. Chen, M. Bhand, B. Suresh, and A. Y. Ng. On random weights and unsupervised feature learning. In *Proc. ICML*, pp. 1089–1096, 2010.

[106]　A. Azulay and Y. Weiss. Why do deep convolutional networks generalize so poorly to small image transformations? *arXiv:1805.12177*, 2018.

[107]　D. Ulyanov, A. Vedaldi, and V. Lempitsky. Instance normalization: The missing ingredient for fast stylization. *arXiv:1607.08022*, 2016.

[108]　Y. Wu and K. He. Group normalization. In *Proc. ECCV*, pp. 3–19, 2018.

[109]　N. Pinto, D. D. Cox, and J. J. DiCarlo. Why is real-world visual object recognition hard? *PLoS computational biology*, Vol. 4, No. 1, pp. 0151–0156, 2008.

[110]　P. C. Teo and D. J. Heeger. Perceptual image distortion. In *Proc. International Conference on Image Processing*, Vol. 2, pp. 982–986, 1994.

[111]   O. Schwartz and E. P. Simoncelli. Natural signal statistics and sensory gain control. *Nature Neuroscience*, Vol. 4, No. 8, pp. 819–825, 2001.

[112]   S. Lyu and E. P. Simoncelli. Nonlinear image representation using divisive normalization. In *Proc. CVPR*, 2008.

[113]   M. Lin, Q. Chen, and S. Yan. Network in network. *arXiv:1312.4400*, 2013.

[114]   C. Szegedy, W. Liu, Y. Jia, P. Sermanet, S. Reed, D. Anguelov, D. Erhan, V. Vanhoucke, and A. Rabinovich. Going deeper with convolutions. In *Proc. CVPR*, pp. 1–9, 2015.

[115]   K. He, X. Zhang, S. Ren, and J. Sun. Spatial pyramid pooling in deep convolutional networks for visual recognition. *IEEE Transactions on Pattern Analysis and Machine Intelligence*, Vol. 37, No. 9, pp. 1904–1916, 2015.

[116]   K. Simonyan and A. Zisserman. Very deep convolutional networks for large-scale image recognition. *arXiv:1409.1556*, 2014.

[117]   R. Wolf and J. C. Platt. Postal address block location using a convolutional locator network. In *Proc. NIPS*, pp. 745–745, 1994.

[118]   F. N. Iandola, S. Han, M. W. Moskewicz, K. Ashraf, W. J. Dally, and K. Keutzer. Squeezenet: AlexNet-level accuracy with 50x fewer parameters and < 0.5 mb model size. *arXiv:1602.07360*, 2016.

[119]   A. G. Howard, M. Zhu, B. Chen, D. Kalenichenko, W. Wang, T. Weyand, M. Andreetto, and H. Adam. Mobilenets: Efficient convolutional neural networks for mobile vision applications. *arXiv:1704.04861*, 2017.

[120]   W. Shi, J. Caballero, L. Theis, F. Huszar, A. Aitken, C. Ledig, and Z. Wang. Is the deconvolution layer the same as a convolutional layer? *arXiv:1609.07009*, 2016.

[121]   A. Odena, V. Dumoulin, and C. Olah. Deconvolution and checkerboard artifacts. *Distill*, 2016. https://distill.pub/2016/deconv-checkerboard/

[122]   W. Shi, J. Caballero, F. Huszár, J. Totz, A. P. Aitken, R. Bishop, D. Rueckert, and Z. Wang. Real-time single image and video super-resolution using an efficient sub-pixel convolutional neural network. In *Proc. CVPR*, pp. 1874–1883, 2016.

[123]   L-C. Chen, G. Papandreou, I. Kokkinos, K. Murphy, and A. L. Yuille. Deeplab: Semantic image segmentation with deep convolutional nets, atrous

convolution, and fully connected crfs. *IEEE Transactions on Pattern Analysis and Machine Intelligence*, Vol. 40, No. 4, pp. 834–848, 2017.

[124] O. Ronneberger, P. Fischer, and T. Brox. U-net: Convolutional networks for biomedical image segmentation. In *International Conference on Medical Image Computing and Computer-assisted Intervention*, pp. 234–241, Springer, 2015.

[125] J. L. Elman. Finding structure in time. *Cognitive Science*, Vol. 14, No. 2, pp. 179–211, 1990.

[126] M. I. Jordan. Serial order: A parallel distributed processing approach. In *Advances in psychology*, Vol. 121, pp. 471–495. Elsevier, 1997.

[127] K. J. Lang, A. H. Waibel, and G. E. Hinton. A time-delay neural network architecture for isolated word recognition. *Neural Networks*, Vol. 3, No. 1, pp. 23–43, 1990.

[128] H. Jaeger. The "echo state" approach to analysing and training recurrent neural networks-with an erratum note. *Bonn, Germany: German National Research Center for Information Technology GMD Technical Report*, Vol. 148, No. 34, p. 13, 2001.

[129] B. Hammer. On the approximation capability of recurrent neural networks. *Neurocomputing*, Vol. 31, No. 1-4, pp. 107–123, 2000.

[130] Q. V. Le, N. Jaitly, and G. E. Hinton. A simple way to initialize recurrent networks of rectified linear units. *arXiv:1504.00941*, 2015.

[131] H. G. Zimmermann, R. Grothmann, A. M. Schaefer, and C. Tietz. Identification and forecasting of large dynamical systems by dynamical consistent neural networks. *New Directions in Statistical Signal Processing: From Systems to Brain*, pp. 203–242, 2006.

[132] M. Schuster and K. K. Paliwal. Bidirectional recurrent neural networks. *IEEE Transactions on Signal Processing*, Vol. 45, No. 11, pp. 2673–2681, 1997.

[133] A. Graves. Supervised sequence labelling with recurrent neural networks. Springer, 2012.

[134] S. Hochreiter and J. Schmidhuber. Long short-term memory. *Neural Computation*, Vol. 9, No. 8, pp. 1735–1780, 1997.

[135] K. Greff, R. K. Srivastava, J. Koutník, B. R. Steunebrink, and J. Schmidhu-

ber. Lstm: A search space odyssey. *IEEE Transactions on Neural Networks and Learning Systems*, Vol. 28, No. 10, pp. 2222–2232, 2016.

[136] F. A. Gers, J. Schmidhuber, and F. Cummins. Learning to forget: Continual prediction with LSTM. *Neural Computation*, Vol. 12, No. 10, pp. 2451–2471, 2000.

[137] K. Cho, B. V. Merriënboer, C. Gulcehre, D. Bahdanau, F. Bougares, H. Schwenk, and Y. Bengio. Learning phrase representations using rnn encoder-decoder for statistical machine translation. *arXiv:1406.1078*, 2014.

[138] J. Collins, J. Sohl-Dickstein, and D. Sussillo. Capacity and trainability in recurrent neural networks. *arXiv:1611.09913*, 2016.

[139] T. Mikolov, S. Kombrink, L. Burget, J. Černocký, and S. Khudanpur. Extensions of recurrent neural network language model. In *Proc. IEEE International Conference on Acoustics, Speech and Signal Processing*, pp. 5528–5531, 2011.

[140] T. Mikolov, M. Karafiát, L. Burget, J. Černocký, and S. Khudanpur. Recurrent neural network based language model. In *Proc. INTERSPEECH*, pp. 1045–1048, 2010.

[141] C. Farabet, C. Couprie, L. Najman, and Y. LeCun. Learning hierarchical features for scene labeling. *IEEE Transactions on Pattern Analysis and Machine Intelligence*, Vol. 35, No. 8, pp. 1915–1929, 2013.

[142] A. Graves, S. Fernández, F. Gomez, and J. Schmidhuber. Connectionist temporal classification: labelling unsegmented sequence data with recurrent neural networks. In *Proc. ICML*, pp. 369–376, 2006.

[143] A. Graves, M. Liwicki, S. Fernández, R. Bertolami, H. Bunke, and J. Schmidhuber. A novel connectionist system for unconstrained handwriting recognition. *IEEE Transactions on Pattern Analysis and Machine Intelligence*, Vol. 31, No. 5, pp. 855–868, 2008.

[144] S. Bai, J. Z. Kolter, and V. Koltun. An empirical evaluation of generic convolutional and recurrent networks for sequence modeling. *arXiv:1803.01271*, 2018.

[145] A. van den Oord, S. Dieleman, H. Zen, K. Simonyan, O. Vinyals, A. Graves, N. Kalchbrenner, A. Senior, and K. Kavukcuoglu. WaveNet: A generative model for raw audio. *arXiv:1609.03499*, 2016.

[146]　A. van den Oord, Y. Li, I. Babuschkin, K. Simonyan, O. Vinyals, K. Kavukcuoglu, G. Driessche, E. Lockhart, L. Cobo, F. Stimberg, *et al.*. Parallel WaveNet: Fast high-fidelity speech synthesis. In *Proc. ICML*, pp. 3918–3926, 2018.

[147]　A. J. Robinson and F. Fallside. *The utility driven dynamic error propagation network*. University of Cambridge Department of Engineering, 1987.

[148]　P. J. Werbos. Backpropagation through time: what it does and how to do it. *Proceedings of the IEEE*, Vol. 78, No. 10, pp. 1550–1560, 1990.

[149]　R. J. Williams and D. Zipser. Gradient-based learning algorithms for recurrent networks and their computational complexity. In *Backpropagation: Theory, architectures, and applications*, pp. 433–486, 1995.

[150]　C. R. Qi, H. Su, K. Mo, and L. J. Guibas. Pointnet: Deep learning on point sets for 3d classification and segmentation. In *Proc. CVPR*, pp. 652–660, 2017.

[151]　M. Zaheer, S. Kottur, S. Ravanbakhsh, B. Poczos, R. Salakhutdinov, and A. Smola. Deep sets. In *Proc. NIPS*, pp. 3391–3401, 2017.

[152]　J. Lee, Y. Lee, J. Kim, A. Kosiorek, S. Choi, and Y. W. Teh. Set transformer: A framework for attention-based permutation-invariant neural networks. In *Proc. ICML*, pp. 3744–3753, 2019.

[153]　D. K. Nguyen and T. Okatani. Improved fusion of visual and language representations by dense symmetric co-attention for visual question answering. In *Proc. CVPR*, pp. 6087–6096, 2018.

[154]　D. Bahdanau, K. Cho, and Y. Bengio. Neural machine translation by jointly learning to align and translate. *arXiv:1409.0473*, 2014.

[155]　M. T. Luong, H. Pham, and C. D. Manning. Effective approaches to attention-based neural machine translation. *arXiv:1508.04025*, 2015.

[156]　J. Gehring, M. Auli, D. Grangier, D. Yarats, and Y. N. Dauphin. Convolutional sequence to sequence learning. In *Proc. ICML*, pp. 1243–1252, 2017.

[157]　J. Devlin, M. W. Chang, K. Lee, and K. Toutanova. Bert: Pre-training of deep bidirectional transformers for language understanding. *arXiv:1810.04805*, 2018.

[158]　A. Radford, K. Narasimhan, T. Salimans, and I. Sutskever. Improving lan-

guage understanding by generative pre-training. Preprint, 2018.

[159]   A. Radford, J. Wu, R. Child, D. Luan, D. Amodei, and I. Sutskever. Language models are unsupervised multitask learners. *OpenAI blog*, Vol. 1, No. 8, p. 9, 2019.

[160]   T. B. Brown, B. Mann, N. Ryder, M. Subbiah, J. Kaplan, P. Dhariwal, A. Neelakantan, P. Shyam, G. Sastry, A. Askell, *et al.*. Language models are few-shot learners. *arXiv:2005.14165*, 2020.

[161]   A. Dosovitskiy, L. Beyer, A. Kolesnikov, D. Weissenborn, X. Zhai, T. Unterthiner, M. Dehghani, M. Minderer, G. Heigold, S. Gelly, *et al.*. An image is worth 16x16 words: Transformers for image recognition at scale. *arXiv:2010.11929*, 2020.

[162]   D. Szklarczyk, A. L. Gable, D. Lyon, A. Junge, S. Wyder, J. Huerta-Cepas, M. Simonovic, N. T. Doncheva, J. H. Morris, P. Bork, *et al.*. String v11: protein–protein association networks with increased coverage, supporting functional discovery in genome-wide experimental datasets. *Nucleic Acids Research*, Vol. 47, No. Database-Issue, pp. D607–D613, 2019.

[163]   D. I. Shuman, S. K. Narang, P. Frossard, A. Ortega, and P. Vandergheynst. The emerging field of signal processing on graphs: Extending high-dimensional data analysis to networks and other irregular domains. *IEEE Signal Processing Magazine*, Vol. 30, No. 3, pp. 83–98, 2013.

[164]   Z. Wu, S. Pan, F. Chen, G. Long, C. Zhang, and S. Y. Philip. A comprehensive survey on graph neural networks. *IEEE Transactions on Neural Networks and Learning Systems*, Vol. 32, No. 1, pp. 4–24, 2021.

[165]   J. Zhou, G. Cui, S. Hu, Z. Zhang, C. Yang, Z. Liu, L. Wang, C. Li, and M. Sun. Graph neural networks: A review of methods and applications. *AI Open*, Vol. 1, pp. 57–81, 2020.

[166]   K. Xu, W. Hu, J. Leskovec, and S. Jegelka. How powerful are graph neural networks? *arXiv:1810.00826*, 2018.

[167]   T. N. Kipf and M. Welling. Semi-supervised classification with graph convolutional networks. *arXiv:1609.02907*, 2016.

[168]   W. L. Hamilton, R. Ying, and J. Leskovec. Inductive representation learning on large graphs. *arXiv:1706.02216*, 2017.

[169]   K. M. Borgwardt, C. S. Ong, S. Schönauer, S. V. N. Vishwanathan, A. J.

Smola, and H. P. Kriegel. Protein function prediction via graph kernels. *Bioinformatics*, Vol. 21, No. suppl_1, pp. i47–i56, 2005.

[170] R. van den Berg, T. N. Kipf, and M. Welling. Graph convolutional matrix completion. *arXiv:1706.02263*, 2017.

[171] M. Schlichtkrull, T. N. Kipf, P. Bloem, R. van den Berg, I. Titov, and M. Welling. Modeling relational data with graph convolutional networks. In *Proc. European Semantic Web Conference*, pp. 593–607, 2018.

[172] E. Hüllermeier and W. Waegeman. Aleatoric and epistemic uncertainty in machine learning: An introduction to concepts and methods. *arXiv:1910.09457*, 2019.

[173] C. Guo, G. Pleiss, Y. Sun, and K. Q. Weinberger. On calibration of modern neural networks. In *Proc. ICML*, pp. 1321–1330, 2017.

[174] B. Lakshminarayanan, A. Pritzel, and C. Blundell. Simple and scalable predictive uncertainty estimation using deep ensembles. *arXiv:1612.01474*, 2016.

[175] Y. Gal and Z. Ghahramani. Dropout as a bayesian approximation: Representing model uncertainty in deep learning. In *Proc. ICML*, pp. 1050–1059, 2016.

[176] Y. Ovadia, E. Fertig, J. Ren, Z. Nado, D. Sculley, S. Nowozin, J. V. Dillon, B. Lakshminarayanan, and J. Snoek. Can you trust your model's uncertainty? evaluating predictive uncertainty under dataset shift. *arXiv:1906.02530*, 2019.

[177] S. Fort, H. Hu, and B. Lakshminarayanan. Deep ensembles: A loss landscape perspective. *arXiv:1912.02757*, 2019.

[178] D. Hendrycks and K. Gimpel. A baseline for detecting misclassified and out-of-distribution examples in neural networks. *arXiv:1610.02136*, 2016.

[179] K. He, R. Girshick, and P. Dollár. Rethinking imagenet pre-training. In *Proc. ICCV*, pp. 4918–4927, 2019.

[180] M. Raghu, C. Zhang, J. Kleinberg, and S. Bengio. Transfusion: Understanding transfer learning for medical imaging. *arXiv:1902.07208*, 2019.

[181] D. Hendrycks, K. Lee, and M. Mazeika. Using pre-training can improve model robustness and uncertainty. In *Proc. ICML*, pp. 2712–2721, 2019.

[182] E. Techapanurak, M. Suganuma, and T. Okatani. Hyperparameter-free out-

of-distribution detection using cosine similarity. In *Proc. Asian Conference on Computer Vision*, Vol. 4, pp. 53–69, 2020.

[183]   K. Lee, K. Lee, H. Lee, and J. Shin. A simple unified framework for detecting out-of-distribution samples and adversarial attacks. *arXiv:1807.03888*, 2018.

[184]   S. Yu, D. Lee, and H. Yu. Convolutional neural networks with compression complexity pooling for out-of-distribution image detection. In *Proc. IJCAI*, 2020.

[185]   C. Szegedy, W. Zaremba, I. Sutskever, J. Bruna, D. Erhan, I. Goodfellow, and R. Fergus. Intriguing properties of neural networks. *arXiv:1312.6199*, 2013.

[186]   A. Kurakin, I. Goodfellow, and S. Bengio. Adversarial machine learning at scale. *arXiv:1611.01236*, 2016.

[187]   A. Ilyas, S. Santurkar, D. Tsipras, L. Engstrom, B. Tran, and A. Madry. Adversarial examples are not bugs, they are features. *arXiv:1905.02175*, 2019.

[188]   A. Madry, A. Makelov, L. Schmidt, D. Tsipras, and A. Vladu. Towards deep learning models resistant to adversarial attacks. *arXiv:1706.06083*, 2017.

[189]   I. Goodfellow, J. Shlens, and C. Szegedy. Explaining and harnessing adversarial examples. *arXiv:1412.6572*, 2014.

[190]   A. Nguyen, J. Yosinski, and J. Clune. Deep neural networks are easily fooled: High confidence predictions for unrecognizable images. In *Proc. CVPR*, pp. 427–436, 2015.

[191]   M. Naseer, S. H. Khan, H. Khan, F. Shahbaz Khan, and F. Porikli. Cross-domain transferability of adversarial perturbations. *arXiv:1905.11736*, 2019.

[192]   K. Pei, Y. Cao, J. Yang, and S. Jana. Towards practical verification of machine learning: The case of computer vision systems. *arXiv:1712.01785*, 2017.

[193]   X. Huang, D. Kroening, W. Ruan, J. Sharp, Y. Sun, E. Thamo, M. Wu, and X. Yi. A survey of safety and trustworthiness of deep neural networks: Verification, testing, adversarial attack and defence, and interpretability. *Computer Science Review*, Vol. 37, p. 100270, 2020.

[194]   G. Singh, T. Gehr, M. Püschel, and M. Vechev. An abstract domain for certifying neural networks. In *Proc. the ACM on Programming Languages*, Vol. 3, No. POPL, pp. 1–30, 2019.

[195] M. Balunović, M. Baader, G. Singh, T. Gehr, and M. Vechev. Certifying geometric robustness of neural networks. In *Proc. NeurIPS*, 2019.

[196] K. Pei, Y. Cao, J. Yang, and S. Jana. DeepXplore: Automated whitebox testing of deep learning systems. In *Proc. the 26th Symposium on Operating Systems Principles*, pp. 1–18, 2017.

[197] Y. Tian, K. Pei, S. Jana, and B. Ray. DeepTest: Automated testing of deep-neural-network-driven autonomous cars. In *Proc. the 40th International Conference on Software Engineering*, pp. 303–314, 2018.

[198] L. Ma, F. Juefei-Xu, F. Zhang, J. Sun, M. Xue, B. Li, C. Chen, T. Su, L. Li, Y. Liu, *et al.*. DeepGauge: Multi-granularity testing criteria for deep learning systems. In *Proc. the 33rd ACM/IEEE International Conference on Automated Software Engineering*, pp. 120–131, 2018.

[199] Z. C. Lipton. The mythos of model interpretability: In machine learning, the concept of interpretability is both important and slippery. *Queue*, Vol. 16, No. 3, pp. 31–57, 2018.

[200] S. Jain and B. C. Wallace. Attention is not explanation. *arXiv:1902.10186*, 2019.

[201] R. Caruana, H. Kangarloo, J. D. Dionisio, U. Sinha, and D. Johnson. Case-based explanation of non-case-based learning methods. In *Proc. the AMIA Symposium*, p. 212. American Medical Informatics Association, 1999.

[202] S. Wachter, B. Mittelstadt, and C. Russell. Counterfactual explanations without opening the black box: Automated decisions and the gdpr. *Harv. JL & Tech.*, Vol. 31, p. 841, 2017.

[203] K. Simonyan, A. Vedaldi, and A. Zisserman. Deep inside convolutional networks: Visualising image classification models and saliency maps, *arXiv:1312.6034*, 2014.

[204] D. Smilkov, N. Thorat, B. Kim, F. Viégas, and M. Wattenberg. Smoothgrad: removing noise by adding noise. *arXiv:1706.03825*, 2017.

[205] M. D. Zeiler and R. Fergus. Visualizing and understanding convolutional networks. In *Proc. ECCV*, pp. 818–833, 2014.

[206] J. T. Springenberg, A. Dosovitskiy, T. Brox, and M. Riedmiller. Striving for simplicity: The all convolutional net. *arXiv:1412.6806*, 2014.

[207] J. Adebayo, J. Gilmer, M. Muelly, I. Goodfellow, M. Hardt, and B. Kim. Sanity checks for saliency maps. *arXiv:1810.03292*, 2018.

[208] M. Sundararajan, A. Taly, and Q. Yan. Axiomatic attribution for deep networks. In *Proc. ICML*, pp. 3319–3328, 2017.

[209] A. Mahendran and A. Vedaldi. Salient deconvolutional networks. In *Proc. ECCV*, pp. 120–135, 2016.

[210] P. J. Kindermans, K. T. Schütt, M. Alber, K. Müller, D. Erhan, B. Kim, and S. Dähne. Learning how to explain neural networks: Patternnet and patternattribution. *arXiv:1705.05598*, 2017.

[211] R. C. Fong and A. Vedaldi. Interpretable explanations of black boxes by meaningful perturbation. In *Proc. ICCV*, pp. 3429–3437, 2017.

[212] V. Petsiuk, A. Das, and K. Saenko. Rise: Randomized input sampling for explanation of black-box models. *arXiv:1806.07421*, 2018.

[213] J. Wagner, J. M. Kohler, T. Gindele, L. Hetzel, J. T. Wiedemer, and S. Behnke. Interpretable and fine-grained visual explanations for convolutional neural networks. In *Proc. CVPR*, pp. 9097–9107, 2019.

[214] P. Dabkowski and Y. Gal. Real time image saliency for black box classifiers. *arXiv:1705.07857*, 2017.

[215] J. Hu, Y. Zhang, and T. Okatani. Visualization of convolutional neural networks for monocular depth estimation. In *Proc. ICCV*, pp. 3869–3878, 2019.

[216] S. Hooker, D. Erhan, P. J. Kindermans, and B. Kim. A benchmark for interpretability methods in deep neural networks. *arXiv:1806.10758*, 2018.

[217] L. M. Zintgraf, T. S. Cohen, T. Adel, and M. Welling. Visualizing deep neural network decisions: Prediction difference analysis. *arXiv:1702.04595*, 2017.

[218] J. Li, W. Monroe, and D. Jurafsky. Understanding neural networks through representation erasure. *arXiv:1612.08220*, 2016.

[219] B. Zhou, A. Khosla, A. Lapedriza, A. Oliva, and A. Torralba. Learning deep features for discriminative localization. In *Proc. CVPR*, pp. 2921-2929, 2016.

[220] R. R. Selvaraju, M. Cogswell, A. Das, R. Vedantam, D. Parikh, and D. Batra. Grad-CAM: Visual explanations from deep networks via gradient-based localization. In *Proc. of ICCV*, 2017.

[221] A. Chattopadhay, A. Sarkar, P. Howlader, and V. N. Balasubramanian. Grad-

CAM++: Generalized gradient-based visual explanations for deep convolutional networks. In *Proc. IEEE Winter Conference on Applications of Computer Vision*, pp. 839–847, 2018.

[222] H. G. Ramaswamy, *et al.*. Ablation-CAM: Visual explanations for deep convolutional network via gradient-free localization. In *Proc. the IEEE/CVF Winter Conference on Applications of Computer Vision*, pp. 983–991, 2020.

[223] A. Karpathy, J. Johnson, and L. Fei-Fei. Visualizing and understanding recurrent networks. *arXiv:1506.02078*, 2015.

[224] M. T. Ribeiro, S. Singh, and C. Guestrin. "Why should I trust you?" explaining the predictions of any classifier. In *Proc. the 22nd ACM SIGKDD International Conference on Knowledge Discovery and Data Mining*, pp. 1135–1144, 2016.

[225] S. Lundberg and S. I. Lee. A unified approach to interpreting model predictions. *arXiv:1705.07874*, 2017.

[226] J. K. Tsotsos, S. M. Culhane, W. Y. K. Wai, Y. Lai, N. Davis, and F. Nuflo. Modeling visual attention via selective tuning. *Artificial Intelligence*, Vol. 78, No. 1-2, pp. 507–545, 1995.

[227] S. Bach, A. Binder, G. Montavon, F. Klauschen, K. R. Müller, and W. Samek. On pixel-wise explanations for non-linear classifier decisions by layer-wise relevance propagation. *PloS one*, Vol. 10, No. 7, p. e0130140, 2015.

[228] G. Montavon, S. Lapuschkin, A. Binder, W. Samek, and K. R. Müller. Explaining nonlinear classification decisions with deep Taylor decomposition. *Pattern Recognition*, Vol. 65, pp. 211–222, 2017.

[229] J. Zhang, S. A. Bargal, Z. Lin, J. Brandt, X. Shen, and S. Sclaroff. Top-down neural attention by excitation backprop. *International Journal of Computer Vision*, Vol. 126, No. 10, pp. 1084–1102, 2018.

[230] M. Ancona, E. Ceolini, C. Öztireli, and M. Gross. Towards better understanding of gradient-based attribution methods for deep neural networks. *arXiv:1711.06104*, 2017.

[231] A. Shrikumar, P. Greenside, and A. Kundaje. Learning important features through propagating activation differences. In *Proc. ICML*, pp. 3145–3153, 2017.

[232] W. J. Murdoch, P. J. Liu, and B. Yu. Beyond word importance: Contextual

decomposition to extract interactions from LSTMs. *arXiv:1801.05453*, 2018.

[233]   R. Fong, M. Patrick, and A. Vedaldi. Understanding deep networks via extremal perturbations and smooth masks. In *Proc. ICCV*, pp. 2950–2958, 2019.

[234]   P. W. Koh and P. Liang. Understanding black-box predictions via influence functions. In *Proc. ICML*, pp. 1885–1894, 2017.

[235]   C. K. Yeh, J. Kim, I. E. H. Yen, and P. K. Ravikumar. Representer point selection for explaining deep neural networks. *arXiv:1811.09720*, 2018.

[236]   D. Bau, B. Zhou, A. Khosla, A. Oliva, and A. Torralba. Network dissection: Quantifying interpretability of deep visual representations. In *Proc. CVPR*, pp. 6541–6549, 2017.

[237]   M. Ozeki and T. Okatani. Understanding convolutional neural networks in terms of category-level attributes. In *Proc. Asian Conference on Computer Vision*, pp. 362–375, 2014.

[238]   U. Ozbulak. Pytorch cnn visualizations. 2019. `https://github.com/utkuozbulak/pytorch-cnn-visualizations`

[239]   A. Mahendran and A. Vedaldi. Understanding deep image representations by inverting them. In *Proc. CVPR*, pp. 5188–5196, 2015.

[240]   R. Hadsell, S. Chopra, and Y. LeCun. Dimensionality reduction by learning an invariant mapping. In *Proc. CVPR*, Vol. 2, pp. 1735–1742, 2006.

[241]   O. Moindrot. Triplet loss and online triplet mining in Tensorflow. 2018. `https://omoindrot.github.io/triplet-loss`

[242]   K. Sohn. Improved deep metric learning with multi-class n-pair loss objective. In *Proc. NIPS*, pp. 1857–1865, 2016.

[243]   F. Wang, X. Xiang, J. Cheng, and A. L. Yuille. Normface: L2 hypersphere embedding for face verification. In *Proc. the 25th ACM International Conference on Multimedia*, pp. 1041–1049, 2017.

[244]   R. Ranjan, C. D. Castillo, and R. Chellappa. L2-constrained softmax loss for discriminative face verification. *arXiv:1703.09507*, 2017.

[245]   H. Wang, Y. Wang, Z. Zhou, X. Ji, D. Gong, J. Zhou, Z. Li, and W. Liu. CosFace: Large margin cosine loss for deep face recognition. In *Proc. CVPR*, pp. 5265–5274, 2018.

[246] J. Deng, J. Guo, N. Xue, and S. Zafeiriou. ArcFace: Additive angular margin loss for deep face recognition. In *Proc. CVPR*, pp. 4690–4699, 2019.

[247] X. Zhang, R. Zhao, Y. Qiao, X. Wang, and Hongsheng Li. AdaCos: Adaptively scaling cosine logits for effectively learning deep face representations. In *Proc. CVPR*, pp. 10823–10832, 2019.

[248] J. Amores. Multiple instance classification: Review, taxonomy and comparative study. *Artificial Intelligence*, Vol. 201, pp. 81–105, 2013.

[249] M. Ilse, J. Tomczak, and M. Welling. Attention-based deep multiple instance learning. In *Proc. ICML*, pp. 2127–2136, 2018.

[250] X. Wang, Y. Yan, P. Tang, X. Bai, and W. Liu. Revisiting multiple instance neural networks. *Pattern Recognition*, Vol. 74, pp. 15–24, 2018.

[251] H. Song, M. Kim, D. Park, and J. G. Lee. Learning from noisy labels with deep neural networks: A survey. *arXiv:2007.08199*, 2020.

[252] D. Rolnick, A. Veit, S. Belongie, and N. Shavit. Deep learning is robust to massive label noise. *arXiv:1705.10694*, 2017.

[253] R. Müller, S. Kornblith, and G. E. Hinton. When does label smoothing help? *arXiv:1906.02629*, 2019.

[254] G. Patrini, A. Rozza, A. K. Menon, R. Nock, and L. Qu. Making deep neural networks robust to label noise: A loss correction approach. In *Proc. CVPR*, pp. 1944–1952, 2017.

[255] J. Goldberger and E. Ben-Reuven. Training deep neural-networks using a noise adaptation layer. In *Proc. ICLR*, 2017.

[256] V. Mnih and G. E. Hinton. Learning to label aerial images from noisy data. In *Proc. ICML*, pp. 567–574, 2012.

[257] D. Tanaka, D. Ikami, T. Yamasaki, and K. Aizawa. Joint optimization framework for learning with noisy labels. In *Proc. CVPR*, pp. 5552–5560, 2018.

[258] K. Yi and J. Wu. Probabilistic end-to-end noise correction for learning with noisy labels. In *Proc. CVPR*, pp. 7017–7025, 2019.

[259] L. Jiang, Z. Zhou, T. Leung, L. J. Li, and L. Fei-Fei. Mentornet: Learning data-driven curriculum for very deep neural networks on corrupted labels. In *Proc. ICML*, pp. 2304–2313, 2018.

[260] B. Han, Q. Yao, X. Yu, G. Niu, M. Xu, W. Hu, I. Tsang, and M. Sugiyama.

Co-teaching: Robust training of deep neural networks with extremely noisy labels. *arXiv:1804.06872*, 2018.

[261] H. Wei, L. Feng, X. Chen, and B. An. Combating noisy labels by agreement: A joint training method with co-regularization. In *Proc. CVPR*, pp. 13726–13735, 2020.

[262] A. Ghosh, N. Manwani, and P. S. Sastry. Making risk minimization tolerant to label noise. *Neurocomputing*, Vol. 160, pp. 93–107, 2015.

[263] Z. Zhang and M. R. Sabuncu. Generalized cross entropy loss for training deep neural networks with noisy labels. *arXiv:1805.07836*, 2018.

[264] Y. Wang, X. Ma, Z. Chen, Y. Luo, J. Yi, and J. Bailey. Symmetric cross entropy for robust learning with noisy labels. In *Proc. ICCV*, pp. 322–330, 2019.

[265] Y. Cui, M. Jia, T. Y. Lin, Y. Song, and S. Belongie. Class-balanced loss based on effective number of samples. In *Proc. CVPR*, pp. 9268–9277, 2019.

[266] B. Kang, S. Xie, M. Rohrbach, Z. Yan, A. Gordo, J. Feng, and Y. Kalantidis. Decoupling representation and classifier for long-tailed recognition. *arXiv:1910.09217*, 2019.

[267] G. M. van de Ven and A. S. Tolias. Generative replay with feedback connections as a general strategy for continual learning. *arXiv:1809.10635*, 2018.

[268] Y. C. Hsu, Y. C. Liu, A. Ramasamy, and Z. Kira. Re-evaluating continual learning scenarios: A categorization and case for strong baselines. *arXiv:1810.12488*, 2018.

[269] J. Kirkpatrick, R. Pascanu, N. Rabinowitz, J. Veness, G. Desjardins, A. A. Rusu, K. Milan, J. Quan, T. Ramalho, A. Grabska-Barwinska, *et al.*. Overcoming catastrophic forgetting in neural networks. In *Proc. National Academy of Sciences*, Vol. 114, No. 13, pp. 3521–3526, 2017.

[270] J. Schwarz, W. Czarnecki, J. Luketina, A. Grabska-Barwinska, Y. W. Teh, R. Pascanu, and R. Hadsell. Progress & compress: A scalable framework for continual learning. In *Proc. ICML*, pp. 4528–4537, 2018.

[271] A. A. Rusu, N. C. Rabinowitz, G. Desjardins, H. Soyer, J. Kirkpatrick, K. Kavukcuoglu, R. Pascanu, and R. Hadsell. Progressive neural networks. *arXiv:1606.04671*, 2016.

[272]　H. Shin, J. K. Lee, J. Kim, and J. Kim. Continual learning with deep gener-
ative replay. *arXiv:1705.08690*, 2017.

[273]　Z. Li and D. Hoiem. Learning without forgetting. *IEEE Transactions on
Pattern Analysis and Machine Intelligence*, Vol. 40, No. 12, pp. 2935–2947,
2017.

[274]　D. Lopez-Paz and M. A. Ranzato. Gradient episodic memory for continual
learning. *arXiv:1706.08840*, 2017.

[275]　S. A. Rebuffi, A. Kolesnikov, G. Sperl, and C. H. Lampert. iCarl: Incremental
classifier and representation learning. In *Proc. CVPR*, pp. 2001–2010, 2017.

[276]　G. E. Hinton, O. Vinyals, and J. Dean. Distilling the knowledge in a neural
network. *arXiv:1503.02531*, 2015.

[277]　T. Furlanello, Z. Lipton, M. Tschannen, L. Itti, and A. Anandkumar. Born
again neural networks. In *Proc. ICML*, pp. 1607–1616, 2018.

[278]　M. Phuong and C. H. Lampert. Distillation-based training for multi-exit
architectures. In *Proc. ICCV*, pp. 1355–1364, 2019.

[279]　Y. Zhang, T. Xiang, T. M. Hospedales, and H. Lu. Deep mutual learning. In
Proc. CVPR, pp. 4320–4328, 2018.

[280]　G. Song and W. Chai. Collaborative learning for deep neural networks.
arXiv:1805.11761, 2018.

[281]　X. Lan, X. Zhu, and S. Gong. Knowledge distillation by on-the-fly native
ensemble. *arXiv:1806.04606*, 2018.

[282]　Y. LeCun, J. S. Denker, and S. A. Solla. Optimal brain damage. In *Proc.
NIPS*, pp. 598–605, 1990.

[283]　B. Hassibi, D. G. Stork, and G. J. Wolff. Optimal brain surgeon and general
network pruning. In *IEEE International Conference on Neural Networks*, pp.
293–299, 1993.

[284]　S. Han, J. Pool, J. Tran, and W. J. Dally. Learning both weights and con-
nections for efficient neural networks. *arXiv:1506.02626*, 2015.

[285]　S. Srinivas and R. V. Babu. Data-free parameter pruning for deep neural
networks. *arXiv:1507.06149*, 2015.

[286]　N. Liu, X. Ma, Z. Xu, Y. Wang, J. Tang, and J. Ye. Autocompress: An auto-
matic DNN structured pruning framework for ultra-high compression rates.

In *Proc. AAAI*, pp. 4876–4883, 2020.

[287] H. Li, A. Kadav, I. Durdanovic, H. Samet, and H. Peter Graf. Pruning filters for efficient convnets. *arXiv:1608.08710*, 2016.

[288] M. Lin, R. Ji, Y. Wang, Y. Zhang, B. Zhang, Y. Tian, and L. Shao. Hrank: Filter pruning using high-rank feature map. In *Proc. CVPR*, pp. 1529–1538, 2020.

[289] J. H. Luo, J. Wu, and W. Lin. Thinet: A filter level pruning method for deep neural network compression. In *Proc. ICCV*, pp. 5058–5066, 2017.

[290] Y. He, X. Zhang, and J. Sun. Channel pruning for accelerating very deep neural networks. In *Proc. ICCV*, pp. 1389–1397, 2017.

[291] Z. Liu, J. Li, Z. Shen, G. Huang, S. Yan, and C. Zhang. Learning efficient convolutional networks through network slimming. In *Proc. ICCV*, pp. 2736–2744, 2017.

[292] Z. Huang and N. Wang. Data-driven sparse structure selection for deep neural networks. In *Proc. ECCV*, pp. 304–320, 2018.

[293] S. Lin, R. Ji, C. Yan, B. Zhang, L. Cao, Q. Ye, F. Huang, and D. Doermann. Towards optimal structured cnn pruning via generative adversarial learning. In *Proc. CVPR*, pp. 2790–2799, 2019.

[294] Y. He, J. Lin, Z. Liu, H. Wang, L. J. Li, and S. Han. Amc: Automl for model compression and acceleration on mobile devices. In *Proc. ECCV*, pp. 784–800, 2018.

[295] M. Jaderberg, A. Vedaldi, and A. Zisserman. Speeding up convolutional neural networks with low rank expansions. *arXiv:1405.3866*, 2014.

[296] E. Denton, W. Zaremba, J. Bruna, Y. LeCun, and R. Fergus. Exploiting linear structure within convolutional networks for efficient evaluation. *arXiv:1404.0736*, 2014.

[297] V. Lebedev, Y. Ganin, M. Rakhuba, I. Oseledets, and V. Lempitsky. Speeding-up convolutional neural networks using fine-tuned cp-decomposition. *arXiv:1412.6553*, 2014.

[298] Y. Ioannou, D. Robertson, J. Shotton, R. Cipolla, and A. Criminisi. Training cnns with low-rank filters for efficient image classification. *arXiv:1511.06744*, 2015.

[299]　J. Frankle and M. Carbin. The lottery ticket hypothesis: Finding sparse, trainable neural networks. *arXiv:1803.03635*, 2018.

[300]　Z. Liu, M. Sun, T. Zhou, G. Huang, and T. Darrell. Rethinking the value of network pruning. *arXiv:1810.05270*, 2018.

[301]　T. Gale, E. Elsen, and S. Hooker. The state of sparsity in deep neural networks. *arXiv:1902.09574*, 2019.

[302]　A. Renda, J. Frankle, and M. Carbin. Comparing rewinding and fine-tuning in neural network pruning. *arXiv:2003.02389*, 2020.

[303]　B. Jacob, S. Kligys, B. Chen, M. Zhu, M. Tang, A. Howard, H. Adam, and D. Kalenichenko. Quantization and training of neural networks for efficient integer-arithmetic-only inference. In *Proc. CVPR*, pp. 2704–2713, 2018.

[304]　J. L. McKinstry, S. K. Esser, R. Appuswamy, D. Bablani, J. V. Arthur, I. B. Yildiz, and D. S. Modha. Discovering low-precision networks close to full-precision networks for efficient embedded inference. *arXiv:1809.04191*, 2018.

[305]　Y. Bengio, N. Léonard, and A. Courville. Estimating or propagating gradients through stochastic neurons for conditional computation. *arXiv:1308.3432*, 2013.

[306]　B. Zhuang, C. Shen, M. Tan, L. Liu, and I. Reid. Towards effective low-bitwidth convolutional neural networks. In *Proc. CVPR*, pp. 7920–7928, 2018.

[307]　M. Courbariaux, Y. Bengio, and J. P. David. Binaryconnect: Training deep neural networks with binary weights during propagations. *arXiv:1511.00363*, 2015.

[308]　M. Courbariaux, I. Hubara, D. Soudry, R. El-Yaniv, and Y. Bengio. Binarized neural networks: Training deep neural networks with weights and activations constrained to+ 1 or-1. *arXiv:1602.02830*, 2016.

[309]　M. Rastegari, V. Ordonez, J. Redmon, and A. Farhadi. Xnor-net: ImageNet classification using binary convolutional neural networks. In *Proc. ECCV*, pp. 525–542, 2016.

[310]　L. K. Muller and G. Indiveri. Rounding methods for neural networks with low resolution synaptic weights. *arXiv:1504.05767*, 2015.

[311]　M. Courbariaux, Y. Bengio, and J. P. David. Low precision arithmetic for deep learning. In *Proc. ICLR (Workshop)*, 2015.

[312]   L. Li and A. Talwalkar. Random search and reproducibility for neural architecture search. In *Uncertainty in Artificial Intelligence*, pp. 367–377, 2020.

[313]   A. Yang, P. M. Esperança, and F. M. Carlucci. NAS evaluation is frustratingly hard. In *Proc. ICLR*, 2020.

[314]   H. Liu, K. Simonyan, and Y. Yang. DARTS: Differentiable architecture search. In *Proc. ICLR*, 2019.

[315]   T. DeVries and G. W. Taylor. Improved regularization of convolutional neural networks with cutout. *arXiv:1708.04552*, 2017.

[316]   Z. Zhong, L. Zheng, G. Kang, S. Li, and Y. Yang. Random erasing data augmentation. In *Proc. AAAI*, pp. 13001–13008, 2020.

[317]   D. S. Park, W. Chan, Y. Zhang, C. C. Chiu, B. Zoph, E. D. Cubuk, and Q. V. Le. Specaugment: A simple data augmentation method for automatic speech recognition. *arXiv:1904.08779*, 2019.

[318]   Q. Xie, Z. Dai, E. Hovy, M. T. Luong, and Q. V. Le. Unsupervised data augmentation for consistency training. *arXiv:1904.12848*, 2019.

[319]   S. Y. Feng, V. Gangal, J. Wei, S. Chandar, S. Vosoughi, T. Mitamura, and E. Hovy. A survey of data augmentation approaches for NLP. *arXiv:2105.03075*, 2021.

[320]   H. Zhang, M. Cisse, Y. N. Dauphin, and D. Lopez-Paz. mixup: Beyond empirical risk minimization. *arXiv:1710.09412*, 2017.

[321]   F. Huszár. mixup: Data-dependent data augmentation. `https://www.inference.vc/mixup-data-dependent-data-augmentation/`

[322]   V. Verma, A. Lamb, C. Beckham, A. Najafi, I. Mitliagkas, D. Lopez-Paz, and Y. Bengio. Manifold mixup: Better representations by interpolating hidden states. In *Proc. ICML*, pp. 6438–6447, 2019.

[323]   E. D. Cubuk, B. Zoph, D. Mane, V. Vasudevan, and Q. V. Le. Autoaugment: Learning augmentation policies from data. *arXiv:1805.09501*, 2018.

[324]   E. D. Cubuk, B. Zoph, J. Shlens, and Q. V. Le. RandAugment: Practical automated data augmentation with a reduced search space. In *Proc. NeurIPS*, 2020.

[325]   A. R. Zamir, A. Sax, W. Shen, L. J. Guibas, J. Malik, and S. Savarese. Taskonomy: Disentangling task transfer learning. In *Proc. CVPR*, pp. 3712–3722,

2018.

[326] B. Neyshabur, H. Sedghi, and C. Zhang. What is being transferred in transfer learning? *arXiv:2008.11687*, 2020.

[327] A. Oliver, A. Odena, C. Raffel, E. D. Cubuk, and I. Goodfellow. Realistic evaluation of deep semi-supervised learning algorithms. *arXiv:1804.09170*, 2018.

[328] T. Miyato, S. Maeda, M. Koyama, and S. Ishii. Virtual adversarial training: a regularization method for supervised and semi-supervised learning. *IEEE Transactions on Pattern Analysis and Machine Intelligence*, Vol. 41, No. 8, pp. 1979–1993, 2018.

[329] M. Sajjadi, M. Javanmardi, and T. Tasdizen. Regularization with stochastic transformations and perturbations for deep semi-supervised learning. *arXiv:1606.04586*, 2016.

[330] S. Laine and T. Aila. Temporal ensembling for semi-supervised learning. *arXiv:1610.02242*, 2016.

[331] A. Tarvainen and H. Valpola. Mean teachers are better role models: Weight-averaged consistency targets improve semi-supervised deep learning results. *arXiv:1703.01780*, 2017.

[332] E. Arazo, D. Ortego, P. Albert, N. E. O'Connor, K. McGuinness. Pseudo-labeling and confirmation bias in deep semi-supervised learning. In *Proc. IJCNN*, pp. 1–8, 2020.

[333] H. Pham, Z. Dai, Q. Xie, M. T. Luong, and Q. V. Le. Meta pseudo labels. *arXiv:2003.10580*, 2020.

[334] I. Z. Yalniz, H. Jégou, K. Chen, M. Paluri, and D. Mahajan. Billion-scale semi-supervised learning for image classification. *arXiv:1905.00546*, 2019.

[335] Q. Xie, M. T. Luong, E. Hovy, and Q. V. Le. Self-training with noisy student improves imagenet classification. In *Proc. CVPR*, pp. 10687–10698, 2020.

[336] J. He, J. Gu, J. Shen, and M. A. Ranzato. Revisiting self-training for neural sequence generation. *arXiv:1909.13788*, 2019.

[337] J. Kahn, A. Lee, and A. Hannun. Self-training for end-to-end speech recognition. In *ICASSP 2020-2020 IEEE International Conference on Acoustics, Speech and Signal Processing*, pp. 7084–7088, 2020.

[338] B. Zoph, G. Ghiasi, T. Y. Lin, Y. Cui, H. Liu, E. D. Cubuk, and Q. V. Le. Rethinking pre-training and self-training. *arXiv:2006.06882*, 2020.

[339] A. van den Oord, Y. Li, and O. Vinyals. Representation learning with contrastive predictive coding. *arXiv:1807.03748*, 2018.

[340] G. Larsson, M. Maire, and G. Shakhnarovich. Colorization as a proxy task for visual understanding. In *Proc. CVPR*, pp. 6874–6883, 2017.

[341] R. Zhang, P. Isola, and A. A. Efros. Colorful image colorization. In *Proc. ECCV*, pp. 649–666, 2016.

[342] M. Noroozi and P. Favaro. Unsupervised learning of visual representations by solving jigsaw puzzles. In *Proc. ECCV*, pp. 69–84, 2016.

[343] M. Gutmann and A. Hyvärinen. Noise-contrastive estimation: A new estimation principle for unnormalized statistical models. In *Proc. AISTATS*, pp. 297–304, 2010.

[344] K. He, H. Fan, Y. Wu, S. Xie, and R. Girshick. Momentum contrast for unsupervised visual representation learning. In *Proc. of CVPR*, pp. 9729–9738, 2020.

[345] T. Chen, S. Kornblith, M. Norouzi, and G. E. Hinton. A simple framework for contrastive learning of visual representations. In *Proc. ICML*, pp. 1597–1607, 2020.

[346] X. Chen, H. Fan, R. Girshick, and K. He. Improved baselines with momentum contrastive learning. *arXiv:2003.04297*, 2020.

[347] J. B. Grill, F. Strub, F. Altché, C. Tallec, P. H. Richemond, E. Buchatskaya, C. Doersch, B. A. Pires, Z. D. Guo, M. G. Azar, *et al.*. Bootstrap your own latent: A new approach to self-supervised learning. *arXiv:2006.07733*, 2020.

[348] X. Chen and K. He. Exploring simple siamese representation learning. In *Proc. CVPR*, pp. 15750-15758, 2021.

[349] J. Zbontar, L. Jing, I. Misra, Y. LeCun, and S. Deny. Barlow twins: Self-supervised learning via redundancy reduction. *arXiv:2103.03230*, 2021.

[350] Y. Tian, X. Chen, and S. Ganguli. Understanding self-supervised learning dynamics without contrastive pairs. *arXiv:2102.06810*, 2021.

[351] R. Caruana. Multitask learning. *Machine Learning*, Vol. 28, No. 1, pp. 41–75, 1997.

[352] S. Ruder. An overview of multi-task learning in deep neural networks. *arXiv:1706.05098*, 2017.

[353] M. Crawshaw. Multi-task learning with deep neural networks: A survey. *arXiv:2009.09796*, 2020.

[354] A. Kendall, Y. Gal, and R. Cipolla. Multi-task learning using uncertainty to weigh losses for scene geometry and semantics. In *Proc. CVPR*, pp. 7482–7491, 2018.

[355] S. Liu, E. Johns, and A. J. Davison. End-to-end multi-task learning with attention. In *Proc. CVPR*, pp. 1871–1880, 2019.

[356] Y. Netzer, T. Wang, A. Coates, A. Bissacco, B. Wu, and A. Y. Ng. Reading digits in natural images with unsupervised feature learning. In *Proc. NIPS(Workshop)*, 2011.

[357] M. Cordts, M. Omran, S. Ramos, T. Rehfeld, M. Enzweiler, R. Benenson, U. Franke, S. Roth, and B. Schiele. The cityscapes dataset for semantic urban scene understanding. In *Proc. CVPR*, pp. 3213–3223, 2016.

[358] S. R. Richter, V. Vineet, S. Roth, and V. Koltun. Playing for data: Ground truth from computer games. In *Proc. ECCV*, pp. 102–118, 2016.

[359] Z. Cao, L. Ma, M. Long, and J. Wang. Partial adversarial domain adaptation. In *Proc. ECCV*, pp. 135–150, 2018.

[360] P. P. Busto and J. Gall. Open set domain adaptation. In *Proc. ICCV*, pp. 754–763, 2017.

[361] K. You, M. Long, Z. Cao, J. Wang, and M. I. Jordan. Universal domain adaptation. In *Proc. CVPR*, pp. 2720–2729, 2019.

[362] E. Tzeng, J. Hoffman, K. Saenko, and T. Darrell. Adversarial discriminative domain adaptation. In *Proc. CVPR*, pp. 7167–7176, 2017.

[363] G. I. Webb, R. Hyde, H. Cao, H. L. Nguyen, and F. Petitjean. Characterizing concept drift. *Data Mining and Knowledge Discovery*, Vol. 30, No. 4, pp. 964–994, 2016.

[364] J. Snell, K. Swersky, and R. S. Zemel. Prototypical networks for few-shot learning. *arXiv:1703.05175*, 2017.

[365] Y. Wang, Q. Yao, J. T. Kwok, and L. M. Ni. Generalizing from a few examples: A survey on few-shot learning. *ACM Computing Surveys (CSUR)*,

Vol. 53, No. 3, pp. 1–34, 2020.

[366] W. Y. Chen, Y.C. Liu, Z. Kira, Y. C. F. Wang, and J. B. Huang. A closer look at few-shot classification. *arXiv:1904.04232*, 2019.

[367] Y. Tian, Y. Wang, D. Krishnan, J. B. Tenenbaum, and P. Isola. Rethinking few-shot image classification: a good embedding is all you need? *arXiv:2003.11539*, 2020.

[368] S. Sinha, S. Ebrahimi, and T. Darrell. Variational adversarial active learning. In *Proc. ICCV*, pp. 5972–5981, 2019.

[369] W. H. Beluch, T. Genewein, A. Nürnberger, and J. M. Köhler. The power of ensembles for active learning in image classification. In *Proc. CVPR*, pp. 9368–9377, 2018.

[370] O. Sener and S. Savarese. Active learning for convolutional neural networks: A core-set approach. *arXiv:1708.00489*, 2017.

[371] S. Mittal, M. Tatarchenko, Ö. Çiçek, and T. Brox. Parting with illusions about deep active learning. *arXiv:1912.05361*, 2019.

[372] P. Baldi and K. Hornik. Neural networks and principal component analysis: Learning from examples without local minima. *Neural Networks*, Vol. 2, pp. 53–58, 1989.

[373] A. Coates, A. Y. Ng, and H. Lee. An analysis of single-layer networks in unsupervised feature learning. In *Proc. AISTATS*, pp. 215–223, 2011.

[374] A. J. Bell and T. J. Sejnowski. The "independent components" of natural scenes are edge filters. *Vision Research*, Vol. 37, No. 23, pp. 3327–3338, 1997.

[375] P. Vincent, H. Larochelle, I. Lajoie, Y. Bengio, Pierre-Antoine Manzagol, and Léon Bottou. Stacked denoising autoencoders: Learning useful representations in a deep network with a local denoising criterion. *Journal of Machine Learning Research*, Vol. 11, No. 12, pp. 3371–3408, 2010.

[376] Y. Wu, Y. Burda, R. Salakhutdinov, and R. Grosse. On the quantitative analysis of decoder-based generative models. *arXiv:1611.04273*, 2016.

[377] I. Higgins, L. Matthey, A. Pal, C. Burgess, X. Glorot, M. Botvinick, S. Mohamed, and A. Lerchner. beta-VAE: Learning basic visual concepts with a constrained variational framework. In *Proc. ICLR*, 2017.

[378] B. Dai and D. Wipf.   Diagnosing and enhancing vae models.

arXiv:1903.05789, 2019.

[379]　R. Child. Very deep vaes generalize autoregressive models and can outperform them on images. *arXiv:2011.10650*, 2020.

[380]　E. Jang, S. Gu, and B. Poole. Categorical reparameterization with gumbel-softmax. *arXiv:1611.01144*, 2016.

[381]　C. J. Maddison, A. Mnih, and Y. W. Teh. The concrete distribution: A continuous relaxation of discrete random variables. *arXiv:1611.00712*, 2016.

[382]　A. Radford, L. Metz, and S. Chintala. Unsupervised representation learning with deep convolutional generative adversarial networks. *arXiv:1511.06434*, 2015.

[383]　M. Heusel, H. Ramsauer, T. Unterthiner, B. Nessler, and S. Hochreiter. Gans trained by a two time-scale update rule converge to a local nash equilibrium. *arXiv:1706.08500*, 2017.

[384]　I. Gulrajani, F. Ahmed, M. Arjovsky, V. Dumoulin, and A. Courville. Improved training of wasserstein gans. *arXiv:1704.00028*, 2017.

[385]　W. Fedus, M. Rosca, B. Lakshminarayanan, A. M. Dai, S. Mohamed, and I. Goodfellow. Many paths to equilibrium: Gans do not need to decrease a divergence at every step. *arXiv:1710.08446*, 2017.

[386]　M. Arjovsky, S. Chintala, and L. Bottou. Wasserstein generative adversarial networks. In *Proc. ICML*, pp. 214–223, 2017.

[387]　M. Mirza and S. Osindero. Conditional generative adversarial nets. *arXiv:1411.1784*, 2014.

[388]　A. Odena, C. Olah, and J. Shlens. Conditional image synthesis with auxiliary classifier gans. In *Proc. ICML*, pp. 2642–2651, 2017.

[389]　P. Isola, J. Y. Zhu, T. Zhou, and A. A. Efros. Image-to-image translation with conditional adversarial networks. In *Proc. CVPR*, pp. 1125–1134, 2017.

[390]　J. Y. Zhu, T. Park, P. Isola, and A. A. Efros. Unpaired image-to-image translation using cycle-consistent adversarial networks. In *Proc. ICCV*, pp. 2223–2232, 2017.

[391]　G. Papamakarios, E. Nalisnick, D. J. Rezende, S. Mohamed, and B. Lakshminarayanan. Normalizing flows for probabilistic modeling and inference. *arXiv:1912.02762*, 2019.

[392] K. P. Murphy. *Machine learning: A probabilistic perspective.* MIT press, 2012.

[393] N. L. Roux and Y. Bengio. Representational power of restricted Boltzmann machines and deep belief networks. *Neural Computation*, Vol. 20, No. 6, pp. 1631–1649, 2008.

[394] G. E. Hinton. Training products of experts by minimizing contrastive divergence. *Neural Computation*, Vol. 14, No. 8, pp. 1771–800, 2002.

[395] Y. Bengio. Learning deep architectures for ai. *Foundations and Trends in Machine Learning*, Vol. 2, No. 1, pp. 1–127, 2009.

[396] Y. Freund and D. Haussler. Unsupervised learning of distributions of binary vectors using two layer networks. 1994.

[397] G. E. Hinton and R. R. Salakhutdinov. Reducing the dimensionality of data with neural networks. *Science*, Vol. 313, No. 5786, pp. 504–507, 2006.

[398] Y. W. Teh and G. E. Hinton. Rate-coded restricted Boltzmann machines for face recognition. In *Proc. NIPS*, pp. 908–914, 2001.

■ 索 引

著者紹介

岡谷貴之（おかたにたかゆき）　博士（工学）
1999 年　東京大学大学院工学系研究科計数工学専攻博士課程修了
現　在　東北大学大学院情報科学研究科 教授
　　　　理化学研究所 革新知能統合研究センター チームリーダー
著　書　（共著）『深層学習　Deep Learning』近代科学社 (2015)

NDC007　　382p　　21cm

機械学習（きかいがくしゅう）プロフェッショナルシリーズ

深層学習（しんそうがくしゅう）　改訂第2版（かいていだいはん）

2022 年 1 月17日　　第 1 刷発行
2024 年 7 月25日　　第 6 刷発行

著　者　岡谷貴之（おかたにたかゆき）
発行者　森田浩章
発行所　株式会社　講談社
　　　　〒 112-8001　東京都文京区音羽 2-12-21
　　　　　販売　(03)5395-4415
　　　　　業務　(03)5395-3615
編　集　株式会社　講談社サイエンティフィク
　　　　代表　堀越俊一
　　　　〒 162-0825　東京都新宿区神楽坂 2-14　ノービィビル
　　　　　編集　(03)3235-3701
本文データ制作　藤原印刷株式会社
印刷・製本　株式会社ＫＰＳプロダクツ

機械学習のための確率と統計	杉山 将／著	定価2,640円
深層学習　改訂第2版	岡谷貴之／著	定価3,300円
オンライン機械学習	海野裕也・岡野原大輔・得居誠也・徳永拓之／著	定価3,080円
トピックモデル	岩田具治／著	定価3,080円
統計的学習理論	金森敬文／著	定価3,080円
サポートベクトルマシン	竹内一郎・烏山昌幸／著	定価3,080円
確率的最適化	鈴木大慈／著	定価3,080円
異常検知と変化検知	井手 剛・杉山 将／著	定価3,080円
劣モジュラ最適化と機械学習	河原吉伸・永野清仁／著	定価3,080円
スパース性に基づく機械学習	冨岡亮太／著	定価3,080円
生命情報処理における機械学習	瀬々 潤・浜田道昭／著	定価3,080円
ヒューマンコンピュテーションとクラウドソーシング	鹿島久嗣・小山 聡・馬場雪乃／著	定価2,640円
変分ベイズ学習	中島伸一／著	定価3,080円
ノンパラメトリックベイズ	佐藤一誠／著	定価3,080円
グラフィカルモデル	渡辺有祐／著	定価3,080円
バンディット問題の理論とアルゴリズム	本多淳也・中村篤祥／著	定価3,080円
ウェブデータの機械学習	ダヌシカ ボレガラ・岡﨑直観・前原貴憲／著	定価3,080円
データ解析におけるプライバシー保護	佐久間淳／著	定価3,300円
機械学習のための連続最適化	金森敬文・鈴木大慈・竹内一郎・佐藤一誠／著	定価3,520円
関係データ学習	石黒勝彦・林 浩平／著	定価3,080円
オンライン予測	畑埜晃平・瀧本英二／著	定価3,080円
画像認識	原田達也／著	定価3,300円
深層学習による自然言語処理	坪井祐太・海野裕也・鈴木 潤／著	定価3,300円
統計的因果探索	清水昌平／著	定価3,080円
音声認識	篠田浩一／著	定価3,080円
ガウス過程と機械学習	持橋大地・大羽成征／著	定価3,300円
強化学習	森村哲郎／著	定価3,300円
ベイズ深層学習	須山敦志／著	定価3,300円
機械学習工学	石川冬樹・丸山宏／編著	定価3,300円
最適輸送の理論とアルゴリズム	佐藤竜馬／著	定価3,300円
転移学習	松井孝太・熊谷亘／著	定価3,740円
グラフニューラルネットワーク	佐藤竜馬／著	定価3,300円

※表示価格には消費税（10%）が加算されています。　　　　　　　　　「2024年7月現在」

講談社サイエンティフィク　https://www.kspub.co.jp/